土力学与地基基础

主　编　李　辉　张　佳

副主编　栾长雨　任　龙　王文野　张学磊

主　审　张向东　姜雄基　孙桂岩

课程思政

校企合作

动画

西南交通大学出版社

·成　都·

图书在版编目（CIP）数据

土力学与地基基础 / 李辉，张佳主编. —成都：西南交通大学出版社，2021.11
ISBN 978-7-5643-8364-0

Ⅰ. ①土… Ⅱ. ①李… ②张… Ⅲ. ①土力学 - 高等职业教育 - 教材②地基 - 基础（工程）- 高等职业教育 - 教材 Ⅳ. ①TU4

中国版本图书馆 CIP 数据核字（2021）第 231496 号

Tulixue yu Diji Jichu
土力学与地基基础
主编 李 辉 张 佳

责任编辑 韩洪黎
封面设计 何东琳设计工作室

出版发行 西南交通大学出版社
（四川省成都市金牛区二环路北一段 111 号
西南交通大学创新大厦 21 楼）
邮政编码 610031
发行部电话 028-87600564 028-87600533
网址 http://www.xnjdcbs.com
印刷 四川煤田地质制图印刷厂

成品尺寸 185 mm × 260 mm
印张 20
字数 561 千
版次 2021 年 11 月第 1 版
印次 2021 年 11 月第 1 次
书号 ISBN 978-7-5643-8364-0
定价 56.00 元

课件咨询电话：028-81435775
图书如有印装质量问题 本社负责退换

前言
PREFACE

2019 年 2 月，国务院印发《国家职业教育改革实施方案》(国发〔2019〕4 号)，明确提出建设一大批校企“双元”合作开发的国家规划教材，倡导使用新型活页式、工作手册式教材并配套开发信息化资源。2020 年 6 月，教育部印发《高等学校课程思政建设指导纲要》(教高〔2020〕3 号)，要求将思想政治教育贯穿人才培养体系，发挥每门课程的育人作用。

本教材的编写遵循德技并修、工学结合的原则，在职业教学改革的基础上，以辽宁铁道职业技术学院“土力学与地基基础”课程[入选教育部课程思政示范课程(教高函〔2021〕7 号)] 为依托，由本课程思政教学名师和团队依据高等职业教育培养目标、国家职业技能标准和“土力学与地基基础”课程的教学要求编写而成，是辽宁铁道职业技术学院课程思政和新形态一体化教材建设的成果之一。

本教材具有以下特点：

(1) 思政元素全面覆盖。在编写过程中，编写团队以《习近平新时代中国特色社会主义思想进课程教材指南》为指导，坚持以立德树人为根本任务，构建了知识目标、能力目标、情感目标和思政目标“四位一体”的教学目标，有机融入了劳动教育、工匠精神、职业道德、职业精神和职业规范等内容，积极弘扬中华民族传统文化和社会主义核心价值观。教材中思政元素覆盖全部专业知识点，使专业课教育与大学生思想政治教育同向同行，形成协同效应，以期借助学科渗透的方式实现“立德树人”的“润物细无声”。

(2) 教材内容知行合一。本教材借助 10 个项目，从土力学理论和地基基础施工两个方面，对本课程进行诠释。教材遵循人类认知规律和人才成长规律，内容由浅入深、简明易懂；每个项目均由教学案例导入课程，让学生足不出户就能“身临其境”，既拉近了学生与专业知识点的距离，也激发出了学生的求知欲。

(3) 校企“双元”合作开发。本教材在编写过程中得到了中国建筑材料工业地质勘查中心辽宁总队的大力支持。教材秉承以“能力本位”为核心的设计理念，以职业能力的培养为出发点，紧跟产业发展趋势和行业人才需求，及时将新技术、新工艺、新规范纳入教学标准和教学内容，强化学生实习实训，提高学生职业岗位能力。

（4）**数字资源配套建设**。为着力体现“互联网＋职业教育”的新要求，充分考虑高职学生的学习特点，全书配套开发了大量数字资源，利用现代信息技术提升学生的学习兴趣。这些资源包括思政课堂和施工技术的动画展示，均可通过扫描书中相应位置的二维码或登录“轨道在线”超媒体数字教育平台进行学习。

本书为高等职业院校土木工程专业“土力学与地基基础”课程的授课教材，主要适用于土木工程相关专业的高职学生，也可供从事土木工程施工及养护工作的人员自学或参考。

本教材由辽宁铁道职业技术学院李辉、张佳担任主编；辽宁铁道职业技术学院栾长雨、任龙、王文野，中国建筑材料工业地质勘查中心辽宁总队张学磊担任副主编；辽宁铁道职业技术学院黄占宇、李秀换、李福林担任编委。具体编写分工如下：绪论由李辉编写；项目 1 由张佳编写；项目 2 由王文野编写；项目 3 由李辉编写；项目 4 由黄占宇编写；项目 5 由李辉编写；项目 6 由李秀换、李福林编写；项目 7 由任龙编写；项目 8 由任龙、张学磊编写；项目 9 由王文野、张学磊编写；项目 10 由栾长雨、张学磊编写。

本教材承蒙辽宁工程技术大学张向东教授，辽宁铁道职业技术学院姜雄基副教授、孙桂岩教授审阅，在此谨致诚挚谢意。

限于编者的理论水平和实践经验，书中疏漏及不足之处在所难免，恳请读者批评指正。

编　者

2021 年 8 月

目录
CONTENTS

绪　论

项目 1　土的物理性质与工程分类

项目 2　土的渗透性分析

项目 3　土体中的应力计算

项目 4 土的压缩性分析

项目 5 土的抗剪强度及地基承载力

项目 6 土压力计算

项目 7 天然地基上的浅基础施工

绪　论

0.1　研究对象

学习土力学首先要知道什么是土？浣花溪边的“泥融飞燕子，沙暖睡鸳鸯”是土；耕田里的“锄禾日当午，汗滴禾下土”是土；沙漠中的“大漠风沙里，长城雨雪边”是土；戈壁滩上的“一川碎石大如斗，随风满地石乱走”是土；长征路上的“五岭逶迤腾细浪，乌蒙磅礴走泥丸”也是土。

土力学要研究的土有狭义和广义两个概念。狭义概念所指的土是自然界中岩石风化后覆盖在地表上松散的、没有胶结能力或胶结能力很弱的颗粒堆积物。广义概念的土则将自然界中的岩石也包括其中。

建筑物的修建使一定范围内地层的应力状态发生变化，这一范围内的地层称为地基。地基就是支撑建筑物、承担建筑物荷载的土体或岩体。与地基接触的建筑物下部结构称为基础。一般建筑物由上部结构和基础两部分组成。建筑物的上部结构荷载通过具有一定埋深的基础传递、扩散到地基。基础一般埋在地面以下，起着承上启下、传递荷载的作用。土体与建筑物的关系十分密切，自然界中的土被广泛用作各种建筑物的地基。此外，土作为建筑材料可用来修筑堤坝、路基以及其他土工建筑物。

0.2　课程内容简介

土力学与地基基础是研究土体特性及其在工程活动影响下的应力、变形、强度、稳定性及其应用的学科，理论与实践紧密结合是本学科的显著特点。本书将借助土力学基础理论和地基基础施工中的 10 个项目对本课程进行诠释。

1. 土力学内容简介

土体特性主要包括土的物理性质和土的力学性质，前者包括土的三相比例指标、无黏性土的密实度、黏性土的水理性质、土的渗透性等内容，后者包括土的压缩性、土的抗剪性、土的击实性三部分内容。

土力学主要研究和解决土木、交通、采矿、环境等领域的三类工程问题：

（1）渗流问题

管涌、流土的判别及防治、隧道透水、基坑防渗等都是需要基于土力学理论来解决的经典问题。中华文化博大精深、源远流长，我们的祖先在应对渗流问题上也颇具心得。

《韩非子·喻老》中记载的“千丈之堤，以蝼蚁之穴溃”，演化为成语“千里之堤，毁于蚁穴”。故事中出现决堤的原因在于河水顺着蚁穴在土中渗流，渗流力使土堤中的土颗粒随河水流失，蚁穴逐步扩大、贯通直至决堤。倘若及时采取防渗措施，也许就可以把险情消灭在萌芽之中。

（2）强度问题

2014 年 5 月 2 日，阿富汗东北部巴达赫尚省的一处偏远山区一小时内连续发生两次山体滑坡，至少 300 座房屋被掩埋，造成 2 700 余人死亡。

连降暴雨是造成此次山体滑坡的主要原因。大量雨水通过土体孔隙渗入边坡，土的自重增加，雨水润滑作用削减了土坡滑动面的强度，雨水在边坡内的渗流使土体承受渗透力，滑动面上的抗滑力无法抵抗土体向下的滑动力，最终导致山体滑坡。

如果当地政府重视生态文明建设，大力保护山坡植被，使这片因为战争而贫瘠的土地重披绿装，将提高土体强度，促进植被根茎吸水，这样的悲剧也许就不会发生。正所谓“生态兴则文明兴，生态衰则文明衰”，我国正在推进的生态文明建设，将使国人期盼的美丽中国指日可待。

（3）变形问题

由于土的组成特点，土体在外力作用下会产生变形，因此作为建筑物地基的土体就会产生沉降。地基土除了要具备足够的地基承载力来满足强度要求，地基土的沉降特别是不均匀沉降也应满足设计要求。若地基土沉降较大，特别是沉降差较大，将会影响建筑物的正常使用，严重时甚至会出现建筑物开裂、倾斜甚至倒塌。

图 0-1 所示的是伽利略进行自由落体试验的比萨斜塔，因塔身斜而不倒闻名于世。比萨斜塔发生倾斜的主要原因是地基土在塔身荷载作用下出现不均匀沉降。

中国苏州的虎丘塔与意大利比萨的比萨斜塔同为世界八大最斜古塔，均为世界文化遗产。追溯它们的建造历史，虎丘塔早于比萨斜塔两百年建成，是唯一保存至今的中国五代时期建筑，具有重大的文化历史意义及学术研究价值。

图 0-1　比萨斜塔

2. 地基基础内容简介

从远古时代，我们的祖先就用土石作为地基和建筑材料，为地基基础的发展积累了丰富的实践经验。

浙江余姚河姆渡遗址中的木构建筑修建于圆木桩、方木桩和板桩组成的桩基础之上，这些木桩被视为桩的雏形。北宋李诫所著的《营造法式》中记载了古代地基处理方法，例如夯打、捶打及地基换填。我国有许多历史悠久的著名建筑依据土力学原理有效解决了地基问题。公元前 2 世纪修建的万里长城，穿越各种地质条件，历经千百年，依然屹立不倒。隋朝著名工匠李春设计建造的赵州桥，是世界上现存跨度最大、建造最早的单孔敞肩石拱桥，桥台砌筑于密实的粗砂层上，1 400 余年沉降仅几厘米。此外，埃及金字塔、柬埔寨吴哥窟、古罗马斗兽场这些久负盛名的建筑物均拥有坚实的地基基础，历经千载至今仍巍然耸立。

伴随着土力学理论的逐步完善，地基基础工程技术日趋成熟，推动了社会的迅猛发展。根据不同的工程条件选用相应类型的基础，基坑开挖、支护的施工方法及要求，如何进行基坑排水，桩基础的分类、适用条件和施工方法，沉井施工方法及如何处理沉井施工中出现的诸如沉井下沉困难、沉井偏斜等问题，将是我们在地基基础施工中重点学习的内容。

0.3 学习方法

在本课程的学习过程中，要特别注意对土的性质的理解，理论联系实际，抓住重点，掌握原理，搞清概念，学会计算和应用。同时，学习本课程也需要具备一定的数学和力学基础。

土的松散性是区别于整体岩石的主要特性，这种特性是创立土力学的主要原因。土力学与工程地质学有着极为密切的关系。在各类土体的形成和变化过程中，有着各自相应的物质组成和结构，表现出不同的工程地质性质。只有采用地质学的自然历史分析法探究土的前世今生，才能正确地认识土体工程性质形成的原因和演变历史、目前的状态及今后的变化趋势。

土力学试验为土力学理论的发展提供了基本依据，在土力学理论发展过程中占有重要地位。除运用一般力学原理外，还要重视专门的土工试验技术的应用。本课程的学习必须注重理论与实践相结合，必须考虑建筑物本身的结构特点和使用要求。各种建筑物因设计要求不同，对土体变形和稳定性的要求也有很大差别。应从工程实际出发，对具体工程项目的地基土体和建筑土料应按照规定选择具体的土工试验项目和试验方法，运用土力学的理论进行地基基础的设计计算和施工，以解决实际工程问题。

0.4 工程案例

理论与实践紧密结合是土力学与地基基础的显著特点，土力学理论知识的应用正确与否，往往直接关系到建筑物的安危。实践证明，许多建筑物的地基基础事故，均涉及土力学的理论问题。

1. 与土有关的变形问题

举世闻名的意大利比萨斜塔是建筑物倾斜的典型实例。

（1）事故概况

比萨市位于意大利中部，靠近罗马市与米兰市中间的佛罗伦萨市，有铁路相通，交通方便。比萨斜塔位于比萨市北部，它是比萨大教堂的一座钟塔，位于大教堂东南方向约 25 m。

比萨斜塔是一座独立的建筑，周围空旷，游人可以环绕塔身行走与观赏。比萨斜塔的建造经历了三个时期：

第一期（1173—1178 年）：自 1173 年 9 月 8 日动工，1178 年建至第 4 层，高度约 29 m 时，因塔倾斜而停工。

第二期（1272—1278 年）：钟塔施工中断 94 年后，于 1272 年复工，1278 年建完第 7 层，高度约 48 m 时，再次停工。

第三期（1360—1370 年）：经第二次施工中断 82 年后，于 1360 年再复工，1370 年竣工，全塔共 8 层，高度为 55 m。

斜塔呈圆筒形，塔身 1～6 层均由大理石砌成，大理石质地优良，每块大理石做得很规整，不仅高度一致，而且表面做成曲面，拼接成圆形塔身。塔基础外伸台阶也同样做成圆形。尤其是塔周围有 15 根大圆柱，砌筑得更精致。斜塔顶上 7～8 层为砖和轻石料筑成。塔身砌体总厚度：第 1 层为 4.1 m，第 2～6 层为 2.6 m。塔身内径约 7.65 m，基础底面外直径 19.35 m，内直径 4.51 m。塔身每层都有精美的花纹图案，整个斜塔是一座宏伟而精致的艺术品，令人赞叹不已。原来游人可以登塔在各层围廊观赏眺望，因斜塔沉降加速，为了安全，于 1990 年 1 月 14 日封闭。

全塔总荷重约为 145 MN，塔身传递到地基的平均压力约为 500 kPa。目前，塔北侧沉降量约 90 cm，南侧沉降量约 270 cm，塔倾斜约 5.5°，状况十分严重。

比萨斜塔向南倾斜，塔顶离开垂直线的水平距离已达 5.27 m，约为我国虎丘塔的 2.3 倍。比萨斜塔塔身的建筑材料为质量优良的大理石条石且施工精细，因此塔身尚未出现裂缝。

经计算，比萨斜塔基础底面倾斜值为 0.093（即 93‰）。我国国家标准《建筑地基基础设计规范》（GB 50007—2011）中规定：高耸结构基础的倾斜，当建筑物高度 H_g 为 $50\ m<H_g\leq 100\ m$ 时，其倾斜值的允许值为 0.005（即 5‰）。目前，比萨斜塔基础实际倾斜值已等于我国国家标准允许值的 18 倍。由此可见，比萨斜塔倾斜已达到极危险的状态。

（2）原因分析

比萨斜塔倾斜的原因成为当时许多学者关注的焦点。早在 18 世纪就有记载，当时有两派不同见解：一派由历史学家兰尼里·克拉西为首，坚持比萨塔有意建成不垂直；另一派由建筑师阿莱山特罗领导，认为比萨塔的倾斜归因于它的地基不均匀沉降。

20 世纪以来，一些学者提供了塔的基本资料和地基土的情况。比萨斜塔地基土的剖面，由上至下，可分为 8 层：

① 表层为耕植土，厚 1.6 m；
② 第 2 层为粉砂，夹黏质粉土透镜体，厚度 5.40 m；
③ 第 3 层为粉土，厚度 3.0 m；
④ 第 4 层为上层黏土，厚度 10.5 m；
⑤ 第 5 层为中间黏土，厚度 5.0 m；
⑥ 第 6 层为砂土，厚度 2.0 m；
⑦ 第 7 层为下层黏土，厚度 12.5 m；
⑧ 第 8 层为砂土，厚度超过 20.0 m。

有人将上述 8 层土合并为 3 大层：①～③层为砂质粉质土层；④～⑦层为黏土层；⑧层为砂质土层。地下水位深 1.6 m，位于粉砂层。

根据对上述资料分析，比萨斜塔倾斜的原因有：

① 比萨斜塔基础底面位于第 2 层粉砂中，由于施工不慎，南侧粉砂局部外挤，造成偏心荷载，使塔南侧附加应力大于北侧，导致塔向南倾斜。

② 比萨斜塔基底应力高达 500 kPa，超过持力层粉砂的承载力，地基产生塑性变形，使塔下沉。塔南侧接触压力大于北侧，南侧塑性变形必然大于北侧，使塔的倾斜加剧。

③ 比萨斜塔地基中的黏土层厚达近 30 m，位于地下水位下，呈饱和状态。在长期重荷作用下，土体发生蠕变，也是塔继续缓慢倾斜的一个原因。

④ 在比萨平原深层抽水，使地下水位下降，相当于大面积加载，这是比萨斜塔倾斜的重要原因。在 20 世纪 60 年代后期与 70 年代早期，观察到地下水位下降的同时塔的倾斜率增加。当天然地下水位恢复后，则塔的倾斜率也回到正常值。

（3）处理方法

① 卸荷处理

为了减轻比萨斜塔地基荷载，于 1838—1839 年在塔周围开挖一个环形基坑。基坑宽度约 3.5 m，北侧深 0.9 m，南侧深 2.7 m。基坑底部位于塔基础外伸的三个台阶以下，铺有不规则的块石。基坑外围用规整的条石垂直向砌筑，且基坑顶面以外地面平坦。

② 防水处理与水泥浆加强

为防止雨水下渗，于 1933—1935 年对环型基坑做防水处理，同时对基础周围用水泥浆加强。

③ 塔身加固

为防止比萨斜塔散架，1992 年 7 月开始对塔身加固。

以上处理方法均非根本之计，其关键应是对地基加固而又不危及塔身安全，难度很大。

2. 与土有关的强度问题

加拿大特朗斯康谷仓（见图 0-2），由于地基强度破坏发生整体滑动，是建筑物失稳的典型例子。

（1）事故概况

加拿大特朗斯康谷仓平面呈矩形，长 59.44 m，宽 23.47 m，高 31.0 m，容积 36 368 m^3。谷仓为圆筒仓，每排 13 个圆筒仓，共 5 排 65 个圆筒仓组成。谷仓的基础为钢筋混凝土筏基，厚 61 cm，基础埋深 3.66 m。

图 0-2　加拿大特朗斯康谷仓

谷仓于 1911 年开始施工，1913 年秋完工。谷仓自重 20 000 t，相当于装满谷物后满载总质量的 425%。1913 年 9 月起往谷仓装谷物，并使谷物均匀分布。同年 10 月，当谷仓装了 31 822 m^3 谷物时，发现 1 h 内垂直沉降达 30.5 cm；结构物向西倾斜，并在 24 h 内谷仓倾倒，倾斜度离垂线达 26°53′；谷仓西端下沉 7.32 m，东端上抬 1.52 m。1913 年 10 月 18 日谷仓倾倒后，上部钢筋混凝土筒仓坚如磐石，仅有极少的表面裂缝。

（2）原因分析

1913 年春事故发生的预兆：当冬季大雪融化，附近由石渣组成高为 9.14 m 的铁路路堤面的黏土下沉 1 m 左右，迫使路堤两边的地面成波浪形。施打数百根长 18.3 m 的木桩穿过石渣，形成一个台面，用以铺设铁轨。

建造谷仓时未对地基土进行勘察研究，而是根据邻近结构物基槽开挖试验结果，计算谷仓地基承载力为 352 kPa。谷仓位于冰川湖的盆地中，地基中存在 12.2 m 厚的冰河沉积黏土层，其上面是厚 3.0 m 的更近代沉积层，其下面为厚 3.0 m 的固结良好的冰川下冰碛层。

经未扰动的黏土试样测得：黏土层的平均含水率随深度由 40%增至约 60%；无侧限抗压强度从 118.4 kPa 减少至 70.0 kPa，平均为 100.0 kPa；平均液限 105%，塑限 35%，塑性指数 $I_p = 70$。试验表明该黏土层是高胶体高塑性土体。按太沙基公式计算该黏土层的承载力远小于谷仓地基破坏时的实际荷载。

综上所述，加拿大特朗斯康谷仓发生地基滑动强度破坏的主要原因为：对谷仓地基土层事先未做勘察、试验与研究，采用的设计荷载超过地基土的抗剪强度。由于谷仓整体刚度较高，地基破坏后，筒仓仍保持完整，无明显裂缝，因而地基发生强度破坏而整体失稳。

（3）处理方法

为修复谷仓，在基础下设置了 70 多个支承于深 16 m 基岩上的混凝土墩，使用了 388 只 50 t 的千斤顶，逐渐将倾斜的谷仓纠正。补救工作是在倾斜谷仓底部水平巷道中进行，新的基础在地表下深 10.36 m。经过纠倾处理后，谷仓于 1916 年起恢复使用，修复后位置比原来降低了 4 m。

3. 与土有关的渗流问题

2007 年 4 月 19 日，甘肃高台县小海子水库下库坝突然决堤（见图 0-3），导致下游数千亩农田被淹没冲毁，所幸高台县政府及时组织群众转移并开展抢险工作，没有造成人员死亡。

图 0-3　小海子水库发生溃坝事故

小海子水库位于高台县南华镇小海子村境内，始建于 1958 年，后于 1984 年、1987 年、1990 年 3 次加高扩建。2001 年被国家计委、水利部列为西部专项资金病险水库处理项目，加固工程于 2004 年 10 月完工，同年 12 月，张掖市有关部门组织了初步验收。

除险加固后，小海子水库分为上、中、下三库，设计总库容 1 048.1 万 m^3，其中上库 180 万 m^3，中库 581.1 万 m^3，下库 287 万 m^3，溃坝的下库正是最近一次加固工程中建成的。

小海子水库发生溃坝事故后，水利部立即派出工作组抵达事故现场，帮助、指导当地抢险救灾工作，并于 2007 年 4 月 25 日成立了事故调查组赶赴现场进行事故原因调查。水利部通报了甘肃省小海子水库溃坝事故原因调查结果，认定小海子水库溃坝是一起责任事故，并对相关单位和人员界定了责任。

通报指出，小海子水库溃坝属非自然因素造成的渗流破坏所致，是一起责任事故。其根源是坝后排水沟底部的黏土层被破坏、坝前铺盖中存在的缺陷处理不当，致使坝基不能满足渗流稳定要求。渗流破坏先从坝后排水沟破坏涌出开始，逐渐向上游发展，坝基被淘空，坝前坝后形成了渗漏通道，导致坝体沉降、坍塌，最终酿成决口溃坝。

项目 1

土的物理性质与工程分类

项目导学

岩石（即地球的外壳）的厚度可达 30 ~ 80 km，而土（即第四纪沉积层）的厚度为数米至数百米。任何建筑的基础修建，都会引起一定范围内的地层的应力变化，在处理地基基础问题和进行土力学计算时，我们不但要知道土的物理性质特征及其变化规律，了解各类土的工程特性，还必须掌握表示土的物理性质的各种指标的测定方法和指标间的相互换算关系，并熟悉按土的有关特征和指标来制订地基土的分类方法，为相关的工程设计、施工提供经验。本项目主要介绍了土的组成、三相比例关系指标、土体物理状态指标、土的结构和分类。

教学目标

1. 知识目标

（1）土的成因及其三相组成；
（2）物理性质指标和物理状态指标；
（3）土体的结构和构造；
（4）地基土的分类及鉴别。

2. 能力目标

（1）能解释土的成因、结构和构造对其工程性质的影响；
（2）能简述颗粒分析的方法，区分土中水的不同形态；
（3）能正确计算土的物理性质指标和物理状态指标，依据计算结果对土进行分类；
（4）会开展填土的击实试验，并获取最优含水率。

3. 情感目标

（1）树立良好的劳动纪律观念和团队协作意识；
（2）养成科学、严谨的工作态度；
（3）具备良好的交流、沟通能力。

4. 思政目标

（1）培养学生不畏困难，坚韧、顽强、执着的品质；
（2）帮助学生树立生态文明意识；
（3）鼓励学生继承和发扬“载人航天精神”“青藏铁路精神”及“工匠精神”等时代精神。

相关案例

敦煌莫高窟的泥塑

莫高窟，俗称千佛洞，坐落在河西走廊西端的敦煌。它始建于前秦宣昭帝苻坚时期，后历经北朝、隋朝、唐朝、五代十国、西夏、元朝等朝代的兴建，形成巨大的规模，有洞窟 735 个、壁画 4.5 万 m^2、泥质彩塑 2 415 尊，被誉为世界上现存规模最大、内容最丰富的佛教艺术地。1961 年，莫高窟被国务院公布为第一批全国重点文物保护单位之一。1987 年，莫高窟被列为世界文化遗产。

莫高窟各窟均是洞窟建筑、彩塑、绘画三位一体的综合性艺术。一个洞窟从始建到完成要经历怎样的过程呢？

洞窟的建成大体要经过整修崖面、凿窟、绘制壁画塑像、修造并装饰窟檐或殿堂等一系列的营造程序。

（1）按设计的意图挖凿出石窟的雏形。

（2）用拌有草或者其他纤维的黏土将壁画抹平，并打磨光滑。在这道工序上，通常需要两个层次，紧贴岩壁底层的土可以粗糙一些，为了增强紧靠岩壁泥层的附着力，往往在泥中要拌一些草或者纤维质；其次，在表层敷上较细的土质，并加以磨光以便绘画。

（3）在龛内制作彩塑，并在墙壁上设计绘制壁画。敦煌一带少有雕刻的石材，石窟所在的砂岩无法进行雕刻。因此，洞窟内的佛像均为泥塑加以彩绘的彩塑。

彩塑制作工序：

（1）首先以木条作为骨架，然后在木架上绑上草绳、布条之类以附着泥土之物。

（2）在缠有草绳的木架上敷泥，做成雏形。

骨架 ⟶ 扎芯 ⟶ 上泥

（3）对形象进行仔细雕琢，完成各个细部的造型。

（4）在泥塑表面加以彩绘，最后完成彩塑。

塑造 ⟶ 收光 ⟶ 敷彩

具有一定细度和分散度的黏土，加适量水调和均匀,成为含水率一定的塑性泥料,在外力作用下可塑造各种形状而不发生开裂。古人充分利用了黏土的可塑性创造了举世闻名的莫高窟。

莫高窟彩塑的原料为何是黏土？砂土可以做成彩塑吗？黏土为何具有可塑性？本项目将从土的成因、组成、结构及分类，土的物理性质指标及物理状态指标等角度为您揭晓答案。

任务 1.1　土的形成

1.1.1　土的定义

狭义概念所指的土是岩石风化的产物，即由连续、坚固的岩石在风化作用下（包括物理风化、化学风化及生物风化）形成的大小悬殊的颗粒，经过不同的搬运方式，在各种自然环境中形成的覆盖于地表的、松散的、没有胶结或胶结很弱的颗粒堆积物。风化、搬运和堆积这三者不是简单的互相衔接，而是在搬运和堆积过程中风化仍然在继续，并且它也并不是只经过一次的搬运堆积，而往往是经过多次的搬运和堆积。这些过程的交错进行，使土具有了多样性。

土是矿物颗粒的松散堆积物，颗粒之间的胶结强度远比其他工程材料如钢铁、木材以及混凝土中颗粒间的胶结强度要小，甚至没有胶结，因此土具有“松散性”。另外，颗粒之间形成许多孔隙，使土具有“多孔性”。在一般情况下，土中的孔隙由水和空气填充。由于土粒、水和空气是三种不同相的物质，所以土又是由固相（土粒）、液相（水）和气相（空气）组成的多相物体，使土具有“多相性”。土在形成过程中往往经过多次搬运后沉积，而且沉积方式、沉积顺序、沉积范围与厚度、土粒的矿物成分与大小都各不相同。因此，天然土层的分布常常是十分复杂的，即使在同一地区甚至同一地点，地层中可能埋藏有多种土层，而且同一土层的性质也可能会因位置或埋深而变化。工程技术人员对土的这种复杂性应有充分认识。此外，土的工程性质又常会随温度、湿度、地下水位和压力等外界因素的变化而发生显著变化，因此还须注意土的性质的易变性。

1.1.2 风化作用

1. 物理风化

暴露在大气中的岩石经受机械破坏及各种气候因素影响，如地壳运动的压挤，温度的昼夜变化和季节变化，风、霜、雨、雪的侵蚀，裂隙水的冻融等，导致岩石体积经常性的膨胀和收缩而产生裂缝并加剧裂缝发展，逐渐由大块体破碎、崩解为较小的碎屑和颗粒，这一过程称为物理风化作用。岩石经物理风化作用形成的物质基本上仍保持原来岩石（母岩）的成分，仅是颗粒大小和形状上的变化。

由物理风化作用生成的土体，土颗粒间没有黏结作用，呈松散状态，属于粗粒土，如块碎石、砾石和砂土，这种土统称为无黏性土。

2. 化学风化

岩石物理风化的产物由于受到某种动力地质的作用（例如重力、水流、冰川或风力等），它们可以由甲地搬运并堆积至乙地。在搬运和堆积期间又与大气中某些气体，例如碳酸气（CO_2），氧气（O_2），或水、某些生物分泌出的有机酸溶液等物质接触，逐渐发生化学变化，使这些碎屑和颗粒分解为非常细小的颗粒状物质，这一过程称为化学风化作用。化学风化作用不仅使岩石颗粒变得更细，更重要的是改变了岩石颗粒的成分。岩石经化学风化作用形成了大量细微土颗粒，最主要为黏土颗粒（粒径<0.005 mm）以及大量的可溶性盐类，与原来岩石（母岩）的成分截然不同，使岩石产生质的变化。

由化学风化作用生成的土体，土颗粒间因为有黏聚力而相互黏结，属于细粒土，如黏土和粉质黏土，这种土统称为黏性土。

3. 生物风化

生物风化是指岩石受生物生长及活动影响而产生和加速的破坏过程，是生物活动对岩石的破坏作用。一方面引起岩石的机械破坏，如长在岩石缝隙中的树，因树根伸展使岩石裂隙扩展开裂；另一方面生物新陈代谢分泌出的有机酸，也可以使岩石分解破坏。此外，生物死亡分解可以形成腐殖酸，这种酸分解岩石的能力也很强。生物风化作用的意义不仅在于引起岩石的机械和化学破坏，还在于它形成了一种既有矿物质又有有机质的物质——土壤。从某种意义来讲，生物风化也可归入物理风化和化学风化。

《城市轨道交通岩土工程勘察规范》（GB 50307—2012）中规定土按地质成因可分为残积土、坡积土、洪积土、冲积土、淤积土、冰积土及风积土等。不同类型的土，工程性质相差很大。特别是还有一些工程性质特殊的土，在这类土上进行工程建设时，常会产生特殊的工程地质问题，须进行适当处理，以保证建筑物安全。

根据实践经验，土的工程特性一方面取决于原始堆积条件，可影响土的结构构造、矿物成分、粒度成分、孔隙中水溶液的性质等；另一方面也取决于堆积以后的经历，如生成年代的长短、自然地理条件的变迁等，都可引起原始堆积物的成分或性质的某些改变。一般生成年代越长，上覆土层重量越大，土压得越密实，由孔隙水中析出的化学胶结物也越多。因此，老土层比新土层的强度及变形模量要高，甚至由散粒体经过成岩作用又变成整体岩石，如砂土成为砂岩，黏土变成页岩等。不同的自然地理环境对土的性质也有很大影响。我国沿海地区的软土、严寒地区的永冻土、西北地区的湿陷性黄土、西南亚热带的红黏土等，除了具有一般土的共性外，还各具有自己的特点。

思政小课堂

清代著名书画家郑燮（号板桥）曾在《竹石》中写道：“咬定青山不放松，立根原在破岩中。千磨万击还坚劲，任尔东西南北风。”竹子在岩石裂隙中的生长过程，将对岩石造成破坏，这恰恰是岩石生物风化作用的一种表现。

动画—竹石

《竹石》是一首赞美岩竹的题画诗，着力表现了竹子顽强、刚毅和执着的品质。诗人用“咬定”二字将岩竹拟人化，借此表达诗人刚正不阿、坚强不屈的性格，决不向任何邪恶势力低头的高风傲骨。同时，这首诗也给我们以生命的感动，特别是“任”字引导我们要在曲折恶劣的环境中抱有积极乐观的态度，敢于面对现实，凭借坚韧不拔的意志力战胜困难。

习近平总书记在庆祝改革开放40周年大会中强调：“我们现在所处的，是一个船到中流浪更急、人到半山路更陡的时候，是一个愈进愈难、愈进愈险而又不进则退、非进不可的时候”。改革开放继续跋山涉水，需要新时代青年奋发有为。新时代的青年既是追梦者，也是圆梦人。追梦需要激情和理想，圆梦需要奋斗和奉献。作为新时代的青年，我们要像生长在岩石裂隙中的竹子一样，要面对困难更坚韧，在奋斗中释放青春激情、追逐青春理想，以青春之我、奋斗之我，为民族复兴铺路架桥，为祖国建设添砖加瓦，真正跑好历史交给我们的接力棒。

任务 1.2　土的三相组成

土体是由固体颗粒（固相）、水（液相）和气体（气相）组成的三相体系（见图1-1）。

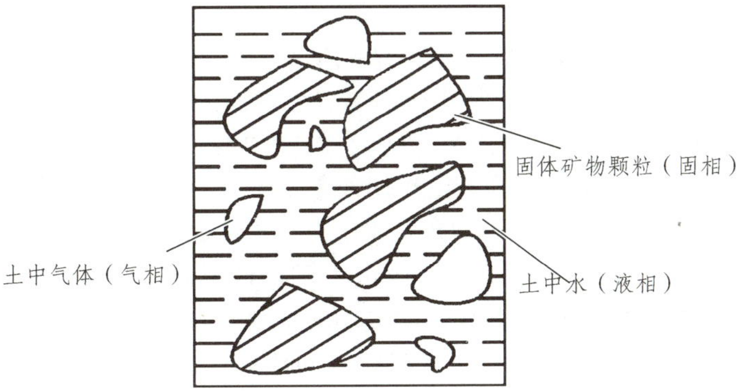

图 1-1　土的三项组成

在同一地点的土体，它的三相组成随着环境的变化而改变。例如，天气的晴雨、季节变化、温度高低以及地下水的升降等，都会引起土的三相之间的比例产生变化。土体三相比例不同，土的状态和工程性质也随之各异，例如：

当孔隙全被水充满时，形成饱和土。此时，松散的粉细砂或粉土遇强烈地震可能产生液化，使工程遭受破坏。黏土地基受建筑荷载作用发生沉降，有时需几十年才能稳定。

当孔隙中一部分被水占据，一部分被空气占据，形成非饱和土，也叫湿土，此时黏土可表现为可塑性。

当孔隙中只有空气时即为干土，此时黏土呈坚硬状态。

饱和土和干土均属于二相体系。土中三相本身的性质及它们之间的比例关系和相互作用影响着土的物理力学性质。因此，研究土的性质，必须首先研究土的三相组成。

1.2.1　土的固体颗粒

土的固体颗粒主要是土粒，有时还有粒间胶结物和有机质（半腐烂或全腐烂的植物质和动物的残骸等），它们构成了土的骨架。土粒大小与其颗粒形状、矿物成分、结构构造有着一定的联系。因此，土的固体颗粒是影响土的物理力学性质的重要因素。

1. 土粒的矿物成分

土的固体相部分是由各种矿物颗粒或矿物集合体组成的，不同矿物成分的性质是有差别的，因此由不同矿物组成的土的性质也是不同的。

土粒的矿物成分如图 1-2 所示。土粒分为无机矿物颗粒与有机质，对有机质含量超过 3%～5%的土应予注明，不宜作为填筑材料。无机矿物颗粒由原生矿物和次生矿物组成。

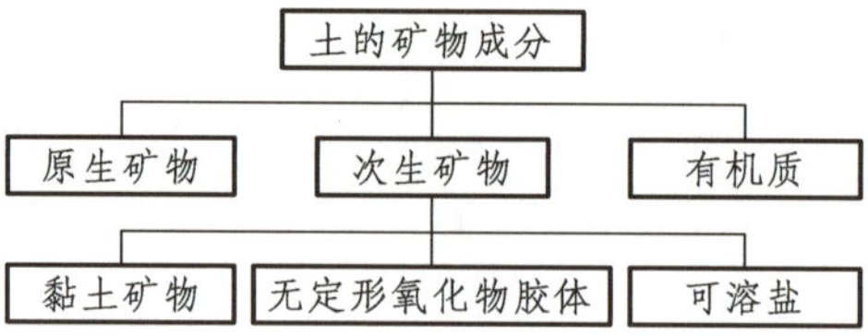

图 1-2　土中矿物成分分类

原生矿物是指地壳岩浆在冷凝过程中形成的矿物，常见的有石英、长石、云母、角闪石等。由物理风化生成的土粒通常由一种或几种原生矿物组成，颗粒较粗，一般为无黏性土。颗粒呈现圆形、板状、块状，吸附水的能力弱，无塑性，物理性质较稳定。

次生矿物是由原生矿物经化学风化作用而形成的矿物。次生矿物主要是黏土矿物、无定形的氧化物胶体（如 Al_2O_3、Fe_2O_3）和盐类（如 $CaCO_3$、$CaSO_4$、NaCl 等）。常见的黏土矿物有高岭石、伊利石和蒙脱石。由次生矿物构成的土粒极细，多呈片状或针状，性质不稳定，有较强的吸附水的能力，含水率的变化易引起体积胀缩，有塑性。

黏土矿物大多具有由硅氧四面体与铝氧八面体两个基本单位所组成的层状结晶格架。根据不同结晶格架，可形成很多种类的黏土矿物，其中分布较广且对土性质影响较大的是蒙脱石、高岭石和伊利石（或水云母）三种，如图 1-3 所示。

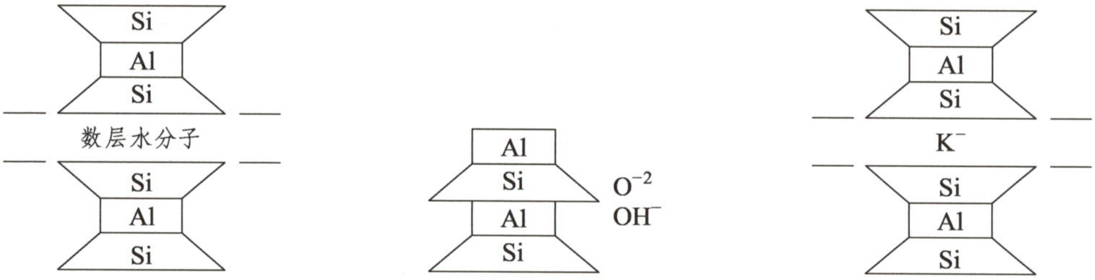

（a）蒙脱石　（b）高岭石　（c）伊利石

图 1-3　黏土矿物结构示意图

三大类黏土矿物中，高岭石晶层之间联结牢固，水不能自由渗入，故其亲水性差，可塑性低，胀缩性弱；蒙脱石则反之，晶胞之间联结微弱，活动自由，亲水性强，胀缩性亦强；伊利石的性质介于两者之间。

2. 土粒的大小和颗粒级配曲线

（1）土的粒组划分

在自然界中存在的土，都是由大小不同的土粒组成。土粒的大小称为粒度，通常以粒径表示。土粒粒径往往相差悬殊，例如漂石的粒径可以达到 200 mm，而黏粒的粒径比 0.005 mm 还小。土粒的粒径由粗到细逐渐变化时，土的性质相应发生变化。随着粒径变细，单位体积内颗粒的表面积就会变大，与水接触的面积就会愈多，颗粒间相互作用的能力就愈强。土的性质随粒径的变细可由无黏性变化到有黏性。粗颗粒的砾石具有很强的透水性，但完全没有黏性和可塑性。细颗粒的黏土透水性虽然很小，却具有较大的黏性和可塑性。

为了研究方便，工程上将土中各种不同粒径的土粒，按粒径大小和性质接近的原则，分成若干粒组。各粒组的土颗粒随着分界尺寸的不同而呈现出一定质的变化。划分粒组的分界尺寸称为界限粒径。由于用途不同，界限粒径在不同国家甚至同一国家的不同部门的划分标准也不尽相同，表 1-1 是《铁路桥涵地基和基础设计规范》（TB 10093—2017）对粒组的划分。

表 1-1　土粒粒组的划分

颗粒名称		粒径 d /mm
漂石（浑圆、圆棱）或块石（尖棱）	大	$d>800$
	中	$400<d\leqslant 800$
	小	$200<d\leqslant 400$
卵石（浑圆、圆棱）或碎石（尖棱）	大	$100<d\leqslant 200$
	小	$60<d\leqslant 100$
粗圆砾（浑圆、圆棱）或粗角砾（尖棱）	大	$40<d\leqslant 60$
	小	$20<d\leqslant 40$
圆砾（浑圆、圆棱）或细角砾	大	$10<d\leqslant 20$
	中	$5<d\leqslant 10$
	小	$2<d\leqslant 5$
砂粒	粗	$0.5<d\leqslant 2$
	中	$0.25<d\leqslant 0.5$
	细	$0.075<d\leqslant 0.25$
粉粒		$0.005\leqslant d\leqslant 0.075$
黏粒		$d<0.005$

（2）颗粒分析试验

工程土常常是不同粒组的混合物，而土的性质主要取决于不同粒组的相对含量。土的颗粒级配是指干土中各粒组颗粒质量所占干土总质量的百分数。土的颗粒级配是通过土的颗粒大小分析试验测定的，常用的测定方法有筛析法、密度计法和移液管法。

筛析法适用于粒径小于或等于 200 mm，大于 0.075 mm 的土体；密度计法和移液管法统称水分法，适用于粒径小于 0.075 mm 的土体。

筛析法：利用一套孔径由大到小的筛子，将事先称过质量的干试样放入筛中，上加顶盖，下加底盘，叠在一起，如图 1-4 所示。经过充分振摇后，把留在各级筛上的土粒分别称量，算出小于某粒径的土粒含量，用以确定土中各粒组的土粒含量。

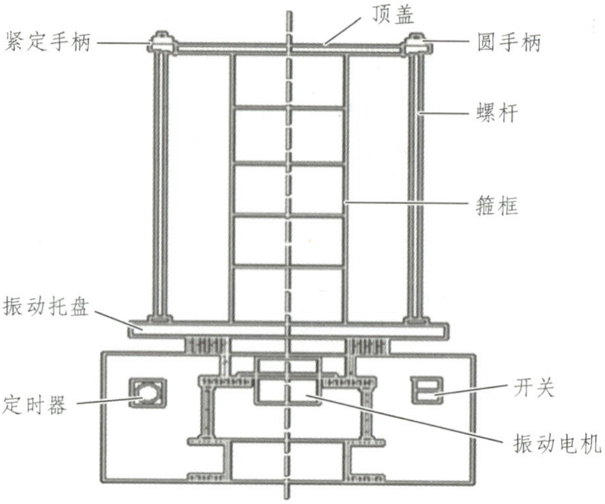

图 1-4　标准筛和振筛机

分析筛有粗筛和细筛两种。粗筛孔径（圆孔）为 200、150、100、75、60、40、20、10、5、2 mm。细筛孔径为 2、1、0.5、0.25、0.075 mm。筛析法的取样数量应符合表 1-2 的规定。

表 1-2　取样数量

土粒粒径/mm	取样数量/g
<2	100 ~ 300
<10	300 ~ 1 000
<20	1 000 ~ 2 000
<40	2 000 ~ 4 000
<60	≥5 000
<75	≥6 000
<100	≥8 000
<150	≥10 000
<200	≥10 000

试验时，根据无黏性土颗粒大小，按表 1-2 的规定，取代表性风干试样过 2 mm 筛，称筛上或筛下的试样质量，筛下的试样质量小于试样总质量的 10%时，不做细筛分析；筛上的试样质量小于试样总质量的 10%时，不做粗筛分析。取 2 mm 筛上试样倒入依次叠好的粗筛最上层筛中，筛下的试样倒入依次叠好的细筛最上层筛中，进行筛析。细筛宜置于筛析机上进行筛析，振筛时间为 10 ~ 15 min。筛后各级筛上和底盘内试样质量的总和与筛前试样总质量的差值，不得大于试样总质量的 1%。

对于含有黏土粒的砂类土的试验，《铁路工程土工试验规程》（TB 10102—2010）中另有规定，本书从略。

（3）试验结果分析方法

土的颗粒大小分析试验结果，可用表格法和颗粒级配曲线法两种方式表达。

① 表格法

表格法是以列表形式直接表示土中各粒度组分的相对含量。根据表格所列的内容不同，具体有两种列表方式：一种是列出各粒组的界限粒径和对应的累计质量百分数，即小于（或大于）各粒组界限粒径的颗粒质量百分数，如表 1-3 所示；另一种是列出各粒组的粒径范围和对应的各粒组的颗粒质量百分数，如表 1-4 所示。

表 1-3　颗粒大小分析试验记录（筛析法）

<table>
<tr><td>风干试样总质量 m_B/g</td><td colspan="2">5 000.0</td><td colspan="3">小于 0.075 mm 的试样占试样总质量百分数 d_x/%</td><td>2.9</td></tr>
<tr><td>2 mm 筛上试样质量/g</td><td colspan="2">3 536.7</td><td colspan="3">小于 2 mm 的试样占试样总质量百分数 d_x/%</td><td>29.2</td></tr>
<tr><td>2 mm 筛下试样质量/g</td><td colspan="2">1 459.7</td><td colspan="3">细筛分析时所取试样质量/g</td><td>1 459.7</td></tr>
<tr><td>分析筛分类</td><td>孔径/mm</td><td>分计留筛试样质量/g</td><td>累计留筛试样质量/g</td><td>小于该孔径的试样质量 m_A/g</td><td>小于该孔径的试样质量百分数 (m_A/m_B)/%</td><td>小于该孔径占试样总质量百分数 [$X = (m_A/m_B) \times d_x$]/%</td></tr>
<tr><td rowspan="6">粗筛</td><td>60.0</td><td>0.0</td><td>0.0</td><td>4 996.4</td><td>99.9</td><td>99.9</td></tr>
<tr><td>40.0</td><td>966.4</td><td>966.4</td><td>4 030.0</td><td>80.6</td><td>80.6</td></tr>
<tr><td>20.0</td><td>835.0</td><td>1 801.4</td><td>3 195.0</td><td>63.9</td><td>63.9</td></tr>
<tr><td>10.0</td><td>563.2</td><td>2 364.6</td><td>2 631.8</td><td>52.6</td><td>52.6</td></tr>
<tr><td>5.0</td><td>484.6</td><td>2 849.2</td><td>2 147.2</td><td>42.9</td><td>42.9</td></tr>
<tr><td>2.0</td><td>687.5</td><td>3 536.7</td><td>1 459.7</td><td>29.2</td><td>29.2</td></tr>
<tr><td rowspan="5">细筛</td><td>2.0</td><td>687.5</td><td>3 536.7</td><td>1 459.7</td><td>100.0</td><td>29.2</td></tr>
<tr><td>1.0</td><td>309.8</td><td>3 846.5</td><td>1 149.9</td><td>78.8</td><td>23.0</td></tr>
<tr><td>0.5</td><td>498.2</td><td>4 344.7</td><td>651.7</td><td>44.6</td><td>13.0</td></tr>
<tr><td>0.25</td><td>368.3</td><td>4 713.0</td><td>283.4</td><td>19.4</td><td>5.7</td></tr>
<tr><td>0.075</td><td>136.2</td><td>4 849.2</td><td>147.2</td><td>10.1</td><td>2.9</td></tr>
<tr><td colspan="2">筛底存留/g</td><td>147.2</td><td>散失量/g</td><td>3.6</td><td>散失量百分数/%</td><td>0.1</td></tr>
</table>

表 1-4　颗粒级配

粒径/mm	>60	60～40	40～20	20～10	10～5	5～2	2～1	1～0.5	0.5～0.25	0.25～0.075	<0.075
百分数/%	0.1	19.3	16.7	11.3	9.7	13.7	6.2	10	7.3	2.8	2.9

小于某粒径的试样质量占试样总质量的百分数可用下式计算：

$$X = \frac{m_A}{m_B} d_x \qquad (1\text{-}1)$$

式中　X——小于某粒径的试样质量占试样总质量的百分数（%），计算至 0.1%；

m_A——小于某粒径的试样质量（g）；

m_B——细筛分析时为所取试样质量，粗筛分析时为所取试样总质量（g）；

d_x——粒径小于 2 mm 或粒径小于 0.075 mm 的试样质量占试样总质量的百分数（%）；

若土中无大于 2 mm（或无大于 0.075 mm）的颗粒时，d_x = 100%。

② 颗粒级配曲线法

根据颗粒分析结果，常采用颗粒级配曲线法表示土的颗粒级配。该法是比较全面和通用的一种图解法，其特点是可获得颗粒级配的定量指标，特别适用于几种土级配好坏的相对比较。颗粒级配曲线如图 1-5 所示。颗粒级配曲线的横坐标为土颗粒的粒径，以 mm 表示。由于土粒粒径的值域范围较广（可达几个数量级），且细粒土的含量对土的性质影响很大，需详细表示，故粒径的坐标通常选用对数坐标。颗粒级配曲线的纵坐标为小于某粒径的试样质量占试样总质量的百分数，用普通比例尺表示。

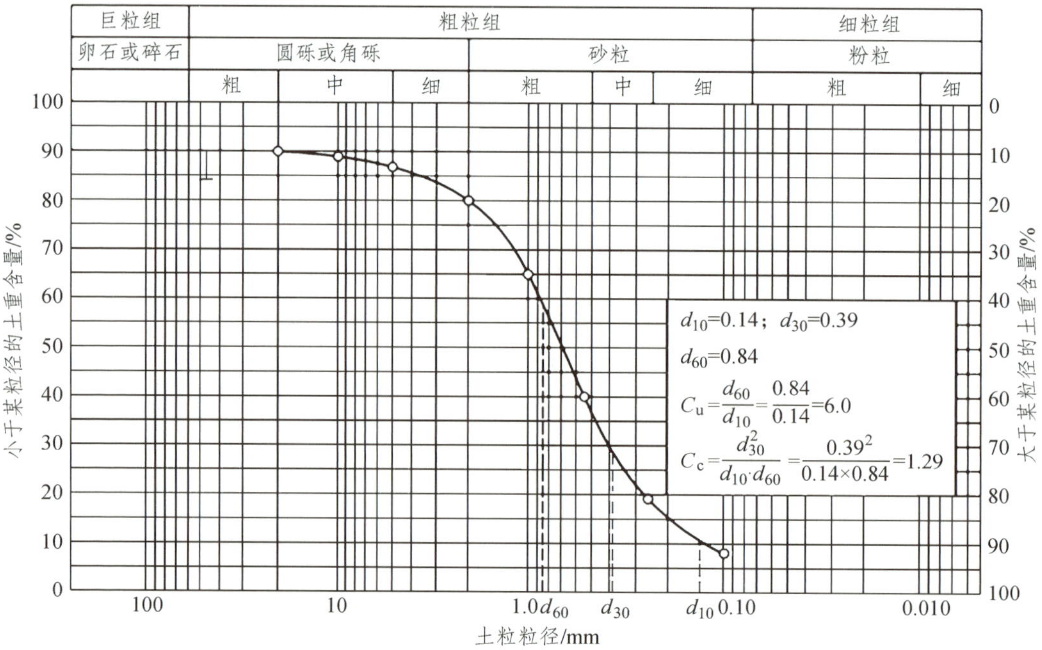

图 1-5 颗粒级配曲线

根据颗粒级配曲线确定级配的两个定量指标，即不均匀系数 C_u 及曲率系数 C_c，其定义分别为

$$C_u=\frac{d_{60}}{d_{10}} \tag{1-2}$$

$$C_c=\frac{d_{30}^2}{d_{10}d_{60}} \tag{1-3}$$

式中 d_{10}，d_{30}，d_{60}——分布曲线上小于某粒径的试样含量占试样总质量的百分数分别为 10%、30%、60%时所对应的粒径（mm）；

d_{10}——有效粒径（mm）；

d_{30}——中值粒径（mm）；

d_{60}——限制（控制）粒径（mm）。

利用土的级配指标可对粗粒土的级配状况进行定量评价。

不均匀系数 C_u 反映土的粒径变化范围的大小。C_u 值小，颗粒级配曲线形状陡峭，表明土的粒径变化范围小，大部分土颗粒的大小相近、甚至均匀，这种土不易压密，工程性质较差，故属级配不良。C_u 值大，颗粒级配曲线形状平缓，表明土的粒径变化范围广。对于级配连续的土，采用单一指标 C_u，即可达到比较满意的判别结果。$C_u>5$ 的土称为不均匀土，反之称为均匀土。然而，C_u 值大只是级配良好的必要条件，因为 C_u 值仅取决于 d_{60} 和 d_{10}，C_u 值大只能保证这两者的粒径相差悬殊，而不能保证其中间粒径的含量情况。如 C_u 值过大，甚至可能会出现中间粒径缺失的情况，级配曲线呈台阶状，即级配不连续，也属级配不良。如果台阶范围较大，表示这种土的颗粒特征是颗粒粗的很粗，细的很细。此时，再采用单一指标 C_u 则难以有效判定土的级配好坏，则需看曲率系数 C_c。

曲率系数 C_c 反映土中介于 d_{60} 与 d_{10} 之间的中间粒径的含量情况。依据实践经验，当级配连续时，C_c 的范围约为 1 ~ 3。因此，必须同时考虑不均匀系数 C_u 和曲率系数 C_c 评价土的级配状况。$C_c>3$ 或 $C_c<1$ 时，表示土的级配不连续，即存在粒径缺失，土的级配不良；$C_u<5$ 时，表示土的级配均匀土的级配不良；$C_u>5$（土的级配不均匀）且 C_c 为 1 ~ 3（土的级配连续）时，土的级配良好。

在岩土工程中，须根据工程需要选土的级配。级配良好的土经压实后，既有粗颗粒构建结实的土骨架，又有中、细颗粒填充土骨架中的孔隙，可获得较高的密实度和较好的力学性质，适用于填方工程。级配均匀的土孔隙较大，具有较好的透水性，适用于排水结构物和反滤层。《铁路路基设计规范》（TB 10001—2016）中规定：级配碎石级配特性应满足不均匀系数 C_u 不小于 15、曲率系数 C_c 在 1 ~ 3 之间。

表格法和颗粒级配曲线法在表述土的颗粒级配时各有其特点和适用条件。在工程上可根据使用要求选用合适的表示方法，也可在不同的场合选用不同的方法。表格法能较明确地用数量说明土样的各粒组含量，是最基本和最直接的表示方法，对用粒度组分进行土的分类是十分方便的，但对于大量土样之间的比较就显得过于冗长，且不够直观。曲线法用一条曲线表示一种土的颗粒级配，可在同一张图上表示多个土样，能直观地观察和比较其级配状况，并依据土的级配指标对土的级配状况进行定量评价。

1.2.2 土中水

土中水是土的液相组成部分。在自然条件下，土的孔隙中通常含有一定量的水。根据土中水的物态，可分为液态水、固态水、气态水。土中细粒愈多，水与土颗粒的接触面积愈大，水对土的性质的影响也愈大。研究土中水，必须考虑到水的存在状态及其与土粒的相互作用。根据土中水的储存部位，可分为矿物成分水和土孔隙中的水。存在于土粒矿物的晶体格架内部或是参与矿物构造中的水称为矿物成分水，它只有在比较高的温度（80 ~ 680 °C，随土粒的矿物成分不同而异）下才能化为气态水而与土粒分离。从土的工程性质上分析，可以把矿物成分水当作矿物颗粒的一部分，如结构水、结晶水等。在测定土的含水率时，烘干土样的温度不能过高，应严格控制在 100 ~ 105 °C，以免矿物成分水析出，导致所测得的土样含水率偏高。

存在于土孔隙中的水主要可分为结合水和自由水（非结合水）两大类。一般液态水可视为中性无色、无味、无臭的液体，其质量密度为 1 g/cm^3，重力密度为 9.81 kN/m^3。

1. 结合水（吸附水）

黏土颗粒表面一般带有负电荷，在水介质中表现出带电的特性，故在黏土颗粒周围存在电场。水分子是正负电荷分布在水分子两端的极性分子（氢原子端显正电荷，氧原子端显负电荷）。在土粒电场范围内的水分子和水溶液中的阳离子（如 Na^{+}、Ca^{2+}、Al^{3+} 等）在电分子吸引力作用下，牢固地黏结、排列在土粒表面（见图 1-6）。这种在土粒电场范围内受到电分子吸引力而吸附于土粒表面的水，称为结合水。

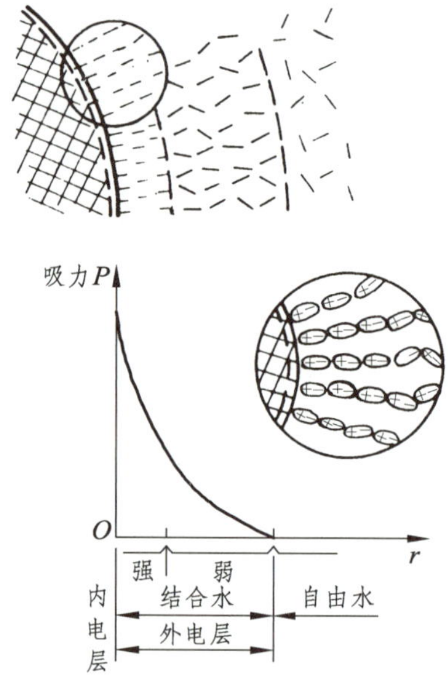

图 1-6　结合水示意图

在最靠近土粒表面处，静电引力最强，把水化阳离子和极性水分子牢固地吸附在颗粒表面上形成固定层。在固定层外围，静电引力比较小，因此水化阳离子和极性水分子的活动能力比在固定层中大些，形成扩散层。因而，根据水分子受电荷引力的大小，即被土粒表面吸引的牢固程度和水分子的活动能力，又可将结合水分为强结合水和弱结合水两种。强结合水受电荷引力大，相当于固定层中的水，而弱结合水受电荷引力小，相当于扩散层中的水。

（1）强结合水（吸着水）

强结合水是指紧靠土粒表面的结合水。强结合水丧失了液体的特性并接近于固体，密度为 1.2 ~ 2.4 g/cm^3，冰点为 −78 °C。强结合水的特征是没有溶解盐类的能力，不能传递静水压力，不因重力的影响而转移，只有吸热变成蒸汽时才能移动。这种水极其牢固地结合在土粒表面上，具有极大的黏滞度、弹性和抗剪强度。如果将干燥的土放在天然湿度的空气中，则土的质量将增加，直到土中吸着的强结合水达到最大吸着度为止。土粒愈细，土的比表面积愈大，则最大吸着度就愈大。砂土的最大吸着度约占土粒质量的 1%，仅含强结合水的砂类土呈散粒状；而黏土的最大吸着度约占土粒质量的 17%，只含有强结合水的黏土，呈固体状态，磨碎后则呈粉末状态。强结合水的厚度很薄，只有几个水分子的厚度，但其中阳离子的浓度最大，水分子的定向排列特征最明显。

（2）弱结合水（薄膜水）

弱结合水是强结合水以外，仍受土粒电荷引力的水，它紧靠于强结合水的外围形成一层很薄的、具有黏滞性的结合水膜，故弱结合水又称为薄膜水。由于颗粒表面对水分子的电荷引力减弱，水分子仍能呈定向排列，但其定向程度和与土粒表面联结的牢固程度明显小于强结合水，其性质随水分子距离土粒表面的远近从接近强结合水向自由水逐渐转变，属固液过渡态水。弱结合水仍然不能传递静水压力，但受力时水膜较厚的弱结合水能向邻近的水膜缓慢转移，也可从一个土粒的周围迁移到另一个土粒的周围，即弱结合水能发生变形。弱结合水的密度较强结合水小，但仍大于一般液态水，具较高的黏滞性、弹性、抗剪强度。弱结合水的存在是黏性土在某一含水率范围内具有可塑性的原因。黏性土的比表面积越大，使其处于可塑性的含水率范围越大。因此，弱结合水的水膜厚度是影响黏性土物理力学性质的重要因素。

2. 非结合水

在土粒电场影响范围以外，不受土粒电荷引力的水称为自由水，又称为非结合水。自由水受重力作用，能传递静水压力和溶解盐类，温度 0 °C 时结冰。自由水按其自由移动时的动力来源不同，分为重力水和毛细水。

在重力或水位差（水头压力）作用下能在土中流动的自由水称为重力水，一般存在于地下水位以下的透水土层中。重力水流动的动力来源是重力或水头压力，它具有溶解能力，能传递静水和动水压力，对土颗粒有浮力作用。当它在土孔隙中流动时，对所流经的土体施加渗流力（亦称动水压力、渗透力），计算中应考虑其影响。

毛细水是受水与空气界面的表面张力作用而存在于细孔隙中的自由水，一般存在于地下水位以上的透水土层中。在表面张力作用下，毛细水沿着不规则的毛细孔上升，形成毛细水上升带。上升带高度视孔隙大小而定，粒径大于 2 mm 的颗粒，孔隙较大，一般无毛细水现象。极细小的孔隙，土粒周围有可能被结合水充满，亦无毛细水现象。因此，毛细水主要存在于直径为 0.002 ~ 0.5 mm 的孔隙中。砂土、粉土及粉质黏土中毛细水含量较大，砂土中毛细水上升带高度一般小于 2 m，粉土中细水上升带高度通常大于 2 m。

依据实践经验，毛细水上升的高度和速度对建筑物地基及下部结构影响显著。毛细水上升到地表会引起道路翻浆、沼泽化、盐渍化，而且还会使地基土润湿，降低强度，增大变形量，最终引起地基的失稳；在寒冷地区还会加剧土的冻胀作用。

固态水是以冰的形态存在于土中的水。在常压下，当温度低于 0 °C 时，孔隙中的水冻结呈固态，往往以细小分散的冰晶粒存在或富集为冰夹层、冰透镜体等形式存在。土的性质由于水的冻结和融冻会发生很大变化。固态水在土中起胶结作用，提高了土的强度。由于从液态水转为固态水时，体积膨胀导致土的孔隙增大，在解冻后土结构变得疏松，土骨架强度降低，因此解冻后土的强度往往低于结冰前的强度。

气态水是以水汽形式存在于土中的水。气态水属土的气相，是土中气体的一个组成部分。在一定的温度和压力条件下，土中的气态水与液态水保持着动态平衡。当条件发生变化后，气态水与液态水会相互转化。气态水可以从气压高处向气压低处迁移，也可在土粒表面凝结成其他类型的水，气态水的迁移和转化可使土中水和气体的分布状况发生变化，从而影响土的性质。

1.2.3 土中气

非饱和土的孔隙中，一部分被水充填，一部分被气体充填。土中气体的成分和状态对非饱和土的性质具有很大的影响。土中气体的状态按其是否被土粒所吸附，可分为吸附状态和游离状态；按其所充填的孔隙是否与大气相连通，可分为连通状态和封闭状态。不同状态的气体可以相互转化，具有密切的联系。

连通气体在土粒间是相互贯通的，与大气直接连通，通常存在于粗粒土体内。当土受到外力作用时，连通气体很快从孔隙中挤出。封闭气体则滞留在土体内某一部分，存在于土孔隙中的密闭气体对土的工程性质影响较大。封闭气体相当于在土中存在着封闭的气泡，这些封闭的气泡会阻断自由水流动的孔隙通道，使土的透水性降低；也使单位体积内土粒含量降低，土的密实程度降低，从而使土体强度降低。此外，由于封闭气体释放困难，在压力作用下封闭气体被压缩，压力减小时封闭气体又会恢复原状，因此增加了土受压变形时的弹性。

对于淤泥和泥炭等有机质土，由于微生物（嫌气细菌）的分解作用，在土中蓄积了某种可燃气体（如硫化氢、甲烷等），使土层在自重作用下长期得不到压密，而形成高压缩性土层。

土中气体含有更多的二氧化碳（CO_2）、较少的氧气（O_2）和较多的氮气（N_2）。土中气体与大气的交换愈困难，两者的差别愈大。与大气连通不畅的地下工程施工中，尤其应注意氧气的补给，以保证施工人员的安全。

思政小课堂

确定颗粒级配的关键是对试样进行准确的筛分，确定各级留筛质量。生活中，网络技术的飞速发展，拓宽了我们获取信息的渠道。我们要学会培养自己独立思考的能力，去伪存真，从五花八门的各类信息中筛选科学、真实的信息，拒绝成为传谣者。

动画—诚信

2021年9月1日，中央网信办违法和不良信息举报中心、中国文明网、中国互联网发展基金会和中国互联网联合辟谣平台联合发布《“抵制网络谣言　共建网络文明”倡议书》。倡议书指出，新冠肺炎疫情发生以来，各类谣言在网上传播扩散，严重误导

公共舆论，损害网民权益，污染网络环境。整治网络谣言乱象、净化网络生态、维护社会和谐稳定成为社会各界共同心声。倡议书强调，互联网不是法外之地，各类网络行为主体应严格遵守法律法规、社会公德和伦理道德，坚决杜绝造谣传谣等违法违规行为，绝不让互联网成为传播有害信息、造谣生事的平台。

作为新时代的青年，我们要不断提高自身科学素养，从正规渠道获取信息，用批判性思维甄别信息，坚定“四个自信”，不传播不确定信息，并主动承担澄清谣言的任务；理性发声，做一名不造谣、不信谣、不传谣的理智新青年，传播青春正能量。

任务 1.3　土的物理性质指标

对于同一种土，经过压实后，其孔隙体积减小，土粒密实程度提高，土体能获得较高的抗剪强度。对于黏性土，土中水的含量越大，土体越湿软，反之土体越干硬。土体三相之间量的比例关系影响着土的轻重、松密、干湿、软硬等一系列物理性质，进而影响着土的力学性质，因此土的物理性质是土体最基本的工程特性。研究土体的物理性质就是研究土体三相的质量、体积间的相互比例关系。土的物理性质指标就是土的三相在质量、体积上的比例关系，又称土的三相比例指标。

土的物理性质指标可以分为实测指标和换算指标两大类。实测指标均可通过土工试验测得，土的天然密度（重度）、土粒相对密度和土的含水率均为实测指标，也称为基本物理性质指标。换算指标则不能通过土工试验直接测出，需由实测指标（基本指标）经换算后得到。换算指标则包含常用密度及重度指标（饱和密度、干密度、浮密度及饱和重度、干重度、浮重度）、孔隙含量指标（孔隙比和孔隙率）和含水程度指标（饱和度）三类。

1.3.1　土的三相组成

为了更形象地反映土的三相组成及其量的比例关系，绘制土的三相草图（见图 1-7）。假设体积为 V 的土体，土粒集中于下部，水居中部，气体集中于上部；一侧标注三相的体积组成，一侧标注三相的质量组成。

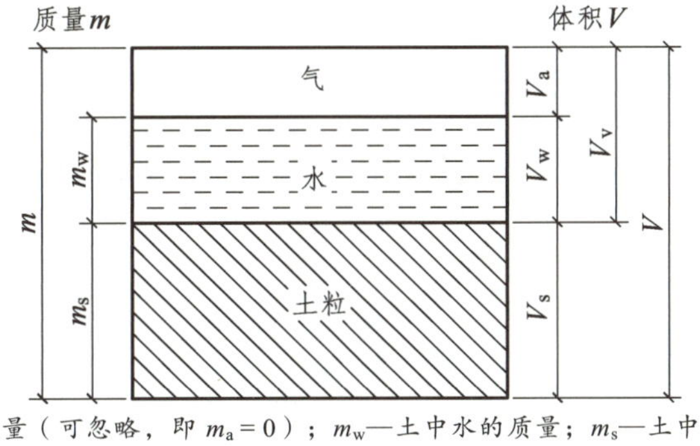

m_a—土中气体的质量（可忽略，即 $m_a=0$）；m_w—土中水的质量；m_s—土中固体颗粒的质量；m—土的总质量；V_a—土中气体所占体积；V_w—土中水所占体积；V_s—土中固体颗粒所占体积；V_v—土中孔隙部分体积，$V_v=V_w+V_a$；V—土的总体积，$V=V_v+V_s=V_a+V_w+V_s$。

图 1-7　土的三相组成示意图

1.3.2 实测指标（基本物理性质指标）

土的天然密度（重度）、土粒相对密度和土的含水率均为实测指标，需通过土体的密度试验、土粒的相对密度试验和土的含水率试验来进行直接测定。

1. 土的天然密度ρ

土的天然密度定义为土在天然状态下单位体积的质量，用符号ρ表示，以 g/cm^{3}或 kg/m^{3}为单位。土的天然重度则定义为土在天然状态下，单位体积土所受的重力，用符号γ表示，以 kN/m^{3}为单位。

$$\rho=\frac{m}{V}\text{ 或 }\gamma=\frac{G}{V}=\frac{mg}{V}=\rho g \tag{1-4}$$

天然状态下土的密度变化范围较大，一般黏性土$\rho=1.8\sim2.0$ g/cm^3，砂土$\rho=1.68\sim2.0$ g/cm^3，土越密实，密度越大。

土的密度一般用环刀法测定，将环刀放在修平的原状土表面（刀刃向下），边压边削去环刀外围的土，直至土样压满环刀容积为止，称得环刀内土样质量，如图 1-8 所示。利用环刀直径计算环刀内土样体积，前者与后者的比值即为土的天然密度。

（a）　（b）

图 1-8　环刀法测土的密度

2. 土粒相对密度（土粒比重）G_s

土粒相对密度定义为土粒的质量与同体积纯蒸馏水在 4 °C 时质量的比值，用符号G_s表示，无量纲。

$$G_s=\frac{m_s}{V_s\rho_w^{4℃}}=\frac{m_s/V_s}{\rho_w^{4℃}}=\frac{\rho_s}{\rho_w^{4℃}} \tag{1-5}$$

式中　ρ_s——土粒的密度，即单位体积土粒的质量（g/cm^3）；

$\rho_w^{4℃}$——4 °C 时纯蒸馏水的密度（g/cm^3），一般取$\rho_w^{4℃}=1$ g/cm^3。

由于$\rho_w^{4℃}=1$ g/cm^3，因此土粒相对密度在数值上即等于土粒的密度。土粒相对密度的变化范围不大，细粒土（黏性土）一般为 2.70 ~ 2.75，砂土一般为 2.65 左右。土中有机质含量增加时，土粒相对密度减小。

一般采用比重瓶法测定土粒相对密度。将土样置于比重瓶内，在 105 ~ 110 °C 下烘干后冷却至室温，用精密天平测其质量；用排水法测得土粒体积（V_s），即可求得土粒相对密度。

3. 土的含水率（含水量）ω

土的含水率定义为土中水的质量与土颗粒质量之比，用符号 ω 表示，无量纲，常用百分数来表示。

$$\omega = \frac{m_w}{m_s} \times 100\% \tag{1-6}$$

土的含水率反映土的干湿程度，含水率越大，土越湿越软，地基土承载能力越低。天然土层的含水率变化范围很大，它与土的种类、埋藏条件等因素有关。一般的粗砂，其值接近于零，而饱和砂土，可达 40%；沿海软黏土含水率常接近 50%，高者达 60% ~ 70%。

土的含水率一般采用烘干法测定（见图 1-9），取一小块原状土（湿土），称取其质量，记为 m_1；然后将其置于烘箱内，使其在 100 ~ 105 °C 下烘干至恒重；再称土样质量，记为 m_2（干土的质量）。土的含水率可按下式计算：

$$\omega = \frac{m_1 - m_2}{m_2} \times 100\% \tag{1-7}$$

式中 m_1——原状土样的湿土质量（g）；

m_2——烘干后土样的干土质量，即土颗粒质量 m_s（g）。

（a）

（b）

图 1-9 烘干法工具

1.3.3 换算指标

测出土的三项基本物理性质指标后，可依据土的三相草图（见图 1-7），计算土的三相组成各自在质量上和体积上的数值。为了便于表示土的三相组成间量的比例对土体性质的影响，定义如下几种常用的物理性质指标。下述指标是根据其定义，由三项基本物理性质指标换算得出，因此常称其为换算指标或导出指标。

1. 反映土中孔隙含量的指标

（1）土的孔隙比 e

土的孔隙比定义为土中孔隙体积与土颗粒体积之比，用符号 e 表示，无量纲。

$$e=\frac{V_v}{V_s} \tag{1-8}$$

孔隙比是表明土密实程度的重要物理指标之一。对于同一类土，孔隙比越小，土越密实；孔隙比越大，土越松散。建筑物的沉降量也与土的孔隙比有着密切的关系。

孔隙比常用小数表示，由式（1-8）可知，其值可能大于 1。砂土 e 一般为 0.5 ~ 1.0，黏性土 e 为 0.5 ~ 1.2。

（2）孔隙率（度）n

孔隙率（度）定义为土中孔隙体积与总体积之比，用符号 n 表示，无量纲。

$$n=\frac{V_v}{V}\times 100\% \tag{1-9}$$

与土的孔隙比 e 不同，孔隙率（度）n 常用百分数表示，由式（1-9）可知，孔隙率（度）n 不可能大于 1。一般黏性土的孔隙率为 30% ~ 60%，无黏性土为 25% ~ 45%。

（3）孔隙比和孔隙率之间的关系式

孔隙比和孔隙率均是表示土中孔隙含量的指标，两者可以互换。

依据式（1-8）和式（1-9），若令 $V_v=1$，则 $V_s=1/e$，$V=1/n$。由土的三相草图（见图 1-7）可知，$V=V_v+V_s$，因此 $1/n=1+1/e$。于是，可算得孔隙比和孔隙率之间的关系为

$$n=\frac{e}{1+e}\times 100 \text{ 或 } e=\frac{n}{1-n} \tag{1-10}$$

2. 反映土中含水程度的指标

含水率必然是反映土中含水程度的一个重要指标。此外，工程实际中还需要掌握孔隙中充满水的程度，即土的饱和度。土的饱和度定义为土中水的体积与孔隙体积之比，用符号 S_r 表示，常用百分数表示。

$$S_r=\frac{V_w}{V_v}\times 100\% \tag{1-11}$$

土的饱和度反映土的潮湿程度。如果 $S_r=100\%$，表明土孔隙中充满水，土是完全饱和的；$S_r=0$，则土是完全干燥的。通常可根据饱和度的大小将砂土划分为稍湿、很湿和饱和三种状态：

$S_r\leqslant 50\%$	稍湿
$50\%<S_r\leqslant 80\%$	很湿
$S_r>80\%$	饱和

3. 特定条件下的密度和重度

（1）干密度ρ_d与干重度γ_d

干密度是土体干燥条件下（土中无水）土的密度，将其定义为土中土体颗粒的质量m_s与土体体积V之比，用符号ρ_d表示，即：单位体积土体中固体颗粒部分的质量。

$$\rho_d = \frac{m_s}{V} \tag{1-12}$$

同理，将干重度定义为单位体积土体中固体颗粒部分的重力，用符号γ_d表示。

$$\gamma_d = \frac{m_s}{V} g = \rho_d g = 10\rho_d \tag{1-13}$$

ρ_d越大，土越密实，工程质量越好。土的干密度通常用作填方工程，包括土坝、路基和人工压实地基，土体压实质量的控制。

（2）饱和密度ρ_{sat}与饱和重度γ_{sat}

饱和密度ρ_{sat}：土中孔隙全部充满水时，单位体积土的质量。

$$\rho_{sat} = \frac{m_s + V_v \rho_w}{V} \tag{1-14}$$

饱和重度γ_{sat}：孔隙中完全充满水时，单位体积土体的重力。

$$\gamma_{sat} = \rho_{sat} g = 10\rho_{sat} \tag{1-15}$$

（3）有效密度（浮密度）ρ'和有效重度（浮重度）γ'

地下水位以下的土体，若土粒周围存在自由水，土粒将受到自由水对其产生的浮力，则土粒的重力受到削减。自由水对土粒的浮力为

$$F_s = V_s \rho_w g \tag{1-16}$$

土体所受重力等于土粒重力减去浮力。此时，土的有效重度为单位体积土体中土的有效重力，也称为土的浮重度，用符号γ'表示。

$$\gamma' = \frac{m_s g - V_s \rho_w g}{V} = \frac{m_s g - (V - V_v)\rho_w g}{V} = \gamma_{sat} - \gamma_w \tag{1-17}$$

式中，$\gamma_w = \rho_w g = 10\ \text{kN/m}^3$。

相对应地，将土的有效密度（浮密度）定义为在地下水位以下，单位体积中土粒的质量扣除同体积水的质量后，即为单位土体积中土粒的有效质量，称为土的有效密度ρ'，即

$$\rho' = \frac{m_s - V_s \rho_w}{V} = \frac{m_s - (V - V_v)\rho_w}{V} = \rho_{sat} - \rho_w \tag{1-18}$$

$$\gamma' = \rho' g = 10\rho' \tag{1-19}$$

土的三相比例指标中的质量密度指标共有 4 个，即：土的密度ρ、干密度ρ_d、饱和密度ρ_{sat}、有效密度ρ'。与之对应，土的重力密度（重度）指标也有 4 个，即：土的天然重度 γ、干重度 γ_d、饱和重度 γ_{sat}、有效重度 γ'。各密度或重度指标，在数值上$\rho_{sat} \geqslant \rho \geqslant \rho_d > \rho'$或$\gamma_{sat} \geqslant \gamma \geqslant \gamma_d > \gamma'$。

1.3.4 指标间换算的关系

上面我们讲了基本物理性质指标和换算指标，其中基本物理性质指标有 4 个，它们是土的密度ρ、土的重度 γ、土粒相对密度 G_s 和含水率 ω。在测定出基本物理性质指标后，其余换算指标（9 个指标）可根据实测指标算出来。下面着重介绍一下换算指标与实测指标间的关系，如图 1-10 所示。

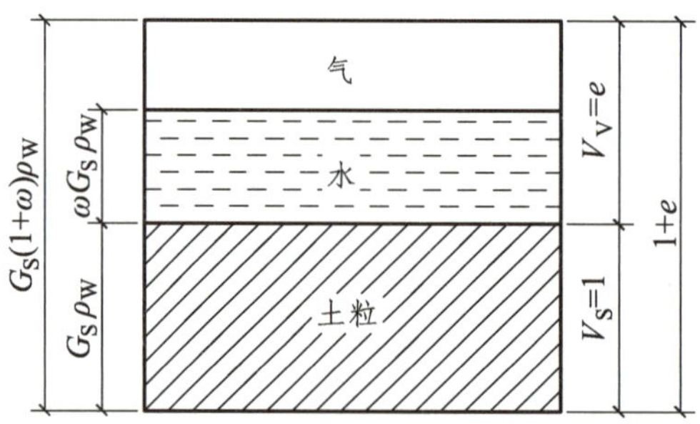

图 1-10　土的三相物理指标换算示意图

设土粒体积 $V_s = 1$，则根据孔隙比定义得

$$V_v = V_s e = e \tag{1-20}$$

$$V = 1 + e \tag{1-21}$$

根据土粒相对密度定义得

$$m_s = G_s \rho_w V_s = G_s \rho_w \tag{1-22}$$

根据含水率定义得

$$m_w = \omega m_w = \omega G_s \rho_w \tag{1-23}$$

$$m = m_s + m_w = G_s \rho_w (1+\omega) \tag{1-24}$$

根据体积和质量关系得

$$V_w = \frac{m_w}{\rho_w} = \omega G_s \tag{1-25}$$

根据图 1-10，可由指标的定义得到下述计算公式，即

土的密度：

$$\rho = \frac{m}{V} = \frac{G_s(1+\omega)}{1+e}\rho_w \tag{1-26}$$

孔隙比：

$$e=\frac{G_s(1+\omega)\rho_w}{\rho}-1 \tag{1-27}$$

干密度：

$$\rho_d=\frac{m_s}{V}=\frac{G_s\rho_w}{1+e}=\frac{\rho}{1+\omega} \tag{1-28}$$

饱和密度：

$$\rho_{sat}=\frac{m_s+V_v\rho_w}{V}=\frac{(G_s+e)\rho_w}{1+e} \tag{1-29}$$

浮密度：

$$\rho'=\frac{m_s-V_s\rho_w}{V}=\rho_{sat}-\rho_w \tag{1-30}$$

孔隙率：

$$n=\frac{V_v}{V}=\frac{e}{1+e} \tag{1-31}$$

饱和度：

$$S_r=\frac{V_w}{V_v}=\frac{\omega G_s}{e} \tag{1-32}$$

常见土的三相比例指标换算公式列于表 1-5。

表 1-5　土的三相组成比例指标换算公式

名称	符号	三相比例表达式	常用换算公式	单位	常见的数值范围
土粒比重	G_s	$G_s=\frac{m_s}{V_s\rho_{\omega 1}}$	$G_s=\frac{S_r e}{\omega}$		黏性土：2.72～2.75 粉土：2.70～2.71 砂土：2.65～2.69
含水率	ω	$\omega=\frac{m_w}{m_s}\times 100\%$	$\omega=\frac{S_r e}{G_s}$ $\omega=\frac{\rho}{\rho_d}-1$		20%～60%
密度	ρ	$\rho=\frac{m}{V}$	$\rho=\rho_d(1+\omega)$ $\rho=\frac{G_s(1+\omega)}{1+e}\rho_w$	g/cm^3	1.6～2.0 g/cm^3
干密度	ρ_d	$\rho_d=\frac{m_s}{V}$	$\rho_d=\frac{\rho}{1+\omega}$ $\rho_d=\frac{G_s}{1+e}\rho_w$	g/cm^3	1.3～1.8 g/cm^3

续表

名称	符号	三相比例表达式	常用换算公式	单位	常见的数值范围
饱和密度	ρ_{sat}	$\rho_{sat}=\dfrac{m_s+V_v\rho_w}{V}$	$\rho_{sat}=\dfrac{G_s+e}{1+e}\rho_w$	g/cm³	1.8～2.3 g/cm³
浮密度	ρ'	$\rho'=\dfrac{m_s+V_v\rho_w}{V}$	$\rho'=\rho_{sat}-\rho_w$ $\rho'=\dfrac{G_s-1}{1+e}\rho_w$	g/cm³	0.8～1.3 g/cm³
重度	γ	$\gamma=\rho g$	$\gamma=\dfrac{G_s(1+\omega)}{1+e}\gamma_w$	kN/cm³	16～20 kN/cm³
干重度	γ_d	$\gamma_d=\rho_d g$	$\gamma_d=\dfrac{G_s}{1+e}\gamma_w$	kN/cm³	13～18 kN/cm³
饱和重度	γ_{sat}	$\gamma_{sat}=\rho_{sat}g$	$\gamma_{sat}=\dfrac{G_s+e}{1+e}\gamma_w$	kN/cm³	18～23 kN/cm³
浮重度	γ'	$\gamma'=\rho' g$	$\gamma'=\dfrac{G_s-1}{1+e}\gamma_w$	kN/cm³	8～13 kN/cm³
孔隙比	e	$e=\dfrac{V_v}{V_s}$	$e=\dfrac{G_s\rho_w}{\rho_d}-1$ $e=\dfrac{G_s(1+\omega)\rho_w}{\rho}-1$		黏性土和粉土：0.40～1.20 砂土：0.30～0.90
孔隙率	n	$n=\dfrac{V_w}{V}\times100\%$	$n=\dfrac{e}{1+e}$ $n=1-\dfrac{\rho_d}{G_s\rho_w}$		黏性土和粉土：30%～60% 砂土：25%～45%
饱和度	S_r	$S_r=\dfrac{V_w}{V_v}\times100\%$	$S_r=\dfrac{\omega G_s}{e}$ $S_r=\dfrac{\omega\rho_d}{n\rho_w}$		$0\leqslant S_r\leqslant50\%$ 稍湿 $50\%\leqslant S_r\leqslant80\%$ 很湿 $80\%<S_r\leqslant100\%$ 饱和

注：水的重度 $\gamma_w=\rho_w g=1\ t/m^3\times9.807\ m/s^2=9.807\times10^3\ (km\cdot m/s^2)/m^3=9.807\times10^3\ N/m^3\approx10\ kN/m^3$。

1.3.5 土的物理性质指标计算

第一种题型，已知土样的质量及烘干后的质量、体积和相对密度，把三相草图中各相的未知质量和体积逐个计算出来，根据各指标的定义进行求解。

第二种题型，已知密度或重度、含水率、相对密度，在三相草图计算中，根据情况令 $V=1$ 或 $V_s=1$ 等，常可使计算简化，因为土的三相之间是相对的比例关系。

下面通过例题进一步说明其中的计算方法。

例题 1-1　薄壁取样器采取的土样，测出其体积 V 与质量 m 分别为 38.4 cm^3 和 67.21 g，把土样放入烘箱烘干，并在烘箱内冷却到室温后，测得质量为 49.35 g。试求土样的天然密度ρ、干密度ρ_d、含水率 ω、孔隙比 e、孔隙率 n 以及饱和度。($G_s = 2.69$)

解：(1) 绘制三相计算草图（见图 1-11），根据已知条件，逐一计算各相的质量和体积。

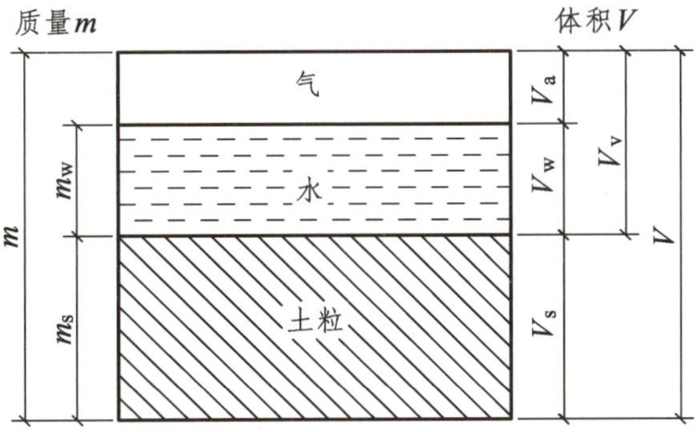

图 1-11　土的三相图

$m = 67.21\ \text{g}$，$m_s = 49.35\ \text{g}$，$m_w = m - m_s = 17.86\ \text{g}$，$V = 38.4\ \text{cm}^3$，$V_s = \dfrac{m_s}{G_s} = 18.35\ \text{cm}^3$，$V_w = m_w = 17.86\ \text{g}$，$V_v = V - V_s = 20.05\ \text{cm}^3$。

(2) 根据各指标的定义可得

密度：$\rho = \dfrac{m}{V} = \dfrac{67.21}{38.40} = 1.750\ \text{g/cm}^3$

干密度：$\rho_d = \dfrac{m_s}{V} = \dfrac{49.35}{38.40} = 1.285\ \text{g/cm}^3$

含水率：$\omega = \dfrac{m_w}{m_s} \times 100\% = \dfrac{17.86}{49.35} \times 100\% = 36.19\%$

孔隙比：$e = \dfrac{V_v}{V} = \dfrac{20.05}{18.35} = 1.093$

孔隙度：$n = \dfrac{V_v}{V} = \dfrac{20.05}{38.4} \times 100\% = 52.21\%$

饱和度：$S_r = \dfrac{V_w}{V_v} = \dfrac{17.86}{20.05} = 89.08\%$

例题 1-2　某一原状土样，经试验测得的基本指标值如下：密度 $\rho = 1.67\ \text{g/cm}^3$，含水率 $\omega = 12.9\%$，土粒相对密度 $G_s = 2.67$。试求孔隙比、孔隙度、饱和度、干密度、饱和密度以及有效密度。

解：(1) 绘制三相计算草图（见图 1-12），根据已知条件，令 $V = 1\ \text{cm}^3$ 逐一计算各相的质量和体积。

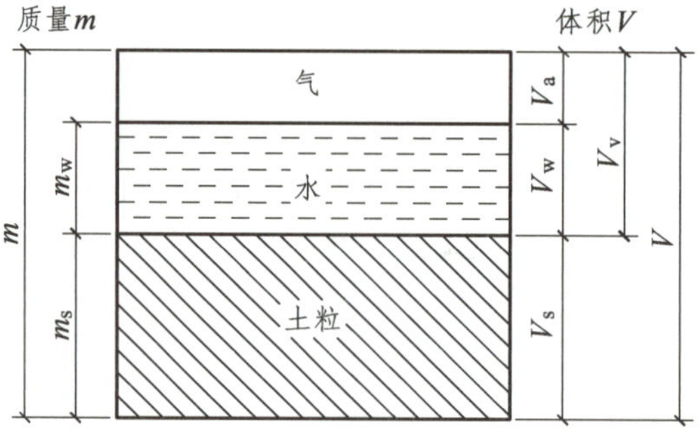

图 1-12　土的三相图

$m=\rho V=1.67\ \text{g}$，$\omega=\dfrac{m_w}{m_s}\times100\%=12.9\%$，$m_w=0.129m_s$，$m=m_w+m_s$，$m_s=1.479\ \text{g}$，$V=1\ \text{cm}^3$，$V_s=\dfrac{m_s}{G_s}=0.554\ \text{cm}^3$，$V_w=m_w=0.129m_s=0.191\ \text{g}$，$V_v=V-V_s=0.446\ \text{cm}^3$。

（2）根据各指标的定义可得

孔隙比：$e=\dfrac{V_v}{V_s}=\dfrac{0.446}{0.554}=0.805$

孔隙度：$n=\dfrac{V_v}{V}=\dfrac{0.446}{1}\times100\%=44.6\%$

饱和度：$S_r=\dfrac{V_w}{V_v}\times100\%=\dfrac{0.191}{0.446}=42.8\%$

干密度：$\rho_d=\dfrac{m_s}{V}=\dfrac{1.479}{1}=1.479\ \text{g/cm}^3$

饱和密度：$\rho_{sat}=\dfrac{m_s+V_v\rho_w}{V}=\dfrac{1.479+0.446}{1}=1.925\ \text{g/cm}^3$

浮密度：$\rho'=\rho_{sat}-\rho_w=1.925-1=0.925\ \text{g/cm}^3$

思政小课堂

土的物理性质指标种类繁多且容易混淆。我们在遨游知识海洋、探索未知奥秘的过程中，难免会碰到硬骨头。这时，我们要弘扬“特别能吃苦、特别能战斗、特别能攻关、特别能奉献”的载人航天精神，拥抱星辰大海。

动画—载人航天精神

1970 年 4 月 24 日，我国第一颗人造地球卫星——东方红一号，从戈壁大漠飞向九

天，提振了中华民族的信心，也奠定了中国航天的根基。2005 年 11 月 26 日，在庆祝神舟六号载人航天飞行圆满成功大会中，载人航天精神被系统概括为五个方面：热爱祖国、为国争光的坚定信念；勇于登攀、敢于超越的进取意识；科学求实、严肃认真的工作作风；同舟共济、团结协作的大局观念；淡泊名利、默默奉献的崇高品质。

伟大的事业孕育伟大的精神，伟大的精神推动伟大的事业。50 年来，航天精神代代相传、生生不息，中国航天自力更生、勇攀高峰，不断演绎着中国精神、中国力量。从东方红一号到东方红五号，从嫦娥一号到嫦娥四号，从神舟一号到神舟十三号，从“风云”到“北斗”，从“天宫”到“天和”，中国航天奋发图强、砥砺奋进，不断刷新高度，以航天梦助力强国梦、复兴梦。为了纪念中国航天事业成就，弘扬中国航天精神，2016 年 3 月 8 日，国务院批复同意将每年 4 月 24 日设立为“中国航天日”。

中国航天向世界一流看齐，向强国目标聚焦，有决心、有能力再立新功。作为青年学生，我们要刻苦学习、崇尚科学、探索未知、敢于创新、不怕困难，真正以航天精神指引自己的成长之路。随着一代又一代青年继承、发扬航天精神，我们在向着第二个百年目标迈进的新征程上，一定能够不断创造新辉煌、书写新篇章，践行“请党放心，强国有我”的青春誓言！

任务 1.4　土的物理状态指标

研究土体的物理状态就是要研究土体的松密、软硬程度。按照土颗粒间是否具有黏聚性，土分为无黏性土和黏性土。对于无黏性土，是指土的密实程度；对于黏性土，是指土的软硬程度。

1.4.1　无黏性土的物理状态指标

对于砂、卵石、砾石等无黏性土，因为土中缺乏黏土矿物，属单粒结构，不具有可塑性。这类土最主要的物理状态就是土的密实程度。

无黏性土的密实度与其工程性质有着密切的关系，密实的无黏性土由于压缩性小，抗剪强度高，承载力大，可作为建筑物的良好地基。若无黏性土处于疏松状态（尤其是细砂和粉砂），疏松的单粒结构是不稳定的，在外力作用下很容易产生变形，其承载力较低，很难作为天然地基。如它位于地下水位以下，在动荷载作用下还有可能由于超静水压力的产生而发生液化。

例如 1975 年 2 月 4 日辽宁海城发生 7.3 级地震，震中区以西 25 ~ 60 km 的下辽河平原发生强烈砂土液化，大面积喷砂冒水，许多道路、桥梁、工业设施、民用建筑遭受破坏。1976 年 7 月 28 日河北唐山发生 7.8 级地震，也引起大区域的砂土液化。因此，凡工程中遇到无黏性土时，首先要注意的就是它的密实度。

1. 无黏性土的密实程度划分

工程中表明无黏性土体密实程度的方法主要有以下三种：

（1）以孔隙比 e 作为划分标准

无黏性土体的密实程度一定程度上可以根据天然孔隙比 e 来进行评定。e 值越小，土越密实。同一种土，密砂的孔隙比必然要小于松砂的孔隙比。但是仅用一个指标 e，无法反映出土体的颗粒级配情况。

例如两种级配不同的砂，一种颗粒均匀的密砂，孔隙比为 e_1；另一种颗粒级配良好的松砂，孔隙比为 e_2。显然，此刻的密砂孔隙比 e_1 大于松砂的孔隙比 e_2。

（2）以相对密度 D_r 作为划分标准

为了克服用一个指标 e 无法对级配不同的无黏性土做出准确判别的缺陷，用天然孔隙比 e 与同一种无黏性土的最松状态孔隙比 e_{max} 和最密实实状态孔隙比 e_{min} 进行对比，看 e 靠近 e_{max} 还是靠近 e_{min}，以此来判别无黏性土的密实度，即相对密实度。

$$D_r = \frac{e_{max} - e}{e_{max} - e_{min}} \tag{1-33}$$

式中 e——天然孔隙比；

e_{max}——最疏松状态下的孔隙比，即最大孔隙比；

e_{min}——最密实状态下的孔隙比，即最小孔隙比。

由式（1-33）可知，相对密实度 D_r 的取值范围为 0 ~ 1。$D_r = 0$，土体处于最松散的状态。$D_r = 1$，土体处于最密实的状态。D_r 值越大，土越密实。

《铁路桥涵地基和基础设计规范》（TB 10093—2017）根据相对密实度对砂类土密实程度进行了划分，见表 1-6。

表 1-6　砂类土密实程度的划分

密实程度	相对密度 D_r
密实	$D_r>0.67$
中密	$0.4<D_r\leqslant 0.67$
稍密	$0.33<D_r\leqslant 0.4$
松散	$D_r\leqslant 0.33$

从理论上讲，相对密实度的理论相对比较完善，也是国际上通用的划分无黏性土体密实程度的依据。但是要在实验室条件下测得各种土的 e_{max} 和 e_{min} 十分困难，对于同一砂土的试验结果存在很大的离散性，并且在具体的工程中，难于取得砂土原状土样。因此，利用标准贯入试验、静力触探等原位测试方法来评价砂土的密实度得到了工程技术人员的广泛采用。

（3）以标准贯入试验锤击数作为划分标准

标准贯入试验是一种现场原位测试方法（见图 1-13），是将质量为 63.5 kg 的穿心锤，用钻机的卷扬机提升至 76 cm 高度，穿心锤自由下落，将特制的圆管状贯入器贯入土中，先打入土中 15 cm 不计数，接着每打入 10 cm 记下击数，累计打入 30 cm 的锤击数，即为标准贯入击数，记为 N。该值反映了土的密实度的大小，数值越大，土越密实。

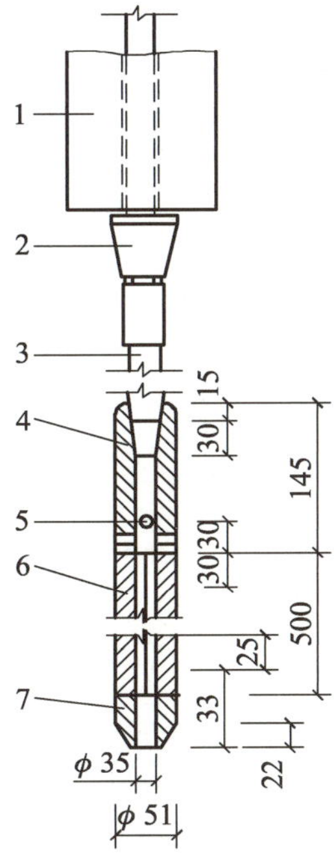

1—穿心锤；2—锤垫；3—触探杆；4—贯入器头；5—出水孔；6—由两半圆形管并合成贯入器身；7—贯入器靴。

图 1-13　标准贯入试验（尺寸单位：mm）

砂土根据标准贯入试验的锤击数实测值分为松散、稍密、中密及密实四种密实度，《城市轨道交通岩土工程勘察规范》（GB 50307—2012）对砂土密实度进行了分类，见表 1-7。

表 1-7　砂土密实度分类

标准贯入锤击数	密实度	标准贯入锤击数	密实度
$N \leqslant 10$	松散	$15<N \leqslant 30$	中密
$10<N \leqslant 15$	稍密	$N>30$	密实

碎石类土体密实度可根据圆锥重力触探锤击数按表 1-8 的规定进行确定。试验原理与标准贯入试验相同，重型动力触探锤击数用 $N_{63.5}$ 表示。

表 1-8　碎石土密实度按 $N_{63.5}$ 进行划分

重型动力触探锤击数 $N_{63.5}$	密实度	重型动力触探锤击数 $N_{63.5}$	密实度
$N_{63.5} \leqslant 5$	松散	$10< N_{63.5} \leqslant 20$	中密
$5< N_{63.5}<10$	稍密	$N_{63.5}>20$	密实

2. 碎石土密实度野外鉴别方法

对于大颗粒含量较多的碎石类土，很难做标贯试验和孔隙比试验，可按《城市轨道交通岩土工程勘察规范》（GB 50307—2012）中规定的碎石土密实度野外鉴别方法进行确定，见表 1-9。

表 1-9　碎石土密实度野外鉴别方法（一）

密实度	骨架颗粒含量和排列	可挖性	可钻性
密实	骨架颗粒质量大于总质量的70%，呈交错排列，连续接触，孔隙为中、粗砂砾等填充	锹镐挖掘困难，用撬棍方能松动；井壁较稳定	钻进极困难；冲击钻探时钻杆、吊锤跳动剧烈；孔壁较稳定
中密	骨架颗粒质量等于总质量的60%～70%，呈交错排列，大部分接触，孔隙为砂土或密实坚硬的黏性土、粉土填充	锹镐可挖掘，井壁有掉块现象，从井壁取出大颗粒处，能保持颗粒凹面形状	钻进较困难；冲击钻探时钻杆、吊锤跳动不剧烈；孔壁有坍塌现象
稍密（松散）	骨架颗粒质量小于总质量的60%，排列混乱，大部分不接触，孔隙为中密的砂土或可塑的黏性土填充	锹可以挖掘，井壁易坍塌，从井壁取出大颗粒后，砂土立即塌落	钻进较容易；冲击钻探时，钻杆稍有跳动；孔壁易坍塌

《铁路桥涵地基和基础设计规范》（TB 10093—2017）对碎石土密实度野外鉴别方法略有不同，见表 1-10。

表 1-10　碎石土密实度野外鉴别方法（二）

密实程度	结构特征	天然坡和开挖情况	钻探情况
密实	骨架颗粒交错紧贴连续接触，孔隙填满、密实	天然陡坡稳定，坎下堆积物较少。镐挖掘困难，用撬棍方能松动，坑壁稳定。从坑壁取出大颗粒处，能保持凹面形状	钻进困难。钻探时，钻具跳动剧烈，孔壁较稳定
中密	骨架颗粒排列疏密不匀，部分颗粒不接触，孔隙填满，但不密实	天然坡不易陡立或陡坎下堆积物较多。天然坡大于粗颗粒的安息角。镐可挖掘，坑壁有掉块现象。充填物为砂类土时，坑壁取出大颗粒处不易保持凹面形状	钻进较难。钻探时，钻具跳动不剧烈，孔壁有坍塌现象
稍密	多数骨架颗粒不接触，孔隙基本填满，但较松散	不易形成陡坎，天然坡略大于粗颗粒的安息角。镐较易挖掘。坑壁易掉块，从坑壁取出大颗粒后易塌落	钻进较难。钻探时，钻具有跳动，孔壁较易坍塌
松散	骨架颗粒有较大孔隙，充填物少，且松散	锹可以挖掘。天然坡多为主要颗粒的安息角。坑壁易坍塌	钻进较容易。钻进中孔壁易坍塌

3. 粉土的密实程度划分

《城市轨道交通岩土工程勘察规范》（GB 50307—2012）中规定粉土的密实程度用天然孔隙比大小划分，见表 1-11。

表 1-11　粉土密实度的划分

孔比 e	密实度
$e<0.75$	密实
$0.75 \leqslant e \leqslant 0.90$	中密
$e>0.9$	稍密

注：当有经验时，也可用原位测试或其他方法划分粉土的密实度。

4. 无黏性土的潮湿程度

除密实程度以外，潮湿程度对碎石类土、砂类土、粉土的工程性质也有一定的影响。《铁路桥涵地基和基础设计规范》(TB 10093—2017)中规定碎石类土和砂类土的潮湿程度按饱和度的大小进行划分，粉土按其天然含水率划分，见表 1-12、表 1-13。

表 1-12　碎石类土和砂石类土潮湿程度的划分

分级	饱和度 S_r/%
稍湿	$S_r \leqslant 50$
潮湿	$50<S_r \leqslant 90$
饱和	$S_r>90$

注：$S_r = V_w/V_v \times 100\%$，其中 V_w 为水所占的体积，V_v 为孔隙（包括水及气体）部分的体积。

表 1-13　粉土潮湿程度的划分

分级	天然含水率 ω/%
稍湿	$\omega<20$
潮湿	$20 \leqslant \omega \leqslant 30$
饱和	$\omega>30$

《城市轨道交通岩土工程勘察规范》(GB 50307—2012)中规定粉土根据天然含水率的不同分为稍湿、湿、很湿三种状态，见表 1-14。

表 1-14　粉土湿度分类

含水率 ω/%	程度
$\omega<20$	稍湿
$20 \leqslant \omega \leqslant 30$	湿
$\omega>30$	很湿

1.4.2　黏性土的物理状态指标

土的物理状态也叫水理性质，一般指的是黏性土的液限、塑限（由实验室测得）及由这两个指标计算得来的液性指数和塑性指数。这几个指标也是工程中必须提供的，对于饱和黏性土还有灵敏度和触变性。

由于无黏性土的单粒性，可用孔隙比、相对密度和标准贯入试验锤击数 N 作标准测定其密实程度，以确定砂土的工程性质。但对于黏性土，其颗粒很细，黏粒粒径 d<0.005 mm，细土粒周围形成电场，电分子力吸引水分子定向排列，形成黏滞水膜。要确定黏性土的工程性质，需要考虑土粒与土中水相互作用的关系。

黏性土最主要的物理状态特征是它的稠度。黏性土的稠度是指土的软硬程度或土对外力引起变形或破坏的抵抗能力。

1. 黏性土的稠度界限

含水率的大小对黏性土的工程性质要产生极大的影响。黏性土随着含水率的增加，稠度逐渐发生变化（固态、半固态→可塑状态→流动状态），如图 1-14 所示。

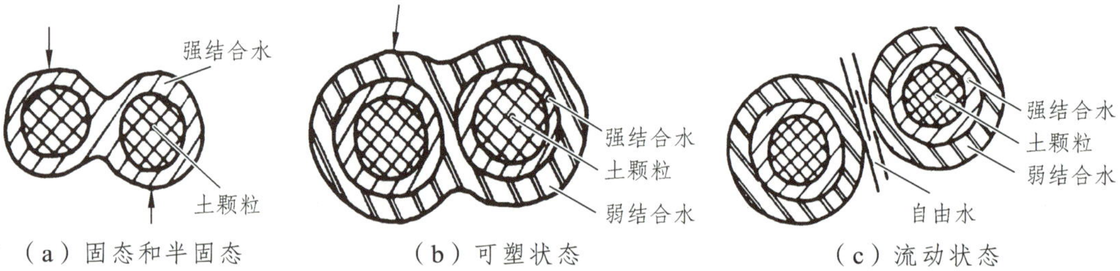

图 1-14　土中水与稠度状态

黏性土中含水率很低时，水被黏土颗粒表面的电荷紧紧吸着于颗粒表面，土中水的形态仅为强结合水（忽略极少数的弱结合水）。强结合水的性质接近于固态水，此刻土能承受较大的剪切应力，在外力作用下呈现具有脆性的固体特征，其体积不再收缩。按照强结合水水膜厚度的不同，黏性土表现为固态或半固态。

当黏性土中的含水率有所提高时，在强结合水水膜以外开始出现弱结合水，土中水的形态为强结合水和弱结合水。弱结合水呈黏滞状态，受力时可以变形，能从水膜较厚处向邻近水膜较薄处移动，土会显示出一定的抗剪强度。在这种含水率的情况下，在外力作用下可塑成任何形状而不发生裂缝，当外力移去后能保持既有形状，不回弹也不坍塌，黏性土的这种特性称为可塑性，相应的状态为可塑状态。弱结合水的存在是黏性土具有可塑性的根本原因。黏性土处于可塑状态的含水率变化范围近似等于黏土颗粒所能吸附的弱结合水的质量占黏土颗粒质量的百分比。黏土颗粒吸附弱结合水的能力主要与黏土颗粒的比表面积和矿物成分相关。黏土颗粒越细，比表面积越大，吸附弱结合水的能力越强；黏土颗粒由亲水矿物组成（例如蒙脱石），吸附弱结合水的能力也越强。

当黏性土中的含水率增大到一定程度时，土中开始有部分水分子近似摆脱了黏土颗粒的电荷引力，土中开始出现自由水。此时，土中水的形态为强结合水、弱结合水和自由水。若黏性土中的含水率持续增加，土中自由水的含量越来越多，甚至黏土颗粒完全被自由水分隔开。由于自由水可以自由流动，这时的黏土处于流动状态，不能承受剪应力。

由上述分析可知，黏土稠度的改变实质上是黏土中水的形态的改变。黏性土从一种状态进入另一种状态时的分界含水率称为稠度界限或特征含水率。

土由固态、半固态进入可塑状态的界限含水率称为塑限，用 ω_P 表示；由可塑状态进入流动状态的界限含水率称为液限，用 ω_L 表示。黏性土随含水率的增加其状态变化如图 1-15 所示。

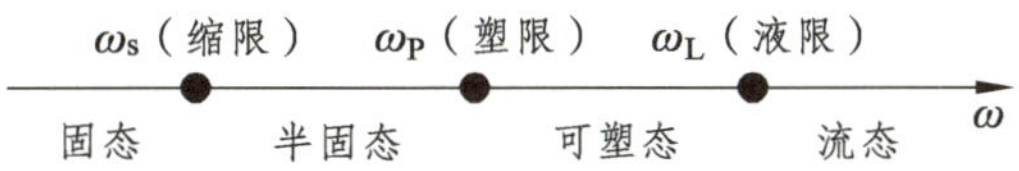

图 1-15　黏性土随含水率的增加状态变化

2. 稠度界限的测定方法

（1）液限 ω_L 的测定

我国用锥式液限仪来测定液限，如图 1-16 所示。

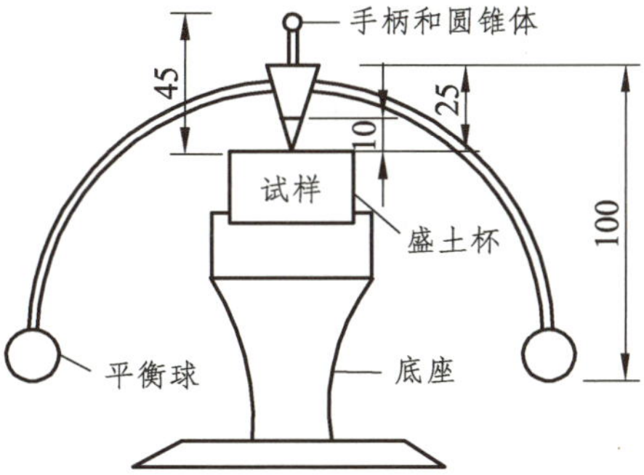

图 1-16　锥式液限仪（尺寸单位：mm）

将调成均匀的浓糊状的试样装满盛土杯（盛土杯至于底座上），刮平杯口面，手握手柄将圆锥体轻放于试样之上，使其在自重作用下缓慢下沉。经过 5 s 圆锥沉入深度恰好为 10 mm 时，该试样的含水率即为液限 ω_L 值。

若锥体入土深度大于 10 mm，说明土样的含水率高于液限；若锥体入土深度小于 10 mm，说明土样的含水率低于液限。需重新调配试样，直到合格为止。

对于合格的试样，利用烘干法测定其含水率，即为液限 ω_L。

欧美等国家多采用碟式液限仪测定液限。

（2）塑限 ω_P 的测定

用搓条法测定，将调配好的试样，用手先搓成直径小于 10 mm 的小圆球，然后用手撑放在毛玻璃板上搓成小土条，若土条搓至直径为 3 mm 时正好断裂或出现较多裂缝，这时土样的含水率就是塑限。若土条搓至直径 3 mm 时仍未断裂，说明试样含水率高于塑限；如土条过早断裂，说明土样含水率低于塑限。在这些情况下，都需重新调配试样直到合格为止。然后，将合格的试样称取 15 g，用烘干法测定含水率，即得塑限 ω_P。

（3）液塑限联合测定法

用锥式液限仪进行试验时，圆锥的入土深度与土样的含水率有关。试验表明，两者在双对数坐标上为直线关系，如图 1-17 所示。

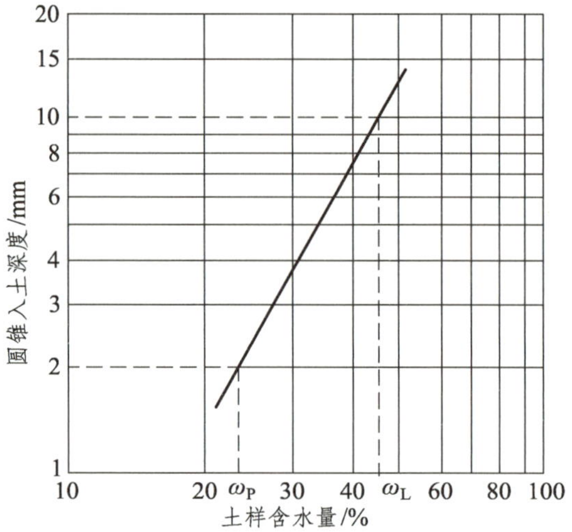

图 1-17　圆锥的入土深度与土样的含水率

试验时，调配成三种含水率不同的试样，分别用锥式液限仪来测定入土深度，这样便在双对数坐标上得到三个点，通过这三点，画一条直线。相应于入土深度 10 mm 时的含水率为液限 ω_L，相应于入土深度为 2 mm 时的含水率为塑限 ω_P。

3. 塑性指数与液性指数

（1）塑性指数：液限 ω_L 与塑限 ω_P 的差值，用符号 I_P 表示。

$$I_p = \omega_L - \omega_p \tag{1-34}$$

习惯上通常省略%符号，用百分数的分子表示塑性指数。塑性指数的大小，反映了土处于可塑状态的含水率变化范围。I_p 值越大，土处于可塑状态的含水率范围也越大。而土处于可塑状态时，土中水是强结合水和弱结合水（忽略极少数自由水）。因此，I_p 的大小与土中结合水的含量有明显的关系，也就是与土颗粒大小有关，土粒越细，黏粒越多，其比表面积越大，结合水含量越高，I_p 值也就越大。

此外，塑性指数的大小也与矿物成分和土中水的化学成分有关，黏性土矿物（尤以蒙脱石类）含量越多，水化作用就会越剧烈，I_p 值也就越大。黏性和可塑性反映了黏土的重要属性。对于塑性指数相似的黏性土，一般均表现出相似的物理力学性质。因此，塑性指数可看成是土的一个综合性指标，作为黏性土工程分类的重要依据。

（2）液性指数：黏性土的天然含水率和塑限的差值与塑性指数之比，用符号 I_L 表示。

$$I_L = \frac{\omega - \omega_p}{\omega_L - \omega_p} = \frac{\omega - \omega_p}{I_p} \tag{1-35}$$

式中　ω——土的天然含水率。

由式（1-35）可见：当 $\omega < \omega_p$ 时，$I_L < 0$，土处于坚硬状态。

当 $\omega_p \leqslant \omega \leqslant \omega_L$ 时，$0 \leqslant I_L \leqslant 1$，土处于可塑状态。

当 $\omega > \omega_L$ 时，$I_L > 1$，土处于流动状态。

由此可见，液性指数 I_L 的大小反映了黏性土的软硬程度。I_L 越大，土越软。《城市轨道交通岩土工程勘察规范》（GB 50307—2012）根据液性指数的 I_L 大小，将黏性土划分为五种软硬状态，划分标准见表 1-15。

表 1-15　黏性土状态分类

液性指数 I_L	状态	液性指数 I_L	状态
$I_L \leqslant 0$	坚硬	$0.75 < I_L \leqslant 1.00$	软塑
$0 < I_L \leqslant 0.25$	硬塑	$I_L > 1.00$	流塑
$0.25 < I_L \leqslant 0.75$	可塑	—	—

《铁路桥涵地基和基础设计规范》（TB 10093—2017）将黏性土划分为四种软硬状态，划分标准见表 1-16。

表 1-16　黏性土塑性状态的划分

塑性状态	液性指数 I_L
坚硬	$I_L \leqslant 0$
硬塑	$0 < I_L \leqslant 0.5$
软塑	$0.5 < I_L \leqslant 1$
流塑	$I_L > 0$

例题 1-3　某土样经试验得其天然含水率为 38.8%，液限为 49.0%，塑限为 24.0%，试求塑性指数并判断该土处于何种状态。

解：已知 $\omega = 38.8\%$，$\omega_L = 49.0\%$，$\omega_P = 24.0\%$，由式（1-34）得

$$I_P = 49 - 24 = 25$$

由式（1-35）得

$$I_L = \frac{\omega - \omega_P}{\omega_L - \omega_P} = \frac{38.8 - 24.0}{49.0 - 24.0} = 0.59$$

所以，该土处于可塑状态。

4. 黏性土的灵敏度、触变性和活动度

（1）黏性土的灵敏度

天然状态下的黏性土，由于地质历史作用常具有一定的结构性。当土体受到外力扰动作用，其结构遭受破坏时，土的强度降低，压缩性增高。工程上常用灵敏度 S_t 来衡量黏性土结构性对强度的影响。土的灵敏度是以原状土的强度与同一土经重塑（指在含水量不变条件下使土的结构彻底破坏）后的强度之比来表示的。重塑试样具有与原状试样相同的尺寸、密度和含水量，测定强度常用的方法有无侧限抗压强度试验和十字板抗剪强度试验，对于饱和黏性土，其灵敏度为

$$S_t = \frac{q_u}{q_u'} \tag{1-36}$$

式中　q_u——原状土无侧限抗压强度（kPa）；

q_u'——重塑土无侧限抗压强度（kPa）。

根据灵敏度的大小，黏性土分为高灵敏土（$S_t>4$）、中灵敏土（$2<S_t\leqslant 4$）、低灵敏土（$S_t\leqslant 2$）。

土的灵敏度愈高，其结构性愈强，受扰动后土的强度降低就愈明显。因此，在基础工程施工中必须注意保护基槽，尽量减少对土结构的扰动。

（2）黏性土的触变性

饱和黏性土受扰动时强度降低，而静止时土的强度又重新增长的性质，称为土的触变性。在黏性土中沉桩时，往往利用振扰的方法，破坏桩侧土与桩尖土的结构，以降低沉桩的阻力。但在沉桩完成后，土的强度可随着时间部分恢复，使桩的承载能力逐渐增加，这就是利用了土的触变性原理。

（3）黏性土的活动度

黏性土的塑性指数与土中胶粒含量百分数的比值，称为活动度 A。

$$A = \frac{I_P}{m} \tag{1-37}$$

活动度反映黏性土中所含矿物的活动性。根据活动度的大小可将土分为 3 种：不活动黏土（$A<0.75$）、正常黏土（$0.75\leqslant A\leqslant 1.25$）和活动黏土（$A>1.25$）。

思政小课堂

黏性土物理状态发生改变的根本原因是土中含水率的变化。随着黏性土中含水率的增加，黏性土由固态、半固态逐渐向可塑状态转变，直至流动状态。黏土中水的量变会导致黏土性质的质变。任何事物的发展变化均是从量变开始，量变是质变的必要准备，质变是量变的必然结果。当量变达到一定程度，突破事物的度，就产生质变。质变又引起新的量变，开始一个新的发展过程。

动画—量变与质变

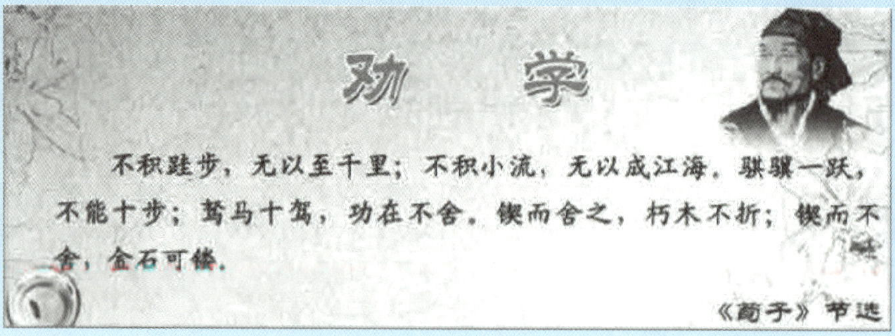

习近平总书记在庆祝改革开放40周年大会上讲道："四十载惊涛拍岸，九万里风鹏正举。江河之所以能冲开绝壁夺隘而出，是因其积聚了千里奔涌、万壑归流的洪荒伟力。在近代以来漫长的历史进程中，中国人民经历了太多太多的磨难，付出了太多太多的牺牲，进行了太多太多的拼搏。现在，中国人民和中华民族在历史进程中积累的强大能量已经充分爆发出来了，为实现中华民族伟大复兴提供了势不可挡的磅礴力量。"

任务 1.5　土的结构与构造

1.5.1　土的结构

很多实验资料表明，对于同一种土，原状土样和重塑土样（将原状土样破碎，在实验室内重新制备的土样）之间的力学性质有很大的差别。说明土粒本身的特点和土粒之间的联结关系对土体的工程性质影响较大。

土的结构是指土颗粒的大小、形状、相互排列及其联结关系的综合特征。

1. 土粒间的联结关系

（1）接触联结：颗粒之间的直接接触，接触点上的联结强度主要来源于外加压力所带来的有效接触压力。这种联结方式在碎石土、砂土、粉土中或近代沉积土中普遍存在。

（2）胶结联结：颗粒之间存在着许多胶结物质，将颗粒胶结联结在一起，一般其联结较为牢固。胶结物质一般有黏土质、可溶盐以及无定形铁、铝、硅质等。

（3）结合水联结：通过结合水膜而将相邻土粒联结起来的形式，又叫水胶联结。这种联结在一般黏性土中普遍存在。

（4）冰联结：含冰土的暂时性联结，融化后即失去这种联结。

2. 土的结构类型

因土体的成因、沉积环境、年代的不同会形成许多复杂的土体结构，通常将土体的结构分为三种类型。

（1）单粒结构

单粒结构是由粗大土粒在水中或空气中下沉而形成的，土颗粒之间有稳定的空间位置，单粒结构为砂类土和碎石类土的主要结构形式，其特点是土粒间存在点与点的接触。在单粒结构中，土粒的粒度和形状、土粒在空间的位置决定其密实度。因此，这类土的孔隙比的值域变化较宽。同时，因颗粒较大，土粒间的分子吸引力相对很小，颗粒间几乎没有联结。

单粒结构可以是松弛的［见图 1-18（a）］，也可以是紧密的［见图 1-18（b）］。呈紧密状态单粒结构的土，由于其土粒排列紧密，在动、静荷载作用下都不会产生较大的沉降和变形，所以强度较大，压缩性较小，一般是良好的天然地基。紧密结构的砂土只有在侧向松动，如开挖基坑后才会变成流砂状态，基坑周围土随水流失而造成灾害。具有松散单粒结构的土，骨架不稳定，易变形，当受到震动或其他外力作用时，土粒易发生移动，土中孔隙减少，引起土的较大变形，未经处理不宜做地基。

（a）（b）

图 1-18　土的单粒结构

（2）蜂窝结构

蜂窝结构主要由粉粒或细砂粒（粒径为 0.005 ~ 0.075 mm）组成的结构形式（见图 1-19），在水中因自重作用而下沉，碰到别的正在下沉或已沉积的土粒，由于土粒间的分子引力大于下沉土粒的重力，则下沉土粒被吸引，土粒就停留在最初的接触点上不再下沉，逐渐形成链环状单元。很多这样的链环联结起来，便形成较大孔隙的蜂窝结构。

具有蜂窝结构的土有很大孔隙，但由于骨架作用和一定程度的粒间联结，使其可承担一般的水平静荷载。当其承受较高水平荷载或动力荷载时，其结构被破坏，导致严重的地基沉降。

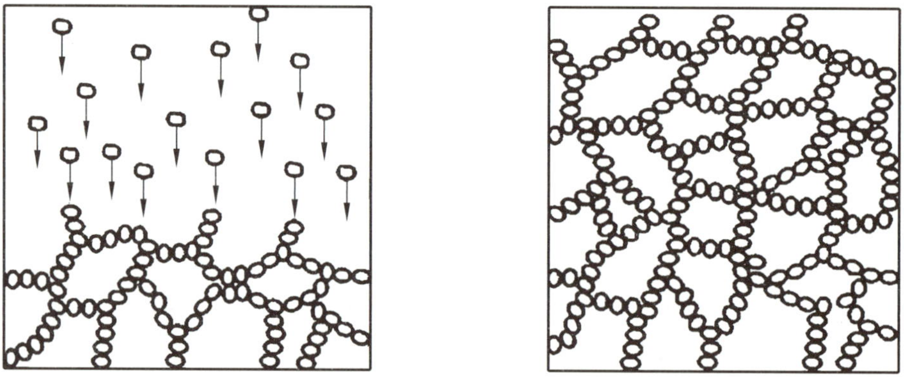

（a）（b）

图 1-19　土的蜂窝结构

（3）絮状结构

絮状结构又称絮凝结构（见图 1-20），对于细微的黏粒（粒径小于 0.005 mm）或胶粒（粒径小于 0.002 mm）大都呈针状或片状，在水中呈现胶体特征，自重作用较小，能够在水中长期悬浮，不因自重而下沉。这时，黏土矿物颗粒与水的作用产生的粒间作用力就凸显出来了，黏土矿物颗粒由于电分子力的作用，使土粒表面附有一层极薄的水膜。这种带有水膜的土体在水中运动时，与其他土粒碰撞而凝聚成小链环状的土粒集合，质量增大而下沉，当一个小链环碰到另一小链环时相互吸引，不断扩大形成大链环状，形成絮状结构。因小链环中已有孔隙，大链环中又有更大孔隙，形象地称为二级蜂窝结构，这种结构在海相沉积黏土中比较常见。

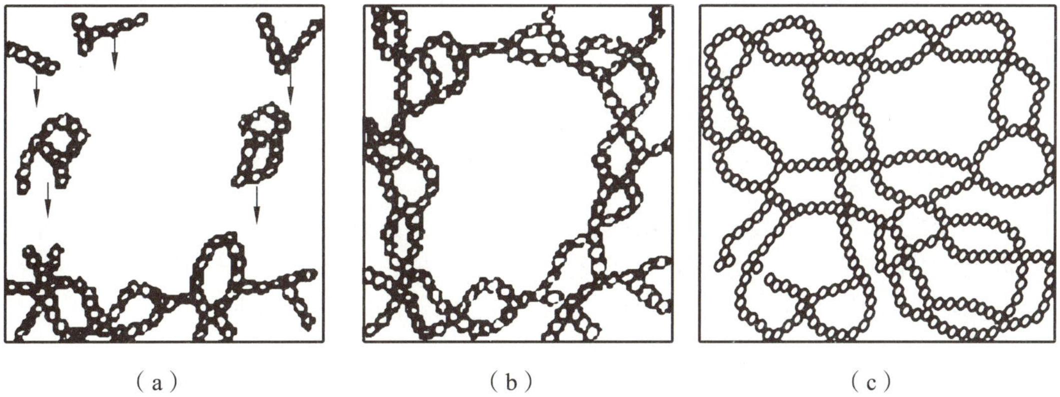

图 1-20　土的絮状结构

上述三种结构中，具有密实的单粒结构的土，强度大，压缩性小，工程性质最好；具有蜂窝结构和絮状结构的土，颗粒间存在大量微细孔隙，其压缩性大，强度低，透水性弱；又因土粒之间的联结较弱且不稳定，在受扰动力作用下（如施工扰动影响），土粒的接触点可能脱离，土的天然结构受破坏，土的强度会迅速降低。但是，蜂窝结构和絮状结构的土，其土粒间的联结强度会由于压密和胶结作用而逐渐得到加强，这种强度称为结构强度。具有絮状结构的黏性土，其土粒之间的联结强度（结构强度）往往由于长期的固结（压密）作用和胶结作用而得到加强。因此，集粒间的联结特征是影响絮状结构类土体工程性质的主要因素。在取土样做试验时，应尽量减少扰动，避免破坏土的原状土样，保持土体原有的物理力学性质。

1.5.2　土的构造

在同一土层中的物质成分和颗粒大小等都相近的各部分之间的相互关系的特征称为土的构造。土的构造是土层的层理、裂隙及大孔隙等宏观特征，亦称为宏观结构。

1. 层理构造

土层通常是由不同的颜色或不同的粒径的土组成层理，一层层互相平行，主要是土粒在沉积过程中，由于不同的地质作用和沉积环境条件，大体相同的物质成分和土粒大小在水平方向沉积成一定厚度，呈现出成层状的特征。常见的层理构造有水平层理构造和交错层理构造（见图 1-21），平原地区的层理通常呈水平方向。因沉积环境的改变，出现带有夹层、尖灭和透镜体的交错层理。这种层理构造是细粒土的一个重要特征。

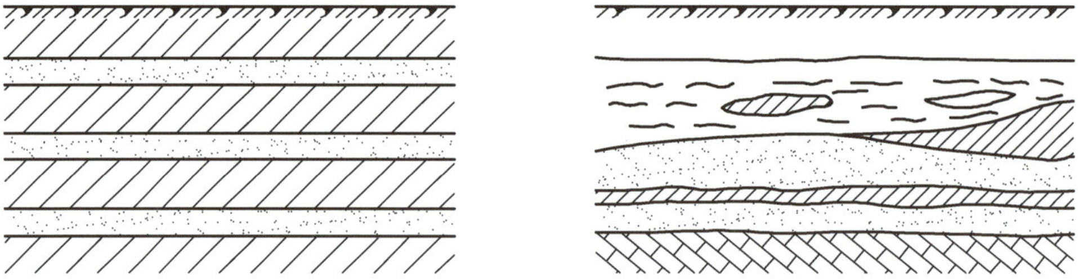

图 1-21　土的层理构造

2. 分散构造

分散构造（见图 1-22）是指颗粒在其搬运和沉积过程中，经过分选的卵石、砾石、砂等因沉积厚度较大往往无明显的层理而呈分散状的一种构造。土层中各部分组合物之间无明显差别，分布均匀，性质相近。分散构造比较接近各向同性体。

3. 核状构造

在细粒土中混有粗颗粒或各种铁质、钙质等结核，如含礓石的粉质黏土、含砾石的黏土等，均属结核状构造。由于粗颗粒和结核往往分散在土体中，故此类土体的性质取决于细颗粒部分。

4. 裂隙构造

裂隙构造（见图 1-23）是因土体被各种成因形成的不连续的小裂隙切割而形成的，在裂隙中常充填有各种盐类的沉淀物。不少坚硬和硬塑状态的黏性土具有此种构造。裂隙将破坏土的整体性，增大透水性，浸水后裂隙张开，对工程不利。

图 1-22　分散构造

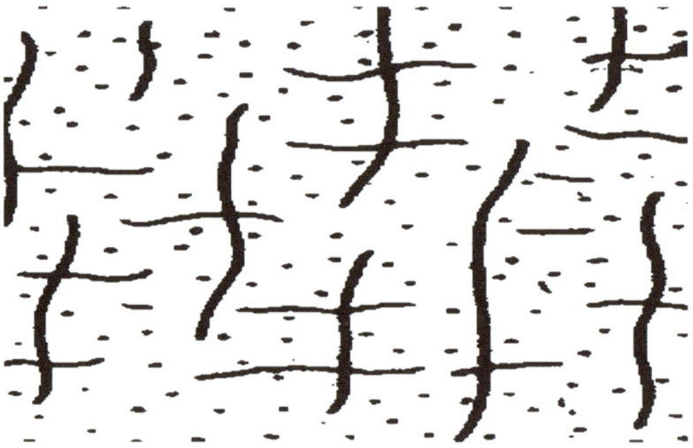

图 1-23　裂缝构造

此外，还应注意到天然或人为的孔洞的存在，这些构造特征都将造成土体的不均匀性。

1.5.3　土的工程特性

由土的成因可知，土是松散、多孔、多相的颗粒的集合体。这与一般的连续介质的建筑材料（比如钢材、混凝土、石料等）有着根本的区别，具有下列三个显著的工程特性。

1. 压缩性高

反映材料压缩性高低的指标弹性模量 E（土称变形模量），随着材料性质不同而有极大的差别，例如：

钢材 $E_1 = 2.1 \times 10^5$ MPa；

C20 混凝土 $E_2 = 2.6 \times 10^4$ MPa；

卵石 $E_3 = 40 \sim 50$ MPa；

饱和细砂 $E_4 = 8 \sim 16$ MPa；

由此可知：$E_1 \geqslant 4\,200 E_3$，$E_2 > 1\,600 E_4$。

当应力数值相同，材料厚度一样时，卵石的压缩性为钢材压缩性的数千倍；饱和细砂的压缩性为 C20 混凝土的数千倍，足以证明土的压缩性极高。软塑或流塑状态的黏性土比饱和细砂的压缩性还要高。这是因为土的颗粒之间有孔隙，当受到外力作用时，这些孔隙大大缩小，使土具有压缩性较大的工程特性，是引起建筑物沉降的内因。

2. 强度低

土的强度特指抗剪强度，而非抗压强度或抗拉强度。无黏性土的强度来源于土粒表面的滑动摩擦和颗粒间的咬合摩擦；黏性土的强度除摩擦力外，还有黏聚力。土颗粒间的联结力（摩擦力和黏聚力）均远小于土颗粒本身的强度；而一般的建筑材料受剪时，其抗剪强度由材料本身的抗剪能力提供。因此，土的抗剪强度也就比其他建筑材料低得多。土体受剪力作用时，会引起土颗粒之间的相对移动，引起地基失稳，产生滑动破坏。

3. 透水性大

材料的透水性可以用实验来说明：将一小杯水倒在木板上可以保留很长时间，说明木材透水性小。如将水倒在混凝土地板上，也可保留一段时间。若将水倒在室外土地上，则发现水很快不见了，这是由于土体中固体矿物颗粒之间具有许多透水的孔隙，因此土的透水性比木材、混凝土都大，尤其是粗颗粒的卵石或砂土，其透水性更大。

上述土的三个工程特性（压缩性高、强度低、透水性大）与建筑工程设计和施工关系密切，需高度重视。

1.5.4 土的生成条件与工程特性的关系

由于各类土的生成条件不同，它们的工程特性往往相差悬殊。

1. 搬运、沉积条件

通常流水搬运沉积的土优于风力搬运沉积的土。

例如，北京西郊八宝山一带地基为卵石层，它是永定河的冲积层，工程性质非常好。该处卵石层范围很大，长宽各达数千米。当地设置很多砂石料场，开挖卵石，供首都基本建设作混凝土骨料之用。料场开挖深度一般为 5 ~ 8 m，安全开挖边坡为 1∶0.3（边坡坡角 73°18′），很陡，而且经历多年暴雨冲刷和冻融作用，砂石料场边坡保持稳定状态而不发生坍塌。用一种特制工具——钩镰枪，掏挖砂石料场坡脚时，当坡脚被掏空后，上面的卵石因失去支承而下滑，滑动后的新鲜剖面的边坡坡度仍为 1∶0.3，卵石层很密实，为良好的天然地基。

又如，陕北榆林、靖边一带，地表普遍存在一层粉细砂，是由内蒙古毛乌素沙漠经风力搬运沉积下来的风积层。这种粉细砂松散，工程性质差。这种风积层一踩一个脚印，很疏松，不能作为天然地基。当地西北大风搬运量惊人，整个榆林城曾被沙淹没，三次南迁。

2. 沉积年代

通常土的沉积年代越长，土的工程性质越好。例如，第四纪晚更新世 Q_3 及其以前沉积的黏性土，称为老黏性土，这种土密度大、强度高、压缩性低，为良好的天然地基。

第四纪全新世 Q_4 沉积的黏性土为常见的黏性土，它的工程性质好坏需要通过试验与分析确定。

至于沉积年代短的新近沉积黏性土，如在湖、塘、沟、谷、河漫滩及三角洲新近沉积土以及 5 年以内人工新填土，强度低、压缩性高、工程性质不良。

3. 沉积的自然地理环境

由于我国地域辽阔，全国各地的地形高低、气候冷热、雨量多少相差很悬殊，这些自然地理环境不同所生成的土的工程性质差异也很大。例如，沿海地区天津塘沽、连云港、上海、温州等地存在的深厚的淤泥与淤泥质软弱土，西北地区陇西、陇东、陕北、关中及山西等地的大面积的湿陷性黄土，西南地区云南、贵州、广西一带的红黏土，湖北、云南、广西、贵州、四川等省区的膨胀土以及高寒地区的多年冻土，都具有特殊的工程性质。

思政小课堂

土的结构与构造与它的沉积和存在的整个历史有关。正如“时代精神”，是每一个时代特有的普遍精神实质；是一种超脱个人的共同的集体意识；是人们在一定的历史条件下以文明实践的形式体现出来的精神风貌和优良品格。

动画—时代精神

“时代精神”是激励民族奋发图强、实现民族伟大复兴的强大精神动力。时代楷模是体现时代精神的先进人物或集体，时代精神需要时代楷模来传承。“禾下乘凉梦”“杂交水稻覆盖全球梦”的袁隆平是为国为民、勇攀高峰的楷模；“花甲痴翁，志探龙宫”的黄旭华是无怨无悔、潜心钻研的楷模；“特等功臣、战斗英雄”的张富清是淡泊名利、无私奉献的楷模；“作别康河水草，归做祖国栋梁”的黄大年是新时代海归科技报国的楷模；“高志局四海，万载垂清风”的塞罕坝林场建设者是艰苦奋斗、绿色发展的楷模；“胸膛迎向重围，后背留给祖国”的戍边将士是不畏生死、忠诚卫国的楷模。

当前，中国特色社会主义进入新时代，我们党为国家强盛、民族复兴描绘了辉煌蓝图，这也为身处这个伟大时代的我们提供了人生出彩的广阔舞台。我们要将立志报国作为自己毕生信念，传承时代精神，不负青春使命。

任务 1.6　土的工程分类及野外鉴别方法

1.6.1　土的工程分类

自然界中土的种类不同，其工程性质也必不相同。从直观上，可以粗略地把土分成两大类，一类是土体中肉眼可见的松散颗粒，颗粒间联结弱，这就是前面提到的无黏性土（粗粒土）；另一类是颗粒非常细微，颗粒间联结力强，这就是前面提到的黏土。实际工程中，这种粗略的分类远远不能满足工程的要求，还必须用更能反映土的工程特性的指标来系统分类。前面已介绍过，影响土的工程性质的主要因素是土的三相组成和土的物理状态，其中最主要的因素是三相组成中土的固体颗粒，如颗粒的粗细、颗粒的级配等。目前，国际、国内对土的工程分类并不统一。即使同一国家的各个行业、各个部门，土的分类体系也都是结合本专业的特点而制定的。本节主要介绍我国《土的工程分类标准》（GB/T 50145—2007）和《建筑地基基础设计规范》（GB 50007—2011）对土的分类。

1.《土的工程分类标准》（GB/T 50145—2007）对土的分类

为了与国际接轨，我国特制定了《土的工程分类标准》（GB/T 50145—2007），这一分类体系与一些欧美国家的土的分类体系原则相近，仅根据我国的实际情况作了适当修正。按该分类法，土的总分类体系如图 1-24 所示。

- 一般工程用土
  - 巨粒类土
    - 巨粒土
      - 漂石
      - 卵石
    - 混合巨粒土
      - 混合土漂石
      - 混合土卵石
    - 巨粒混合土
      - 漂石混合土
      - 卵石混合土
  - 粗粒类土
    - 砾类土
      - 砾
      - 含细粒土砾
      - 细粒土质砾
    - 砂类土
      - 砂
      - 含细粒土砂
      - 细粒土质砂
  - 细粒类土
    - 细粒土
      - 黏土
      - 粉土
    - 含粗粒的细粒土
      - 含砾细粒土
      - 含砂细粒土
    - 有机质土

图 1-24　土的总分类体系

对土进行分类时，首先根据有机质的含量把土分成有机土和无机土两大类。无机土中，再根据土中各粒组的相对含量把土再分为巨粒土、含巨粒土、粗粒土和细粒土。根据土的分类标准，各粒组还可进一步细分。

（1）巨粒土和含巨粒土

土体颗粒粒径在 60 mm 以上的称巨粒。若土中巨粒含量高于 50%，该土属巨粒土；若土中巨粒含量为 15% ~ 50%，该土属含巨粒土。巨粒土和含巨粒土可依据其中所含漂石粒含量进一步划分，见表 1-17。

表 1-17　巨粒土和含巨粒土的分类

代号	名称	类型	粒组含量	
B	漂石	巨粒土	巨粒含量≥75%	漂石含量>50%
Cb	卵石			漂石含量≤50%
BSl	混合土漂石	混合巨粒土	50%<巨粒含量<75%	漂石含量>50%
CbSl	混合土卵石			漂石含量≤50%
SlB	漂石混合土	巨粒混合土	15%≤巨粒含量≤50%	漂石含量>卵石含量
SlCb	卵石混合土			漂石含量≤卵石含量

（2）粗粒土

粗粒土中粒径大于 0.075 mm 的粗粒含量在 50%以上。粗粒土分为砾类土和砂类土两类。若土中粒径大于 2 mm 的砾粒含量多于 50%，则该土属砾类土；不足 50%，则属砂类土。

砾类土和砂类土再按细粒土（粒径小于 0.075 mm）的含量进一步细分。具体细粒含量和其他相关指标见表 1-18、表 1-19。

表 1-18　砾类土的分类

名称	代号	类别		细粒含量	级配或塑性图分类
级配良好砾	GW	砾类土	砾	<5%	$C_u \geq 5$，$C_c = 1 \sim 3$
级配不良砾	GP				不能同时满足上述条件
含细粒土砾	GF		含细粒土砾	5% ~ 15%	
黏土质砾	GC		细粒土质砾	>15% ≤50%	黏土
粉土质砾	GM				粉土

表 1-19　砂类土的分类

名称	代号	类别		细粒含量	级配或塑性图分类
级配良好砂	SW	砂类土	砂	<5%	$C_u \geq 5$，$C_c = 1 \sim 3$
级配不良砂	SP				不能同时满足上述条件
含细粒土砂	SF		含细粒土砂	5% ~ 15%	
黏土质砂	SC		细粒土质砂	>15% ≤50%	黏土
粉土质砂	SM				粉土

（3）细粒土

细粒土中粒径小于 0.075 mm 的细粒含量在 50%以上，且粗粒含量少于 25%。细粒土按塑性图分类。塑性图以液限 ω_L 为横坐标，塑性指数 I_P 纵坐标，如图 1-25 所示。图中用 A、B 两条线和 $\omega_P=6$ 和 $\omega_P=10$ 及 $\omega_L<26\%$的两段水平线将整张图分成 5 个区域。若土的液限和塑性指数在图中 A 线以上，B 线以左，$\omega_P=10$ 线之上，则该土属低液限黏土；若土的液限和塑性指数在图中 A 线以下，B 线以右，则该土属高液限粉土。土的具体分类和名称见表 1-20。

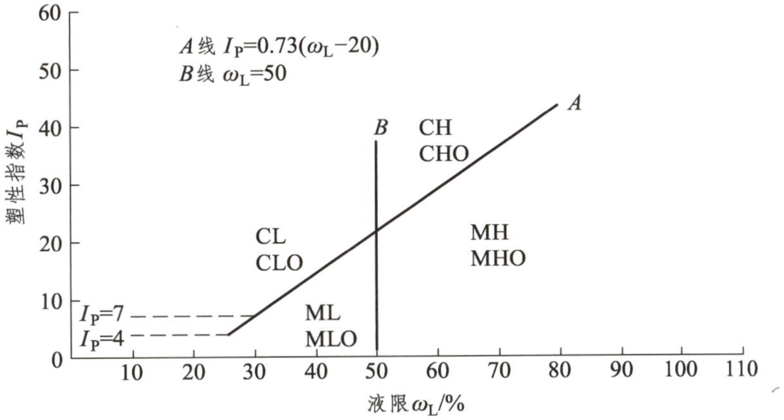

图 1-25　塑性图

表 1-20　细粒土的分类

名称	代号	液限（ω_L）	塑性指数（ω_P）
高液限黏土	CH	≥50%	$\omega_P \geqslant 0.73(\omega_L-20)$ 且 $\omega_P \geqslant 10$
低液限黏土	CL	<50%	
高液限粉土	MH	≥50%	$\omega_P<0.73(\omega_L-20)$ 且 $\omega_P=10$
低液限粉土	ML	<50%	

2.《建筑地基基础设计规范》（GB 50007—2011）对土的分类

这种分类方法的体系比较简单，按照土颗粒的大小、粒组的土颗粒含量把地基土分成碎石土、砂土、粉土、黏性土和人工填土。按我国《土的工程分类标准》，碎石土和砂土属于粗粒土，粉土和黏性土属于细粒土。粗粒土按粒径级配分类，细粒土则按塑性指数分类。

（1）碎石土

粒径大于 2 mm 的颗粒含量大于 50%的土属碎石土。根据粒组含量及颗粒形状，可细分为漂石、块石、卵石、碎石、圆砾、角砾，具体见表 1-21。

表 1-21　碎石土的分类

名称	颗粒形状	粒组的颗粒含量
漂石 块石	圆形及次圆形为主 棱角形为主	粒径大于 200 mm 的颗粒超过 50%
卵石 碎石	圆形及次圆形为主 棱角形为主	粒径大于 20 mm 的颗粒含量超过 50%
圆砾 角砾	圆形及次圆形为主 棱角形为主	粒径大于 2 mm 的颗粒含量超过 50%

注：分类时应根据粒组含量栏从上到下以最先符合者确定。

（2）砂土

粒径大于 2 mm 的颗粒含量在 50%以内，同时粒径大于 0.075 mm 的颗粒含量超过 50%的土属砂土。砂土根据粒组含量不同又分为砾砂、粗砂、中砂、细砂和粉砂五类。具体见表 1-22。

表 1-22　砂土的分类

名称	粒组的颗粒含量
砾砂	粒径大于 2 mm 的颗粒含量占 25%～50%
粗砂	粒径大于 0.5 mm 的颗粒含量超过 50%
中砂	粒径大于 0.25 mm 的颗粒含量超过 50%
细砂	粒径大于 0.075 mm 的颗粒含量超过 85%
粉砂	粒径大于 0.075 mm 的颗粒含量超过 50%

注：分类时应根据粒组含量栏从上到下以最先符合者确定。

（3）粉土

粒径大于 0.075 mm 的颗粒含量小于 50%且塑性指数小于等于 10 的土属粉土。该类土的工程性质较差，如抗剪强度低、防水性差、黏聚力小等。

（4）黏性土

粒径大于 0.075 mm 的颗粒含量在 50%以内，塑性指数大于 10 的土属黏性土。根据塑性指数的大小可细分为黏土和粉质黏土，具体见表 1-23。

表 1-23　黏性土的分类

名称	塑性指数（ω_P）
黏土	$\omega_P>17$
粉质黏土	$17\geqslant\omega_P>10$

（5）淤泥

淤泥为在静水或缓慢的流水环境中沉积，并经生物化学作用形成，其天然含水率大于液限、天然孔隙比大于或等于 1.5 的黏性土。当天然含水率大于液限而天然孔隙比小于 1.5 但大于或等于 1.0 的黏性土或粉土为淤泥质土。

（6）红黏土

红黏土为碳酸盐岩系的岩石经红土化作用形成的高塑性黏土。其液限一般大于 50。红黏土经再搬运后仍保留其基本特征，其液限大于 45 的土为次生红黏土。

（7）人工填土

人工填土根据其组成和成因，可分为素填土、压实填土、杂填土、冲填土。

素填土为由碎石土、砂土、粉土、黏性土等组成的填土。经过压实或夯实的素填土为压实填土。杂填土为含有建筑垃圾、工业废料、生活垃圾等杂物的填土。冲填土为由水力冲填泥砂形成的填土。

（8）膨胀土

膨胀土为土中黏粒成分主要由亲水性矿物组成，同时具有显著的吸水膨胀和失水收缩特性，其自由膨胀率大于或等于 40%的黏性土。

（9）湿陷性土

湿陷性土为浸水后产生附加沉降，其湿陷系数大于或等于 0.015 的土。

1.6.2　土的野外鉴别方法

在野外可运用多种方法对土进行鉴别，见表 1-24、表 1-25。

表 1-24　土的野外鉴别方法（一）

土的名称	湿润时用刀切的观感	湿土用手捻摸时的感觉	土的状态		湿土搓条情况
			干土	湿土	
黏土	切面光滑、有黏刀阻力	有滑腻感，感觉不到有砂粒，水分较大时很黏手	土块坚硬，用锤才能打碎	易黏着物体，干燥后不易剥去	塑性大，能搓成直径小于 0.5 mm 的长条（长度不短于手掌），手持一端不易断裂
粉质黏土	稍有光滑面，切面平整	稍有滑腻感，有黏滞感，感觉有少量砂粒	土块用力可压碎	能黏着物体，干燥后较易剥去	有塑性，能搓成直径为 0.5～2 mm 的土条
粉土	无光滑面，切面稍粗糙	有轻微黏滞感或无黏滞感，感觉到砂粒较多，粗糙	土块用手捏或抛扔时易碎	不易黏着物体，干燥后一碰就掉	塑性小，能搓成直径为 2～3 mm 的短条
砂土	无光滑面，切观粗糙	无黏滞感，感觉到是砂粒，粗糙	松散	不能黏着物体	无塑性，能搓成土条

表 1-25　土的野外鉴别方法（二）

土的名称	观察颜色	夹杂物质	形状（构造）	浸入水中现象	湿土搓条情况
人工填土	无固定颜色	砖瓦大碎块、垃圾、炉灰等	夹杂物显露于外，构造无规律	大部分变为稀软淤泥，其余部分为碎瓦，炉渣在水中单独出现	一般能搓成直径为 3 mm 土条，但易断，遇有杂质较多时不能搓成条
淤泥	灰黑色有臭味	池沼中有半腐朽的细小植物遗体，如草根，小螺壳等	夹杂物经仔细观察可以发现，构造常呈现层状，但有时不显示	外观无显著变化，在水面出现气泡	一般淤泥质土接近轻亚黏土，能搓成 3 mm 土条(长至少 3 mm)
黄土	黄褐两色的混合色	有白粉末出现在纹理中	夹杂物质常清晰显见。构造上有垂直大孔（肉眼可见）	即刻崩散，分成颗粒集团，在水面上出现很多黄褐色液体	搓条情况与正常的亚黏土类似
泥岩	深灰或黑色	有半腐朽动植物遗体，其含量超过 60%	夹杂物质有时可见，构造无规律	极易崩碎，变为稀软淤泥，其余部分为植物根、动物残体渣滓悬浮于水中	一般能搓成 1～3 mm 泥条，但残渣较多时，仅能搓成 3 mm 以上土条

思政小课堂

冻土是一种特殊土，指在 0 °C 以下，含有冰的岩石和土壤。青藏高原冻土区是世界中、低纬度地带海拔最高（平均 4 000 m 以上）、面积最大（超过 100 万 m^2）的冻土区。青藏高原的冻土，在冻结状态下强度较高、压缩性较低，融化后承载力急剧下降，压缩性显著提高。

动画—青藏铁路精神

青藏铁路是一条承载着中华民族百年梦想的铁路。它穿越戈壁、沙漠、盐湖、沼泽、雪山、草地，其中格尔木至拉萨段海拔 4 000 m 以上路段达 960 km，常年冻土路段超过 500 km，是世界上海拔最高、高原线路里程最长、运行环境最为恶劣的高原冻土铁路。

“笑傲昆仑问天下何处是雄关，跃马雪域引青藏高原飞铁龙”。青藏铁路开工建设以来，1 800 多个日日夜夜，5

易炎夏寒冬，十多万建设大军驻扎在“生命禁区”，冒严寒，顶风雪，战缺氧，斗冻土，以惊人的毅力和勇气，挑战极限，战胜各种难以想象的困难，攻克了“高寒缺氧、多年冻土、生态脆弱”三大难题，谱写了人类铁路建设史上的光辉篇章。青藏铁路建设者以敢于超越前人的大智大勇，拼搏奋斗，开拓创新，攀登不止，在雪域高原上筑起了中国铁路建设新的丰碑，也铸就了挑战极限、勇创一流的青藏铁路精神。这一精神，是广大青藏铁路建设者崇高爱国情怀和自甘奉献品格的生动表现，是敢于挑战艰险的大无畏英雄气概的真实写照，是善于攻关克难的崇高科学精神的传承与发扬。

青藏铁路已达终点，而精神之路没有终点。新时代，弘扬青藏铁路精神，推进伟大事业，并在实践中不断丰富、升华这种精神，具有伟大的现实意义和深远的历史意义。我们要继续用青藏铁路精神托举梦想，使精神变成力量的源泉，化为行动的支撑，夺取第二个一百年奋斗目标的全面胜利，谱写实现中华民族伟大复兴的豪迈壮歌。

任务 1.7　土的击实性

1.7.1　土的击实试验

工程中，土坝、土堤和路基等诸多土工结构物均是由土作为建筑材料经过夯实或碾压后成型的。填土经压实处理后，提高了填土的密实度（工程上以干密度表示）和均匀性。同时，可获得较高的强度、较小的压缩性和透水性。

研究土的填筑特性常用现场填筑试验和室内击实试验两种方法。前者是在现场选一试验地段，按设计要求和施工方法进行填土，并同时进行有关测试工作，以查明填筑条件（如土料、堆填方法、压实机械等）和填筑效果（如土的密实度）的关系；后者是用锤击方法将土击实，以研究土在不同击实功能下土的击实特性，以便取得有参考价值的设计数值。

土的击实性是指土在反复冲击荷载作用下能被压密的特性。土料压实的实质是将水包裹的土料挤压填充到土粒间的空隙里，排走空气占有的空间，使土料的孔隙率减少，密实度提高。显然，土料压实过程就是在外力作用下土料的三相重新组合的过程。

1. 击实试验和击实曲线

在试验室借助击实仪（见图1-26）开展击实试验的目的是获取土的最大干密度与对应的最优含水率的关系。击实仪中击锤重24.5 N，锤底直径50 mm，落距460 mm，导筒起导向作用，将土样放于击实筒内，用手拿起击锤，松手后击锤在自重作用下下落，可将土样击实。

利用击实仪开展击实试验可按如下步骤进行：

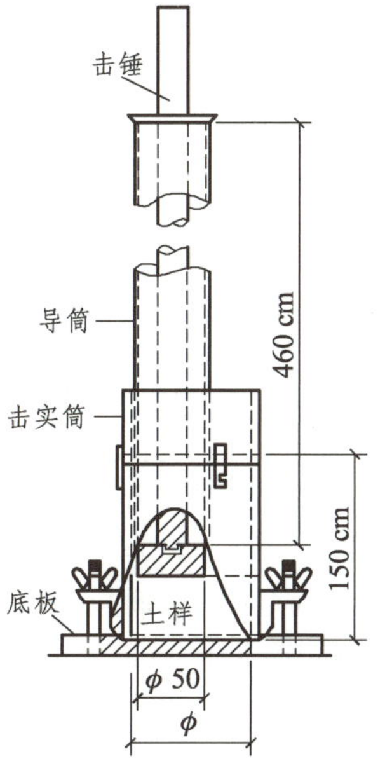

图 1-26　击实仪

（1）将同一土质的土样分成 6～7 份，每份中掺入不同质量的水，制备同一土质、不同含水率的土样。

（2）在击筒内壁涂抹凡士林，将每一份土样分三次装入击筒内。第一次将土样装至击筒高约 2/3 处，以规定锤击数（对于砂土一般 20 击，黏土 30 击）将其击实；向击筒内装入第二层土样，并使其与击筒顶面平齐，以相同方法击实土样；向击筒内装入第三层土样，并使其与套筒顶面平齐（套筒高为 70 mm），以相同方法击实土样。击实后的土样高度应略高于击筒顶面（最好不超过 10 mm）。

（3）卸下套筒，沿击筒顶面和底面将土样削平，在脱模机上将土样从击筒内推出。称量击实土样的质量，依据击筒尺寸算得击实土样的体积，计算击实土样密度。

（4）沿纵轴方向剖开土样，在剖面中心位置取 3 份土样，用烘干法测定土样含水率。土样干密度按式（1-38）进行计算。

$$\rho_d = \frac{\rho}{1+\omega} = \frac{m}{A_0 h(1+\omega)} \tag{1-38}$$

式中　m——击实筒的土样质量（g）；

A_0——击实筒内面积（cm^2）；

h——击实后试样高度（cm）；

ω——含水率，用烘干法测定。

（5）以含水率为横坐标，干密度为纵坐标，绘制一条含水率与干密度的曲线，即击实曲线（见图 1-27）。

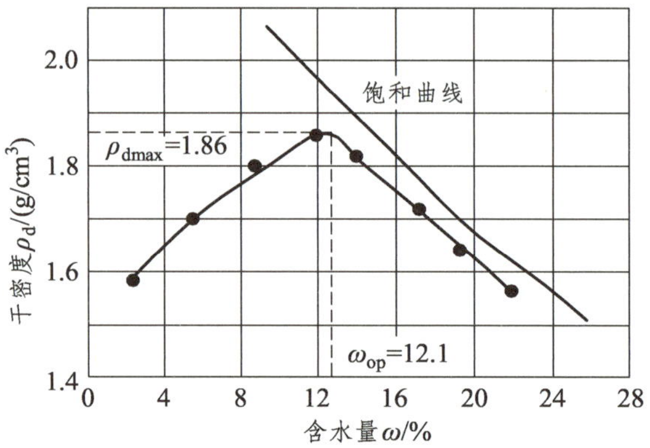

图 1-27　含水率与干密度曲线

另一方面，从理论上说，在某一含水率下将土压到最密，就是将土中所有的气体都从孔隙中赶走，使土达到饱和。将不同含水率所对应的土体达到饱和状态时的干密度关系，也绘制于击实曲线中，得到理论上所达到的最大压实曲线，即饱和度 S_r = 100%的压实曲线，称为饱和曲线。由图1-27可知，击实曲线和饱和曲线具有以下特点：

（1）击实曲线为“凸型”曲线，土的干密度出现峰值 ρ_{dmax}，其所对应的含水率为最优含水率。

（2）饱和曲线是一条随含水率增大，干密度下降的曲线。

（3）实际的击实曲线在饱和曲线的左侧，两条曲线不会相交。因为理论饱和曲线假定土中空气全部被排除，空隙完全被水占据，而实际上不可能做到。

（4）击实曲线在峰值以右逐渐接近于饱和曲线，且大致与饱和曲线平行。在峰值以左，击实曲线和饱和曲线差别很大，随着含水率的减小，干密度迅速减小。

2. 最优含水率

在一定夯击或压实能量下，填土获得最大干密度时的含水率称为最优含水率，用符号 ω_{OP} 表示。

从击实曲线可以看出，当填土中的含水率低于最优含水率时，随着含水率的增加，干密度也随之加大，表明击实效果逐步提高。当含水率高于最优含水率后，随着含水率的增加，击实效果反而下降。因此，用人工填土作为地基时，首先应调整其含水率为最优含水率，然后再夯实或碾压，才能获得最高的密实度。

工程中，在缺少击实仪条件下，可根据测得的塑限预测填土的最优含水率，最优含水率经验值为 $\omega_{OP} = \omega_P + 2\%$。

1.7.2 最大干密度的影响因素

击实填土最大干密度的影响因素众多，但最重要的是含水率、击实功和土的性质。

1. 含水率

当含水率较小时，土中水的形态为水膜很薄的强结合水，土体较干。若要使土粒出现移动需要克服很大的粒间阻力。然而，此时的土粒之间摩擦力较大，土粒的相对移动较困难，不易被击实。

当含水率增加时，水膜变厚，土块变软；在水膜润滑作用下，土粒间的摩擦力有所减弱，土粒之间容易移动。因此，随着含水率增大，土的击实干密度增大，至最优含水率时，干密度达到最大值。

当含水率超过最优含水率后，水所占据的体积增大，含水率愈大水占据的体积愈大，颗粒能够占据的体积愈小。此时，作用在填土上的击实功，将有一部分被土中水分担，作用在土粒上的有效击实功降低，因而干密度逐渐变小。

由此可见，含水率不同，则改变了土中颗粒间的作用力，并改变了土的结构与状态，从而在一定的击实功能下，改变着击实效果。

2. 击实功

夯击的击实功与夯锤的重量、落高、夯击次数以及被夯击土的厚度等有关；碾压的压实功则与碾压机具的重量、接触面积、碾压遍数以及土层的厚度等有关。

击实试验中的压实功可用式（1-39）表示：

$$E = \frac{WdNn}{V} \tag{1-39}$$

式中 W——击锤质量（kg），在标准击实试验中击锤质量为2.5 kg；

d——落距（m），击实试验中定为0.30 m；

N——每层土的击实次数，标准试验为27击；

n——铺土层数，试验中分3层；

V——击实筒的体积，为$1\times10^{-3}\ m^3$。

在击实试验中，对于同一种土，用不同击实功下得到的击实曲线如图1-28所示。由此可见，不同击实功下曲线的形状不变，但最大干密度的位置却随着击实功的增大而增大，并向左上方移动。这就是说，当击实功增大时，最优含水率减小，相应最大干密度增大。所以在工程实践中，若土的含水率较小时，则应选用击实功较大的机具，才能把土压实至最大干密度；在碾压过程中，如未能将土压实至最密实的程度，则须增大压实功（选用压实功较大的机具或增加碾压遍数）；若土的含水率较大，则应选用压实功较小的机具，否则会出现“橡皮土”现象。因此，若要把土压实到工程要求的干密度，必须合理控制压实时的含水率，选用适合的压实或击实机具，才能获得预期的效果。

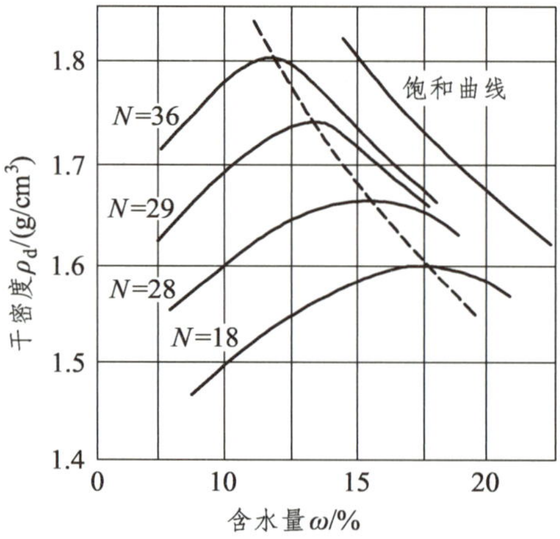

图 1-28　饱和土的击实曲线

3. 土的性质

土是固相、液相和气相的三相体，即以土粒为骨架，以水和气体占据颗粒间的孔隙。当采用压实机械对土施加碾压时，土颗粒彼此挤紧，孔隙减小，土粒出现移动、重组，形成新的土骨架，粗粒土之间摩擦和咬合增强，细粒土之间的分子引力增大，从而土的强度和稳定性都得以提高。在同一压实功作用下，含粗粒越多的土，其最大干密度越大，而最佳含水率越小，即随着粗粒土的增多，击实曲线的峰点越向左上方移动。

土的颗粒级配对压实效果也有影响。颗粒级配越均匀，压实曲线的峰值范围就越宽广而平缓；对于黏性土，压实效果与其中的黏土矿物成分含量有关；添加木质素和铁基材料可改善土的压实效果。

砂性土也可用类似黏性土的方法进行试验。干砂在压力与振动作用下，容易密实；稍湿的砂土，因有毛细压力作用使砂土互相靠紧，阻止颗粒移动，击实效果不好；饱和砂土，毛细压力消失，击实效果良好。

思政小课堂

在有压实度要求的工程施工中，都需要开展击实试验，目的是以最小的能量消耗获得最大的压实密度以及最优含水率。正是有了无数工程试验员在基层岗位上的坚守，才铸就了大国工程的灿烂、辉煌。

动画—工匠精神

无论在传统制造还是现代智能制造领域，工匠始终是中国制造业的中坚力量。工匠们的守正创新、追求卓越是我国从“中国制造”走向“中国智造”、从“富起来”走向“强起来”的必要支撑。2016 年 3 月 5 日，李克强总理在第十二届全国人大四次会议的政府工作报告中首次提到“工匠精神”。“工匠精神”就是追求卓越的创造精神、精益求精的品质精神、用户至上的服务精神。让工匠精神深入人心，就要创造更多“工匠故事”。被誉为“发动机焊接第一人”的高凤林，港珠澳大桥建设中的“深海钳工”管延安，做好电线电缆“守门员”的叶金龙，与马达结缘一辈子的吴玉泉……，一批批国家级技能大师，坚守产业报国的初心，在平凡的岗位上成就了不平凡的业绩。

习近平总书记对我国技能选手在第 45 届世界技能大赛上取得优异成绩表示祝贺时指出：“劳动者素质对一个国家、一个民族发展至关重要。技术工人队伍是支撑中国制造、中国创造的重要基础，对推动经济高质量发展具有重要作用。要健全技能人才培养、使用、评价、激励制度，大力发展技工教育，大规模开展职业技能培训，加快培养大批高素质劳动者和技术技能人才。要在全社会弘扬精益求精的工匠精神，激励广大青年走技能成才、技能报国之路。”作为技能型人才的我们应坚守初心，在技能成才、技能报国的道路上取得更大成绩，做出更大贡献。

项目小结

土的物理性质分析与工程分类，内容涵盖土的形成条件、土的三项组成、土的物理性质及物理状态指标的含义、土的工程分类方法及土的击实性。通过本项目的学习，掌握土体物理性质及状态指标的测试及计算，能够根据土体的各项指标判断土体的工程特性并对土体进行分类。

项目思考题

1. 粒径级配曲线的纵横坐标各表示什么？不均匀系数C_u>10反映土的什么性质？

2. 土的结构通常分成哪几种？

3. 土由哪几部分组成？

4. 在土的三相比例指标中，哪些指标是直接测定的？其余指标如何导出？

5. 无黏性土最重要的物理状态指标是什么？

6. 黏性土最重要的物理特征是什么？何谓液限？何谓塑限？

7. 土的压实性与哪些因素有关？何谓土的最大干密度和最优含水率？

8. 某黏性土的含水率$\omega = 36.4\%$，液限$\omega_L = 48\%$，塑限$\omega_P = 25.4\%$。试计算该土的塑性指数ω_P、液性指数ω_L，并根据塑性指数确定该土的名称。

9. 某砂土土样的天然密度为1.77 g/cm^3，天然含水率为9.8%，土粒相对密度为2.67，烘干后测定最小孔隙比为0.461，最大孔隙比为0.943。试求天然孔隙比e和相对密度D_r，并评定该砂土的密实度。

10. 已知某土样的土粒比重为2.72，孔隙比为0.95，饱和度为0.37。若将此土样的饱和度提高到0.90时，每立方米的土应加多少水？

项目 2

土的渗透性分析

项目导学

我们在现场挖土时常常看到，只要土坑低于地下水位，水就要源源不断渗出，给施工带来不便，为此常要用抽水机抽水来保证施工。地下水的存在，对基础的埋深、施工的防排水、基槽的侵蚀等工程问题都有重要影响。究其原因在于土是一种多相多孔介质，当饱和土体中两点之间存在能量差时，水就能通过土体中的连通孔隙，从能量高的位置向能量低的位置流动。本项目主要介绍了与工程施工相关的水的渗流问题及常见的土体的渗透变形，从而制定行之有效的防治渗透变形措施。

教学目标

1. 知识目标

（1）达西定律及适用范围；

（2）渗透系数的测定方法及影响因素；

（3）渗透力的定义、单位、方向及大小；

（4）土的渗透破坏种类、产生原因及防治措施。

2. 能力目标

（1）能利用达西定律描述地下水的渗流规律；

（2）能解释土体渗透系数的影响因素；

（3）能对土体渗透破坏的原因进行正确分析，并选择正确的防治措施。

3. 情感目标

（1）树立良好的劳动纪律观念和团队协作意识；

（2）养成科学、严谨的工作态度；

（3）具备良好的交流、沟通能力。

4. 思政目标

（1）帮助学生树立创新意识；

（2）鼓励学生采用系统思维分析和解决问题；

（3）培养学生树立防微杜渐意识。

相关案例

佛山地铁 2 号线透水坍塌事故

2018 年 2 月 7 日 20 时 40 分许，由中交二航局组织施工的佛山市轨道交通 2 号线一期工程土建一标段（以下简称“TJ1 标段”）湖涌站至绿岛湖站盾构区间右线工地突发透水，引发隧道及路面坍塌，造成 11 人死亡、1 人失踪、8 人受伤，直接经济损失约 5 323.8 万元。

1. 工程概况

佛山市轨道交通 2 号线湖涌站至绿岛湖站区间为长 1 932 m 双线隧道，事故段隧道底埋深约 30.5 m，沿线穿越人工填土、淤泥质粉土、淤泥质土、粉砂、中砂、圆砾以及强风化泥质砂岩，且下穿澳边涌，该河涌常年有水且水量丰富。事故发生段隧道采用 2 台直径 6.98 m 土压平衡盾构施工，盾构机盾尾密封方式为盾尾刷 + 密封脂，采用 2 道钢丝刷 + 1 道钢板钢丝刷 + 1 道止逆板的结构形式，盾尾油脂通过安装在后配套系统中的一个气控油脂泵压注，采用注入压力和注入量双控方式。2 月 7 日晚事发前，盾构机完成 905 环掘进后，在位于隧道底埋深约 30.5 m 的淤泥质粉土、粉砂、中砂交界处且具有承压水的复杂地质环境中，进行管片拼装作业时，突遇土舱压力上升，盾尾下沉，盾尾间隙变大，盾尾透水涌砂。经现场施工人员抢险堵漏未果，透水涌砂继续扩大，下部砂层被掏空，使盾构机和成型管片结构向下位移、变形。隧道结构破坏后，巨量泥沙突然涌入隧道，猛烈冲断了盾构机后配套台车连接件，使盾构机台车在泥沙流的裹挟下被冲出 700 余米，并在隧道有限空间内引发了迅猛的冲击气浪，隧道内正在向外逃生的部分人员被撞击、挤压、掩埋，造成重大人员伤亡。

2. 事故原因

（1）事故发生段存在深厚富水粉砂层且临近强透水的中粗砂层，地下水具有承压性，盾构机穿越该地段时发生透水涌砂涌泥坍塌的风险高；

（2）盾尾密封装置在使用过程中密封性能下降，盾尾密封被外部水土压力击穿，产生透水涌砂通道；

（3）涌泥涌砂严重情况下，仍在隧道内继续进行抢险作业，撤离不及时；

（4）隧道结构破坏后，大量泥砂迅猛涌入隧道，在狭窄空间范围内形成强烈泥砂流和气浪向洞口方向冲击，导致部分人员逃生失败，造成了人员伤亡的严重后果。

任务 2.1　概　述

存在于地面以下土和岩石的孔隙、裂隙或溶洞中的水，称为地下水；反之，分布在江河、湖泊、海洋内的液态水，或在陆地上的冰、雪，称为地表水。地下水按其埋藏条件，可分上层滞水、潜水和承压水三种，如图 2-1 所示。

上层滞水：存在于地面以下局部不透水层上面的滞水，分布范围有限，是季节性或临时性的水源。

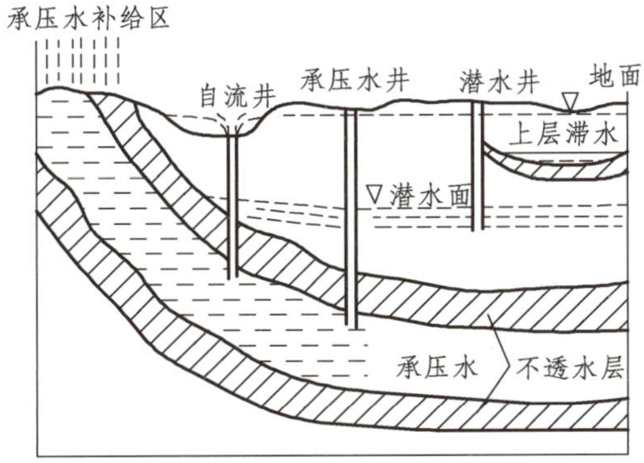

图 2-1　地下水类型

潜水：埋藏于地面以下第一个隔水层以上具有自由水面的地下水。潜水面的标高称为地下水位，潜水面的形状与地形起伏相适应，潜水的存在给基础施工带来较多困难。在地下水位以下开挖基坑时可能出现涌水、排水问题；建筑物的地下室则可能出现地下水渗漏的问题。

承压水：存在于两个隔水层之间的透水层中，承受有超静水压力的地下水。承压水不易被污染，可作供水水源。若基坑开挖时遇到承压水，受水压影响易使地基隆起甚至破坏。

水在势能差（重力）的作用下，透过土体孔隙发生流动的现象称为渗透。土体具有被水渗透的性质称为土的渗透性。渗透一般是地下水造成的。

土的渗透性是土的重要力学性质之一。在水利工程中，许多问题都与土的渗透性有关。渗透问题的研究主要包括以下几个方面：

1. 渗流量问题

基坑开挖或围堰施工时，渗水量及排水量的计算；土坝坝身、坝基及渠道的渗水量的计算；水井的供水量和排水量的计算等。

2. 渗透变形（或称渗透破坏）问题

流经土体的水流会对土颗粒和土体施加作用力，这一作用力称为渗透力。当渗透力过大时就会引起土颗粒或土体的移动，从而造成土工建筑物及地基的渗透变形，甚至是渗透破坏，如地表隆起、土中细颗粒被渗透水流带走、堤坝失稳等。渗透变形问题直接关系到建筑物的安全，它是水工建筑物和地基发生破坏的重要原因之一。

3. 渗流控制问题

当渗流量和渗透变形不满足设计要求时，要采用工程措施加以控制，这一工作称为渗流控制。例如，开挖地下水位以下的基坑时，若地下水透过土体孔隙向基坑内渗流，浸水后的地基土承载力显著下降，严重威胁建筑物的安全；此时，必须排除坑内积水，并对基底土层进行处理，严重拖慢施工工期、增加施工成本。因此，研究土的渗透规律、对渗流进行有效的控制和利用，是水利工程及土木工程有关领域中的一个非常重要的课题。

任务 2.2 达西定律

2.2.1 达西定律

流动的液体由于存在黏滞性而具有两种流动形态。为了分析与描述液体的运动，我们一般将液体质点的运动轨迹称为流线。液体质点作有条不紊的运动，液体质点的流线相互平行、不发生交错的形态称为层流；层流的流速一般比较小。液体质点作不规则运动，液体质点的流线相互交错的形态叫作紊流（湍流，乱流）；紊流的流速通常较大，且在局部位置可能产生漩涡。

由于土体中孔隙一般非常微小且很曲折，水在土体流动过程中黏滞阻力很大，速度十分缓慢，因此多数情况下其流动状态为层流。

1856 年，法国工程师达西（Darcy）利用图 2-2 所示实验装置对均匀砂进行了大量的渗透实验，得到了层流条件下，土中水的渗透速度与能量（水头）损失之间关系的渗流规律，也就是达西定律，也被称为渗透定律。

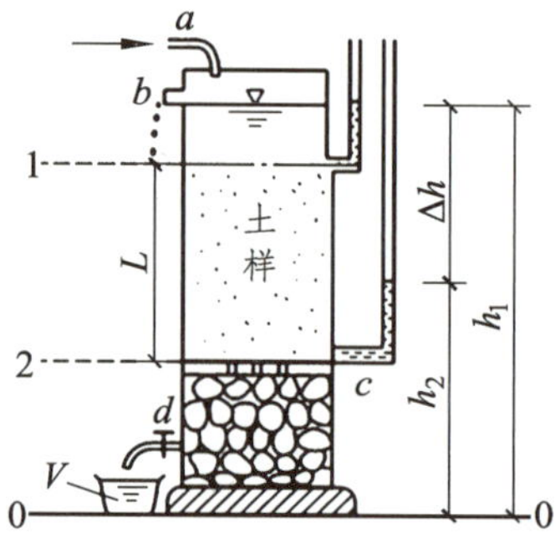

图 2-2 达西渗透实验装置

达西实验装置的主要部分是一个上端开口的直立圆筒，下部放碎石，碎石上放一块多孔滤板 c，滤板上面放置颗粒均匀的土样，其断面积 A，长度为 L。筒的侧壁装有两支测压管，分别设置在土样上下两端的水断面 1、2 位置处。水由上端进水管 a 注入圆筒，并以溢水管 b 保持筒内为恒定水位。透过土样的水从装有控制阀门 d 的弯管流入容器 V 中。

当筒的上部水面保持恒定后，通过砂土的渗流为恒定流，测压管中的水面将恒定不变，图 2-2 中的 0—0 面为基准面，h_1、h_2 分别为 1、2 断面处的测压管水头。

达西根据对不同尺寸的圆筒和不同类型及长度的土样所进行的实验发现，单位时间内的渗水量 q 与水力梯度（坡降）i 和圆筒断面积 A 成正比，且与土的透水性质有关，即

$$q = kA\frac{h_1 - h_2}{L} = kAi \tag{2-1}$$

或

$$v = \frac{q}{A} = ki \tag{2-2}$$

式中　q——单位渗水量（cm^3/s）；

v——断面平均渗流速度（cm/s）；

i——水力梯度，表示单位渗流长度上的水头损失（$\Delta h/L$），或称水力坡降；

k——反应土的透水性的比例系数，称为渗透系数（cm/s）。它相当于水力梯度 $i=1$ 时的渗透速度，故其量纲与渗透速度相同。

关于达西定律的几点说明：

（1）在层流状态的渗流中，渗透速度 v 与水力坡降 i 的一次方成正比，并与土的性质有关。

（2）渗透流速 v 并不是土孔隙中水的实际平均流速。在公式推导中采用的是土样的整个断面积，其中包括了土粒骨架所占的部分面积在内。土粒本身是不能透水的，实际的过水面积 A_v 应小于 A，从而实际平均流速 v_s 应大于 v。一般称 v 为达西流速。

（3）土中水的实际渗流路径是曲折的，比试样长度大得多，而且也无法知道，如图2-3所示。达西考虑了以试样长度计的平均水力梯度，而不是局部的真正水力梯度。

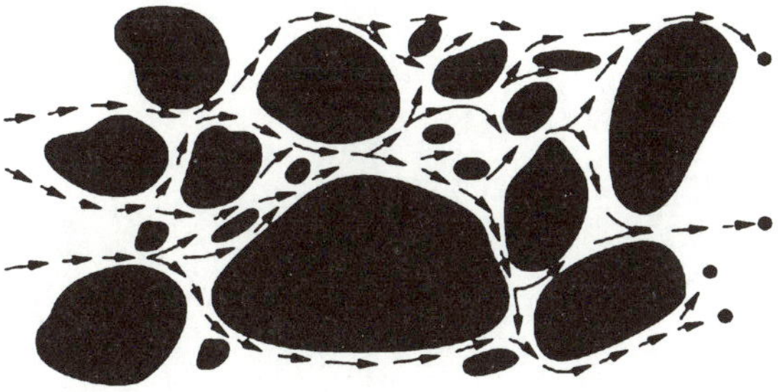

图 2-3　水通过土孔隙示意图

2.2.2　达西定律适用范围

砂土、砂粒含量较高的黏性土，其渗透规律符合达西定律［见图 2-4（a）］。

在粗粒土（如砾、卵石等）中的渗流（如堆石体中的渗流），当水力坡降较小时，其渗透规律符合达西定律。当水力坡降增大到一定程度时，水在粗颗粒孔隙中的流速也超过了层流时的某一流速，渗透速度与水力坡降的关系就表现为非线性的紊流规律［见图 2-4（b）］，此时达西定律已不适用。

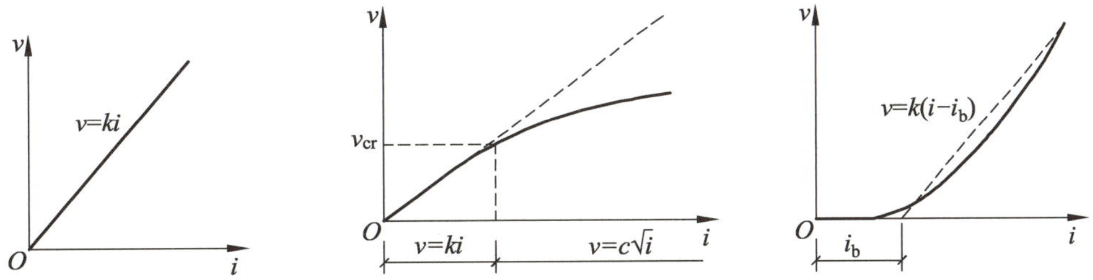

（a）砂土　（b）砾石、卵石　（c）密实黏土

图 2-4　不同土类的 v-i 关系

对于密实的黏土，土中水的形态主要为结合水。由于结合水膜具有强大的黏滞阻力，

当水力坡降较小时，水分子无法冲破结合水膜的阻力发生流动。只有当水力坡降增大到某一数值，水分子的势能差足够克服结合水膜的黏滞阻力以后，才开始发生渗流。此时，刚开始发生渗流的水力坡降称为起始水力坡降，以 i_b 表示。一般用图 2-4（c）表示地下水在密实黏土中的渗流规律，这时达西公式可写成式（2-3）的形式。

$$v = k(i - i_b) \tag{2-3}$$

思政小课堂

在人类生产实践活动中，地下水对工程建筑物会产生许多危害，而古人通过对地形特点研究，巧妙设计，建成了很多超级工程，都江堰就是其中之一。

动画—超级工程都江堰

都江堰是秦朝著名的水利工程专家李冰父子主持修建的，渠首枢纽主要由鱼嘴、飞沙堰、宝瓶口三大主体工程构成，在修建过程中又创造性地发明了竹笼、离堆，使都江堰顺利完工。都江堰的建成正是由于古人对知识的不断探索研究，敢于创新，而形成的科学、完整又极具发展潜力的庞大水利工程体系；不仅解决了水患问题，还解决了当地农田灌溉等用水问题，使四川成为天府之国。

实现中华民族伟大复兴的中国梦需要一代又一代有志青年接续奋斗。习近平总书记寄语广大青年："要敢于做先锋，而不做过客、当看客，让创新成为青春远航的动力，让创业成为青春搏击的能量，让青春年华在为国家、为人民的奉献中焕发出绚丽光彩。"作为新时代的青年，我们要运用已有的知识、信息、技能和方法，不断思考、勇于创新，在实现中华民族伟大复兴的奋斗路程中贡献自己的力量，践行"请党放心，强国有我！"的青春誓言。

任务 2.3　渗透试验

2.3.1　渗透试验简介

由达西定律可知，当 $i = 1$ 时，$v = k$，即土的渗透系数 k 就是水力梯度等于 1 时的渗透速度。k 值的大小反映了土体渗透性的强弱，k 愈大，土的渗透性也愈大。土颗粒愈粗，土中孔隙尺寸越大，k 值也愈大。渗透系数 k 是反映土的渗透能力的定量指标，也是渗流计算时必须用到的一个基本参数。

渗透系数只能通过试验测定。测定方法分为室内渗透试验和现场渗透试验两大类。

一般来说，现场试验结果比室内试验结果更为准确可靠。因此，一般对于重要工程需要进行现场试验。室内测定土的渗透系数的仪器和方法很多，但就原理来讲，可分为常水头试验和变水头试验两种。

《铁路工程土工试验规程》(TB 10102—2010) 中规定常水头试验适用于砂土及少量砾石的无黏性土，变水头试验适用于粉土和黏性土。试验用水应采用纯水或洁净的天然水。由于水中溶有空气，渗透试验过程中，空气可能会从水中游离出来，在土样中形成封闭气泡，堵塞土样孔隙，致使渗透系数降低。因此，渗透试验开始前应用抽气或煮沸法进行脱气。另外，若水温低于试样温度时，水进入试样中因温度升高而分解出气体，这样也会影响渗透系数的测定，试验时水温宜高于室温 3 ~ 4 °C。

1. 常水头试验

在整个试验过程中，水头保持不变，其试验装置如图 2-5 所示。假设试样（土样）高度即渗流长度为 L，截面积为 A，试验时的常水头差为Δh。上述三个参数在试验前可以直接测量和控制。试验中只要用量筒和秒表测得在某一时段 t 内经过试样的渗水量 Q，即可求得该时段内通过土体的单位渗水量 q。

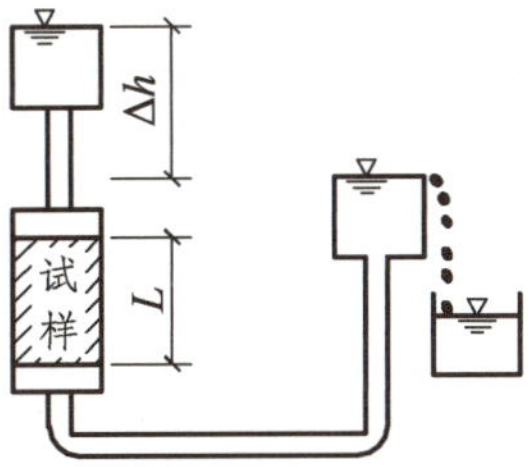

图 2-5　常水头试验装置示意图

$$q = \frac{Q}{t} \tag{2-4}$$

得到渗透系数

$$k = \frac{QL}{A\Delta h t} \tag{2-5}$$

2. 变水头试验

常水头试验适用于渗透系数较大的材料，即 $k = 1\times10^{-2} \sim 1\times10^{-3}$ cm/s 。对于粉土和黏土等细粒土，由于渗透性很小，流经试样的水量也就很少，难以准确量取，或者由于需要的时间很长，会因蒸发而影响试验的精度，如仍采用常水头试验测定的渗透系数，已不再适用，故常采用变水头试验。

变水头试验法就是试验过程中水头差一直在随时间而变化，其装置如图 2-6 所示。变水头试验适用于渗透系数较小的材料，即 $k = 1\times10^{-3} \sim 1\times10^{-6}$ cm/s 。

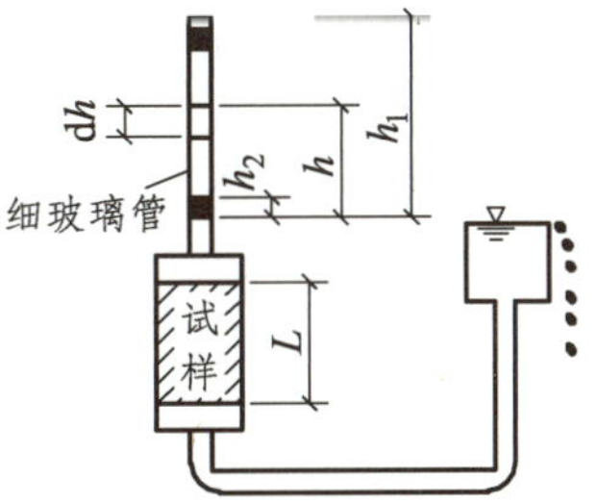

图 2-6　变水头试验装置示意图

试样的一端与细玻璃管相连，在试验过程中量测某一时段内细玻璃管中水位的变化，就可根据达西定律，求得土的渗透系数。

设细玻璃管内截面积为 a，试验开始以后任意时刻 t 变水头的水位差为 h，经过时段 dt，细玻璃管中水位下落 dh，则在时段 dt 内经过细管的流水量为

$$\mathrm{d}Q = -a\,\mathrm{d}h \tag{2-6}$$

式中负号表示渗流量随 h 的减小而增加。

根据达西定律，在时段 dt 内流经试样的渗水量又可表示为

$$\mathrm{d}Q = k\frac{h}{L}A\mathrm{d}t \tag{2-7}$$

同一时间内经过土样的渗水量应与细管渗水量相等，即

$$\mathrm{d}t = -\frac{aL}{kA}\frac{\mathrm{d}h}{h} \tag{2-8}$$

将上式两边积分

$$\int_{t_1}^{t_2}\mathrm{d}t = -\int_{h_1}^{h_2}\frac{aL}{kA}\frac{\mathrm{d}h}{h} \tag{2-9}$$

即可得到土的渗透系数

$$k = \frac{aL}{A(t_2 - t_1)}\ln\frac{h_1}{h_2} \tag{2-10}$$

如采用常用对数表示，则上式可写成

$$k = 2.3\frac{aL}{A(t_2 - t_1)}\lg\frac{h_1}{h_2} \tag{2-11}$$

式（2-10）、式（2-11）中的 a、L、A 为已知，试验时只要量测出几组与时刻 t_1 、t_2 对应的水位 h_1 、h_2 ，分别求出渗透系数，然后取平均值，作为该土样的渗透系数。

《城市轨道交通岩土工程勘察规范》（GB 50307—2012）中给出了岩土的渗透系数经验值，如表 2-1 所示。

表 2-1　岩土的渗透系数经验值

岩土名称	渗透系数 k	
	m/d	cm/s
黏土	<0.001	$<1.2\times10^{-6}$
粉质黏土	0.001 ~ 0.1	$1.2\times10^{-6} \sim 1.2\times10^{-4}$
粉土	0.1 ~ 0.5	$1.2\times10^{-4} \sim 6.0\times10^{-4}$
黄土	0.25 ~ 0.5	$3.0\times10^{-4} \sim 6.0\times10^{-4}$
粉砂	0.5 ~ 1	$6.0\times10^{-4} \sim 1.2\times10^{-3}$
细砂	1 ~ 5	$1.2\times10^{-3} \sim 6.0\times10^{-3}$
中砂	5 ~ 20	$6.0\times10^{-3} \sim 2.4\times10^{-2}$
均质中砂	35 ~ 50	0.04 ~ 0.06

岩土名称	渗透系数 k	
	m/d	cm/s
粗砂	20 ~ 50	0.024 ~ 0.06
均质粗砂	60 ~ 75	0.07 ~ 0.086
圆砾	50 ~ 100	0.06 ~ 0.12
卵石	100 ~ 500	0.12 ~ 0.6
无填充的卵石	500 ~ 1 000	0.6 ~ 1.2
稍有裂隙岩石	20 ~ 60	0.024 ~ 0.07
裂隙多的岩石	>60	>0.07

试验室内测定渗透系数 k 的优点是设备简单，费用较省。但是，由于土的渗透性与土的结构有很大的关系，地层中水平方向和垂直方向的渗透性往往不一样；再加之取样时的扰动，不易取得具有代表性的原状土样，特别是砂土。因此，室内试验测出的 k 值常常不能够很好地反映现场中土的实际渗透性质。为了量测地基土层的实际渗透系数，可直接在现场进行 k 值的原位测定。

3. 现场测定渗透系数

在现场进行渗透系数 k 值测定时，常用现场井孔抽水试验或井孔注水试验的方法。对于均质的粗粒土层，用现场抽水试验测得的 k 值往往要比室内试验更为可靠。下面介绍用抽水试验测定 k 值的方法。图 2-7 为一现场井孔抽水试验示意图，在现场打一口试验井，贯穿要测定 k 值的砂土层，并在距井中心不同距离处设置一个或两个观测孔，然后自井中以不变的速度连续进行抽水。抽水造成井周围的地下水位逐渐下降，形成一个以井孔为轴心的降落漏斗状的地下水面。测定试验井和观测孔中的稳定水位，可以画出测压管水位变化图形。测定水头差形成的水力坡度，使水流向井内。假定水流是水平流向时，则流向水井的渗流过水断面应是一系列的同心圆柱面。待出水量和井中的动水位

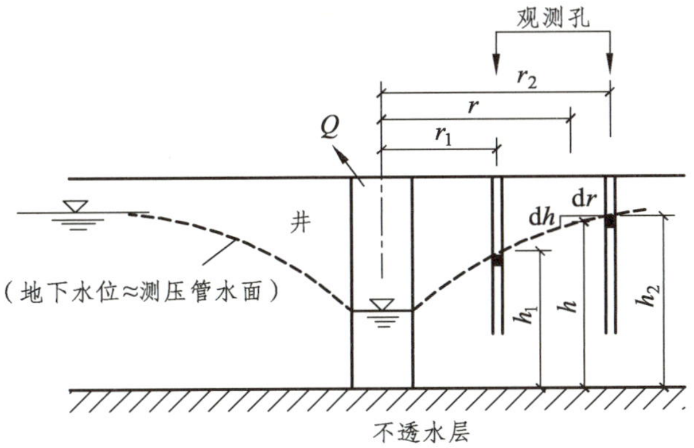

图 2-7　抽水试验

稳定一段时间后，若测得抽水量为 q，观测孔距井轴线的距离分别为 r_1、r_2，孔内的水位高度为 h_1、h_2，通过达西定律即可求出土层的平均值 k 值。

现场测定法可获得较为可靠的渗透系数值，但试验所需费用较多。注水试验的原理与抽水试验类似，这里不再进一步讨论。

2.3.2 影响渗透系数的主要因素

1. 土的粒度成分及矿物成分

土的颗粒大小、形状和级配，影响着土中孔隙大小及形状，进而影响土的渗透性。土的颗粒愈粗、愈浑圆、愈均匀时，渗透性就愈大。砂土中含有较多粉土及黏土颗粒时，其渗透性就大大降低。

土的矿物成分对于卵石、砂土和粉土的渗透性影响不大，但对于黏土的渗透性影响较大。黏性土中含有亲水性较大的黏土矿物（如蒙脱石）或有机质时，由于它们具有很大的膨胀性，大大降低了土的渗透性。含有大量有机质的淤泥几乎是不透水的。

2. 结合水膜的厚度

黏性土中若土粒的结合水膜厚度较厚时，会阻塞土的孔隙，降低土的渗透性。例如钠黏土，由于钠离子的存在，使黏土颗粒的扩散层厚度增加，所以透水性很低。又如在黏土中加入高价离子的电解质（如 Al、Fe 等），会使土粒扩散层厚度减薄，黏土颗粒会凝聚成粒团，土的孔隙因而增大，这也将使土的渗透性增大。

3. 土的结构构造

天然土层通常不是各向同性的，在渗透性方面往往也是如此。例如黄土具有竖直方向的大孔隙，所以竖直方向的渗透系数要比水平方向大得多。层状黏土常夹有薄的粉砂层，它的水平方向的渗透系数要比竖直方向大得多。

4. 水的黏滞度

水在土中的渗流速度与水的密度及黏滞层有关，而这两个数值又与温度有关。一般水的密度随温度变化很小，可略去不计，但水的动力黏滞层系数 η 随温度变化而变化。因此在进行室内渗透试验时，同一种土在不同温度下会得到不同的渗透系数。在天然土层中，除了靠近地表的土层外，一般土中的温度变化很小，因此可忽略温度的影响。由于室内试验的温度变化较大，应考虑它对渗透系数的影响。目前常以水温为 20 °C 时的 k_{20} 作为标准值。

$$k_{20} = k_t \frac{\eta_t}{\eta_{20}} \tag{2-12}$$

式中 η_t、η_{20}——分别为 t℃时及 20 °C 时水的动力黏滞系数（kPa · s）。

5. 土中气体

当土孔隙中存在封闭气泡时，会阻塞水的渗流，从而降低土的渗透性。这种封闭气泡有时是由溶解于水中的气体分离出来而形成的，因此室内渗透试验有时规定要用不含溶解空气的蒸馏水。

2.3.3 成层土的渗透性

天然沉积土往往是由渗透性不同的土层组成，宏观上具有非均质性。对于与土层层面平行或垂直的简单渗流情况，当各土层的渗透系数和厚度为已知时，我们可求出整个土层与层面平行或垂直的平均渗透系数，作为进行渗流计算的依据。

1. 渗流方向平行于层面（水平向渗流）

已知地基内各层土的渗透系数分别为 k_1、k_2、$k_3\cdots$，厚度相应为 H_1、H_2、$H_3\cdots$，总土层厚度即等效土层厚度为 H，如图 2-8 所示。当渗透水流在水平方向上流动时，渗透距离为 L，水头损失为Δh。

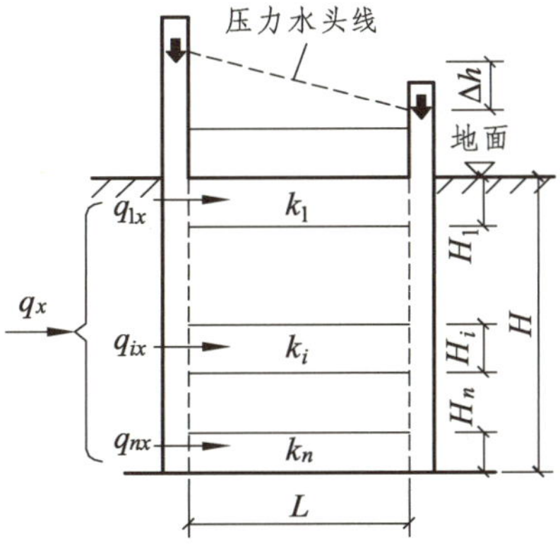

图 2-8 成层土水平向渗流

这种平行于各层面的水平渗流具有如下的特点：

（1）各层土中的水力坡降 $i(i=\Delta h/L)$ 与等效土层的平均水力坡降 i 相同。

（2）在水平方向取单位宽度，通过等效土层 H 的总的单宽渗透流量等于各土层渗流流量之和，即

$$q_x = q_{1x} + q_{2x} + q_{3x} + \cdots + q_{nx} = \sum_{i=1}^{n} q_{ix} \tag{2-13}$$

将达西定律代入式（2-13）可得

$$k_x iH = \sum_{i=1}^{n} k_i iH_i = i\sum_{i=1}^{n} k_i H_i \tag{2-14}$$

消去 i 后，即可得出沿水平方向的等效渗透系数 k_x。

$$k_x = \frac{1}{H}\sum_{i=1}^{n} k_i H_i \tag{2-15}$$

由上可知，平行于层面的等效渗透系数 k_x 值为各土层渗透系数按厚度的加权平均值。

2. 渗流方向垂直于层面（竖向渗流）

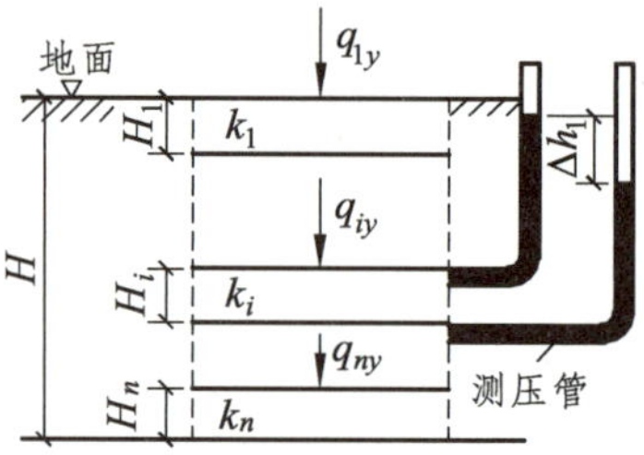

图 2-9　成层土竖向渗流

对于渗流垂直于土层的情况见图 2-9，设承压水流流经土层 H 厚度的总水头损失为Δh，流经每一层土的水头损失为Δh_1、Δh_2、Δh_3…。

这种垂直于各层面的渗流具有如下特点：

（1）根据水流连续原理，流经各土层的流速与流经等效土层的流速相同，即

$$v_1 = v_2 = v_3 = \cdots = v \tag{2-16}$$

（2）流经等效土层 H 的总水头损失面Δh 等于各层土的水头损失之和，即

$$\Delta h = \Delta h_1 = \Delta h_2 = \Delta h_3 = \cdots = \sum_{i=1}^{n} \Delta h_i \tag{2-17}$$

将达西定律代入式（2-16），则

$$k_1 \frac{\Delta h_1}{H_1} = k_2 \frac{\Delta h_2}{H_2} = k_3 \frac{\Delta h_3}{H_3} = \cdots = k_i \frac{\Delta h_i}{H_i} = v \tag{2-18}$$

从而可解出

$$\Delta h_1 = \frac{vH_1}{k_1},\quad \Delta h_2 = \frac{vH_2}{k_2},\quad \cdots,\quad \Delta h_i = \frac{vH_i}{k_i} \tag{2-19}$$

设竖直等效渗透系数为 k_z，对等效土层有 $v = k_z \dfrac{\Delta h}{H}$，从而可得

$$\Delta h = \frac{vH}{k_z} \tag{2-20}$$

将式（2-19）和式（2-20）代入式（2-17）得

$$\frac{vH}{k_z} = \sum_{i=1}^{n} \frac{vH_i}{k_i} \tag{2-21}$$

消去 v，即可得出垂直于土层方向的等效渗透系数 k_z 为

$$k_z = \frac{H}{\sum_{i=1}^{n} H_i / k_i} \tag{2-22}$$

上式表明，垂直于层面的等效渗透系数 k_z 主要由渗透系数小的土层所控制。

可以证明，对于成层土，水平向平均渗透系数总是大于竖向平均渗透系数，有时可大到 10 倍左右。

思政小课堂

土体渗透系数的影响因素众多且复杂，因此我们应从多角度出发，分析其对渗透系数的影响规律，提升自身的综合思维、系统思维。

动画—系统思维

系统思维是原则性与灵活性有机结合的基本思维方式。客观事物是多方面相互联系、发展变化的有机整体。系统思维就是人们运用系统观点，把对象的互相联系的各个方面及其结构和功能进行系统认识的一种思维方法。系统思维是一种逻辑抽象能力，也可以称为整体观、全局观。

党的十八大以来，习近平总书记在推进政治、经济、军事、科学、文化等方面的思维和决策，表现出系统思维方法的科学性与系统性。全面深化改革是一项复杂的系统工程，各项工作、各类要素相互交织，牵一发而动全身，只有坚持系统思考，科学统筹，各方面的改革举措良性互动、协同配合，把推进理论创新、制度创新、科技创新、文化创新以及其他各方面创新有机衔接起来，才能形成强大合力，将改革事业顺利推向前进。

任务 2.4　渗透力和渗透变形

2.4.1　渗透力

1. 渗透力的定义

水在土中流动将受到土粒对水的阻力作用，使水头逐渐损失。同时，水的渗透将对土骨架产生拖曳力，导致土体中颗粒位置发生改变。这种渗透水流作用对土骨架产生的拖曳力称为渗透力。静水作用在水中物体上的力称为静水压力，而渗透力是在水流动时作用在物体上的力，因此也被称为动水力。

在许多水工建筑物、土坝及基坑工程中，渗透力的大小是影响工程安全的重要因素之一。实际工程中，也有过不少发生渗透变形（流土或管涌）的事例，严重的使工程施工中断，甚至危及邻近建筑物与设施的安全。因此，在进行工程设计与施工时，对渗透力可能给地基土稳定性带来的不良后果应该具有足够的重视。

2. 渗透力计算公式推导

如图 2-10 所示，U 形管底部水平放置长度为 L 的土样，土样左、右两侧截面水头高度分别为 H_1 和 H_2。依据达西定律，U 形管左侧的水将透过土样孔隙发生渗流。

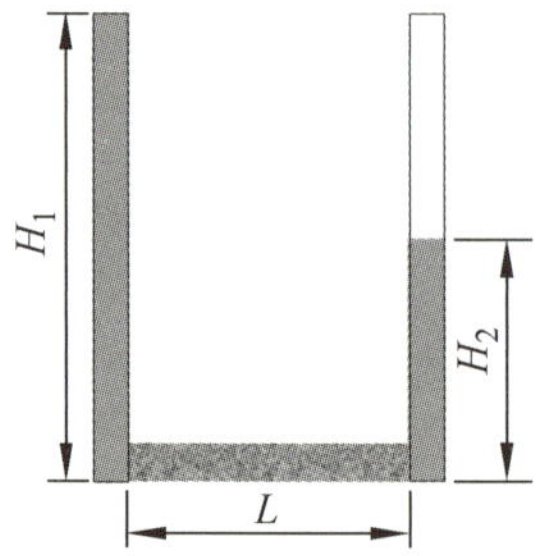

图 2-10　渗流力计算示意图

图 2-10 中土样左右两侧截面处的液体压强分别为 $\rho_w gH_1$ 和 $\rho_w gH_2$。假设土样横截面积为 A，经静力平衡分析，可求土样对渗透水流的阻力为 $F = A\gamma_w(H_1 - H_2)$。土样体积为 AL，于是求得单位体积土体对渗透水流的阻力为 $f = \gamma_w(H_1 - H_2)/L$，其与渗透力为作用力和反作用力关系。通过上述分析，我们可以得出以下结论：

（1）渗透力是一种作用在渗流场的所有土粒上的体积力；

（2）渗透力的量纲与重度相同，渗流力与水力坡降正相关，其大小等于水的重度与水力坡降的乘积；

（3）渗透力的方向与渗流方向一致；

（4）渗透力与渗透系数或渗透速度无关。

2.4.2　临界水力坡降

由于渗透力的方向与渗流方向一致，当水的渗流自上向下时，渗透力方向和土体重力方向一致，这将增加土颗粒间的压力（即增大了土的有效压力），对土体是有利的；如渗流自下向上，则渗透力方向与土体重力方向相反，这将减少土颗粒间的压力，即减少土的有效应力，对土体是不利的。当向上的渗透力与土的浮重度相等时，土颗粒间的压力等于零，土颗粒将处于悬浮状态而失去稳定，土能随渗流水而流动，发生渗透变形，这时的水力梯度称为临界水力梯度 i_{cr}，也叫作临界水力坡降。

$$i_{cr} = \frac{r'}{\gamma_w} = (G_s - 1)(1 - n) \tag{2-23}$$

式中，G_s、n 分别为土粒相对密度及土的孔隙度。由此可知，临界水力坡降取决于土的物理性质，可通过地基夯实（减小 n）及换填（增大 G_s）的方式提高临界水力坡降。

2.4.3　渗透变形

当水头梯度超过一定的界限值后，土中的渗透水流会把部分土体或土颗粒冲出、带走，导致土体发生位移，这种现象称为渗透变形。当渗透变形达到一定程度，土体将发生失稳破坏，称为渗透破坏。

《水利水电工程地质勘察规范》(GB 50487—2008) 中规定：土体在渗流作用下发生破坏，由于土体颗粒级配和土体结构的不同，存在流土、管涌、接触冲刷和接触流失四种破坏形式。前两种类型主要出现在单一土层中，后两种类型多出现在多层结构土层中。

1. 流　土

在向上的渗透水流作用下，当渗透力等于或大于土的浮重度时，表层土局部范围内的土体或颗粒群同时发生悬浮、移动的现象，称为流土。任何类型的土，只要水力坡降达到一定的值，都会发生流土破坏。流土发生于渗流逸出处的土体表面而不是发生于土体内部。流土的发生一般是突发性的，对工程危害极大。

开挖渠道或基坑时常遇到的流砂现象，就属流土类型，如图 2-11 所示。流砂往往发生在细砂、粉砂及粉土和淤泥质土中，表现为颗粒的悬浮、流走。颗粒较粗（如中砂、粗砂）及黏性较大的土体（如黏土）则不易发生流砂，表现为土体表面的隆起。

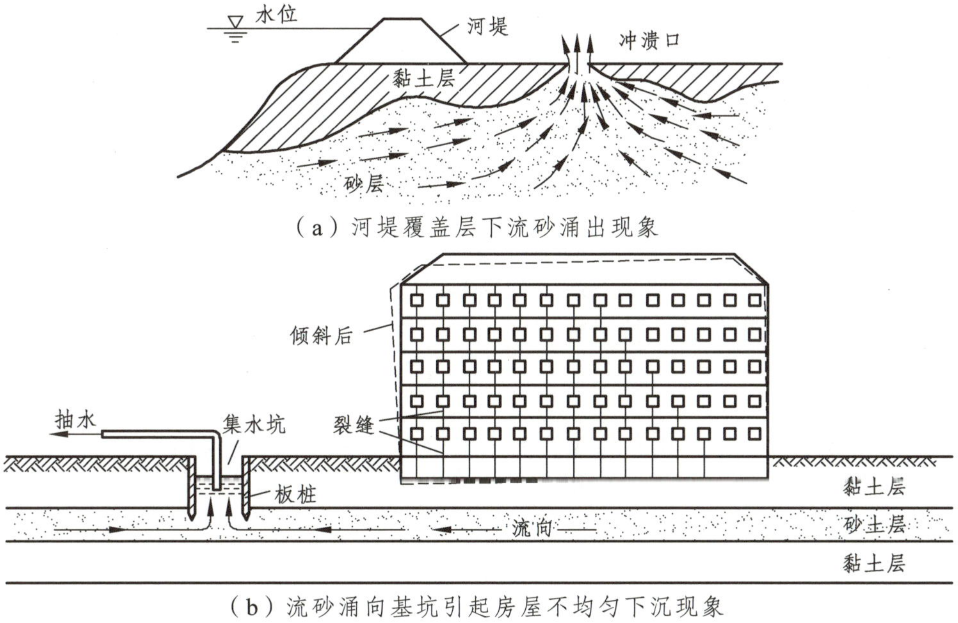

（a）河堤覆盖层下流砂涌出现象

（b）流砂涌向基坑引起房屋不均匀下沉现象

图 2-11　流土的危害

若地基为比较均匀的砂层，当水位差较大、渗流路径不够长时（水力坡降较大），下游渗流逸出处也会出现 $i>i_{cr}$ 的情况。这时地表将会出现小泉眼，冒气泡，土颗粒群会向上鼓起，发生浮动、跳跃，这一现象称为砂沸。砂沸也是流土破坏的一种形式。

2. 管　涌

在渗透水流作用下，土中的细颗粒在粗颗粒形成的孔隙中移动，以至流失。随着土的孔隙不断扩大，渗流速度不断增加，较粗的颗粒也相继被水流逐渐带走，最终导致土体内形成贯通的渗流通道，如图 2-12 所示，造成土体坍塌，这种现象称为管涌，也称为渗流的潜蚀现象。管涌破坏一般有一个时间发展过程，是一种渐进性破坏过程。管涌发生在一定级配的无黏性土中，发生的部位可以在渗流逸出处，也可以在土体内部。管涌发生时，水面出现翻花，随着上游水位升高，持续时间延长，险情不断恶化，大量涌水翻砂，使堤防、水闸地基土壤骨架破坏，孔道扩大，基土被淘空，引起建筑物塌陷，造成决堤、垮坝、倒闸等事故。

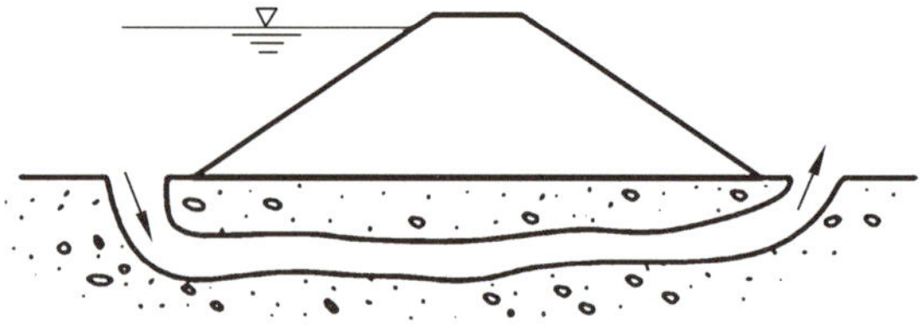

图 2-12　通过坝基的管涌

可以从以下五个方面区分流土和管涌：

（1）破坏现象。流土是土体局部范围的颗粒同时发生移动，而管涌是土体内细颗粒通过粗粒形成的孔隙通道移动。

（2）破坏位置。流土只发生在水流渗出的表层，管涌可发生于土体内部和渗流溢出处。

（3）对土质的要求。只要渗透力足够大，流土可发生在任何土中；管涌一般发生在特定级配的无黏性土中。

（4）破坏历时。流土破坏一般是突发性的，破坏过程短；管涌破坏一般有一个时间发展过程，是一种渐进性破坏。

（5）破坏后果。流土导致下游坡面产生局部滑动，管涌导致结构发生坍塌或溃口。

3. 接触冲刷

当渗流沿着两种渗透系数不同的土层接触面，或建筑物与地基的接触面流动时，沿接触面带走细颗粒的现象称为接触冲刷。

4. 接触流失

在层次分明、渗透系数相差悬殊的两土层中，当渗流垂直于层面将渗透系数小的一层中的细颗粒带到渗透系数大的一层中的现象称为接触流失。

2.4.4　渗透变形的判别

《水利水电工程地质勘察规范》（GB 50487—2008）中规定：土的渗透变形判别包括判别土体的渗透变形类型，确定流土、管涌的临界水力坡降，确定土的允许水力坡降。

土的渗透变形的发生和发展过程有其内因和外因。内因是土的颗粒组成和结构，即常说的几何条件；外因是水力条件，即作用于土体渗透力的大小。

1. 流土可能性的判别

（1）用土的性质判定

在自下而上的渗流逸出处，任何土，不论黏性土还是无黏性土，只要满足渗透坡降大于临界水力坡降这一水力条件，均要发生流土。因此，只要知道水力坡降和临界水力坡降，即可判别流土的可能性。

（2）用临界水力坡降判定

流土往往发生在渗流的出逸处。工程中通常用渗流出逸处的水力坡降 i 与其临界水力坡降 i_{cr} 比较，即可判别流土的可能性。

若 $i<i_{cr}$，则土体处于稳定状态不发生流土；

若 $i=i_{cr}$，则土体处于临界状态；

若 $i>i_{cr}$，则土体发生流土。

（3）允许水力坡降

设计中要求将出逸处的水力坡降控制在允许水力坡降［i］之内，即

$$i \leqslant [i] = i_{cr}/F_S \tag{2-24}$$

式中　F_S——安全系数，一般取 1.5～2.0。

2. 管涌可能性的判别

（1）用土的性质判定

黏性土土粒间联结较紧，颗粒间有较大黏聚力。一般不发生管涌破坏，只在水力坡降足够大时发生流土破坏。

无黏性土的渗透变形形式与土的颗粒组成、级配和密度有关，具体判别如下：

土中粗颗粒所构成的孔隙直径必须大于细颗粒的直径，才可能让细颗粒在其中移动，这是管涌产生的必要条件。

对于不均匀系数 $C_u<10$ 的较均匀土，颗粒粗细相差不多，粗颗粒形成的孔隙直径不比细颗粒大，因此细颗粒不能在孔隙中移动，也就不可能发生管涌。

对于 $C_u>10$ 的不均匀砂砾石土，这种土既可能发生管涌也可能发生流土，主要取决于土的级配情况和细颗粒含量。

对于缺乏中间粒径、级配不连续的土，其渗透变形的类型主要决定于细颗粒含量。当细颗粒含量在 25%以下时，细料填不满粗料所形成的孔隙，渗透变形基本上属管涌型；当细料含量在 35%以上时，细料足以填满粗料所形成的孔隙，粗细料形成整体，抗渗能力增强，渗透变形是流土型；当细料含量为 25%～35%时，则是过渡型。

对于级配连续的不均匀土，用土的孔隙平均直径 D_0 与最细部分的颗粒粒径 d_s 相比较，以判别土的渗透变形的类型。土的孔隙平均直径 D_0 可以下述经验公式计算：

$$D_0 = 0.25d_{20} \tag{2-25}$$

式中，d_{20} 代表小于该粒径的土质量占总质量 20%。当土中有 5%以上的细颗粒小于土的孔隙平均直径时，即 $D_0>d_5$ 时，破坏形式为管涌；如果土中小于 D_0 的细粒含量<3%，即 $D_0<d_3$ 时，可能流失的土颗粒很少，不会发生管涌，则呈流土破坏。

因此，对于无黏性土是否发生管涌的几何条件可用下列准则判别：

① $C_u \leqslant 10$ 的比较均匀的土为非管涌土

② C_u>10 的不均匀土

a. 级配不连续的土

细颗粒含量>35%　非管涌土；

细料含量<25%　管涌土；

25%≤细料含量≤35%　过渡型土。

b. 级配连续的土

$D_0<d_3$　非管涌土；

$D_0>d_5$　管涌土；

$d_3 \leq D_0 \leq d_5$　过渡型土。

（2）用临界水力坡降判定

渗透力能够带动细颗粒在孔隙间滚动或移动，是发生管涌的水力条件。一般的工程可用半经验公式判定，重要工程应尽可能结合实际条件通过试验确定。

管涌的临界水力坡降为

$$i_{cr} = \frac{42d_3}{\sqrt{k/n^3}} \tag{2-26}$$

式中　d_3——小于该粒径颗粒含量为 3%所对应粒径（cm）；

n——孔隙率；

k——渗透系数（cm/s）。

（3）允许水力坡降

通常要求 $i \leq [i]$，方法同流土。

无试验资料时，可根据表 2-2 进行选用。

表 2-2　无黏性土允许水力坡降

允许水力比降	渗透变形类型					
	流土型			过渡型	管涌型	
	$C_u \leq 3$	$3<C_u \leq 5$	$C_u \geq 5$		级配连续	级配不连续
$J_{允许}$	0.25～0.35	0.35～0.50	0.50～0.80	0.25～0.40	0.15～0.25	0.10～0.20

2.4.5　渗透变形的防治措施

根据渗透变形的机理可知，土体发生渗透破坏的原因有两个方面：一是渗流特征，即上下游水位差形成的水力坡降；二是土的类别及组成特性，即土的性质及颗粒级配。因此，渗透变形的防治措施基本归结为：

（1）延长渗径，减小下游出逸口水力坡降，降低渗透力；

（2）增强渗流逸出处土体抗渗能力。

防治流土的关键在于控制逸出处的水力坡降。为了保证实际的逸出坡降不超过允许坡降，水利工程上常采取下列工程措施：

（1）上游设置垂直防渗帷幕或水平防渗铺盖，以延长渗流路径，进而降低水力坡降，如图 2-13～图 2-15 所示。

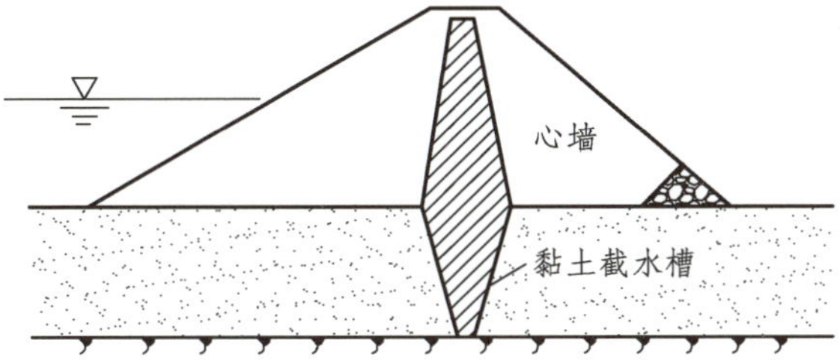

图 2-13　心墙坝的黏土截水槽示意图

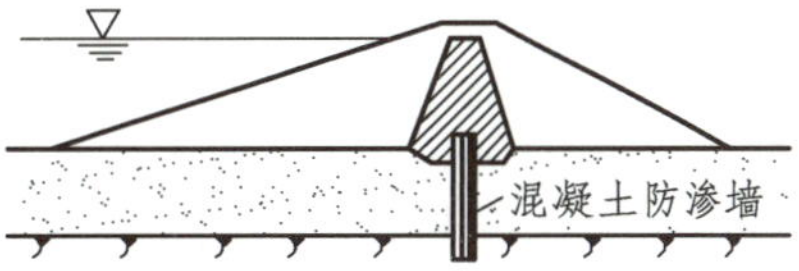

图 2-14　心墙坝混凝土防渗墙示意图

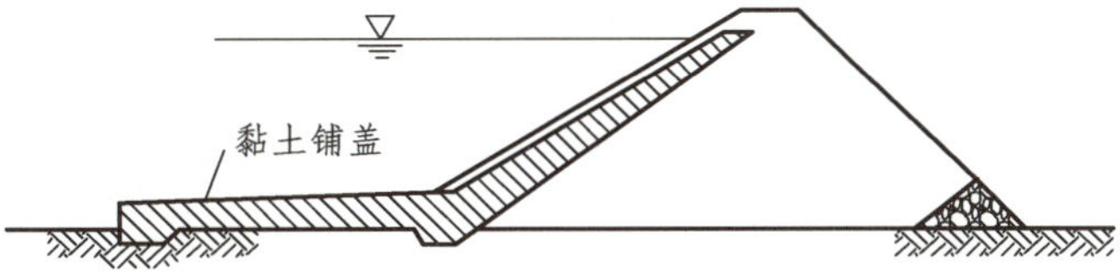

图 2-15　水平黏土铺盖示意图

（2）下游挖减压沟或打减压井（见图 2-16），贯穿渗透性小的黏性土层，以降低作用在黏性土层底面的渗透力。

（3）下游加透水盖重，以防止土体被渗透力所悬浮，如图 2-16 所示。

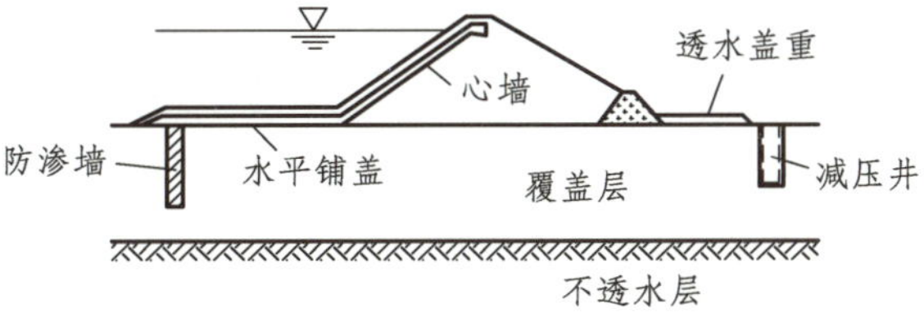

图 2-16　下游防渗示意图

防止管涌一般可从以下两方面采取措施：

（1）改变水力条件。降低土层内部和渗流逸出处的渗透坡降，详见流土的防渗措施。

（2）改变几何条件。在渗流逸出部位铺设层间关系满足要求的反滤层是防止管涌破坏的有效措施。反滤层是粒径沿水流方向由细到粗的级配砂砾层，用以保护地基土，不让细颗粒带出，同时也具有较大的透水性，使渗流畅通，如图 2-17 所示。

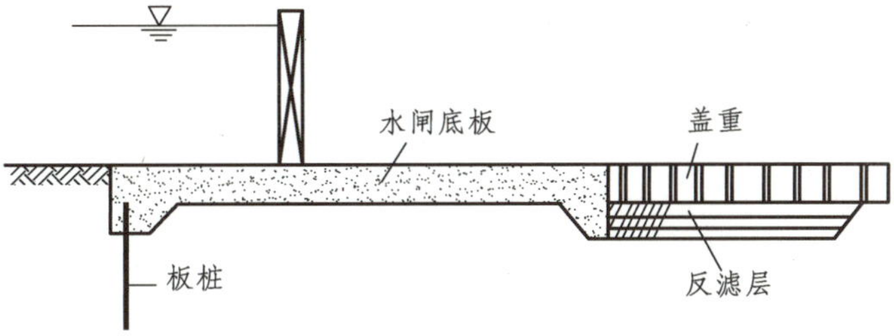

图 2-17　水闸防渗示意图

思政小课堂

先秦时期，祖先们利用土修建堤坝抵御黄河水患。一天，有个老者偶然发现土堤上的蚂蚁窝一下子猛增了许多。他害怕这些蚂蚁窝会影响土堤的安全，马上回村去报告，路上遇见了他的儿子。老者的儿子听了不以为然地说：“如此坚固的土堤，还害怕几只小小蚂蚁吗？”于是，拉着老者一起下田了。当天晚上风雨交加，黄河里的水猛涨起来，咆哮的河水从蚂蚁窝渗透出来，继而喷射，最终堤决人淹。这个故事就是记载在《韩非子·喻老》中的“千丈之堤，以蝼蚁之穴溃”，并演化为成语“千里之堤，毁于蚁穴”。

动画—堤溃蚁穴

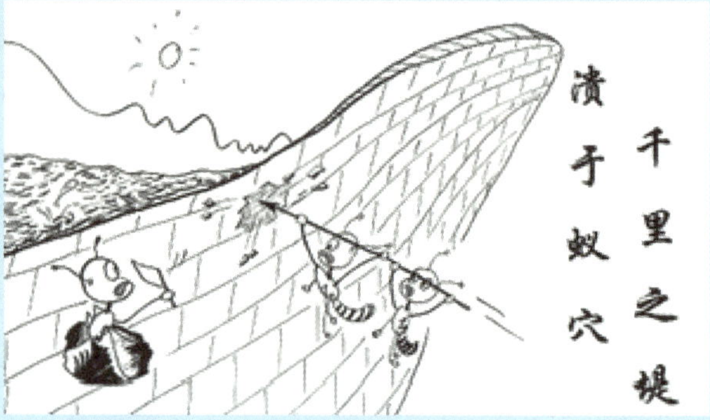

故事中出现决堤的原因在于河水顺着蚁穴在土中渗流，渗流力使土堤中的土颗粒随河水流失，蚁穴逐步扩大、贯通直至决堤。管涌破坏具有渐进性，需要一定的时间。倘若老者和他的儿子及时采取防渗措施，也许就可以把险情消灭在萌芽之中。

项目小结

渗流引起的渗透破坏主要有两类，一是渗流力引起的土体颗粒流失或局部土体产生移动，导致土体变形甚至失稳；二是由于渗流作用，使水压力或浮力发生变化，导致土体或结构物的失稳。本项目首先介绍了土体的渗透性、达西定律、渗透试验等基本内容，然后详细分析了流砂和管涌现象产生的条件和引起的工程危害。在进行相关工程设计施工时，应综合考虑渗流与地基土体之间的关系，制定出有效的防治渗透变形的措施。

项目思考题

1. 达西定律的内容是什么？它的适用条件是什么？
2. 影响渗透系数的主要因素是什么？
3. 土的渗透试验的常水头法和变水头法的原理是什么？
4. 比较砂性土体和黏性土体的渗透性有何不同？
5. 成层土的水平向和垂直向渗透系数有何不同？
6. 什么是渗透力？
7. 土体渗透变形的类型及产生的原因是什么？
8. 对于渗透变形破坏有哪些防治方法？
9. 土的渗透特性对工程会产生哪些不利的影响？

项目 3

土体中的应力计算

项目导学

在地基土上修建建筑物时，基础将建筑物产生的荷载传递给地基，使地基中的应力状态发生改变，引起地基土体的变形，从而使建筑产生一定的沉降或沉降差。如果沉降差超过一定的限度，土体将发生整体破坏而失去稳定，导致建筑物的开裂、倾斜甚至是破坏。因此，要研究地基和土工建筑物的变形和稳定问题，必须能够正确地分析、计算地基土体中的应力。本项目主要介绍了土体中应力的分类、自重应力的计算、基底应力的分布规律与计算，以及地基土体中附加应力的计算方法。

教学目标

1. 知识目标

（1）土中应力分类；

（2）自重应力、基底应力、基底附加应力及地基土附加应力的定义及计算；

（3）附加应力在地基土中的传播规律。

2. 能力目标

（1）能准确说出土中应力的种类及分类原因；

（2）能准确解释并计算土的自重应力、基底应力、基底附加应力及地基土附加应力；

（3）能正确描述附加应力在地基土中的传播规律。

3. 情感目标

（1）树立良好的劳动纪律观念和团队协作意识；

（2）养成科学、严谨的工作态度；

（3）具备良好的交流、沟通能力。

4. 思政目标

（1）鼓励学生通过科学的策略、方法及辩证思维分析、解决问题；

（2）培养学生树立正确的人生观、价值观和世界观。

相关案例

上海展览馆地基下沉

上海展览馆于 1954 年兴建，因地基约有 14 m 的淤泥质软黏土，建成后当年就下沉

600 mm。1957 年 6 月，展览馆中央大厅四角的沉降最大达 1 465.5 mm，最小沉降为 1 228 mm，不均匀沉降造成建筑物开裂。1957 年 7 月，经有关专家的勘察、分析，认为对裂缝修补后可以维持使用。1957 年 9 月，中央大厅地下室的沉降量累计达 1 650 mm，年平均沉降量达 51 mm。

上海展览馆沉降过大的原因有以下几个方面：

（1）按照基础埋深 0.5 m，持力层为第二层坚硬至可塑黄褐色粉质黏土，较以下各层土（可塑状态）承载力都高，因此地基土的持力层满足承载力要求（基底总应力 130 kPa，持力层容许承载力 150 kPa），而下卧层承载力不满足要求（软弱下卧层顶面处，附加应力还有 120 kPa，远大于该层承载力）。

（2）地基土中的应力较大，土中应力水平高。地基附加应力为 124 kPa。

（3）基础面积大，压缩土层相对较薄，应力沿深度衰减比较慢，至主要压缩层底部，附加应力还有 70 kPa。

20 世纪初，高层建筑的飞速发展使得人们关注到地基中附加应力的明显增加会加剧地基的沉降。如何准确求解地基土中的应力，将是本项目学习的重点内容。

任务 3.1　概　述

3.1.1　土中应力计算的必要性

土体在自身重力、建筑物或构筑物荷载、交通荷载或其他荷载（如渗透力、地震荷载等）的作用下，土中必然存在着应力。土中应力将引起土体或地基的变形，使土工建筑物（如路堤、土坝等）或建筑物（房屋、桥梁或涵洞）发生下沉、倾斜以及水平位移。土的变形过大时，往往会影响建筑物的安全和正常使用。此外，土中应力过大时，也会引起土体的剪切破坏，使土体发生剪切滑动而失去稳定。为了使所设计的建筑物、构筑物既安全可靠又经济合理，就必须研究土体的变形、强度、地基承载力及稳定性等问题。不论研究上述何种问题，都必须首先了解土中的应力分布状况。只有掌握了土中应力的计算方法和土中应力的分布规律，才能正确运用土力学的基本原理和方法解决地基变形、土体稳定等问题。因此，研究土中应力分布及计算方法是土力学的重要内容之一。

3.1.2　土中应力计算的方法

目前，计算土中应力的方法主要是采用弹性理论，也就是把地基土视为均质的、连续的、各向同性的半无限空间弹性体。事实上，土体是一种非均质的、各向异性的多相分散体，是非理想弹性体，采用弹性理论计算土体中的应力必然带来计算误差。对于一般工程，其误差是工程所允许的；但对于许多复杂工程条件下的应力计算，弹性理论是远远不够的，应采用其他更为符合实际的计算方法，如非线性力学理论、数值计算方法等。

3.1.3　土中应力的种类

土中应力按其成因可分为自重应力和附加应力两大类。

1. 自重应力

由土体自身重量而产生的应力称为自重应力。自重应力又可分为两种情况，一种是成土年代长久，土体在自重作用下已经处于压缩稳定状态，这种自重应力不再引起土体或地基的变形；另一种是成土年代不久，例如新近沉积土、近期人工填土（包括路堤、土坝填土垫层等），土体在自身重力作用下尚未达到压缩稳定，因而它将继续引起土体或地基的变形。此外，地下水的升降，也会引起土中自重应力的变化，使土体发生变形（如压缩、膨胀或失陷等）。

2. 附加应力

附加应力是由建筑物的荷载传递至地基，在地基中产生的、大于自重应力的应力增量。土层中的附加应力是引起土体变形或地基变形的主要原因。

自重应力存在于任何土体中，附加应力则存在于受荷载影响的那部分土层中。修建建筑物前，土中应力仅有自重应力；修建建筑物后，建筑物的荷载通过基础传递至地基，地基土中的总应力为自重应力与附加应力之和。

任务 3.2　土的自重应力的计算

自然界中的地表形态起伏不定，地表以下的土体由不同性质的土层沉积而成，同一土层在不同位置处的厚度不尽相同。在同一土层的竖直剖面上，土颗粒的分布也是不均匀的，通常情况下，粒径越大的土粒越靠近土层下部。上述事实为土中自重应力的计算带来了巨大的麻烦。因此，为了简化计算，在计算土中自重应力时不妨做如下假设［见图 3-1（a）］：

（1）假定天然地面是在水平面上无限延伸的半无限体，地面以下的土体由若干层厚度不等的水平土层组成，且在任意竖直面和水平面上均无剪力存在；

（2）在任意位置处，同一土层内的土颗粒都是均匀分布的。

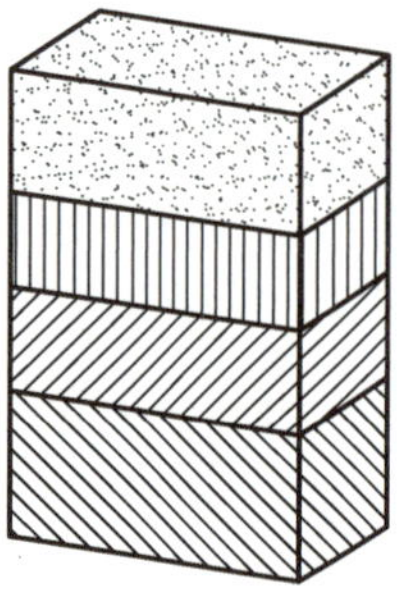

（a）简化后的土层

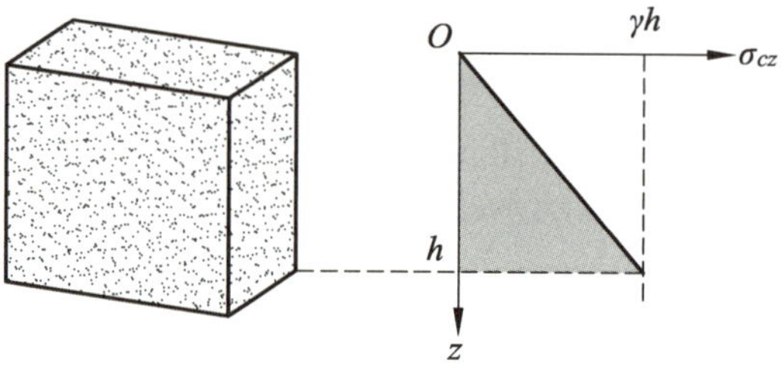

（b）单层土自重应力分布

图 3-1　自重应力计算示意图

3.2.1　单层土竖向自重应力的计算

竖向自重应力等于单位面积上土体的重力 G。当地基是均质土体时，在深度 h 处土的竖向自重应力为

$$\sigma_{cz}=\frac{G}{A}=\frac{\gamma hA}{A}=\gamma h \tag{3-1}$$

式中　γ——土的天然重度（kN/m^3）；

G——土体重力（kN）；

A——土体截面积（m^3）。

由上式可见，自重应力随土的埋深线性增加，呈三角形分布［见图 3-1（b）］，直线斜率为土层重度 γ。

若计算点在地下水位以下，则应考虑地下水对土体重度的影响，采用有效重度计算自重应力。密实（饱和）黏土视为不透水层，有效重度为饱和重度；除此之外的土层均视为透水层，有效重度为浮重度。

3.2.2　成层土竖向自重应力的计算

地基土往往是成层的，因而每层土的重度也是不同的。需要注意的是，当地下水位面出现在某土层时，该层土位于地下水位面上、下土体的管理方式也不相同。因此，计算自重应力时，地下水位面必须作为土层的分界面，如图 3-2 所示。

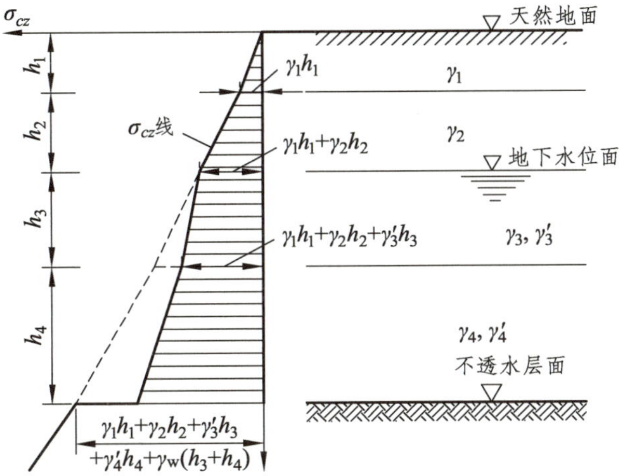

图 3-2　成层土中竖向自重应力沿深度的分布

竖向自重应力计算公式为

$$\sigma_{cz}=\gamma_1 h_1+\gamma_2 h_2+\cdots+\gamma_n h_n=\sum_{i=1}^{n}\gamma_i h_i \tag{3-2}$$

式中　σ_{cz}——天然地面下任意深度处的竖向自重应力（kPa）；

n——深度 z 范围内的土层总数；

h_i——第 i 层土层厚（m），当地下水位面位于同一土层时，地下水位面也应作为分界面；

γ_i——第 i 层土的重度（kN/m^3）。

在地下水位以下时，如埋有不透水层（密实或饱和黏土），不透水层顶面处的自重应力等于全部上覆土层的自重应力（即透水层层底处的自重应力）与静水压力（水的重度与水层厚度的乘积）之和，也就是说在隔水层顶面位置处自重应力发生突变，突变大小为静水压力的数值，如图 3-2 所示。

成层土竖向自重应力计算的五个要点：

（1）折线分布

成层土自重应力曲线是若干条斜率不等的直线首尾相接组成的折线，各段直线的斜率为对应土层的重度。

（2）遇层而折

由于相邻土层土体的重度不同，自重应力曲线在分层面处发生转折。

（3）水上天然

计算地下水位以上土层的自重应力时，应选用各土层的天然重度。

（4）水下有效

计算地下水位以下土层的自重应力时，应选用各土层的有效重度，即透水层选用浮重度，隔水层（不透水层）选用饱和重度。

（5）隔水突变

隔水层顶面处，自重应力发生突变，自重应力为透水层层底处自重应力与该位置静水压力之和。

例题 3-1　按照图 3-3（a）给出的资料，计算并绘制出地基中的自重应力 σ_{cz} 沿深度的分布曲线。

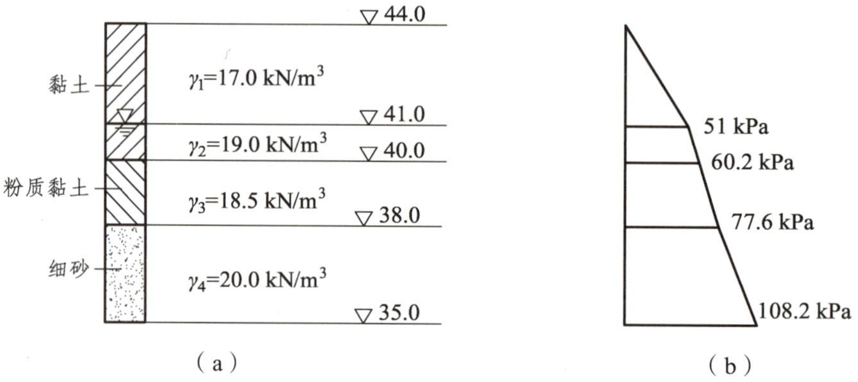

图 3-3　例题 3-1 图

解：

（1）41.0 m 高程处（地下水位处）

$$H_1 = 44.0 - 41.0 = 3.0 \text{ m}$$
$$\sigma_{cz} = \gamma_1 H_1 = 17.0 \times 3.0 = 51 \text{ kPa}$$

（2）40.0 m 高程处

$$H_2 = 41.0 - 40.0 = 1.0 \text{ m}$$
$$\sigma_{cz} = \gamma_1 H_1 + \gamma_2' H_2 = 51 + (19.0 - 9.8) \times 1 = 60.2 \text{ kPa}$$

（3）38.0 m 高程处

$$H_3 = 40.0 - 38.0 = 2.0 \text{ m}$$
$$\sigma_{cz} = \gamma_1 H_1 + \gamma_2' H_2 + \gamma_3' H_3$$
$$= 60.2 + (18.5 - 9.8) \times 2 = 77.6 \text{ kPa}$$

（4）35.0 m 高程处

$$H_4 = 38.0 - 35.0 = 3.0 \text{ m}$$
$$\sigma_{cz} = \gamma_1 H_1 + \gamma_2' H_2 + \gamma_3' H_3 + \gamma_4' H_4$$
$$= 77.6 + (20 - 9.8) \times 3 = 108.2 \text{ kPa}$$

自重应力 σ_{cz} 沿深度的分布如图 3-3（b）所示。

思政小课堂

某市建设规划局监测统计数据显示，2003—2007 年，市区地面以平均每年沉降 1 cm 的速度下沉，沉降最大的区五年内地表下沉 10～25 cm。专家分析认为，地下水超量开采是造成上述问题的原因之一。地下水位线下降后，原水位线以下土层中自重应力增大，导致其下土层进一步压缩，并传递至地表。

动画—楼兰之殇

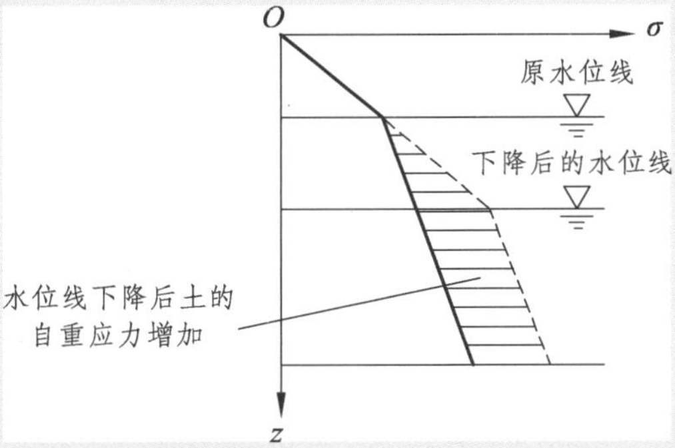

推进生态文明建设，实现可持续发展，是关乎中华民族永续发展的千年大计。生态兴则文明兴，生态衰则文明衰。张骞出使西域，第一次将楼兰带入了中原人的视线。随着丝绸之路的开辟，楼兰成为古代丝绸之路的必经之路。繁荣的商业为楼兰带来了巨大的利润。中原的商品和文化也借着丝绸之路传入楼兰，使其成为西域的乐土、沙漠里的天堂。

然而，楼兰古国仅持续了 800 年就从历史上神秘消失。有学者猜测，楼兰的繁华使城内人口激增，大片森林由于屯田开荒、民用炊火和战争而遭到毁灭性破坏，致使水土流失、淤积河道。于是，塔克拉玛干沙漠的蔓延，湮没了盛极一时的丝绸之路。孔雀河改道，使楼兰古城水资源严重匮乏，人们的卫生状况恶化，抵抗力减弱。于是，瘟疫爆发，楼兰居民为了生存只能弃城逃生。繁华的楼兰就此陨落，最终成为沙漠中的废墟。

“秦人无暇自哀而后人哀之，后人哀之而不鉴之，亦使后人而复哀后人也”，楼兰之殇值得反思，更应引以为戒。

任务 3.3　基底应力的分布与计算

3.3.1　基础底面压力的分布规律

建筑物荷载通过基础传递给地基，在基础底面与地基之间便产生了接触应力，称为基底应力。由于基底应力作用于基础与地基的接触面上，故也称基底接触应力。基底应力即是计算地基中附加应力的外荷载，也是计算基础结构内力的外荷载。

基底应力的分布与基础的大小和刚度、作用于基础上的荷载大小和分布、地基土的力学性质、地基的均匀程度，以及基础的埋置深度等许多因素有关。精确地确定基底应力的数值与分布形式是很复杂的问题，这里仅对其分布规律及主要影响因素作简单的定性讨论与分析，并不考虑上部结构的影响。

1. 基础刚度的影响

为了便于分析，现将各种基础按照与地基土的相对抗弯刚度（EI）分成三种类型。

（1）完全柔性基础（$EI=0$）

当基础上作用着如图 3-4 所示的均布条形荷载时，由于基础完全柔性，其抗弯刚度 $EI=0$，就像一个放在地上的柔软橡皮板，它可以完全适应地基的变形。所以，基底应力的分布与作用在基础上的荷载分布完全一致。荷载是均布的，基底应力也将是均布的。实际工程中并没有 $EI=0$ 的完全柔性的基础，常把土坝（堤）及路基等视为柔性基础。

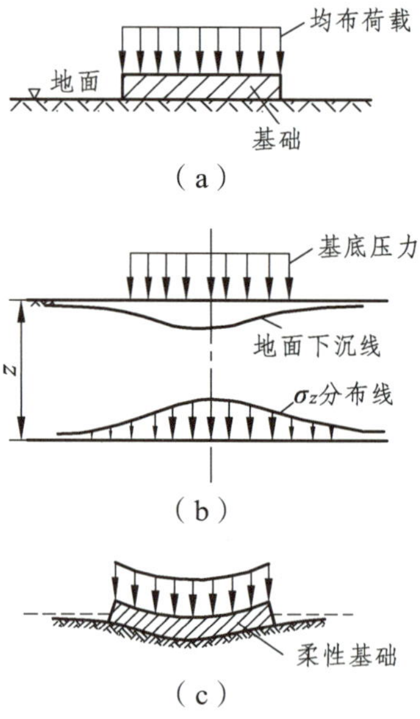

图 3-4　柔性基础的基底应力分布

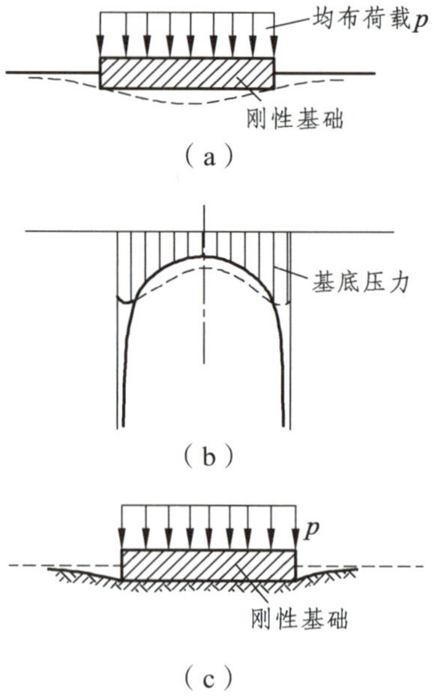

图 3-5　刚性基础的基底应力分布

（2）绝对刚性基础（$EI=\infty$）

由于基础的 EI 接近无穷大，在均布荷载作用下，基础只能保持平面下沉而不能弯曲。但是，对地基而言，均布的基底应力将产生不均匀沉降，使基础变形与地基变形不相适应，基础中部会与地面脱开。为了使基础与地基的变形保持同步，基底应力的分布要重新调整，使两端压力加大，中间应力减小，从而使地面均匀沉降，以适应绝对刚性基础的变形。若地基是完全弹性的，则弹性理论解的基底应力分布如图 3-5 中实线所示，基础边缘处的压力将为无穷大。实际上，这个值不可能超过地基土的极限强度。实际工程中的重力坝、混凝土挡土墙、大块墩柱等均可视为刚性基础。

（3）有限刚性基础

有限刚性基础是工程中最常见的基础。由于绝对刚性基础并不存在，地基也不是完全弹性体，不可能出现上述弹性理论解的基底应力分布图形。当基底两端压力足够大，超过土的极限强度后，土体会形成塑性区，基底两端处地基土承受的压力不再增大，多余应力向中间转移，并且基础不是绝对刚性的，可以稍为弯曲，因此应力重分布的结果可以成为各种更加复杂的形式。具体的压力分布形式与地基、基础的材料特性以及基础尺寸、荷载形状、大小等因素有关。

2. 荷载和土性质的影响

上部荷载愈大，基础边缘处的基底应力愈大。实测资料表明，刚性基础底面上的压力分布形状大致有图 3-6 所示的几种情况。当上部荷载较小时，基底应力分布形状如图 3-6（a）所示，接近于弹性理论解；上部荷载增大后，基底应力呈马鞍形［见图 3-6（b）］；上部荷载再增大时，边缘塑性破坏区逐渐扩大，所增加的上部荷载必须依靠基底中部力的增大来平衡，基底应力图形可变为抛物线型［见图 3-6（c）］以至倒钟形分布［见图 3-6（d）］。

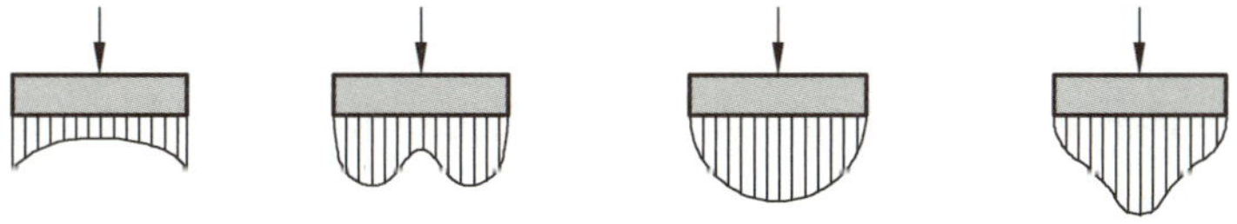

（a）　（b）　（c）　（d）

图 3-6　实测刚性基础底面上的压力分布

根据实测资料可知，当刚性基础置于砂土地基表面时，四周无超载，其基底应力分布更易呈抛物线形；将刚性基础置于黏性土地基表面上时，其基底应力分布易呈马鞍形。

按照材料力学的方法，假定基底应力按直线分布，但这种简化方法用于计算基础内力会引起较大的误差，必须引起注意。

3.3.2　基底应力的简化计算

基底应力的大小和分布与地基土的种类、外部荷载、基础刚度、底面形状、基础埋深等许多因素有关，其分布形式十分复杂。然而，由于基底应力都是作用在地表面附近，根据弹性理论中的圣维南原理可知，其具体分布形式对地基中应力计算的影响将随深度的增加而减少，到达一定深度后，地基中应力分布几乎与基底应力的分布形状无关，而只取决于荷载合力的大小和位置。因此，在计算基底应力大小时必须进行合理简化，并作如下假定：

（1）基础为不变形的绝对刚体，向地基传递建筑物的外荷载时，基础底面始终保持平面而不发生弯曲。

（2）基底应力与基础沉降成正比。

依据上述两个假定，我们可以将基底应力分布形式简化为线性荷载，即均布荷载、三角何载和梯形荷载。当基础出现均匀沉降时，基础底面上任意位置处的应力均相等，即基底应力均匀分布；当基础出现不均匀沉降时，则沉降大侧应力大，反之应力小，即基底应力呈三角形分布或梯形分布。基础是否出现不均匀沉降与建筑物荷载作用线的位置有关。

1. 竖直中心荷载作用下

当竖直荷载作用于基础中轴线时，基底应力呈均匀分布（见图 3-7）。对于矩形基础，其值按式（3-3）计算。

$$\sigma=\frac{F+G}{A} \tag{3-3}$$

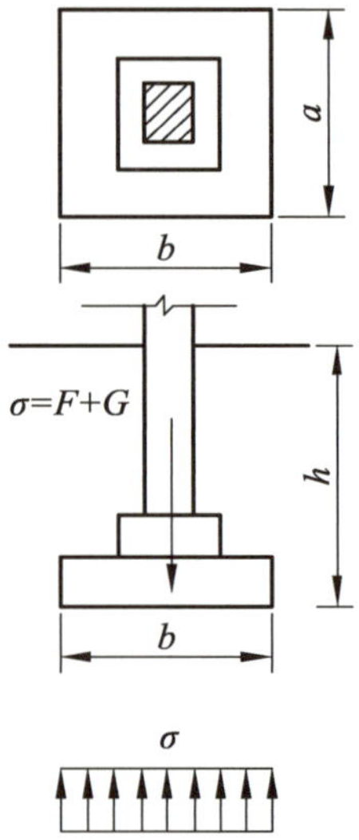

图 3-7　中心受压基础

式中　σ——基底应力（kPa）；

F——上部结构荷载设计值（kN）；

G——基础自重设计值与基础台阶上回填土重力之和（kN）；$G=\gamma_G Ah$，其中γ_G为基础及回填土之平均重度，一般取 20 kN/m^3，但地下水位以下部分应扣除浮力为 10 kN/m^3，h 为基础埋深，必须从设计地面或室内平均设计地面算起；

A——基底面积（m^2）；$A=ab$，a 和 b 分别为矩形基础的尺寸（m）。

2. 偏心荷载作用下

矩形基础受偏心荷载作用时，基底应力可按材料力学偏心受压柱计算。若基础受双向偏心荷载作用，则基底任意点的基底应力为

$$\sigma(x,y)=\frac{P}{A}\pm\frac{M_x\times y}{I_x}\pm\frac{M_y\times x}{I_y} \tag{3-4}$$

式中　$\sigma(x,y)$——基础底面任意点（x，y）的基底应力（kPa）；

M_x，M_y——分别为竖直偏心 p 荷载对基础底 x 轴和 y 轴的力矩（kN·m）；

$M_x=p\times e$，$M_y=p\times e$，e 为偏心矩；

I_x，I_y——分别为基础底面对 x 轴和 y 轴的惯性矩（m^4）；

e_x，e_y——分别为竖直荷载对 y 轴和 x 轴的偏心矩（m）。

如果基础只受单向偏心荷载作用，如作用于 x 主轴上（见图 3-8），这时基底两端的压力为

$$\sigma_{\min}^{\max}=\frac{P}{A}\left(1\pm\frac{6e}{b}\right)=\frac{F+G}{A}\left(1\pm\frac{6e}{b}\right) \tag{3-5}$$

按式（3-5）计算，基底应力分布有下列三种情况：

（1）当 $e<b/6$ 时，$\sigma_{\min}$ 为正值，基底应力为梯形分布［见图 3-8（a）］;

（2）当 $e=b/6$ 时，$\sigma_{\min}=0$，基底应力按三角形分布［见图 3-8（b）］;

（3）当 $e>b/6$ 时，$\sigma_{\min}$ 为负值，表示基础底面与地基之间一部分出现拉应力。

实际上，在地基土与基础之间不可能存在拉力，仅是地基表面与基础底面出现了局部分离，因此基底应力将重新分布［见图 3-8（c）］。假设基底应力重新分布后呈三角形分布，则基底应力合力的作用线必通过三角荷载的形心。按静力平衡条件，基底应力的合力与外荷载 P 为作用力和反作用力，基础底面的受压宽度和应力大小见图 3-8（c）。

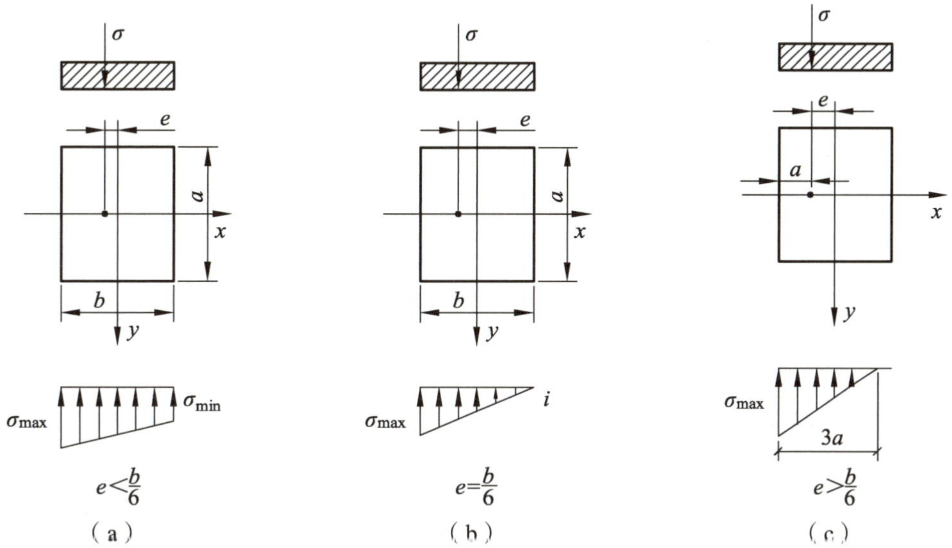

图 3-8　单向偏心荷载下的基底应力

基础受压宽度：

$$b'=3\left(\frac{b}{2}-e\right) \tag{3-6}$$

基础底面最大应力：

$$\sigma_{\max}=\frac{2P}{3ab'} \tag{3-7}$$

若条形基础受偏心荷载作用，同样可取长度方向上的一延米进行计算，则基底宽度方向两端的压力为

$$\sigma_{\min}^{\max}=\frac{P}{b}\left(1\pm\frac{6e}{b}\right)=\frac{F+G}{b}\left(1\pm\frac{6e}{b}\right) \tag{3-8}$$

例题 3-2　柱基础底面尺寸为 1.2 m × 1.0 m，作用在基础底面的偏心荷载 $F+G=150$ kN［见图 3-9（a）］。如果偏心距分别为 0.1 m、0.2 m 和 0.3 m。试确定基础底面应力数值，并绘出应力分布图。

解：（1）当偏心距 $e=0.1$ m 时，因为 $e=0.1\ \text{m}<b/6=1.2/6=0.2$ m，故最大应力和最小应力可按公式（3-5）计算：

$$\begin{aligned}\sigma_{\max}&=\frac{F+G}{ab}\left(1+\frac{6e}{b}\right)\\&=\frac{150}{1.2\times1.0}\left(1+\frac{6\times0.1}{1.2}\right)\\&=187.5\ \text{kPa}\end{aligned}$$

$$\begin{aligned}\sigma_{\min}&=\frac{F+G}{ab}\left(1-\frac{6e}{b}\right)\\&=\frac{150}{1.2\times1.0}\left(1-\frac{6\times0.1}{1.2}\right)\\&=62.5\ \text{kPa}\end{aligned}$$

应力分布如图 3-9（b）所示。

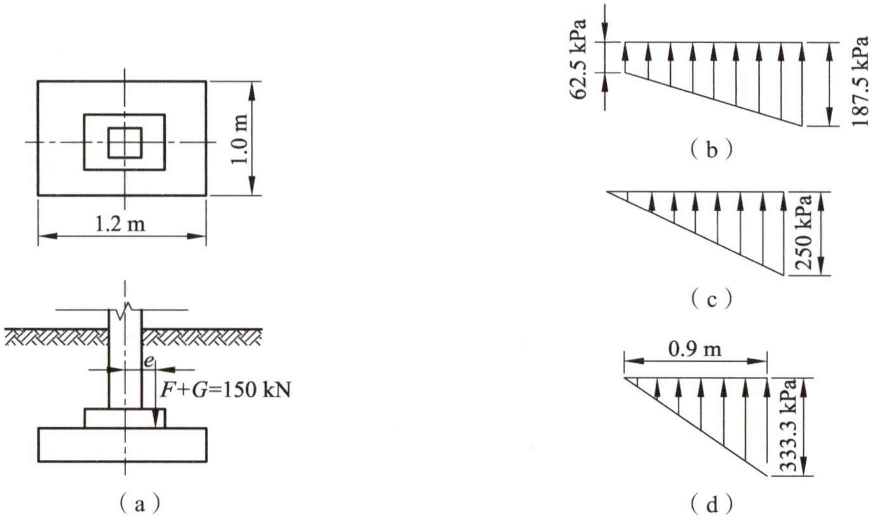

图 3-9　例题 3-2 图

（2）当偏心距 $e=0.2$ m 时，因为 $e=0.2\ \text{m}=b/6=0.2$ m，所以基础底面最大应力和最小应力仍可按公式（3-5）计算：

$$\sigma_{\max}=\frac{150}{1.2\times1.0}\left(1+\frac{6\times0.2}{1.2}\right)=250\ \text{kPa}$$

$$\sigma_{min}=\frac{150}{1.2\times1.0}\left(1-\frac{6\times0.2}{1.2}\right)=0\text{ kPa}$$

应力分布如图 3-9（c）所示。

（3）当偏心距 $e=0.3$ m 时，因为 $e=0.3$ m>$b/6=0.2$ m，故基底应力需按公式（3-7）计算：

$$\sigma_{max}=\frac{2(F+N)}{3(b/2-e)a}=\frac{2\times150}{3(1.2/2-0.3)\times1.0}=333.3\text{ kPa}$$

基础受压宽度按公式（3-6）计算：

$$B'=3\left(\frac{B}{2}-e\right)=3\left(\frac{1.2}{2}-0.3\right)=0.9\text{ m}$$

应力分布如图 3-9（d）所示。

由以上例题可见，中心受压基础的底面应力呈均匀分布，如果地基土层沿水平方向分布比较均匀时，则基础将产生均匀沉降。而偏心受压基础底面的应力分布，则随偏心距而变化，偏心距愈大，基底应力分布愈不均匀。基础在偏心荷载作用下将发生倾斜，当倾斜过大时，就会影响上部结构的正常使用。所以，在设计偏心受压基础时，应当注意选择合理的基础底面尺寸，尽量减小偏心距，以保证建筑物的荷载比较均匀地传递给地基，以免基础过分倾斜。

3.3.3 基底附加应力

基础埋置深度是指基础底面至天然地表（旱地基础）或局部冲刷线（涉水基础）的垂直距离。

如图 3-10 所示，在建筑物建造以前，基础底面标高处就已经受到地基土的自重应力作用。假设基础埋置深度为 h，在其范围内土的重度为 γ，则基底处土的自重应力 $\sigma_{cz}=\gamma h$。当开挖到基础埋置深度，即挖好基槽后，就相当于在基槽底面卸除荷载 γh。如果地基土是理想的弹性体，则卸荷后槽底必定会产生向上的回弹变形。事实上，地基土不是理想的弹性体，卸除 γh 荷载后，基槽底面不会立刻产生回弹变形，而是逐渐回弹的。回弹变形的大小、速度与土的性质、基槽深度和宽度，以及开挖基槽后至砌筑基础前所经历的时间等因素有关。

（a）挖槽卸载　（b）建造房屋后基底总压力　（c）基底新增加的压力

图 3-10　基底附加应力计算

基底附加应力就是在建筑物建成以后，使基础底面净增加的应力，用符号 σ_{z0} 表示。对于中心受压基础，其基底附加应力为

$$\sigma_{z0}=\sigma-\gamma h \tag{3-9}$$

式中　σ——基底应力（kPa）；

γ——基础埋深范围内土的重度（kN/m^3）；

h——基础埋置深度（m）。

由式（3-9）不难发现，基底附加应力的实质为基底应力与原存应力（基础底面处或基础埋置深度处的自重应力）的差值。

思政小课堂

基底应力受多种因素影响而呈现多种复杂的分布形式。在计算基底应力时，为了简化计算，通常要进行合理假设，这是科学研究中常用的方法。我们在科研或者改革过程中同样要讲究科学方法。

动画—科学方法论

习近平总书记指出："改革开放是前无古人的崭新事业，必须坚持正确的方法论，在不断实践探索中推进。"古人讲："不谋而战，必为敌败""善谋势者，必成大事"。全面深化改革，不仅要有热情和干劲，还要讲科学的策略和方法。坚持问题导向抓重点，坚持关键突破带全局，坚持结果导向求实效，是谋划和实施改革的科学有效方法。在科学的策略和方法基础上，才能更好地提高我们的学习与工作效率。

任务 3.4　地基附加应力计算

建筑物荷载通过基础传递给地基，进而在地基土中产生了附加应力。地基附加应力的实质是基底附加应力自地基表面向某一深度处传递的数值，用符号σ_z表示。当基础底面积是圆形或矩形时，求解地基附加应力属于空间问题；当基础底面积是长条形时，常将其近似为平面问题。在计算地基中的附加应力时，一般假定地基土是各向同性的、均质的弹性体，而且在深度和水平方向上都是无限延伸的，即把地基看成是均质的半无限空间弹性体。地基中的附加应力是地基发生变形和建筑物沉降的主要原因。

下面介绍当地表上作用不同类型的荷载时，如何求解地基中的附加应力。

3.4.1　竖向集中荷载作用下地基中的附加应力

1. 计算公式

如图 3-11 所示，在地基表面作用有竖向集中荷载 P（kN）时，地基内任意一点 M（r，z）处的竖向附加应力 σ_z（kPa），可由法国数学家布辛奈斯克（Boussinesq）得出的弹性理论解表示。

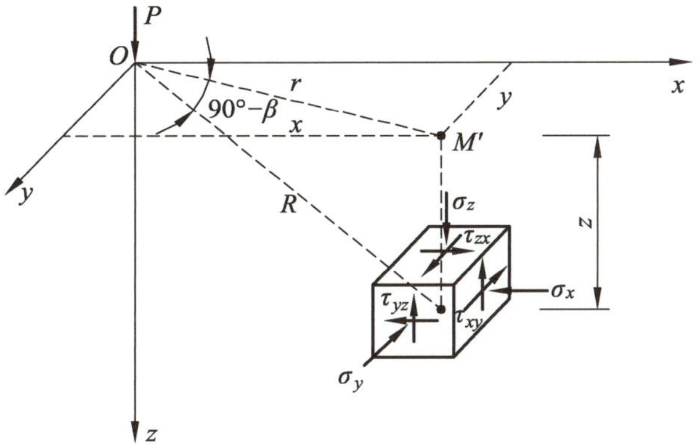

图 3-11　竖向集中荷载作用下的应力

$$\sigma_z = \frac{3P}{2\pi} \times \frac{z^3}{R^5} \tag{3-10}$$

由图 3-11 可知，$R^2=\sqrt{r^2+z^2}$。于是，式（3-10）可以变形为

$$\sigma_z = \frac{3P}{2\pi z^2} \times \frac{1}{[1+(r/z)^2]^{5/2}} = \alpha_1 \times \frac{P}{z^2} \tag{3-11}$$

式中　P——作用在地基表面某点的集中荷载（kN）；

r——M 点与荷载 P 作用点间的水平距离（m）；

z——M 点与荷载 P 作用点间的垂直距离（m），即 M 点在地基中的埋深；

α_1——集中荷载下的竖向附加应力系数，$\alpha_1 = \dfrac{3}{2\pi} \times \dfrac{1}{[1+(r/2)^2]^{5/2}}$。

集中荷载作用下的竖向附加应力系数 α_1 的数值可依据 r/z 由表 3-1 查得。

表 3-1 集中荷载下竖向附加应力系数 α_1

r/z	α_1	r/z	α_1	r/z	α_1	r/z	α_1	r/z	α_1
0.00	0.477 5	0.40	0.329 4	0.80	0.138 6	1.20	0.051 3	1.60	0.020 0
0.01	0.477 3	0.41	0.323 8	0.81	0.135 3	1.21	0.050 1	1.61	0.019 5
0.02	0.477 0	0.42	0.318 3	0.82	0.132 0	1.22	0.048 9	1.62	0.019 1
0.03	0.476 4	0.43	0.312 4	0.83	0.128 8	1.23	0.047 7	1.63	0.018 7
0.04	0.475 6	0.44	0.306 8	0.84	0.125 7	1.24	0.046 6	1.64	0.018 3
0.05	0.474 5	0.45	0.301 1	0.85	0.122 6	1.25	0.045 4	1.65	0.017 9
0.06	0.473 2	0.46	0.295 5	0.86	0.119 6	1.26	0.044 3	1.66	0.017 5
0.07	0.471 7	0.47	0.289 9	0.87	0.116 6	1.27	0.043 3	1.67	0.017 1
0.08	0.469 9	0.48	0.284 3	0.88	0.113 8	1.28	0.042 2	1.68	0.016 7
0.09	0.467 9	0.49	0.278 8	0.89	0.111 0	1.29	0.041 2	1.69	0.016 3
0.10	0.465 7	0.50	0.273 3	0.90	0.108 3	1.30	0.040 2	1.70	0.016 0
0.11	0.463 3	0.51	0.267 9	0.91	0.105 7	1.31	0.039 3	1.72	0.015 3
0.12	0.460 7	0.52	0.262 5	0.92	0.103 1	1.32	0.038 4	1.74	0.014 7
0.13	0.457 9	0.53	0.257 1	0.93	0.100 5	1.33	0.037 4	1.76	0.014 1
0.14	0.454 8	0.54	0.251 8	0.94	0.098 1	1.34	0.036 5	1.78	0.013 5
0.15	0.451 6	0.55	0.246 6	0.95	0.095 6	1.35	0.035 7	1.80	0.012 9
0.16	0.448 2	0.56	0.241 4	0.96	0.093 3	1.36	0.034 8	1.82	0.012 4
0.17	0.444 6	0.57	0.236 3	0.97	0.091 0	1.37	0.034 0	1.84	0.011 9
0.18	0.440 9	0.58	0.231 3	0.98	0.088 7	1.38	0.033 2	1.86	0.011 4
0.19	0.437 0	0.59	0.226 3	0.99	0.086 5	1.39	0.032 4	1.88	0.010 9
0.20	0.432 9	0.60	0.221 4	1.00	0.084 4	1.40	0.031 7	1.90	0.010 5
0.21	0.428 6	0.61	0.216 5	1.01	0.082 3	1.41	0.030 9	1.92	0.010 1
0.22	0.424 2	0.62	0.211 7	1.02	0.080 3	1.42	0.030 2	1.94	0.009 7
0.23	0.419 7	0.63	0.207 0	1.03	0.078 3	1.43	0.029 5	1.96	0.009 3
0.24	0.415 1	0.64	0.202 4	1.04	0.076 4	1.44	0.028 8	1.98	0.008 9
0.25	0.410 3	0.65	0.199 8	1.05	0.074 4	1.45	0.028 2	2.00	0.008 5
0.26	0.405 4	0.66	0.193 4	1.06	0.072 7	1.46	0.027 5	2.10	0.007 0
0.27	0.400 4	0.67	0.188 9	1.07	0.070 9	1.47	0.026 9	2.20	0.005 8
0.28	0.395 4	0.68	0.184 6	1.08	0.069 1	1.48	0.026 3	2.30	0.004 8
0.29	0.390 2	0.69	0.180 4	1.09	0.067 4	1.49	0.025 7	2.40	0.004 0
0.30	0.384 9	0.70	0.176 2	1.10	0.065 8	1.50	0.025 1	2.50	0.003 4
0.31	0.379 6	0.71	0.172 1	1.11	0.064 1	1.51	0.024 5	2.60	0.002 9
0.32	0.374 2	0.72	0.168 1	1.12	0.062 6	1.52	0.024 0	2.70	0.002 4
0.33	0.368 7	0.73	0.164 1	1.13	0.061 0	1.53	0.023 4	2.80	0.002 1
0.34	0.363 2	0.74	0.160 3	1.14	0.059 5	1.54	0.022 9	2.90	0.001 7
0.35	0.357 7	0.75	0.156 5	1.15	0.058 1	1.55	0.022 4	3.00	0.001 5
0.36	0.352 1	0.76	0.152 7	1.16	0.056 7	1.56	0.021 9	3.50	0.000 7
0.37	0.346 5	0.77	0.149 1	1.17	0.055 3	1.57	0.021 4	4.00	0.000 4
0.38	0.340 8	0.78	0.145 5	1.18	0.035 9	1.58	0.020 9	4.50	0.000 2
0.39	0.335 1	0.79	0.142 0	1.19	0.052 6	1.59	0.020 4	5-00	0.000 1

例题 3-3　在地面作用一集中荷载 $P=200$ kN，试确定：

（1）在地基中 $z=2$ m 的水平面上，水平距离 $r=1$、2、3、4 m 各点的竖向附加应力 σ_z 值，并绘出分布图；

（2）在地基中 $r=0$ 的竖直线上距地面 $z=0$、1、2、3、4 m 处各点的 σ_z 值，并绘出分布图；

（3）取 $\sigma_z=20$、10、4、2 kPa，反算在地基中 $z=2$ m 的水平面上的 r 值和在 $r=0$ 的竖直线上的 z 值，并绘出相应于该 4 个应力值的 σ_z 等值线图。

解：（1）在地基中 $z=2$ m 的水平面上指定点的附加应力 σ_z 的计算数据，见表 3-2；σ_z 的分布如图 3-12 所示。

表 3-2　例题 3-3 表

z/m	r/m	r/z	α_1（查表 3-1）	$\sigma_z=\alpha_1\dfrac{P}{z^2}$/kPa
2	0	0	0.477 5	23.8
2	1	0.5	0.273 3	13.7
2	2	1.0	0.084 4	4.2
2	3	1.5	0.025 1	1.2
2	4	2.0	0.008 5	0.4

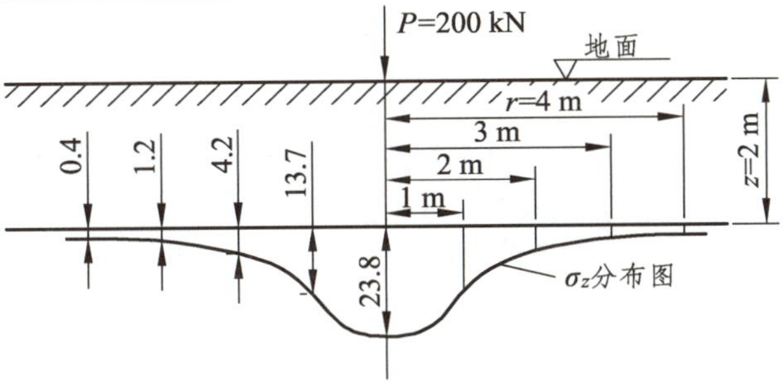

图 3-12　例题 3-3 图

（2）在地基中 $r=0$ 的竖直线上，指定点的附加应力 σ_z 的计算数据见表 3-3；σ_z 的分布如图 3-13 所示。

表 3-3　例题 3-3 表

z/m	r/m	r/z	α_1（查表 3-1）	$\sigma_z=\alpha_1\dfrac{P}{z^2}$/kPa
0	0	0	0.477 5	∞
1	0	0	0.477 5	95.5
2	0	0	0.477 5	23.8
3	0	0	0.477 5	10.5
4	0	0	0.477 5	6.0

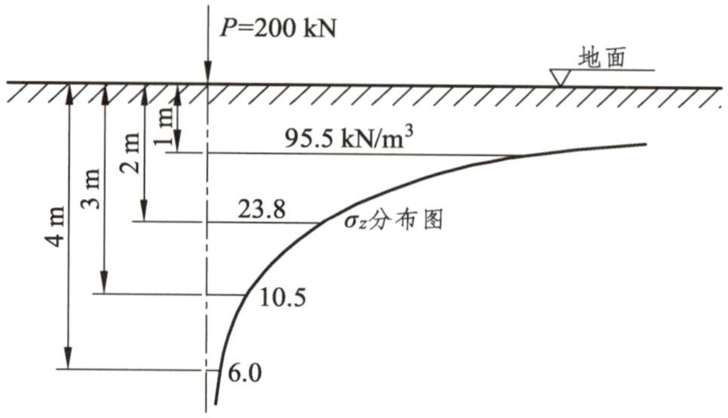

图 3-13　例题 3-3 图

（3）当指定附加应力σ_z时，反算 $z=2$ m 的水平面上的 r 值和在 $r=0$ 的竖直线上的 z 值的计算数据，见表 3-4；附加应力σ_z的等值线绘于图 3-14。

表 3-4　例题 3-3 表

σ_z/kPa	z/m	$\alpha_1=\frac{\sigma_z z^2}{P}$	r/z（查表 3-1）	r/m
20	2	0.400 0	0.27	0.54
10	2	0.200 0	0.65	1.30
4	2	0.080 0	1.02	2.04
2	2	0.040 0	1.30	2.60
σ_z/kPa	r/m	r/z	α_1（查表 3-1）	$z=\sqrt{\frac{\alpha_1 P}{\sigma_z}}$
20	0	0	0.477 5	2.19
10	0	0	0.477 5	3.09
4	0	0	0.477 5	4.88
2	0	0	0.477 5	6.91

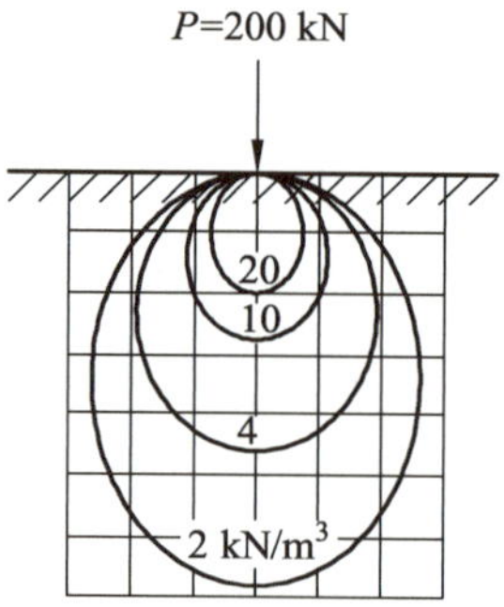

图 3-14　例题 3-3 图

由图 3-14 不难发现，竖向集中荷载作用下地基中的附加应力是轴对称的空间问题。于是，假设地基土层中的土颗粒大小均匀且紧密接触，可推测出某点处的基底附加应力向地基中传递规律为：

（1）呈三角形向下、扩散传播；

（2）同一竖直剖面处，深度越大，在地基中产生的附加应力越小；

（3）同一埋深处，距离基底附加应力作用线越近，地基附加应力越大；

（4）传递至一定深度处，地基附加应力逐渐趋于 0。

2. 应力叠加原理

由附加应力在地基土中的传播规律可知：集中力 P 在地基中引起的附加应力 σ_z 的分布是向下、向四周无限扩散的；当地基表面作用有几个集中力时，可以先按式（3-11）分别算出各集中力在地基中引起的附加应力，然后根据弹性体应力叠加原理求出地基的附加应力的总和。

因此，在实际工程应用中，当基础底面形状不规则或荷载分布较复杂时，可借助应力叠加原理进行求解，步骤为：

（1）可将基底先划分为若干个小面积；

（2）分别求解各小面积荷载下地基中某点处的竖向附加应力；

（3）竖向附加应力叠加求和即为复杂面积或荷载下地基中某点处的竖向附加应力。

3.4.2 矩形面积承受竖向均布荷载作用时的附加应力

当建筑物荷载通过基础中心时，基底应力为均布荷载，因此基底附加应力也为均布荷载。假设基础底面的形状为矩形，宽度为 b，长度为 a，基底附加应力为均布荷载，荷载强度为 p，求地基内各点的附加应力 σ_z。

1. 矩形基础角点下的附加应力

如图 3-15 所示，矩形基础底面上的 4 个顶点均被称为角点，O、A、C、D 是图中

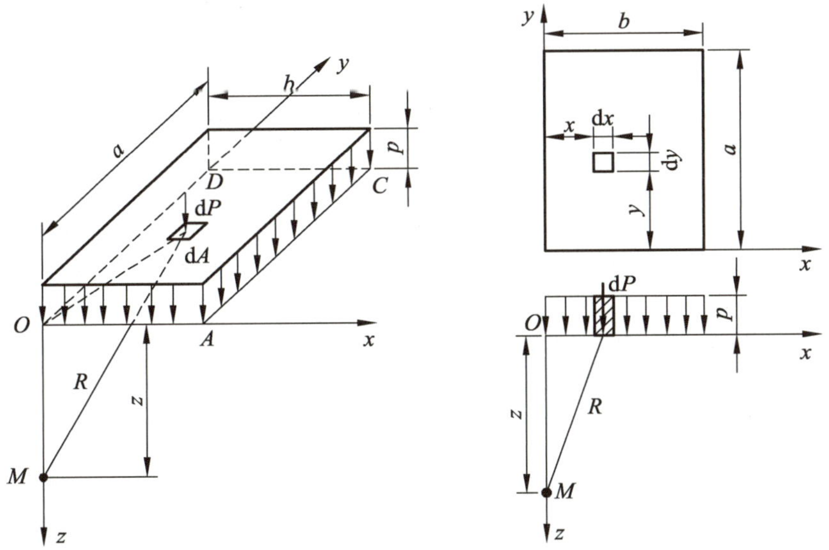

图 3-15　矩形面积均布荷载作用时角点下的附加应力

所示矩形基础的 4 个角点。只要在地基中的埋深 z 相同，则 4 个角点下的附加应力 σ_z 也都相同，并可表示为

$$\sigma_z = \alpha_d \cdot p \tag{3-12}$$

式中，α_d 为矩形基础均布荷载的角点应力系数，可依据 $m = a/b$ 和 $n = z/b$ 从表 3-5 中查得，其中 L 为矩形基础的长边，B 为矩形基础的短边。

表 3-5　矩形面积受竖直均布荷载作用时角点下的应力系数 α_d

$n = z/b$	$m = a/b$										
	1.0	1.2	1.4	1.6	1.8	2.0	3.0	4.0	5.0	6.0	10.0
0.0	0.250 0	0.250 0	0.250 0	0.250 0	0.250 0	0.250 0	0.250 0	0.250 0	0.250 0	0.250 0	0.250 0
0.2	0.248 6	0.248 9	0.249 0	0.249 1	0.249 1	0.249 1	0.249 2	0.249 2	0.249 2	0.249 2	0.249 2
0.4	0.240 1	0.242 0	0.242 9	0.243 4	0.243 7	0.243 9	0.244 2	0.244 3	0.244 3	0.244 3	0.244 3
0.6	0.222 9	0.227 5	0.230 0	0.235 1	0.232 4	0.232 9	0.233 9	0.234 1	0.234 2	0.234 2	0.234 2
0.8	0.199 9	0.207 5	0.212 0	0.214 7	0.216 5	0.217 6	0.219 6	0.220 0	0.220 2	0.220 2	0.220 2
1.0	0.175 2	0.185 1	0.191 1	0.195 5	0.198 1	0.199 9	0.203 4	0.204 2	0.204 4	0.204 5	0.204 6
1.2	0.151 6	0.162 6	0.170 5	0.175 8	0.179 3	0.181 8	0.187 0	0.188 2	0.188 5	0.188 7	0.188 8
1.4	0.130 8	0.142 3	0.150 8	0.156 9	0.161 3	0.164 4	0.171 2	0.173 0	0.173 5	0.173 8	0.174 0
1.6	0.112 3	0.124 1	0.132 9	0.143 6	0.144 5	0.148 2	0.156 7	0.159 0	0.159 8	0.160 1	0.160 4
1.8	0.096 9	0.108 3	0.117 2	0.124 1	0.129 4	0.133 4	0.143 4	0.146 3	0.147 4	0.147 8	0.148 2
2.0	0.084 0	0.094 7	0.103 4	0.110 3	0.115 8	0.120 2	0.131 4	0.135 0	0.136 3	0.136 8	0.137 4
2.2	0.073 2	0.083 2	0.091 7	0.098 4	0.103 9	0.108 4	0.120 5	0.124 8	0.126 4	0.127 1	0.127 7
2.4	0.064 2	0.073 4	0.081 2	0.087 9	0.093 4	0.097 9	0.110 8	0.115 6	0.117 5	0.118 4	0.119 2
2.6	0.056 6	0.065 1	0.072 5	0.078 8	0.084 2	0.088 7	0.102 0	0.107 3	0.109 5	0.110 6	0.111 6
2.8	0.050 2	0.058 0	0.064 9	0.070 9	0.076 1	0.080 5	0.094 2	0.099 9	0.102 4	0.103 6	0.104 8
3.0	0.044 7	0.051 9	0.058 3	0.064 0	0.069 0	0.073 2	0.087 0	0.093 1	0.095 9	0.097 3	0.098 7
3.2	0.040 1	0.046 7	0.052 6	0.058 0	0.062 7	0.066 8	0.080 6	0.087 0	0.090 0	0.091 6	0.093 3
3.4	0.036 1	0.042 1	0.047 7	0.052 7	0.057 1	0.061 1	0.074 7	0.081 4	0.084 7	0.086 4	0.088 2
3.6	0.032 6	0.038 2	0.043 3	0.048 0	0.052 3	0.056 1	0.069 4	0.076 3	0.079 9	0.081 6	0.083 7
3.8	0.029 6	0.034 8	0.039 5	0.043 9	0.047 9	0.051 6	0.064 5	0.071 7	0.075 3	0.077 3	0.079 6
4.0	0.027 0	0.031 8	0.036 2	0.040 3	0.044 1	0.047 4	0.060 3	0.067 4	0.071 2	0.073 3	0.075 8
4.2	0.024 7	0.029 1	0.033 3	0.037 1	0.040 7	0.043 9	0.056 3	0.063 4	0.067 4	0.069 6	0.072 4
4.4	0.022 7	0.026 8	0.030 6	0.034 3	0.037 6	0.040 7	0.052 7	0.059 7	0.063 9	0.066 2	0.069 6
4.6	0.020 9	0.024 7	0.028 3	0.031 7	0.034 8	0.037 8	0.049 3	0.056 4	0.060 6	0.063 0	0.066 3
4.8	0.019 3	0.022 9	0.026 2	0.029 4	0.032 4	0.035 2	0.046 3	0.053 3	0.057 6	0.060 1	0.063 5
5.0	0.017 9	0.021 2	0.024 3	0.027 4	0.030 2	0.032 8	0.043 5	0.050 4	0.054 7	0.057 3	0.061 0
6.0	0.012 7	0.015 1	0.017 4	0.019 6	0.021 8	0.023 3	0.032 5	0.038 8	0.043 1	0.046 0	0.050 6
7.0	0.009 4	0.011 2	0.013 0	0.014 7	0.016 4	0.018 0	0.025 1	0.030 6	0.034 6	0.037 6	0.042 8
8.0	0.007 3	0.008 7	0.010 1	0.011 4	0.012 7	0.014 0	0.019 8	0.024 6	0.028 3	0.031 1	0.036 7
9.0	0.005 8	0.006 9	0.008 0	0.009 1	0.010 2	0.011 2	0.016 1	0.020 2	0.023 5	0.026 2	0.031 9
10.0	0.004 7	0.005 6	0.006 5	0.007 4	0.008 3	0.009 2	0.013 2	0.016 7	0.019 8	0.022 2	0.028 0

2. 任意点的附加应力——角点法

如图 3-16 所示，N 点为地基表面上的一点，当 N 点不再是矩形基础的角点时，求解 N 点下埋深 z 处地基中的附加应力，应借助角点法和应力叠加原理进行计算，具体步骤如下：

（1）过 N 点，沿着矩形基础边的方向进行切割，将 N 点（任意点）变为若干矩形的公共角点；

（2）利用角点法，分别计算以 N 点为公共角点的所有矩形基础作用有均布荷载时，N 点下埋深 z 处的附加应力；

（3）利用应力叠加原理，“多退少补”，进行应力求和。

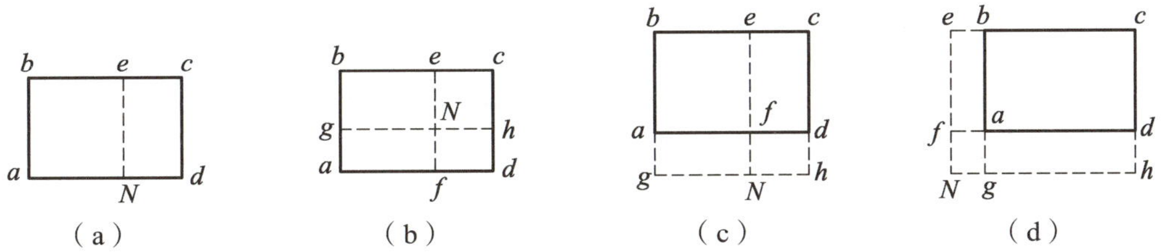

图 3-16　以角点法计算均布矩形荷载下的地基附加应力

按照上述步骤，图 3-16（a）中 N 点下埋深 z 处地基中的附加应力为

$$\sigma_z = (\alpha_{\text{d-}abeN} + \alpha_{\text{d-}dceN}) \cdot p \tag{3-13}$$

图 3-16（b）中 N 点下埋深 z 处地基中的附加应力为

$$\sigma_z = (\alpha_{\text{d-}fagN} + \alpha_{\text{d-}fdhN} + \alpha_{\text{d-}ebgN} + \alpha_{\text{d-}hceN}) \cdot p \tag{3-14}$$

图 3-16（c）中 N 点下埋深 z 处地基中的附加应力为

$$\sigma_z = (\alpha_{\text{d-}ebgN} + \alpha_{\text{d-}hceN} - \alpha_{\text{d-}fagN} - \alpha_{\text{d-}fdhN}) \cdot p \tag{3-15}$$

图 3-16（d）中 N 点下埋深 z 处地基中的附加应力为

$$\sigma_z = (\alpha_{\text{d-}hceN} - \alpha_{\text{d-}gbeN} - \alpha_{\text{d-}hdfN} + \alpha_{\text{d-}gafN}) \cdot p \tag{3-16}$$

例题 3-4　今有均布荷载 $p = 100$ kPa，矩形基础 $ABCD$ 尺寸为 2 m × 1 m，如图 3-17 所示。求荷载面积上角点 A、边点 E、中心点 O 以及荷载面积外 F 点和 G 点等各点下埋深 $z = 1$ m 处的附加应力，并利用计算结果说明附加应力在地基中的传播规律。

解：

（1）A 点下的附加应力

A 点是矩形 $ABCD$ 的角点，且 $m = a/b = 2/1 = 2$，$n = z/b = 1$，查表 3-5 得 $\alpha_\text{d} = 0.1999$，故 $\sigma_{z\text{-}A} = \alpha_\text{d} \cdot p = 0.1999 \times 100 = 20$ kPa 。

（2）E 点下的附加应力

通过 E 点将矩形荷载面积划分为两个相等的矩形 $EADI$ 和 $EBCI$。求 $EADI$ 的角点应力系数 α_d：

$$m=\frac{a}{b}=\frac{1}{1}=1\text{；}\quad n=\frac{z}{b}=\frac{1}{1}=1$$

查表 3-5 得 $\alpha_{\mathrm{d}\text{-}EADI}=0.175\ 2$，$\sigma_{z\text{-}E}=2\alpha_{\mathrm{d}}\cdot p=2\times0.175\ 2\times100=35\ \mathrm{kPa}$ 。

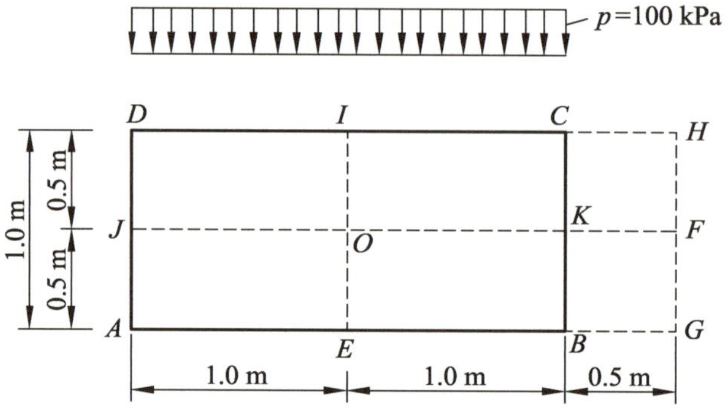

图 3-17　例题 3-4 图

（3）O 点下的附加应力

通过 O 点将原矩形面积分为 4 个相等的矩形 $OEAJ$、$OJDI$、$OICK$ 和 $OKBE$。求 $OEAJ$ 角点的附加应力系数 α_{d}：

$$m=\frac{a}{b}=\frac{1}{0.5}=2\text{；}\quad n=\frac{z}{b}=\frac{1}{0.5}=2$$

查表 3-5 得 $\alpha_{\mathrm{d}}=0.120\ 2$，故 $\sigma_{z\text{-}O}=4\alpha_{\mathrm{d}}\cdot p=4\times0.120\ 2\times100=48.1\ \mathrm{kPa}$ 。

（4）F 点下附加应力

过 F 点作矩形 $FGAJ$、$FJDH$、$FGBK$ 和 $FKCH$。假设 α_{d1} 为矩形 $FGAJ$ 和 $FJDH$ 的角点应力系数，α_{d2} 为矩形 $FGBK$ 和 $FKCH$ 的角点应力系数。

求 α_{d1}：$m=\frac{a}{b}=\frac{2.5}{0.5}=5$；$n=\frac{z}{b}=\frac{1}{0.5}=2$

查表 3-5 得 $\alpha_{\mathrm{d1}}=0.136\ 3$。

求 α_{d2}：$m=\frac{a}{b}=\frac{0.5}{0.5}=1$；$n=\frac{z}{b}=\frac{1}{0.5}=2$

查表 3-5 得 $\alpha_{\mathrm{d2}}=0.084\ 0$。

$$\sigma_{z\text{-}F}=2(\alpha_{\mathrm{d1}}-\alpha_{\mathrm{d2}})\cdot p=2\times(0.136\ 3-0.084\ 0)\times100=10.5\ \mathrm{kPa}$$

（5）G 点下附加应力

通过 G 点作矩形 $GADH$ 和 $GBCH$ 分别求出它们的角点应力系数 α_{d1} 和 α_{d2}。

求 α_{d1}：$m=\frac{a}{b}=\frac{2.5}{1}=2.5$；$n=\frac{a}{b}=\frac{1}{1}=1$

查表 3-5 得 $\alpha_{\mathrm{d1}}=0.201\ 6$。

求 α_{d2}：$m=\frac{a}{b}=\frac{1}{0.5}=2$；$n=\frac{z}{b}=\frac{1}{0.5}=2$

查表 3-5 得 $\alpha_{\mathrm{d2}}=0.120\ 2$。

$$\sigma_{z\text{-}G}=(\alpha_{d1}-\alpha_{d2})\cdot p=(0.2016-0.1202)\times 100=8.1\,\text{kPa}$$

将计算结果绘成图 3-18，可以看出，在矩形面积受均布荷载作用时，不仅在受荷面积垂直下方的范围内产生附加应力，在荷载面积以外的地基土中（F、G 点下方）也会产生附加应力。另外，在地基中同一深度处（例如 $z=1$ m），离受荷面积中线愈远的点，其附加应力愈小，矩形面积中点（O 点）处附加应力最大。将中点 O 下和 F 点下不同深度的σ_z绘制成曲线，如图 3-18（b）所示。本例题的计算结果证实了上面所述的地基中附加应力的传播规律。

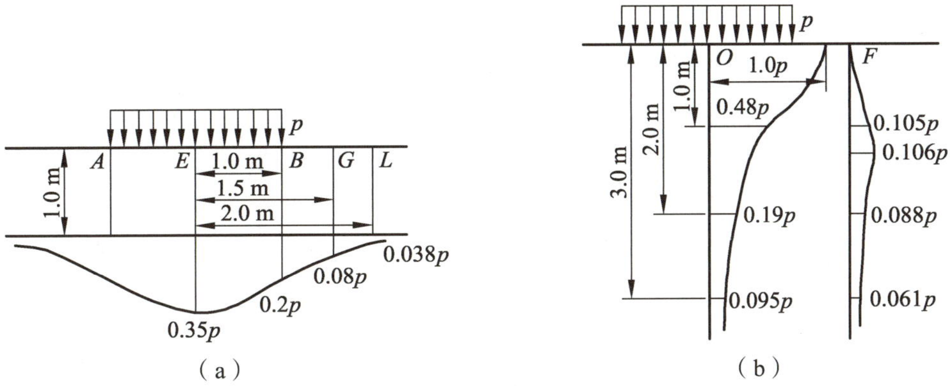

图 3-18　例题 3-4 计算结果

3.4.3　矩形面积承受竖直三角荷载作用时的附加应力

当矩形基础承受偏心荷载时，基底附加应力的分布形式可能为三角形，也可能为梯形；然而，梯形荷载又可视为均布荷载和三角荷载的叠加。因此，求解矩形面积承受竖直三角荷载作用时的附加应力非常重要。

如图 3-19（a）所示，矩形基础底面上的基底附加应力沿着平行 AB 方向呈三角形分布，三角荷载的最大值为 p，沿垂直 AB 方向均匀分布。我们将荷载为 0 的两个角点称为零角点，将荷载最大的两个角点称为最大角点。

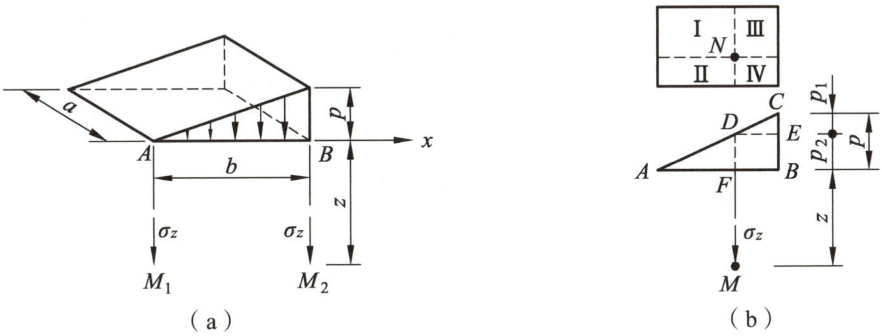

图 3-19　矩形面积三角形分布荷载下地基中附加应力计算

零角点下埋深 z 处的附加应力为

$$\sigma_z = \alpha_{T1} p \tag{3-17}$$

最大角点下埋深 z 处的附加应力为

$$\sigma_z = \alpha_{T2} p \tag{3-18}$$

式（3-17）和式（3-18）中，p 为三角形荷载最大值（kPa）；α_{T1} 和 α_{T2} 分别为矩形基础三角形荷载下的零角点应力系数和最大角点应力系数，可依据 a/b 和 z/b 从表 3-6 中查得。需要注意的是，a 为荷载恒定边的边长，b 为荷载变化边的边长。

表 3-6　矩形面积上竖直三角形分布荷载作用下的附加压力系数 α_{T1}、α_{T2}

z/b	a/b									
	0.2		0.4		0.6		0.8		1.0	
	零角点	最大角点	零角点	最大角点	零角点	最大角点	零角点	最大角点	零角点	最大角点
0.0	0.000 0	0.250 0	0.000 0	0.250 0	0.000 0	0.250 0	0.000 0	0.250 0	0.000 0	0.250 0
0.2	0.022 3	0.182 1	0.028 0	0.211 5	0.029 6	0.216 5	0.030 1	0.217 8	0.030 4	0.218 2
0.4	0.026 9	0.109 4	0.042 0	0.160 4	0.048 7	0.178 1	0.051 7	0.184 4	0.053 1	0.187 0
0.6	0.025 9	0.070 0	0.044 8	0.116 5	0.056 0	0.140 5	0.062 1	0.152 0	0.065 4	0.157 5
0.8	0.023 2	0.048 0	0.042 1	0.085 3	0.055 3	0.109 3	0.063 7	0.123 2	0.068 8	0.131 1
1.0	0.020 1	0.034 6	0.037 5	0.063 8	0.050 8	0.080 5	0.060 2	0.099 6	0.066 6	0.108 6
1.2	0.017 1	0.026 0	0.032 4	0.049 1	0.045 0	0.067 3	0.054 6	0.080 7	0.061 5	0.090 1
1.4	0.014 5	0.020 2	0.027 8	0.038 6	0.039 2	0.054 0	0.048 3	0.066 1	0.055 4	0.075 1
1.6	0.012 3	0.016 0	0.023 8	0.031 0	0.033 9	0.044 0	0.042 4	0.054 7	0.049 2	0.062 8
1.8	0.010 5	0.013 0	0.020 4	0.025 4	0.029 4	0.036 3	0.037 1	0.045 7	0.043 5	0.053 4
2.0	0.009 0	0.010 8	0.017 6	0.021 1	0.025 5	0.030 4	0.032 4	0.038 7	0.038 4	0.045 6
2.5	0.006 3	0.007 2	0.012 5	0.014 0	0.018 3	0.020 5	0.023 6	0.026 5	0.028 4	0.031 8
3.0	0.004 6	0.005 1	0.009 2	0.010 0	0.013 5	0.014 8	0.017 6	0.019 2	0.021 4	0.023 3
5.0	0.001 8	0.001 9	0.003 6	0.003 8	0.005 4	0.005 6	0.007 1	0.007 4	0.008 8	0.009 1
7.0	0.000 9	0.001 0	0.001 9	0.001 9	0.002 8	0.002 9	0.003 8	0.003 8	0.004 7	0.004 7
10.0	0.000 5	0.000 4	0.000 9	0.001 0	0.001 4	0.001 4	0.001 9	0.001 9	0.002 3	0.002 4

z/b	a/b									
	1.2		1.4		1.6		1.8		2.0	
	零角点	最大角点	零角点	最大角点	零角点	最大角点	零角点	最大角点	零角点	最大角点
0.0	0.000 0	0.250 0	0.000 0	0.250 0	0.000 0	0.250 0	0.000 0	0.250 0	0.000 0	0.250 0
0.2	0.030 5	0.218 4	0.030 5	0.218 5	0.030 6	0.218 5	0.030 6	0.218 5	0.030 6	0.218 5
0.4	0.053 9	0.188 1	0.054 3	0.188 6	0.054 5	0.188 9	0.054 6	0.189 1	0.054 7	0.189 2
0.6	0.067 3	0.160 2	0.068 4	0.161 6	0.069 0	0.162 5	0.069 4	0.163 0	0.069 6	0.163 3
0.8	0.072 0	0.135 5	0.073 9	0.138 1	0.075 1	0.139 6	0.075 9	0.140 5	0.076 4	0.141 2
1.0	0.070 8	0.114 3	0.073 5	0.117 6	0.075 3	0.120 2	0.076 6	0.121 5	0.077 4	0.122 5
1.2	0.066 4	0.096 2	0.069 8	0.100 7	0.072 1	0.103 7	0.073 8	0.105 5	0.074 9	0.106 9

续表

z/b	a/b 1.2 零角点	1.2 最大角点	1.4 零角点	1.4 最大角点	1.6 零角点	1.6 最大角点	1.8 零角点	1.8 最大角点	2.0 零角点	2.0 最大角点
1.4	0.060 6	0.081 7	0.064 4	0.086 4	0.067 2	0.089 7	0.069 2	0.092 1	0.070 7	0.093 7
1.6	0.054 5	0.069 6	0.058 6	0.074 3	0.061 6	0.078 0	0.063 9	0.080 6	0.065 6	0.082 6
1.8	0.048 7	0.059 6	0.052 8	0.064 4	0.056 0	0.068 1	0.058 5	0.070 9	0.060 4	0.073 0
2.0	0.043 4	0.051 3	0.047 4	0.056 0	0.050 7	0.059 6	0.053 3	0.062 5	0.055 3	0.064 9
2.5	0.032 6	0.036 5	0.036 2	0.040 5	0.039 3	0.044 0	0.041 9	0.046 9	0.044 0	0.049 1
3.0	0.024 9	0.027 0	0.028 0	0.030 3	0.030 7	0.033 3	0.033 1	0.035 9	0.035 2	0.038 0
5.0	0.010 4	0.010 8	0.012 0	0.012 3	0.013 5	0.013 9	0.014 8	0.015 4	0.016 1	0.016 7
7.0	0.005 6	0.005 6	0.006 4	0.006 6	0.007 3	0.007 4	0.008 1	0.008 3	0.008 9	0.009 1
10.0	0.002 8	0.002 8	0.003 3	0.003 2	0.003 7	0.003 7	0.004 1	0.004 2	0.004 6	0.004 6

z/b	a/b 3.0 零角点	3.0 最大角点	4.0 零角点	4.0 最大角点	6.0 零角点	6.0 最大角点	8.0 零角点	8.0 最大角点	10.0 零角点	10.0 最大角点
0.0	0.000 0	0.250 0	0.000 0	0.250 0	0.000 0	0.250 0	0.000 0	0.250 0	0.000 0	0.250 0
0.2	0.030 6	0.218 6	0.030 6	0.218 6	0.030 6	0.218 6	0.030 6	0.218 6	0.030 6	0.218 6
0.4	0.054 8	0.189 4	0.054 9	0.189 4	0.054 9	0.189 4	0.054 9	0.189 4	0.054 9	0.189 4
0.6	0.070 1	0.163 8	0.070 2	0.163 9	0.070 2	0.164 0	0.070 2	0.164 0	0.070 2	0.164 0
0.8	0.077 3	0.142 3	0.077 6	0.142 4	0.077 6	0.142 6	0.077 6	0.142 6	0.077 6	0.142 6
1.0	0.079 0	0.124 4	0.079 4	0.124 8	0.079 5	0.125 0	0.079 6	0.125 0	0.079 6	0.125 0
1.2	0.077 4	0.109 6	0.077 9	0.110 3	0.078 2	0.110 5	0.078 3	0.110 5	0.078 3	0.110 5
1.4	0.073 9	0.097 3	0.074 8	0.098 6	0.075 2	0.098 6	0.075 2	0.098 7	0.075 3	0.098 7
1.6	0.069 7	0.087 0	0.070 8	0.088 2	0.071 4	0.088 7	0.071 5	0.088 8	0.071 5	0.088 9
1.8	0.065 2	0.078 2	0.066 6	0.079 7	0.067 3	0.080 5	0.067 5	0.080 6	0.067 5	0.080 8
2.0	0.060 7	0.070 7	0.062 4	0.072 6	0.063 4	0.073 4	0.063 6	0.073 6	0.063 6	0.073 8
2.5	0.050 4	0.055 9	0.052 9	0.058 5	0.054 3	0.060 1	0.054 7	0.060 4	0.054 8	0.060 5
3.0	0.041 9	0.045 1	0.044 9	0.048 2	0.046 9	0.050 4	0.047 4	0.050 9	0.047 6	0.051 1
5.0	0.021 4	0.022 1	0.024 8	0.025 6	0.025 3	0.029 0	0.029 6	0.030 3	0.030 1	0.030 9
7.0	0.012 4	0.012 6	0.015 2	0.015 4	0.018 6	0.019 0	0.020 4	0.020 7	0.021 2	0.021 6
10.0	0.006 6	0.006 6	0.008 4	0.008 3	0.011 1	0.011 1	0.012 3	0.013 0	0.013 9	0.014 1

如图 3-19（b）所示，当矩形基础的基底附加应力为三角荷载时，若 N 点为基底内部的任意点，则可通过上节讲述的方法，先对基础底面进行切割，令 N 点成为若干矩形的公共角点，再用角点法计算附加应力，最后利用叠加原理进行求解。在切割后，若出现矩形基础底面上作用有梯形荷载时，则再次利用叠加原理，把梯形荷载切割为均布

荷载和三角荷载，再叠加求和。总而言之，有了应力叠加原理的帮助，我们既可以切割基础底面，又可以切割基底附加应力。

思政小课堂

基底附加应力的分布形式不同，地基附加应力的计算方法也不相同。因此，我们应采用具体问题具体分析的辩证思维求解地基土中的附加应力。

动画—辩证思维

我们国家在推进改革中，多次强调要坚持正确的思想方法，坚持和运用辩证思维，首先要坚持一分为二地看问题。既要看到有利的一面，也要看到不利的一面；既要看到自身的优势，也要看到面临的困难和问题；其次要抓主要矛盾和矛盾的主要方面；再次要科学把握事物之间的联系；最后要坚持用发展的眼光看问题。在信息化、全球化的今天，世界已经成为地球村，国内外各种矛盾相互交织，新问题层出不穷，如果孤立、静止、片面地看问题，一定会寸步难行。因此，我们在发现和解决问题时，也要辩证思考，坚持用全面、联系和发展的眼光看问题。

项目小结

本项目介绍了土体中的应力计算方法，内容涉及土的自重应力计算、基底应力的分布与计算、地基附加应力计算。通过本项目的学习，能够熟练计算土体中的自重应力和地基的附加应力。

项目思考题

1. 土中应力种类有哪些？

2. 图 3-20 为某建筑场地的地质柱状图和土的重度示意图。试计算地面下深度 $z=2.5$、6.0、8.0 m 处土的自重应力，并绘制自重应力沿深度分布图。

3. 如图 3-21 所示，有两个条形基础，宽为 3 m，埋置深度 3 m，基础（a）的设计地面与天然地面相同，而基础（b）的设计地面比天然地面低 1 m，若上部结构重量 $F=300$ kN/m，基础及其上回填土平均重度 $\gamma_0=20$ kN/m^3，原状土的天然重度 $\gamma=18$ kN/m^3，试求两基础底面平均附加应力？

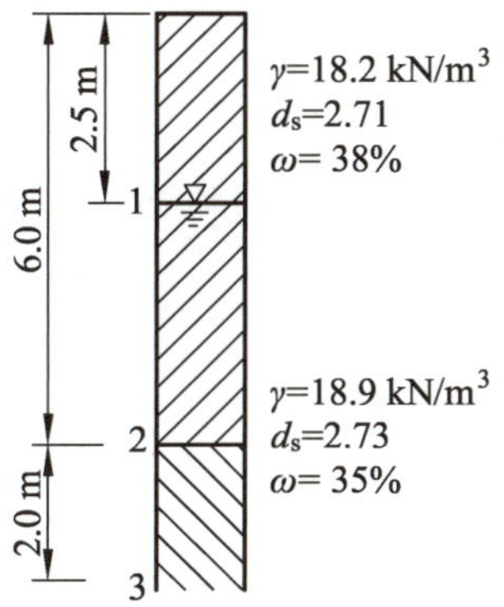

图 3-20　某建筑场地地质柱状图

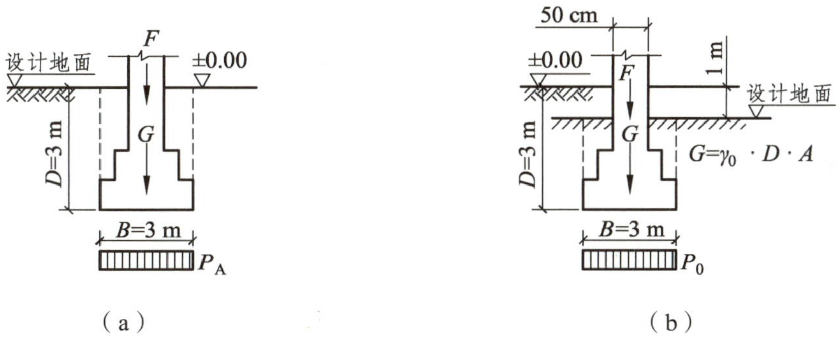

图 3-21　地基基础示意图

4. 图 3-22 中的土层为粉质黏土，地下水位在地面下 0.5 m 处，基础长度 l = 4.8 m，宽度 b = 2.4 m。试求 p、p_{max}、p_{min} 及 p_0。

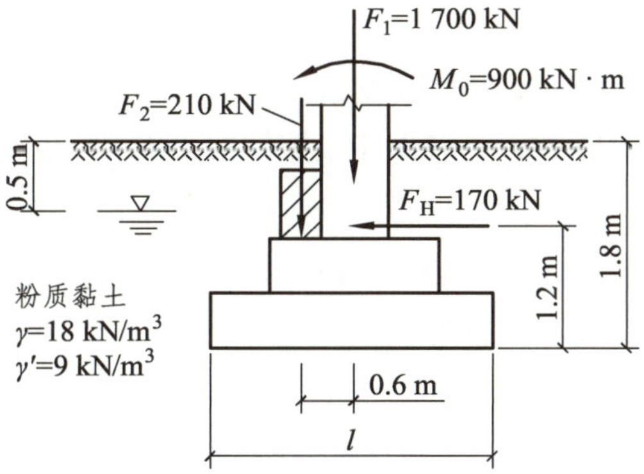

图 3-22　地基基础示意图

5. 简述自重应力与附加应力概念及其计算方法？

6. 何为土中应力？计算意义是什么？

7. 如何计算土中附加应力？在工程实际中应如何考虑？

8. 如何计算基底应力 p 和基地附加压力 p_0？两者概念有何不同？

项目 4

土的压缩性分析

项目导学

地基土体在外力作用下，将会产生变形，从而引起地基土体的沉降。若地基土体压缩性较高，建筑物将可能发生严重的沉降破坏。若上部结构荷载分布不均，还会引起不均匀沉降，造成建筑物倾斜，墙体开裂，甚至倒塌。因此，为了保证建筑物的安全和正常使用，必须计算地基的沉降量，研究土体的压缩变形特性。本项目介绍了土的侧限压缩试验、地基土的原位试验、地基沉降量计算方法。

教学目标

1. 知识目标

（1）土体压缩性的定义及土体具有压缩性的原因；

（2）定量评价土体压缩性的指标；

（3）计算地基沉降量的分层总和法；

（4）应力历史对土的压缩性的影响。

2. 能力目标

（1）能正确开展土的压缩试验和现场载荷试验，并获取反应土体压缩性的指标；

（2）能利用土的压缩性指标对土体的压缩性进行定量评价；

（3）能利用分层总和法准确计算地基沉降量；

（4）能准确说出土的应力历史对土体压缩性的影响。

3. 情感目标

（1）树立良好的劳动纪律观念和团队协作意识；

（2）养成科学、严谨的工作态度；

（3）具备良好的交流、沟通能力。

4. 思政目标

（1）培养学生创新精神和独立自强的品格；

（2）帮助学生树立老老实实做人、踏踏实实做事的意识，继承和发扬扎实的工作作风；

（3）向学生传播“依法治国”理念。

相关案例

上海地铁海伦路站不均匀沉降

海伦路站是上海地铁 4 号线和上海地铁 10 号线的换乘站，位于上海市虹口区海伦路四平路，其中 4 号线车站于 2005 年 12 月 31 日启用，10 号线于 2010 年 4 月 10 日开通，两线通过通道换乘。2012 年上海地铁 4 号线海伦路站发现有不均匀沉降情况，有关部门利用全年客流最少的春节期间对该区段实施封站大修。在 500 多名工作人员的日夜奔忙中，海伦路至宝山路区间引导段摆脱了不均匀沉降超限的危险，重新投入运营。上海地铁 4 号线海伦路站建成通车不过 8 年时间，封站大修时轨道最多被抬升了 104 mm。

何谓不均匀沉降？

不均匀沉降是指建筑结构的沉降存在程度不同、沉降大小不一的状况。用地铁术语来说，不均匀沉降过于严重，轨道的几何形位指标就会超限，而严重超限则会影响行车安全。事实上，上海地铁从建成之初，就面临着沉降“不均匀”这个大问题。由于上海属于软土地基，地下的湿土层土质软，承载力不强，且地质情况复杂，地质条件导致地铁在使用过程中出现一定沉降；而在高架、桥梁、地面、地铁等接合部，也容易出现不均匀沉降。

在上海这样一个海拔极低的沿海城市建设大规模的地铁网络，被地铁建设者们戏称为“豆腐里打洞”。

沉降会造成什么危险？

任何建筑都不能避免沉降的出现，而不均匀沉降容易造成轨道的不平顺，给行车安全带来隐患。地铁运营有着繁多的技术指标，不均匀沉降可能导致轨道坡度等指标无法满足列车运行所需。

如何监控沉降现象？

目前上海地铁的 11 条已运行线路中，共布设了超过 20 万个监测点，部分“高危”车站的监测点都处于实时监测的状态。除了海伦路以外，上海地铁还有多个高架与地下衔接的地铁区。目前，这些区段也都处于严密监控之中，确保沉降幅度在安全范围内。

任务 4.1　概　述

4.1.1　研究土压缩性的意义

一般情况下，地基土体在自重应力作用下已经处于压缩稳定状态。但是，当建筑物通过基础将荷载传递给地基后，使天然土层原有的应力状态发生改变，在地基中产生附加应力，导致地基土体的继续压缩，引起基础的沉降。从工程意义上来说，地基沉降有均匀沉降和不均匀沉降之分。当建筑物基础均匀下沉时，从结构安全的角度来看，不致有什么影响，但过大的沉降将会严重影响建筑物的使用与美观，如造成设备管道排水倒流，甚至断裂等；当建筑物基础发生不均匀沉降时，建筑物可能发生裂缝、扭曲和倾斜，影响使用和安全，严重时甚至使建筑物倒塌。因此，在不均匀或软弱地基上修建建筑物时，必须考虑土的压缩性和地基变形等方面的问题。在工程设计和施工中，如能事先预估并妥善考虑地基的变形而加以控制或利用，是可以防止地基变形所带来的不利影响的。如某高炉，地基上层是可压缩土层，下层为倾斜岩层，在基础底面积范围内，土层厚薄不均，在修建时有意使高炉向土层薄的一侧倾斜，建成后由于土层较厚的一侧产生较大的变形，结果使高炉恰好恢复其竖向位置，保证了安全生产，节约了投资。

4.1.2 土体的压缩性

土体是由固体颗粒（固相）、水（液相）和气体（液相）组成的三相体系。在压力作用下，土颗粒的接触将发生改变，土颗粒出现移动、重组，土体孔隙减少、土体体积缩小。在压力作用下，土体体积减小的性质叫作土体的压缩性。

地基土体产生压缩性的外因有：

（1）建筑物荷载作用，这是普遍存在的因素；

（2）地下水位大幅度下降，相当于在原水位线以下的土层中产生附加应力；

（3）施工影响，基槽持力层土的结构扰动；

（4）振动影响，产生震沉；

（5）温度变化影响，如冬季冰冻，春季融化；

（6）浸水下沉，如黄土湿陷，填土下沉。

地基土体产生压缩性的内因有：

（1）固体颗粒（固相）、水（液相）和空气（气相）三相本身的压缩，但数值往往极小，均可忽略不计；

（2）土中孔隙的压缩，土中水与气体受压后从孔隙中挤出，使土的孔隙减小，土颗粒发生移动、重新排列、互相挤密。

上述诸多因素中，建筑物荷载作用是外因的主要因素，通过土中孔隙的压缩这一内因发生实际效果，即土体的压缩性主要是由土中孔隙体积的减小而引起的。

对于非饱和土体来说，土的压缩就是排除土体孔隙中的水和气体。对于饱和土体来说，孔隙中全部充满着水，只有挤出孔隙水，土体孔隙体积才会减小。所以饱和土的压缩量等于其受外力作用时孔隙水的挤出量。

土中孔隙水的排出速率和土的渗透性有关。对于透水性较大的砂土和碎石土，在荷载作用下，孔隙中的水很快就排出了。相反地，对于黏性土，土的颗粒很细，孔隙更细，其透水性很差，在荷载作用下，土中水和气体只能慢慢地排出。这就说明土受压力作用后的压缩并非瞬间完成，而是随时间逐步发展并趋稳定的。

土体随着土中孔隙水的挤出而逐渐压缩的过程称为固结。土的压缩和固结是密不可分的，压缩是土固结行为的外在表现，而固结是土压缩的内在本质。饱和土受压时，孔隙水被挤出，体积逐渐减小的过程称为主固结或渗透固结。建筑物建成以后，地基土长期承受外荷载，这种由于土骨架的蠕变引起的固结压缩称为次固结。

因此，土的压缩性包含了两方面的内容：

（1）最终压缩变形量，将引起建筑物的最终沉降量或变形量；

（2）压缩变形随时间而变化的过程——土的固结。

土的压缩性是土的特性之一，研究土的压缩性是合理计算地基变形的前提，也是土力学中重要的研究内容之一。

思政小课堂

一般来说，淤泥质土的压缩性较大，容易产生较大沉降或不均匀沉降。上海锦江饭店是上海市早期的高层建筑，地基是深厚的淤泥质土。新中国成立初期，锦江饭店大门朝北，由长乐路进入饭店要上几个台阶。1979 年 9 月，一层的室内地坪比长乐路室外地面反而低 5 台阶。经勘查后确定，锦江饭店地基下沉多达 150 cm。

动画—董竹君与锦江饭店

上海锦江饭店的创始人董竹君，一生充满着传奇的色彩。董竹君，生于 1900 年的上海，她家境贫寒，迫于生计卖唱。后来嫁给革命党人夏之时，成为督军夫人。与夏之时离婚后，在上海创办了锦江川菜馆和锦江茶室。新中国成立后，董竹君把自己经营多年的两家店捐献给了国家，她是中国革命的同路人，连任第六、第七届全国政协委员，堪称女权运动的先驱。她曾说过："我从不因被曲解而改变初衷，不因冷落而怀疑信念，亦不因年迈而放慢脚步。"希望同学们能够从她的身上学到信念坚定、自尊自重、忍耐坚毅、独立自强的品行，有一颗坚强和乐观的心。

任务 4.2　有效应力原理

现代土力学的创始人太沙基（Terzaghi）早在 1923 年就提出了有效应力原理的基本概念。

4.2.1　土中的两种应力试验

准备甲、乙两个直径与高度完全相同的量筒，在这两个量筒底部放置一层松散砂土，其质量与密度完全一样，如图 4-1 所示。在甲量筒松砂顶面加若干钢球，使松砂承受 σ

的压力，此时可见松砂顶面下降，表明砂土已经发生压缩，即砂土的孔隙比 e 减小。在乙量筒松砂顶面不加钢球，而是小心缓慢地注水，在砂面以上高度 h 正好使砂层的表面也增加 σ 的压力，结果发现砂层顶面并不下降，表明砂土并未发生压缩，即砂土的孔隙比 e 不变。这一情况类似在量筒内放一块饱水的棉花，不论向量筒内倒多少水也不能使棉花发生压缩一样。

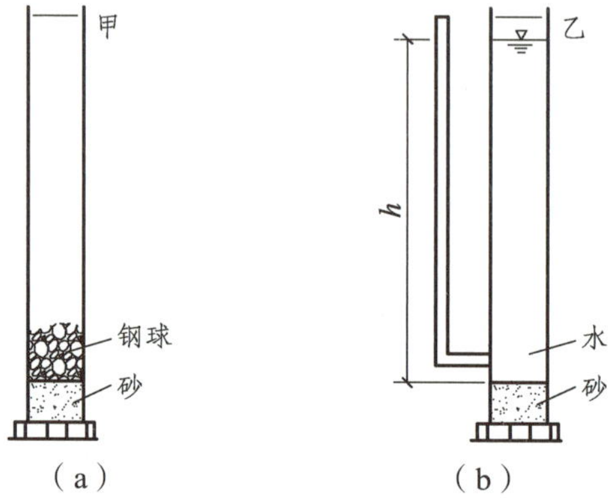

图 4-1　土中的两种应力试验

上述甲、乙两个量筒底部都作用了 σ 的压力，但产生两种不同的效果，反映土体中存在两种不同性质的应力。

（1）由钢球传递的应力，通过砂土的骨架传递的部分，称为有效应力，用 σ' 表示。该应力使土层发生压缩变形，并使土的强度发生变化。

（2）由水施加的应力通过孔隙水来传递，称为孔隙水压力，用 u 表示，这种孔隙水压力不能使土层发生压缩变形。

4.2.2　有效应力原理

饱和土体中任一平面上所承受的总应力 σ 为有效应力 σ' 与孔隙水压力 u 之和。即

$$\sigma = \sigma' + u \tag{4-1}$$

式中　σ——作用在土中任一平面的总应力（自重应力和附加应力）(kPa)；

σ'——土骨架的承受的粒间应力，称有效应力（kPa）；

u——孔隙水承受的压力，称孔隙水压力（静水压力和超静水压力）(kPa)。

这就是太沙基提出的饱和土体有效应力原理。由于土的强度取决于颗粒间的联结力和摩擦力，土的压缩变形表现为颗粒间的滑移与颗粒变形和破碎，所以很显然，引起土体压缩变形和抗剪强度发生变化的原因，并不是作用在土体上的总应力，而是有效应力 σ'。孔隙水压力 u 并不能使土产生变形和强度的变化，因为水压力在各个方向相等，均匀作用在每个土粒上，不会使土颗粒移动，而导致孔隙体积的变化，只能使土颗粒本身受到浮力和静水压力。土颗粒本身的压缩模量 E 很大，压缩可以忽略不计。另外，水不能承受剪应力，因此孔隙水压力自身的变化也不会引起土的抗剪强度的变化。正是因为如此，孔隙水压力也被称为中性应力。但是应当注意，当总应力 σ 保持常数时，孔隙水压力 u 发生变化将直接引起有效应力 σ' 发生变化，从而使土体的体积和强度发生变化。

4.2.3　饱和土中孔隙水压力和有效应力的计算

既然土的压缩性和抗剪强度只和有效应力有关，为了研究建筑物和地基土体的变形特性，必须要确定土体中的有效应力。然而，有效应力作用在土骨架的颗粒之间，很难直接测定出来，通常需要利用有效应力原理计算公式进行求解。总应力可根据前面介绍的土体中的应力计算方法算出，孔隙水压力可以实测也可以通过计算得出。

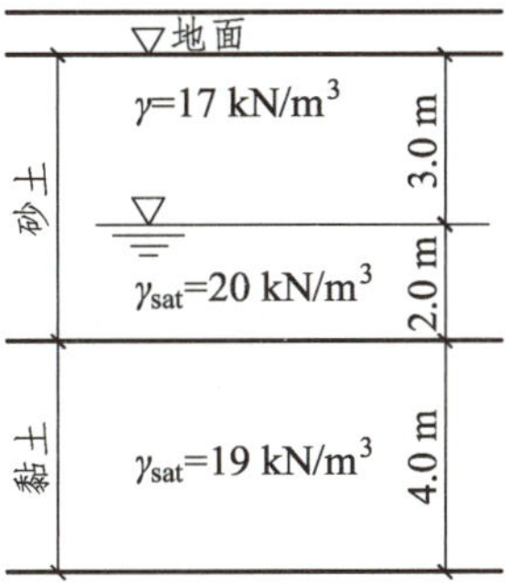

图 4-2　某土层剖面图

例题 4-1　某土层剖面，地下水位及相应的重度如图 4-2 所示。试求 9 m 处垂直方向下的总应力、孔隙水压力和有效应力。

解：对 9 m 处所受的应力情况进行分析：

（1）作用在 9 m 处的竖向总应力

$$\begin{aligned}\sigma &= \gamma_1 h_1 + \gamma_2' h_2 + \gamma_w h_2 + \gamma_{3sat} h_3 \\ &= \gamma_1 h_1 + \gamma_{2sat} h_2 + \gamma_{3sat} h_3 = 17\times 3 + 20\times 2 + 19\times 4 = 167\ \text{kN/m}^2\end{aligned}$$

（2）作用在 9 m 处的孔隙水压力

$$u = \gamma_w h_w = 10\times(2+4) = 60\ \text{kN/m}^2$$

（3）作用在 9 m 处的有效应力

$$\sigma' = \sigma - u = 107\ \text{kN/m}^2$$

或

$$\begin{aligned}\sigma' &= \sigma - u = \gamma_1 h_1 + \gamma_{2sat} h_2 + \gamma_{3sat} h_3 - \gamma_w h_w \\ &= \gamma_1 h_1 + \gamma_{2sat} h_2 + \gamma_{3sat} h_3 - \gamma_w (h_2 + h_3) \\ &= \gamma_1 h_1 + \gamma_2' h_2 + \gamma_3' h_3 = 107\ \text{kN/m}^2\end{aligned}$$

任务 4.3　饱和土体的渗透固结

一般建筑物在施工期间所完成的沉降，通常随地基土质的不同而不同，例如：

（1）碎石土和砂土因压缩性小，渗透性大，在施工期间地基沉降已基本完成；

（2）低压缩性黏性土，施工期间一般可完成最终沉降量的 50% ~ 80%；

（3）中压缩性黏性土，施工期间一般可完成最终沉降量的 20% ~ 50%；

（4）高压缩性黏性土，施工期间一般可完成最终沉降量的 5% ~ 20%。

淤泥质黏性土渗透性低、压缩性大。对于层厚较大的饱和淤泥质黏性土地基，沉降有时需要几十年时间才能达到稳定。为清楚地掌握饱和土体的压缩过程，首先要研究饱和土体的渗透固结过程，即土的骨架和孔隙水分担和转移外力的情况和过程。

4.3.1　饱和土体的渗透固结过程

根据土体在固结过程中变形机理的不同，将固结过程分为主固结和次固结，其间发生的相应变形分别称为主固结变形和次固结变形。以饱和土体为例，主固结是指土体受荷后其孔隙中部分自由水随时间逐渐排出，孔隙体积逐渐减小，由孔隙水承担的压力逐渐转移到土骨架来承受，土体逐渐变得紧密的发展过程，这一过程以土中发生渗透为主要特征，土体的变形速率取决于孔隙水的排出速率，因而又常称为渗透固结。次固结指土体在渗透固结过程终止后，因土中结合水以黏滞流动的形态移动，水膜厚度发生变化，使土骨架发生蠕变，继而发生与孔隙中自由水排出速率无关的极为缓慢的变形过程。实际上土体的固结过程中，渗流和蠕变也可能同时发生，因此上述划分是人为的，多半是为了研究和应用的方便。

4.3.2 太沙基一维固结模型

土体在固结过程中，若渗流和变形均沿一个方向发生，则称此为一维固结问题。土样在压缩试验过程中所经历的压缩过程以及地基在无限大面积均布荷载作用下的固结就是典型的一维固结问题。

1923 年，太沙基对饱和土体的渗透固结提出了如图 4-3 所示的物理模型，形象地阐述了饱和土体的渗透固结过程。模型是由弹簧和带孔活塞组成的充水容器，容器的侧壁和底部均不能透水，利用侧壁上的测压管显示容器内水的压力水头。与容器相连的弹簧代表土骨架，弹簧刚度的大小代表土压缩性的大小，容器中的水相当于孔隙中的自由水。与弹簧顶部相连的活塞有许多透水小孔，模拟土孔隙中的排水条件，孔径愈大，象征着土的竖向渗透性愈大。容器是刚性的，活塞只能沿侧壁作竖向运动，当活塞受荷载作用后下移时，水也只能向上从活塞上的小孔排出，弹簧只能做竖向的压缩，象征饱和土体的渗透固结时，发生的渗流和变形是一维的。此时，容器中水承担的力为孔隙水压力 u，弹簧承担的应力相当于有效应力 σ'。

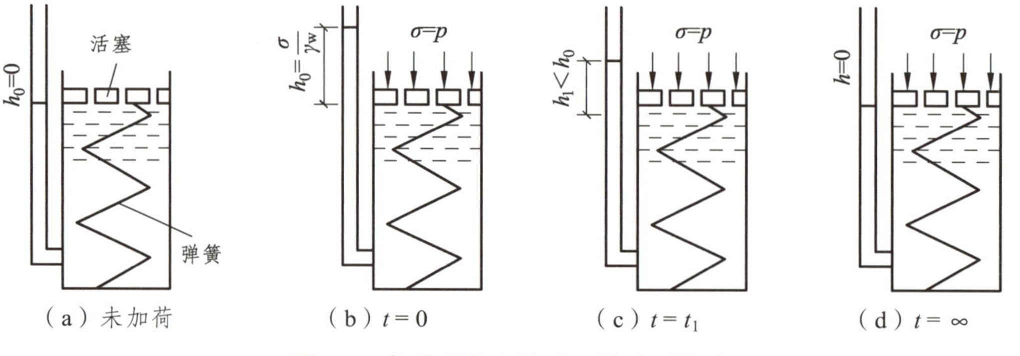

图 4-3 饱和黏性土渗透固结过程模型

现在分析当模型顶面的活塞受到均布压力 σ 作用后其内部的应力变化及弹簧的压缩过程，即饱和土体的固结过程。

活塞上无压力作用时，活塞的重量已由弹簧承担，测压管的水位与容器中的静水位齐平，无压力水头产生，相当于土体在自重作用下已经完成固结的初始状态。此时，弹簧承受一定的应力，容器中的水也承受一定的孔隙水应力。

当模型顶面的活塞受到均布压力 σ 作用时，就会产生附加应力，该附加应力要么由孔隙水承担，要么由弹簧承担，或者两者共同承担。

当均布压力σ施加的一瞬间，即 $t=0$ 时，容器中的水来不及从活塞小孔中排出，活塞未下降，弹簧无变形，有效应力$\sigma'=0$测压管中显示有超出静水位的压力水头 h_0，这说明施加的均布压力完全由活塞下的水来承担，$u=\sigma$。因此，孔隙水承担的这部分应力也被称为超静水压力。此时，测压管中的水位高出容器中的静水位的高度为 $h_0=\sigma/\gamma_w$。

随着受压时间的延续，容器中的水在超静水压力作用下，由下向上逐渐从顶层活塞的排水孔向外排出，从而活塞下降促使弹簧压缩而受力，即 $t=t_1$ 时，测压管显示的压力水头相继下降，说明孔隙水承担的压力 u 在逐渐减少，$u<\sigma$。与此同时，弹簧相应压缩承担了孔隙水所减少的那部分压力，有效应力$\sigma'>0$。此时，均布压力由弹簧和孔隙水共同承担，即$\sigma=\sigma'+u$。

随着孔隙水不断排出，活塞继续下降，测压管的压力水头愈来愈小，而弹簧承受的压力愈来愈大。最后，当 t 趋于无穷大时，测压管中的压力水头完全消失，水位恢复到与容器中静水位齐平的位置，即 $u=0$，仅剩下静水压力，均布压力全部由弹簧承担，$\sigma'=\sigma$，如表 4-1 所示。容器中的水不再向外排出，活塞不再下降，弹簧压缩稳定，至此固结过程完成，压缩变形达到该均布压力的最终数值。

表 4-1　饱和土一维渗透固结过程中的应力与变形变化规律

时间	竖向总应力	超静水压力	竖向有效应力	主固结变形
$t=0$	$\sigma=P$	$u=\sigma$	$\sigma'=0$	0
$0<t<\infty$	$\sigma=P$	$u<\sigma$	$\sigma'>0$	从 0 增至 ∞
$t=\infty$	$\sigma=P$	$u=0$	$\sigma'=\sigma$	∞

注：在任意时刻，$\sigma=\sigma'+u$，服从有效应力原理。

由此可以看出，饱和土的渗透固结不仅是孔隙水逐渐排出、变形逐步发展的过程，也是超静水压力不断转化为有效应力的过程，或者超静水压力不断消散、有效应力逐渐增长的过程。

任务 4.4　压缩试验和压缩性指标

土的压缩性可以用压缩系数、压缩指数、压缩模量和变形模量等指标进行定量评价。合理确定土体压缩性指标是地基沉降量计算的关键，我们可以通过室内试验或现场试验的方法实现。试验条件与地基土的应力历史和实际荷载愈接近，所得指标愈可靠。

4.4.1　侧限压缩试验

在试验室用侧限压缩仪（亦称固结仪）进行压缩试验，是研究土压缩性的最基本方法。试验仪器如图 4-4 所示。压缩试验的目的就是确定土样所受

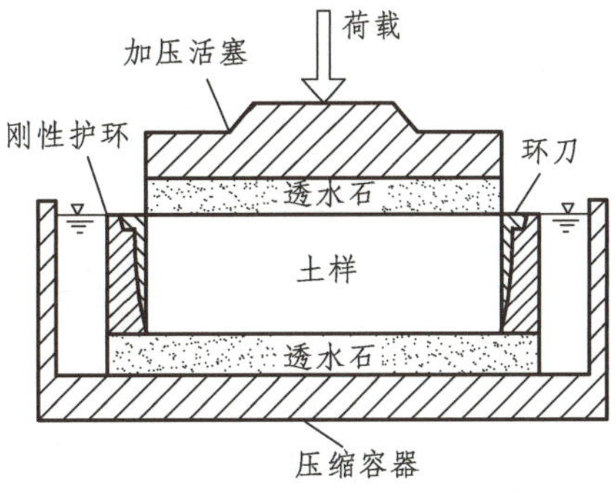

图 4-4　固结仪的压缩容器示意图

荷载与土中孔隙体积改变量之间的关系。

试验时，用内壁涂抹凡士林的金属环刀切去天然土样，并放于刚性很大的压缩环内，来限制土样的侧向变形；在土样的上、下表面垫设滤纸和透水石，以使在压缩过程中土中水能顺利排出。由于土样受到环刀、刚性护环的约束，在压缩过程中只能发生竖向变形，不能发生侧向变形，所以这种试验方法称为侧限压缩试验，常简称为压缩试验或固结试验。

试验时，通过加压活塞向土样施加 5 级竖向荷载：50 kPa、100 kPa、200 kPa、300 kPa 和 400 kPa。首先施加荷载 p_1，待土样变形稳定后，可用百分表测得其高度变化量 ΔH_1；然后，将压力升至 p_2，待土样变形稳定后，可测得土样的压缩量 ΔH_2。如此下去，测量土样各级荷载下的压缩量 ΔH_i。

如前所述，土的压缩主要是由于孔隙体积的减小引起的，因此土的压缩变形常用孔隙比 e 的变化来表示。下面导出各级压力 P_i 作用下土样竖向变形稳定后的孔隙比 e_i 的计算公式。

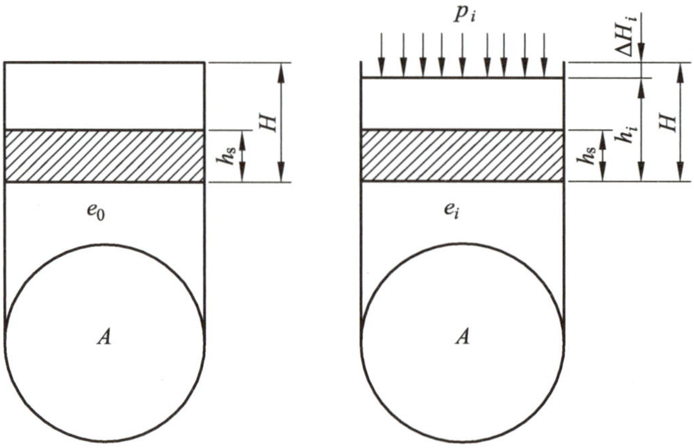

图 4-5　侧限条件下土样原始孔隙比的变化

在压缩试验过程中，我们可以通过百分表测量出土样的高度变化 ΔH_i（即土样的压缩量），如图 4-5 所示。土样的初始高度为 H，横截面面积为 A，初始孔隙比为 e_0。在第 i 级竖向应力 P_i 作用下，变形稳定后的压缩量为 ΔH_i，土样高度变为 $H-\Delta H_i$，土样的孔隙比从 e_0 减小到 e_i。由于在试验过程中土样不能侧向变形，所以压缩前后土样横截面积 A 保持不变；同时，由于土颗粒本身的压缩变形可以忽略不计，即压缩前后土样中土颗粒的体积 V_s 也是不变的，土颗粒的高度 $h_s=V_s/A$，也是不变的，则有

$$e_0=\frac{V_v}{V_s}=\frac{AH-Ah_s}{Ah_s}=\frac{H-h_s}{h_s} \tag{4-2}$$

$$e_i=\frac{Ah_i-Ah_s}{Ah_s}=\frac{h_i-h_s}{h_s} \tag{4-3}$$

式中　V_s——土样中土颗粒体积（cm^3）；

h_s——土样中土颗粒高度（cm）；

A——土样底面积（cm^3）；

H——土样原始高度（cm）；

e_0——土样初始孔隙比（由三相基本比例指标试验确定）；

e_i——土样在第 i 级竖向应力 P_i 作用下变形稳定后的孔隙比。

利用式（4-2）和式（4-3）分别求出 h_s 的计算公式。

$$h_s = \frac{H}{1+e_0} = \frac{h_i}{1+e_i} \tag{4-4}$$

$$h_i = H\frac{1+e_i}{1+e_0} \tag{4-5}$$

$$\Delta H_i = H - h_i = H - H\frac{1+e_i}{1+e_0} = H\frac{e_0-e_i}{1+e_0} \tag{4-6}$$

或

$$e_i = e_0 - \frac{\Delta H_i}{H}(1+e_0) \tag{4-7}$$

式中　ΔH_i——土样在第 i 级竖向应力 P_i 作用下变形稳定后的压缩量（cm）。

这样，只要测定了土样在各级压力 P_i 作用下的稳定变形量 ΔH_i 后，就可以按上式计算出孔隙比 e_i。将压缩试验结果绘制成曲线，称为压缩曲线，可以按两种方式绘制，一种以竖向有效应力 p 为横坐标，孔隙比 e 为纵坐标，绘制出孔隙比与有效应力的关系曲线，即压缩曲线，又称 e-p 曲线，如图 4-6（a）所示。一种用半对数直角坐标绘图，则得到 e-lg$p$ 曲线，如图 4-6（b）所示。

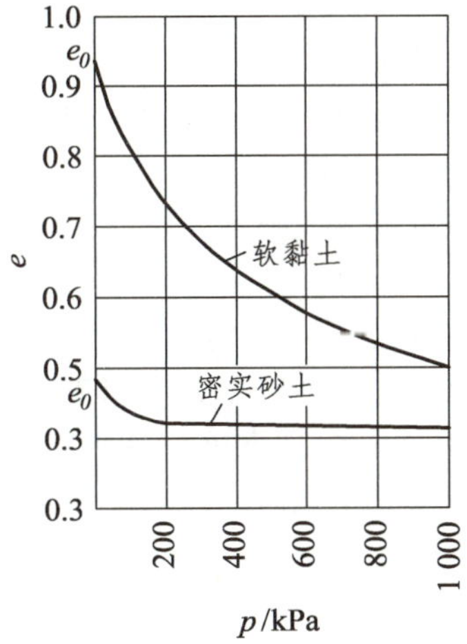

（a）e-p 曲线

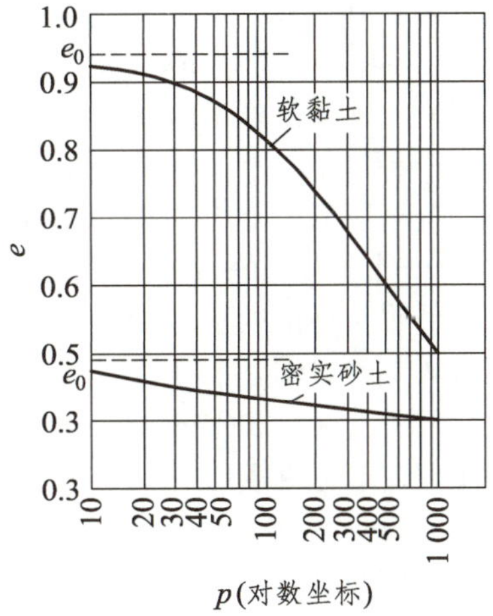

（b）e-lg$p$ 曲线

图 4-6　土的压缩曲线

对于不同的土，其压缩曲线的形状不同，反映土体不同的压缩性质。压缩曲线越陡，说明随着压力的增加，土中孔隙比的减小越显著，土的压缩性也就越高，土质越软。从图 4-6 可以看出，软黏土的压缩性要比密实砂土的压缩性高得多。

另外，土的压缩曲线一般随压力的增大而逐渐趋于平缓，即在侧限条件下土开始压缩较快，而后逐渐趋于稳定。压缩稳定的快慢与土的性质有关，对于饱和土体而言，主要取决于土样的透水性。透水性强，稳定越快；透水性弱，稳定越慢。

4.4.2 压缩性指标

1. 压缩系数 α

对于地基土，如图 4-7 所示的 e-p 曲线，在修建建筑物之前就存在有效自重应力 $P_1=\bar{\sigma}_{cz}$，已经压缩稳定，对应孔隙比为 e_1，试样处于 M_1 点。建筑物修建后，地基中的应力发生了变化，增加一压力增量Δp 至压力 P_2，稳定后的孔隙比为 e_2，试样处于 M_2 点。很明显，对于该压力增量Δp，如果 $\Delta e=e_1-e_2$ 的值越大，表示体积压缩越大，该土的压缩性就越高。因此，可以用单位压力增量所引起的孔隙比改变量表征土的压缩性。由于修建建筑物所引起的应力增加量一般不大，$\Delta p=100\sim300$ kPa，故曲线 $\overset{\frown}{M_1M_2}$ 可以近似用直线 $\overline{M_1M_2}$ 来代替，其误差是工程允许的。割线 M_1M_2 的斜率可用下式表示：

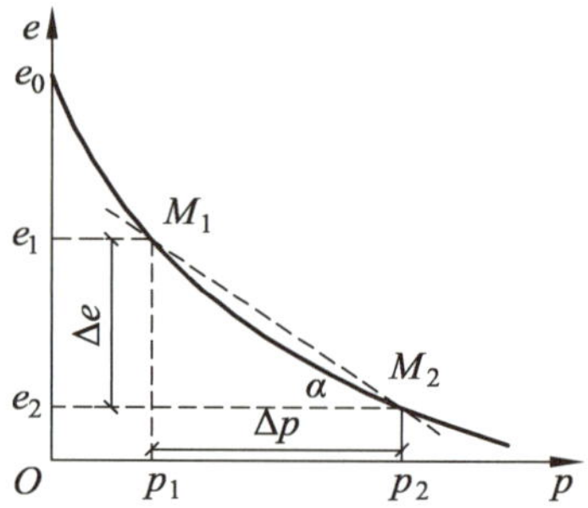

图 4-7 土体的侧限压缩曲线

$$\alpha=\tan\beta=\frac{\Delta e}{\Delta p}=\frac{e_1-e_2}{P_2-P_1} \tag{4-8}$$

式（4-8）称为压密定律或压缩定律，它表示土在有侧限条件下受压时，在压力变化范围不大时（如 $P_1\sim P_2$），孔隙比的变化与压力的变化成正比。式中负号表示随着压力 p 的增加，孔隙比 e 逐渐减少。

式中 P_1——地基某深度处土中有效竖向自重应力（MPa）；

P_2——地基某深度处土中有效竖向自重有力与有效竖向附加应力之和（MPa）；

e_1——P_1 作用下压缩稳定后土的孔隙比，即土的天然孔隙比；

e_2——P_2 作用下压缩稳定后土的孔隙比，即土的最终孔隙比；

α——土的压缩系数（MPa^{-1}）。

压缩系数 α 是反映土压缩性的一个重要参数，α 值越大，曲线越陡，土的压缩性越高。

从图 4-7 可以看出，压缩曲线实际不是直线，压缩系数 α 与先后作用于土上的有效应力 P_1 和 P_2 有关，即使是同一种土体，即 α 不是一个常数。为了统一标准，《土工试验方法标准》规定采用 $P_1=100$ kPa，$P_2=200$ kPa 所得到的 $\alpha_{1\text{-}2}$，是一个常数，作为评定土压缩性高低的指标。

一般规定：$\alpha_{1\text{-}2}<0.1\ MPa^{-1}$ 时，为低压缩性土；$0.1\ MPa^{-1}\leqslant\alpha_{1\text{-}2}<0.5\ MPa^{-1}$ 时，为中压缩性土；$\alpha_{1\text{-}2}\geqslant0.5\ MPa^{-1}$ 时，为高压缩性土。

土的压缩性的高低，对建筑工程影响很大。在高压缩性地基上，如淤泥质软土地基，建造房屋时，必须注意由此而引起较大的地基沉降和不均匀沉降，必要时对这种高压缩性地基作人工加固和处理。土的压缩性大小与土的类型、颗粒大小、原始压密程度以及土的天然结构扰动状况等因素有关。土颗粒较大的土，如粗砂、中砂的压缩性比黏性土的压缩性小；近代沉积的海相淤泥土，其孔隙比大、含水率高，在自重作用下土未曾固结密实，则其压缩性很高。

例题 4-2　某土样原始高度为 20 mm，面积为 30 cm²，土粒的相对密度为 2.74，土样与环刀总质量为 175.6 g，环刀质量为 58.6 g，置于固结仪中进行压缩试验。当荷载由 $p_1 = 100$ kPa 增加至 $p_2 = 100$ kPa 时，在 24 h 内土样的高度由 19.41 mm 减少至 18.76 mm。试验结束后测得烘干后的土重 0.910 N。计算与 p_1 及 p_2 对应的孔隙比 e_1 和 e_2，并确定土体压缩性。

解：土粒部分的体积：

$$V_s = \frac{m_s}{G_s} = \frac{0.910/10}{2.74} \times 10^3 = 33.2\ \text{cm}^3$$

p_1 对应的孔隙比 e_1：

$$e_1 = \frac{Ah_1 - V_s}{V_s} = \frac{30 \times 19.41 \times 10^{-1} - 33.2}{33.2} = 0.754$$

p_2 对应的孔隙比 e_2：

$$e_2 = \frac{Ah_2 - V_s}{V_s} = \frac{30 \times 18.76 \times 10^{-1} - 33.2}{33.2} = 0.695$$

压缩系数 α：

$$\alpha_{1\text{-}2} = \frac{e_1 - e_2}{p_2 - p_1} = \frac{0.754 - 0.695}{200 - 100} = 0.59 \times 10^{-3}\ \text{kPa}^{-1} = 0.59\ \text{MPa}^{-1}$$

由于 $\alpha_{1\text{-}2} = 0.59\ \text{MPa}^{-1} > 0.5\ \text{MPa}^{-1}$，所以该土属于高压缩性土。

2. 压缩模量 E_s

由压缩试验和压缩曲线我们还可以得到另一个压缩性指标——压缩模量 E_s。它和建筑材料等一样也是应力与应变之比，不同点是压缩试验时土样不发生侧向变形，即无侧向膨胀。土不是弹性体，在压力作用范围不大时呈线性变形，压力卸除后不再恢复到原先位置，除有部分弹性变形外还有相当部分为不能恢复的残余变形（塑性变形）。

定义：土在完全侧限条件下，竖向附加应力增量 $\Delta\sigma_z$ 与相应竖向应变增量 $\Delta\varepsilon_z$ 之比值，用 E_s 表示，即

$$E_s = \Delta\sigma_z / \Delta\varepsilon_z \tag{4-9}$$

在压缩试验中，在压力 P_1 下的试件高度为 h_1，当压力增至 P_2 时，相应的孔隙比由 e_1 变为 e_2，土样的压缩量为 ΔH。此时，$\Delta\sigma_z = P_2 - P_1$，$\Delta\varepsilon_z = \dfrac{\Delta H}{h_1}$，由公式（4-6）$\Delta H_i = H\dfrac{e_0 - e_i}{1 + e_0}$ 可推知 $\dfrac{\Delta H}{h_1} = \dfrac{e_1 - e_2}{1 + e_1}$，将这些关系式代入公式（4-9），得到

$$E_s = \frac{\Delta\sigma_z}{\Delta\varepsilon_z} = \frac{P_2 - P_1}{\Delta H / \Delta h_1} = \frac{P_2 - P_1}{(e_1 - e_2)/(1 + e_1)} = \frac{1 + e_1}{\alpha} \tag{4-10}$$

式中　E_s——土的压缩模量（kPa 或 MPa）。

从式（4-10）中可以看出，E_s与 α 成反比。α 值越大，E_s值越小，土的压缩性越大。压缩模量 E_s 的大小反映了土体在单向压缩条件下对压缩变形的抵抗能力，是压缩曲线求得的第二个压缩指标。同压缩系数 α 一样，压缩模量 E_s 也不是常数。在统一标准时，可将 $\alpha_{1\text{-}2}$ 代替式（4-10）中的 α，得到 $E_{s(1\text{-}2)}$，同样可作为评定土压缩性高低的指标。当 $E_{s(1\text{-}2)}<4$ MPa 时，为高压缩性土；当 $4\leqslant E_{s(1\text{-}2)}<15$ MPa 时，为中等压缩性土；当 $E_{s(1\text{-}2)}\geqslant 15$ MPa 时，为低压缩性土。

值得说明的是，压缩模量与弹性模量相似，都是应力与应变的比值，但有两点不同：其一是压缩模量 E_s 是在侧限条件下测定的，故又称为侧限压缩模量，以便与无侧限条件下单向受力所测得的弹性模量相区别；其二是土的压缩模量不仅反映了土的弹性变形，而且同时反映了土的塑性变形（又称永久变形或残余变形），且是一个随应力而变化的数值。

土的体积压缩系数 m_V 是按 e-p 曲线求得的第三个压缩性指标，它的定义是土体在侧限条件下的竖向（体积）应变与竖向附加应力之比，也称为单相体积压缩系数，即土的压缩模量的倒数，可按下式表示：

$$m_V=\frac{1}{E_S}=\frac{\alpha}{1+e_1} \qquad (4\text{-}11)$$

同压缩系数一样，体积压缩系数值越大，土的压缩性越高。相对而言，土的压缩模量在国内用得较多，而国外则偏爱土的体积压缩系数。

例题 4-3　某土层厚度 6 m，取原状土样做压缩试验，土层的自重应力平均值为 100 kPa，今考虑在该土层建造建筑物，估计会增加荷载 140 kPa。（荷载 P 对应孔隙比 e 见表 4-2）

（1）求压缩系数、压缩模量，并评价土的压缩性；

（2）求该土层的压缩变形量（可线性内插）。

表 4-2　压缩试验成果计算表

p/kPa	0	50	100	200	300	400
e	1.36	1.22	1.12	1.05	1.00	0.96

解：（1）$\alpha_{1\text{-}2}=\dfrac{e_1-e_2}{p_2-p_1}=\dfrac{1.12-1.05}{200-100}=0.7\times10^{-3}\,\text{kPa}^{-1}=0.7\ \text{MPa}^{-1}$

$\alpha_{1\text{-}2}=0.7\ \text{MPa}^{-1}>0.5\ \text{MPa}^{-1}$，所以该土属于高压缩性土。

$$E_{s(1\text{-}2)}=\frac{1+e_1}{\alpha_{1\text{-}2}}=\frac{1+1.12}{0.7}=3.028\ \text{MPa}$$

（2）建筑物修建前 $p_1=100$ kPa，$e_1=1.12$；建筑物修剪后 $p_i=100+140=240$ kPa。计算方法如图 4-8 所示。

$$e_i=1.0+\frac{300-240}{300-200}\times(1.05-1.0)=1.03$$

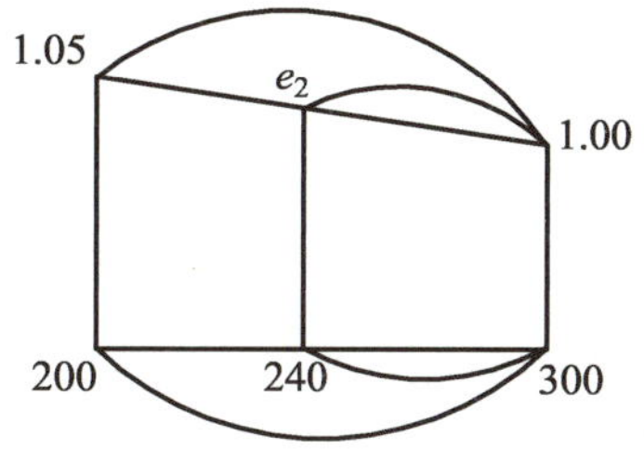

图 4-8　线性内插法计算孔隙比

压缩变形量 $\Delta H_i = H\dfrac{e_1-e_i}{1+e_1} = 600\times\dfrac{1.12-1.03}{1+1.12} = 25.47\ \text{cm}$

3. 压缩指数 C_c

室内侧限压缩试验结果分析中也可以采用半对数坐标绘制的 e-lg$p$ 曲线，如图 4-9 所示。用这种形式表示试验结果的优点是在应力达到一定值后，曲线接近直线，该直线的斜率 C_c 称为压缩指数，即

$$C_c = \tan\beta = \frac{e_1-e_2}{\lg p_2 - \lg p_1} = \frac{e_1-e_2}{\lg(p_2/p_1)} \tag{4-12}$$

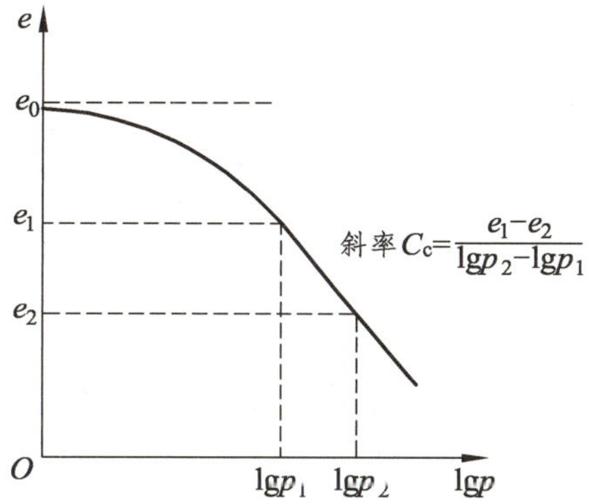

图 4-9　e-lg$p$ 曲线中确定 C_c

类似于压缩系数，压缩指数 C_c 值也可以用来判断土的压缩性大小。C_c 值越大，土的压缩性越高。低压缩土的 C_c 值一般小于 0.2，C_c 值大于 0.4 为高压缩性土，C_c 值为 0.2 ~ 0.4 时为中压缩性土。

但压缩指数 C_c 与压缩系数 α 又有所不同，α 值随应力变化而变化，是有量纲的变数，而 C_c 在应力超过一定值时为无量纲常数，在某些情况下使用较为方便，如国外广泛采用 e-lg$p$ 曲线来研究应力历史对土压缩性的影响。

4. 回弹指数 C_e

上面在室内侧限压缩试验中连续递增加压，得到了常规的压缩曲线。现在如果加压到某一值 p_i［相应于图 4-10（a）上的 b 点］后不再加压，而是逐级进行卸载直至为零，并且测得各卸载等级下土样回弹稳定后土样高度，进而换算得到相应的孔隙比，即可绘制出卸载阶段的关系曲线，如图 4-10（a）中 *bc* 曲线所示，称为回弹曲线（或膨胀曲线）。可以看到不同于一般的弹性材料的是，回弹曲线不和初始加载的曲线 *ab* 重合，卸载至零时，土样的孔隙比没有恢复到初始压力为零时的孔隙比 e_0。这就表明土在荷载作用下残留了一部分压缩变形，称之为残余变形（或塑性变形），但也恢复了一部分压缩变形，称之为弹性变形。一般说来，残余变形比弹性变形要大。

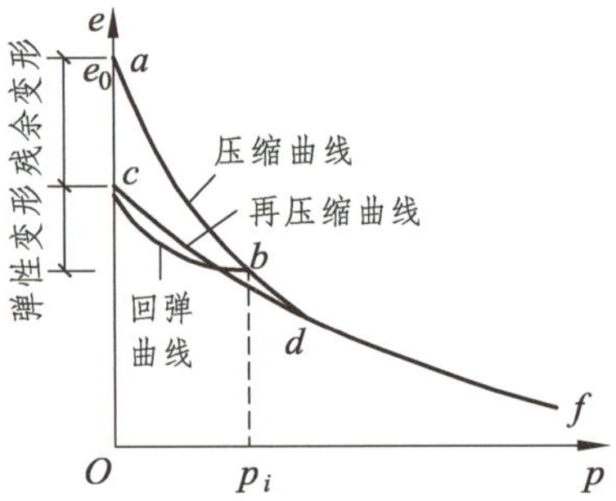

（a）*e*-*p* 曲线

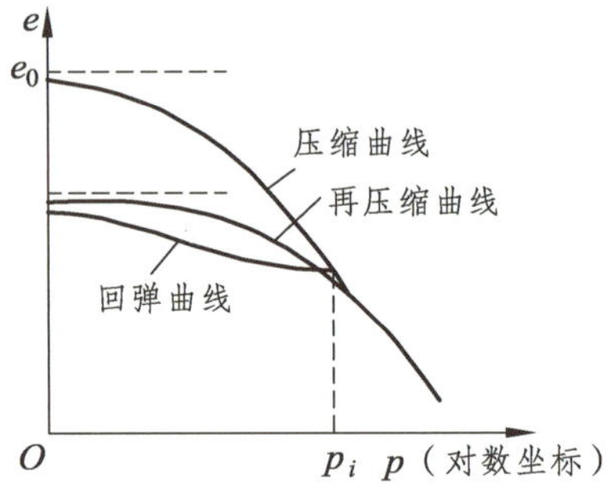

（b）*e*-lg*p* 曲线

图 4-10　土的回弹曲线和再压缩曲线

若接着重新逐级加压，则可测得土样在各级荷载作用下再压缩稳定后的土样高度，换算成孔隙比后可绘制出再压缩曲线，如图 4-10（a）中的 *cdf* 曲线。可以发现，再压缩曲线的 *df* 段是 *ab* 段的延续，但再压缩曲线与回弹曲线不重合，也不通过原卸载点 *b*。回弹曲线和压缩曲线构成一回滞环，这是土体不是完全弹性体的又一表征。在同样的压力范围内，回弹和再压缩曲线要比初始压缩曲线平缓得多，说明在回弹或压缩范围内，土的压缩性大大降低。

对于半对数直角坐标系的 *e*-lg*p* 曲线，也有类似的过程，如图 4-10 所示。研究表明，土体在回弹和再压缩过程中形成的回滞环面积常常不大，实际应用时认为回弹和再压缩曲线（在 *e*-lg*p* 平面内）为直线，卸载曲线和再压缩曲线的平均斜率称为回弹指数或再压缩指数，用 C_e 表示。一般情况下，$C_e=(0.1\sim0.2)C_c$。如果加载、卸载重复进行，最后在所加压力段范围内，土的回弹曲线和再压缩曲线将趋于重合，再加荷所引起的变形将趋于全部是弹性变形。

图 4-10 表明，土体如果曾经受到比现在大的应力，即现在处于再压缩或回弹阶段，则其压缩性大大降低。也就是说，土的应力历史对压缩性有很大影响。因此，工程上利用土的这种特性，提出了一种软土地基加固处理方法，即预先对地基进行加压，待压缩到一定程度后，再把压力卸除，然后在其上修造建筑物，这样，建筑物基础的沉降就会大大减少。

从地基土中取原状土样做压缩试验时，实际上已经经历了一个加卸荷过程（即卸去了土样在地基中所承受的原存应力），因此室内压缩试验得到的压缩曲线实际上是再压缩曲线，并不是初始加载的压缩曲线。实际应用中，对其造成的误差，应引起足够的重视。

思政小课堂

通过本节课的学习，我们了解了各压缩性指标并对压缩性土进行了区分。在实际工程中，高压缩性土不适宜做天然地基。若将高压缩性土层作为地基，必须对其进行夯实施工以改善土的压缩性。在工作中，我们要时刻发扬扎实的工作作风。

动画—发扬扎实的工作作风

习近平总书记明确要求，以好的作风确保好的效果，以好的效果检验好的作风。良好的作风是干好一切工作的基础，也是干好一切工作的根本。我们只有保持和发扬优良的工作作风，才能认真履职尽责，才能积极担当作为。发扬扎实的工作作风，就是明确工作职责，做到恪尽职守。发扬扎实的工作作风，就是注重学习提升，增强履职能力。发扬扎实的工作作风，就是全力以赴、无私无悔地工作。我们始终要保持清醒、紧张、谨慎的工作态度，立足本职，努力学习，不断创新，秉持着爱岗敬业、吃苦耐劳、无私奉献的精神，承担起职位赋予的责任，尽职尽责做好每项工作。

任务 4.5　土的压缩性原位测试

土体的侧限压缩试验操作简单，是目前测定地基土压缩性的常用方法。遇到下列情况时，侧限压缩试验就不适用了。

（1）地基土为粉（细）砂，取原状土样很困难，或地基为软土，土样取不上来。

（2）土层不均匀，土试样尺寸小，代表性差。

（3）国家一级工程、规模大或建筑物对沉降有严格要求的工程。

针对上述情况，可采用原位测试方法加以解决，常用的有载荷试验和旁压试验。

4.5.1　载荷试验

在建筑工地现场，选择具有代表性的部位进行载荷试验，是工程地质勘察工作中一项基本的地基土原位测试。载荷试验一般包括平板载荷试验和螺旋板载荷试验。浅层平板载荷试验适用于浅层地基土；深层平板载荷试验适用于深层地基土和大直径桩的桩端土；螺旋板载荷试验适用于深层地基土或地下水位以下的地基土。本书主要介绍浅层平板载荷试验。

试验前在现场试坑中竖立荷载架，使施加的荷载通过承压板传递到地层中，以便测试浅部地基附加应力影响范围内土的力学性质，包括土的变形模量、地基的承载力、土体的变形特性等。

开挖试坑的边长不应小于承压板边长或直径的 3 倍，开挖至检测深度（一般是设计基底标高）。为了保持被检测的地基土的天然湿度与原状结构，应注意做到检测之前在坑底预留 20 ~ 30 cm 厚的原土层，待设备安装时挖去找平，在试坑中心根据承压板大小铺设不超过 20 mm 厚度的密实中粗砂垫层，砂垫层尺寸应比承压板每边大出约 50 mm，然后小心平放承压板，防止斜角着地。承压板要有足够的刚度，面积不应小于 0.25 m^2，对于软土不应小于 0.5 m^2。

平板载荷试验装置构造一般由加荷稳压装置、反力装置及观测装置三部分组成。加荷稳压装置包括承压板、立柱、加荷千斤顶及稳压器；反力装置包括地锚系统或堆重系统等；观测装置包括百分表及固定支架等。

加载方式可直接在荷载平台上加铸铁块或沙袋等重物，如图 4-11（a）所示；也可用油压千斤顶加荷，反力由基槽承担，这种方式适用于基础埋深较大的情况。如基础埋深较浅，千斤顶的反力可由锚桩反力提供，如图 4-11（b）所示。

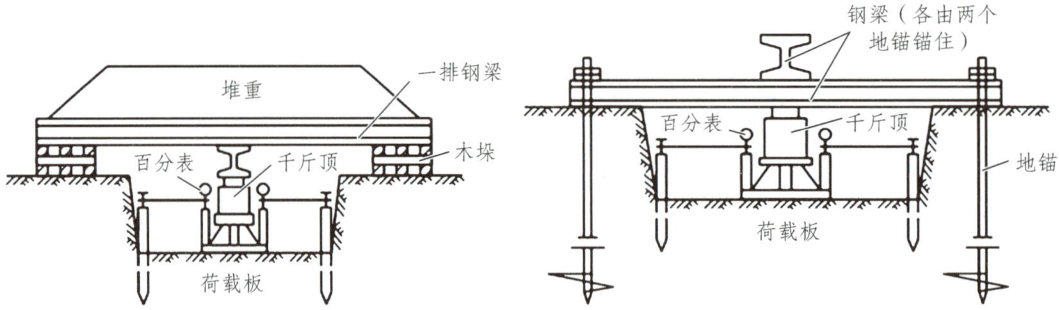

（a）堆重：千斤顶式　　（b）地锚：千斤顶式

图 4-11　浅层平板载荷试验载荷架示例

加荷应分级进行，施加的总荷载一般要达到或超过地基土的极限荷载。第一级荷载（包括设备自重）宜接近开挖浅坑所卸除的土重，与其相应的承压板沉降量不计；其后每级荷载增量，视土质而定，按《城市轨道交通岩土工程勘察规范》（GB 50307—2012）中的规定进行取值，如表 4-3 所示。加荷分级不应少于 8 级。试验地基土是否满足设计要求时，可加荷至地基土设计承载力特征值的 2 倍；最后一级荷载是判定承载力的关键，应细分二级加荷，以提高成果的精确度。

表 4-3　荷载增量取值

试验土层及特征	荷载增量/kPa
淤泥、流塑黏性土、松散粉土、砂土	<15
软塑黏性土、新近沉积黄土、稍密粉土、砂土	15 ~ 25
硬塑黏性土、新黄土（Q_4）、中密粉土、砂土	25 ~ 50
坚硬黏性土、老黄土、新黄土（Q_3）、密实粉土、砂土	50 ~ 100
碎石类土、软岩及风化岩	100 ~ 200

荷载试验的观测标准：

（1）每级加载后，按间隔 10、10、10、15、15 min，以后为每隔 0.5 h 读一次沉降量。当连续 2 h 内，每小时的沉降量小于 0.1 mm 时，则认为已趋稳定，可加载下一级荷载；

（2）当出现下列情况之一时，即可终止加载：① 承压板周围的土有明显的侧向挤出（砂土）或发生裂纹（黏性土和料土）；② 沉降量 s 急剧增大，荷载-沉降（p-s）曲线出现陡降段；③ 在某一级荷载下，24 h 内沉降速率不能达到稳定标准；④ 总沉降量与承压板宽度或直径之比大于等于 0.06。

满足终止加载的前三种情况之一时，其对应的前一级荷载定为极限荷载。

根据各级荷载及其相应的相对稳定沉降的观测数值，即可采用适当的比例尺绘制荷载 p 和稳定沉降 s 的关系曲线，称为 p-s 曲线；还可绘制各级荷载下的沉降与时间的关系曲线，称为 s-t 曲线，如图 4-12 所示。

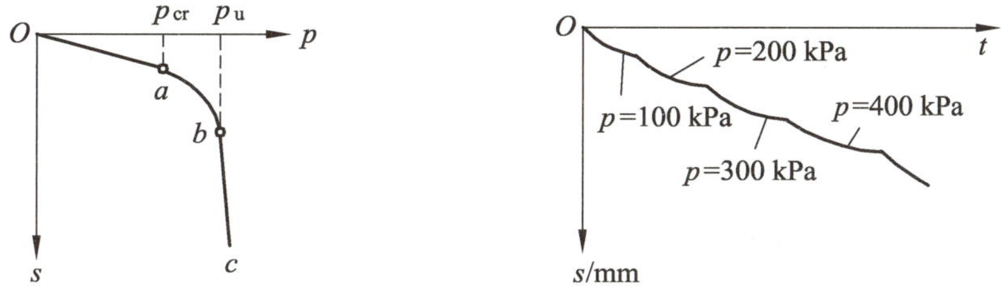

（a）p-s 曲线　　（b）s-t 曲线

图 4-12　载荷试验曲线

载荷试验得到的 p-s 曲线有很多种，典型的 p-s 曲线通常可分为三个变形阶段：

（1）直线变形阶段（压密阶段）：当荷载较小时，p-s 基本上呈直线关系，这时的变形主要是由于土的压密所造成的，对应 p-s 曲线上的 oa 部分。在这一阶段，地基内各点的剪应力都小于土体的抗剪强度，处于稳定状态。

（2）局部剪切阶段：荷载超过比例界限后，地基土中的荷载与沉降之间不再保持直线关系，对应 p-s 曲线上的 ab 部分，曲线上的斜率逐渐增大，曲线向下弯曲，表明荷载增量相同的情况下沉降增量越来越大。地基的变形由两部分组成，一部分仍是由于土的压密所产生的变形，但其所占比例随荷载增加而急剧减小，另一部分是由于地基土在荷载板边缘下局部范围内剪应力达到土体的极限抗剪强度后，引起土粒间相互错动的剪切位移，使荷载板下的土体出现塑性变形区。随着荷载的增加，塑性变形逐步向地基的纵深处发展，但尚未连成一片，荷载板沉降量显著增大，这个阶段也被称作塑性变形阶段。

（3）完全破坏阶段：当荷载继续增大，压板连续急剧下沉，对应 p-s 曲线上的 b 点以后的部分。地基土的变形主要是由塑性变形的滑动产生的。塑性变形区已连成一片，形成一连续滑动面，地基土从荷载板下向侧面挤出，在试坑底部形成隆起的土堆。荷载板持续下沉，地基已完全破坏，丧失稳定。

浅层平板载荷试验的优点是压力的影响深度可达 $1.5b \sim 2b$（b 为压板边长），试验结果能反映较大一部分土体的压缩性，比钻孔取样在室内做压缩试验受到的扰动小得多，土中应力状态在承压板较大时与实际基础情况比较接近。其缺点是试验工作量大、费时久，所规定的沉降稳定标准也带有较大的近似性，对影响深度以下的土层变形特性不能反映出来。据有些地区的经验，它所反映的土的固结程度仅相当于实际建筑施工完毕时的早期沉降量。

对于埋深不小于 3 m 的地基土层及大直径桩桩端土层，应考虑深层平板载荷试验。承压板的面积宜选用 0.5 m^2，岩石载荷试验承压板的面积不宜小于 0.07 m^2。深层平板载荷试验的试井直径应等于承压板直径，试坑或试井底的岩土应避免扰动，保持其原状结构和天然湿度。每级加荷测度时间间隔及稳定标准与浅层平板载荷试验一样，但是终止加载标准不一样：① 沉降 s 急剧增大，荷载-沉降（p-s）曲线上有可判定极限承载力的陡降段，且沉降量超过 $0.04d$（d 为承压板直径）；② 在某级荷载下，24 h 内沉降速率不能达到稳定标准；③ 本级沉降量大于前一级沉降量的 5 倍；④ 当持力层土层坚硬，沉降量很小时，最大加载量不小于设计荷载的 2 倍。

上述载荷试验中，如基础埋深很大，则试坑开挖很深，工程量太大，不适用。若地下水较浅，基础埋深在地下水位以下，则载荷试验无法使用。在这类情况下，可采用旁压试验。

在建筑场地试验地点钻孔，将旁压器放入钻孔中至测试高程。用水加压力，使充满水的旁压器圆筒形橡胶膜膨胀，压向四周钻孔孔壁的土体，如图 4-13 所示。分级加压，并测记施加的压力与四周孔壁土体变形值。旁压试验可以计算出地基土的变形模量、压缩模量和地基承载力。

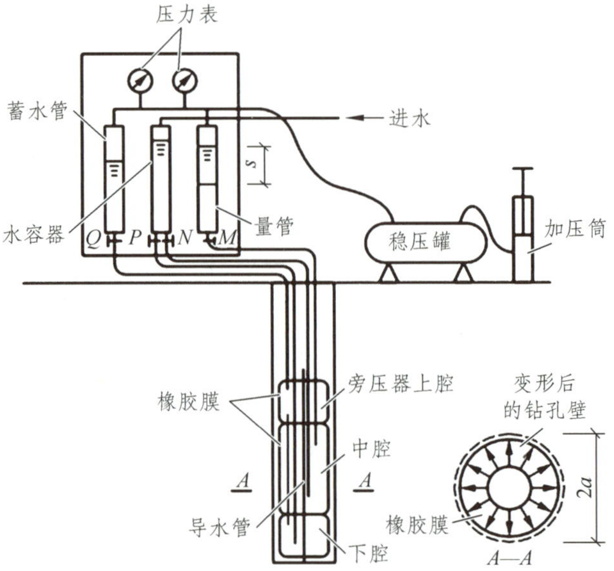

图 4-13　旁压仪示意图

4.5.2　地基土的变形模量

除土的压缩系数、压缩指数、压缩模量、体积压缩系数外，表征土的压缩性的指标还有土的变形模量 E_0，其定义是在无侧向限制条件下，土在受压变形时产生的竖向压应力与竖向压应变的比值。土的变形模量的定义和一般弹性材料的弹性模量相同，但是由于土的变形中既有弹性变形又有残余变形，为了与弹性模量中只有弹性变形相区别，而称为变形模量。

借用弹性理论计算沉降的计算公式，根据载荷试验得到的 p-s 曲线进行反算，导出均布面荷载作用下的地基沉降量公式为

$$s=\omega\frac{pb(1-\mu^2)}{E_0} \qquad (4\text{-}13)$$

经变换可得

$$E_0=\omega\frac{pb(1-\mu^2)}{s} \qquad (4\text{-}14)$$

式中 s——地基的沉降量（mm）；

p——单位面积地基上的压力（MPa）；

b——载荷板的宽度或直径（mm）；

μ——侧向膨胀系数，可参考表 4-4 中的数据；

ω——与载荷板刚度、形状有关的系数，刚性 ω=0.89，刚性圆形板 ω=0.79；

E_0——地基土的变形模量（MPa）。

4.5.3 变形模量和压缩模量之间的关系

变形模量虽然可通过载荷试验来测定，但载荷试验历时长、费用大，而且还由于深层土在试验技术上存在一定的困难，所以常常依赖压缩模量和变形模量理论上的联系来进行换算。

先从完全侧限的压缩试验土样中取一微单元土体进行分析，在 Z 轴方向的压力作用下，试样中的竖向法向应力为 σ_z，水平向法向应力为 $\sigma_x=\sigma_y$，竖向法向应力增大，水平向法向应力也随之增大，故

$$\sigma_x=\sigma_y=K_0\sigma_z \qquad (4\text{-}15)$$

式中 K_0——土的侧压力系数也称为静止土压力系数（有些书中也用 ξ 表示），可以通过侧限压缩试验测定，也可以在特定的三轴压缩仪中进行测定。当无试验条件时，采用表 4-4 中的经验值。

表 4-4 土的侧压力系数及侧向膨胀系数的经验值

土的名称	状态	K_0	μ
碎石土		0.18 ~ 0.25	0.15 ~ 0.20
砂土		0.25 ~ 0.33	0.20 ~ 0.25
松土		0.33	0.25
粉质黏土	坚硬状态	0.33	0.25
	可塑状态	0.43	0.3
	软塑及流塑状态	0.53	0.35
黏土	坚硬状态	0.33	0.25
	可塑状态	0.53	0.35
	软塑及流塑状态	0.72	0.42

在没有侧向限制的条件下，土承受竖向压应力作用时，将产生侧向膨胀，土的侧向膨胀应变 ε_x 与竖向压缩应变 ε_z 的比值称为侧向膨胀系数或泊松比 μ。土的侧压力系数和泊松比之间的关系如下：

$$K_0=\frac{\mu}{1-\mu} \tag{4-16}$$

或

$$\mu=\frac{K_0}{1+K_0} \tag{4-17}$$

根据材料力学原理，z 轴的应变 $\varepsilon_z=\frac{\sigma_z}{E_0}-\mu\frac{\sigma_y}{E_0}-\mu\frac{\sigma_x}{E_0}=\frac{\sigma_z}{E_0}(1-2\mu K_0)$，再根据变形模量定义 $E_0=\frac{\sigma_z}{\varepsilon_z}$，可推出 E_0 和 E_s 之间的关系为

$$E_0=\left(1-\frac{2\mu^2}{1-\mu}\right)E_s \tag{4-18}$$

这就是变形模量和压缩模量的理论关系式。由于土的泊松比 $\mu\leqslant 5$，因此土的变形模量总小于压缩模量。公式（4-18）是根据弹性理论中广义推导出来的，由于土体并不是理想的弹性体，其变形性质并不一定完全符合胡克定律，因此公式（4-16）只是一个近似式，表 4-5 列出了不同土类的变形模量经验值。

表 4-5　不同土类的变形模量经验值

土的类型	变形模量/kPa
泥炭	100 ~ 500
塑性黏土	500 ~ 4 000
硬塑黏土	4 000 ~ 8 000
软硬黏土	8 000 ~ 15 000
松砂	10 000 ~ 20 000
密实砂	50 000 ~ 80 000
密实砂砾、砾石	100 000 ~ 200 000

思政小课堂

在做荷载试验时，要严格按照规范规定的试验标准，而在工作和生活中我们同样要遵守相应的标准，也就是法律法规和道德操守。

动画—依法治国

法治

依法治国就是依照体现人民意志和社会发展规律的法律治理国家，而不是依照个人意志、主张治理国家。十八届四中全会通过的《中共中央关于全面推进依法治国若干重大问题的决定》，开启了中国法治建设的新时代。全面推进依法治国是关系我们党执政兴国、关系人民幸福安康、关系党和国家长治久安的重大战略问题，是完善和发展中国特色社会主义制度、推进国家治理体系和治理能力现代化的重要方面。大家要尊敬法律，敬畏法律，信仰法律，依法办事，使中国的法律更有力量！

任务 4.6　应力历史与土的压缩性的关系

从图 4-9 可见，土的 e-lg$p$ 曲线的前半段较平缓，而后半段（即前述直线段）较陡，这表明当压力超过某值时土才会发生较显著的压缩。这是因为土在其沉积历史上已在上覆压力或其他荷载作用下经历过压缩和固结，当土样从地基中取出，原有应力释放，土样又经历了膨胀。因此，在压缩试验中如施加的压力小于土样在地基中所受的原有压力，土样的压缩量（即孔隙比的变化）必然较小，而只有当施加的压力大于原有压力，土样才会发生新的压缩，土样的压缩量才会较大。

上述观点还可从图 4-10 所示的回弹和再压缩曲线得到印证。由于土样在 p_b 作用下已压缩稳定，故在 b 点卸压后再压缩的过程中当土样上的压力小于 p_b，其压缩量就较小，因而再压缩曲线段 cd 较压缩曲线平缓，只有当压力超过 p_b，土样的压缩量才较大，曲线才变陡。

因此，土的压缩性与其沉积和受荷历史（即应力历史）有密切关系。

4.6.1　先期固结压力

土在历史上所经受过的最大竖向压力（有效应力）称为先期固结压力（又称为前期固结压力），常用 p_c 表示。

由于土的沉积和受荷历史极其复杂，因此确定先期固结压力至今无精确方法。但从前述分析可以认为，在压缩试验中只有当压力大于前期固结压力，土样才会发生较明显的压缩，故先期固结压力必应位于 e-lg$p$ 曲线上较平缓的前半段与较陡的后半段的交接处附近。基于这一认识，卡萨格兰德（Cassagrande）于 1936 年提出了确定先期固结压力的经验作图法（见图 4-14），这也是至今确定 p_c 值最为常用的一种近似法。

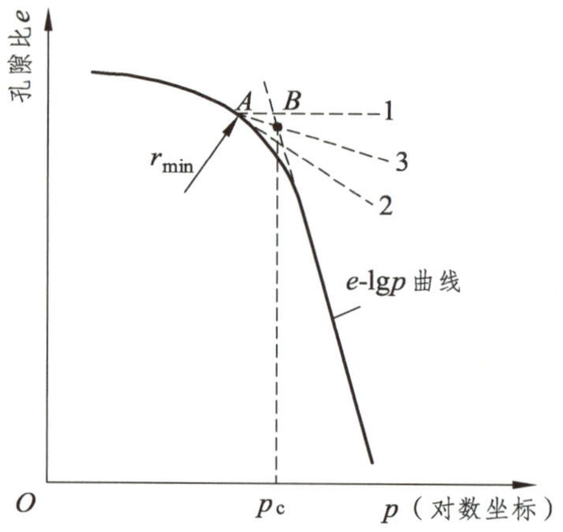

图 4-14　确定先期固结压力 p_c 的卡萨格兰德法

卡萨格兰德法的作图步骤：

（1）在 e-lgp 曲线上找出曲率半径最小的一点 A，过 A 点作水平线 A_1 和切线 A_2；

（2）作角 1A2 的平分线 A3，与 e-lgp 曲线后半段（即直线段）的延长线交于 B 点；

（3）B 点所对应的压力即为先期固结压力 p_c。

卡萨格兰德法简单、易行，但其准确性在很大程度上取决于土样的质量（如扰动程度）和作图经验（如比例尺的选取）等。否则，有时很难找到一个突变的 A 点，因此不一定能得出可靠的结果。确定先期固结应力，还应结合场地地形、地貌等形成历史的调查资料加以判断。

4.6.2　超固结比和固结状态

先期固结压力常用于判断土的固结状态。为此，将土的先期固结压力 p_c 与土现在所受的压力 p_1 的比值定义为土的超固结比 OCR，即

$$OCR = \frac{p_c}{p_1} \tag{4-19}$$

根据土体应力历史不同，土体的固结状态就不同，可将地基土分为正常固结土、超固结土及欠固结土。

1. 正常固结土

土层历史上所受到的最大压力等于现有覆盖土的自重应力，则称该类地基土处于正常固结状态，为正常固结土。土体在搬运沉积的生成过程中，不断地向上堆积到目前地面的标高，并在土的自重应力作用下已完成固结，此时 $p_c = p_1$，则 $OCR = 1$，如图 4-15（a）所示。大多数建筑场地的土层，均属这类正常固结土。

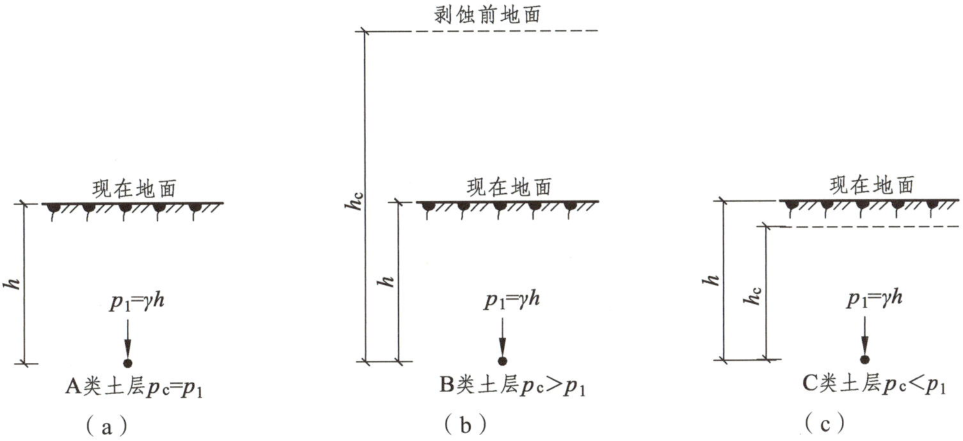

图 4-15　土层按先期固结应力分类

2. 超固结土

土层历史上所受到的最大压力大于现有覆盖土的自重应力，则称这类地基土处于超固结状态，为超固结土。如图 4-15（b）所示，历史上最高地面比目前地面高很多，以虚线表示当时的地面，并在土体自重作用下完成固结状态。后因各种原因（包括水流冲刷、冰川作用及人类活动等）搬运走相当厚的沉积物，将地面降至目前标高，即 $p_c>p_1$，则 $OCR>1$，OCR 值越大，就表示超固结作用越大。

3. 欠固结土

地基土在上覆压力 p_1 作用下压缩尚未稳定，固结仍在进行，则称该类地基土处于欠固结状态，为欠固结土。如图 4-15（c）所示，为新近沉积的黏性土或人工填土。例如，我国黄河入海口，黄河平均每年携带的 10 多亿吨砂刚沉积下来，还没有完成固结，这类土就属于欠固结土。图中虚线表示将来固结后的地表，低于目前的地面，即 $p_c<p_1$，则 $OCR<1$。

对室内压缩试验的土样而言，p_0 即为施加于土样上的当前压力。

当土样的应力状态位于 e-lg$p$ 曲线的直线段上，表示土样当前所受的压力就是最大压力，则 $OCR=1$，土样处于正常固结状态。

当土样的应力状态位于某回弹或再压缩曲线上，则 $OCR>1$，土样处于超固结状态。

显然，土的固结状态在一定条件下是可以相互转化的。例如，对于原位地基中沉积已稳定的正常固结土，当地表因流水或冰川等剥蚀作用而降低，或因开挖卸载等，就成为超固结土，而超固结土则可因足够大的堆载加压而成为正常固结土。新近沉积土在自重应力作用下尚未完成固结，故为欠固结土，但随着时间的推移，在自重应力下的压缩会渐趋稳定从而转化为正常固结土。对于室内压缩稳定并处于正常固结状态的土样，经卸荷就会进入超固结状态，而处于超固结状态的土样则可经施加更大的压力而进入正常固结状态。此外，当地下水位发生前所未有的下降后，也会使土层处于欠固结状态。

根据土的固结状态可以对土的压缩性做出定性评价。相对而言，超固结土压缩性最低，而欠固结土则压缩性最高。

4.6.3　土的原始压缩曲线与压缩指标

现场原始压缩曲线是指现场土层在其沉积过程中由上覆土重产生的压缩曲线，简称为原始压缩曲线。由于取土等使土样不可避免地受到扰动，通过室内压缩试验得到的压缩曲线并非现场地基土的原始（位）压缩曲线，得到的压缩性指标也不是土的原始指标。因此，为使地基固结沉降的计算更接近实际，有必要在弄清压缩土层的应力历史和固结状态的基础上，对室内压缩曲线进行修正，以获得符合现场地基土的原始压缩曲线和指标。

对于正常固结土，试验研究表明，土的扰动程度越大，土的压缩曲线越平缓。如图4-16所示的 e-lg$p$ 曲线中的 ab 段表示在现场成土的历史过程中已经达到固结稳定状态。B 点压力是土样在应力历史上所经受的先期固结应力 p_c，它等于现有的覆盖土自重应力 p_1。在现场应力增量作用下，孔隙比 e 的变化将沿着 ab 段的延伸线发展（图中虚线 bc 段）。但是，原始压缩曲线 ab 段不能由室内试验直接测得，只有将一般室内压缩曲线加以修正后才能求得。这是由于扰动的影响，取到试验室的试样即使十分小心地保持其天然初始孔隙比不变，仍然会引起试样中有效应力的降低（如土中的水平线 bd 所示）。

正常固结土的原始压缩曲线，可根据施默特曼（Schmertmann，1955）的方法，按下列步骤将室内压缩曲线加以修正后求得（见图4-17）。

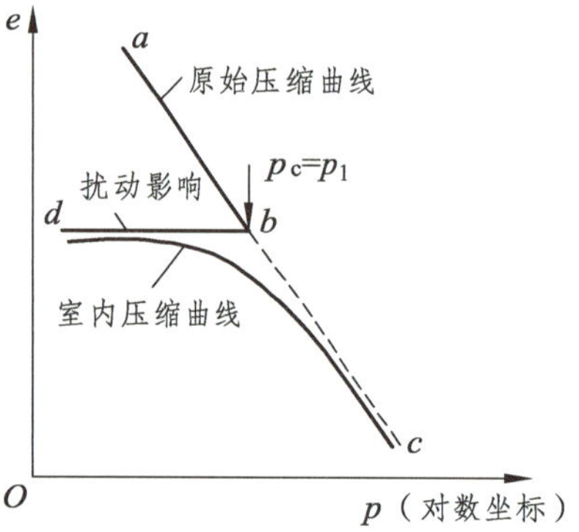

图4-16　正常固结土的扰动对压缩性的影响

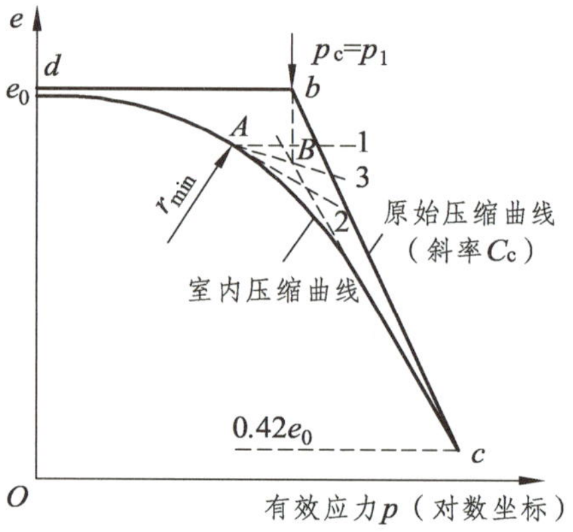

图4-17　正常固结土原始压缩曲线

（1）先作 b 点，其横坐标为试样现场自重应力 p_1，由 e-lg$p$ 曲线资料分析 p_1 等于 B 点所对应的先期固结应力 p_c，其纵坐标为现场孔隙比，若土样保持不膨胀，取初始孔隙比 e_0。

（2）再作 c 点，由室内压缩曲线上孔隙比等于 $0.42e_0$ 处确定。这是根据许多室内压缩试验发现的，对于同一种土，无论土样的扰动程度如何，室内压缩曲线的直线段都将在孔隙比约为 $0.42e_0$ 处交于一点，由此推想原始压缩曲线也大致交于该点。

（3）作直线 bc，这线段就是原始压缩曲线的直线段，该线段的斜率即为正常固结土的压缩指数 C_c 值。

对于超固结土，如图4-18所示。相应于原始压缩曲线 abc 中 b 点压力是土样的应力历史上曾经受到的最大压力，就是先期固结应力 p_c（p_c>p_1），后来，有效应力减少到现有土自重应力 p_1（相当于原始回弹曲线 bb_1 上 b_1 点的压力）。在现场应力增量的作用下，孔隙比将沿着原始再压缩曲线 b_1c 变化。压力超过先期固结应力后，曲线将与原始压缩曲线的延伸线（图中虚线 bc 段）重新连接。同样。由于土样扰动的影响，孔隙比保持不变情况下仍然引起了有效应力的降低（图中水平线 b_1d 所示）。当试样在室内加压时，孔隙比变化将沿着室内压缩曲线发展。

超固结土的原始压缩曲线，可按下列步骤求得（见图 4-19）：

（1）先作 b_1 点，其横、纵坐标分别为试样的现场自重压力 p_1 和现场孔隙比 e_0；

（2）过 b_1 点作一直线，其斜率等于室内回弹曲线和再压缩曲线的平均斜率，该直线与通过 B 点的垂线（其横坐标相应于先期固结应力值）交于 b 点，b_1b 即为原始再压缩曲线，其斜率为回弹指数 C_e（根据经验可知，因为试样受到扰动，使初次室内压缩曲线的斜率比原始再压缩曲线的斜率要大得多，室内回弹和再压缩曲线的平均斜率则更接近原始再压缩曲线的斜率）；

（3）再作 c 点，由室内压缩曲线上孔隙比等于 $0.42e_0$ 处确定；

（4）作直线 bc，这线段就是原始压缩曲线的直线段，该线段的斜率即为压缩指数 C_c 值。

对于欠固结土，由于自重应力作用下的压缩尚未确定，只能近似地按正常固结土一样的方法求得原始压缩曲线，从而确定压缩指数 C_c。

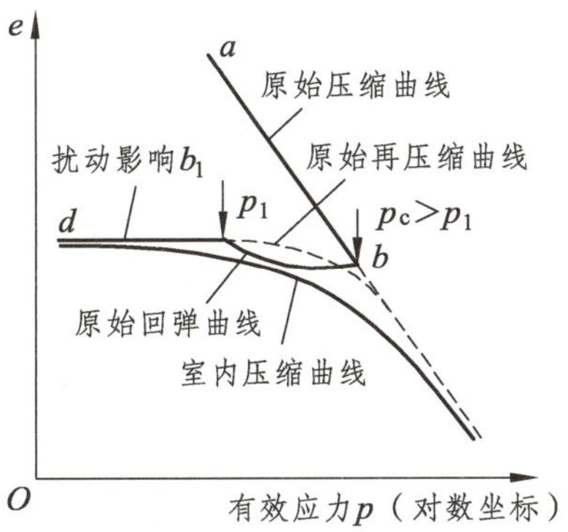

图 4-18 正常固结土的扰动对压缩性的影响

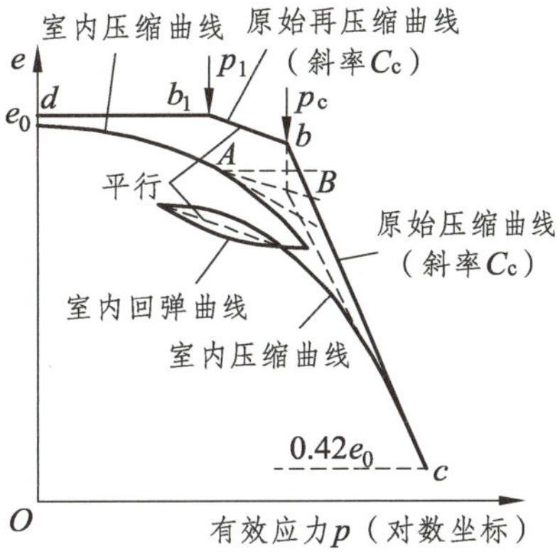

图 4-19 正常固结土原始压缩曲线

思政小课堂

土的压缩性与其沉积和受荷历史即应力历史有密切关系，已经达到固结稳定状态后的土更适宜工程。青年人在平时要不断积累沉淀、夯实根基，为中华民族伟大复兴贡献自己的力量。

动画—足履实地

2014 年 5 月，习近平总书记在北京大学师生座谈会上的讲话时谈到：青年有着大好机遇，关键是要迈稳步子、夯实根基、久久为功。心浮气躁，朝三暮四，学一门丢一门，干一行弃一行，无论为学还是创业，都是最忌讳的。“天下难事，必作于易；天下大事，必作于细。”成功的背后，永远是艰辛努力。青年要把艰苦环境作为磨炼自己的机遇，把小事当作大事干，一步一个脚印往前走。

任务 4.7　地基沉降量计算

4.7.1　地基沉降的原理

荷载通过基础传给地基，并在地基中扩散下去。由于土是可以压缩的，地基在附加应力的作用下，就必然产生变形（主要是竖向变形），从而引起建筑物基础的沉降或倾斜。地基变形的大小主要取决于土的压缩性，结构物的荷载大小，基础刚度及基础的埋深、形状、尺寸等。

计算地基沉降量的目的，在于确定建筑物的最大沉降量、沉降差、倾斜或局部倾斜，判断其是否超出容许的范围，以便为建筑物设计时采取相应的措施提供依据，保证建筑物的安全。

地基土在建筑物荷载作用下，不断地产生压缩变形，压缩稳定后地基表面的沉降称为地基的最终沉降量。按变形机理不同，饱和软黏土地基可能产生的总沉降 S 可分为三部分，即

$$S = S_d + S_c + S_s \tag{4-20}$$

式中　S_d——初始沉降或瞬时沉降（cm）；

S_c——固结沉降（cm）；

S_s——次固结沉降（cm）。

初始沉降指在加荷瞬间土孔隙中水来不及排出，孔隙体积尚未变化，地基土在荷载作用下仅发生剪切变形时的地基沉降，又称为瞬时沉降，或立即沉降。实际上该部分沉降的产生也需要一定的时间，视土质情况不同，个别可达几个月。初始沉降实际上是土体的体积不发生改变，由土体形状改变产生的沉降。

在荷载作用下饱和土体中孔隙水的排除导致土体体积随时间逐渐减小，有效应力逐渐增加，这一过程称为主固结。随着时间的增加，孔隙水应力逐渐消散，有效应力逐渐增加并最终达到一个稳定值，此时孔隙水应力消散为零，主固结沉降完成，这一过程所产生的沉降为固结沉降。固结变形持续时间较长，与地基土层厚度、排水条件和土体固结系数有关。深厚软黏土地基中伸出孔隙水压力消散历时很长，有时需要几年或几十年，甚至更长。这时的总沉降称为可能产生的总沉降。

土体在主固结完成之后有效应力增长不变的情况下还会随时间的增长进一步产生蠕变变形，由此引起的沉降称为次固结沉降或蠕变沉降。次固结沉降持续的时间可能更长，对某些土如软黏土是比较重要的，对于坚硬土或超固结土，这一分量相对较小。

将地基沉降分成三部分是从变形机理角度考虑，并不是从时间角度划分的。初始沉降、固结沉降和次固结沉降很难在时间上确切分开。瞬时沉降 S_d 的产生需要一定的时间。土体固结沉降 S_c 也有短时间完成的，如邻近排水面的土体的固结，几乎是瞬时发生的。对于软黏土地基，主要是固结沉降，其发展变化时间很长。对于无黏性土地基，沉降发展很快，次固结沉降很小。对于有机质土次固结沉降较大。

地基沉降又可分为施工期间沉降和工后沉降两部分。施工期间沉降包括初始沉降和固结沉降，工后沉降包括固结和次固结沉降。另外，工后沉降又可分为工后某段时间内的沉降量和工后某段时间后的沉降量。对于工后沉降，一般关心前者，即工后一定时间内的沉降值，例如高速公路 15 年内的沉降。

4.7.2 分层总和法

地基沉降的原因很多，但其主要原因有两个方面：一是建筑物荷载在地基中产生的附加应力；二是土的压缩特性。目前，国内外关于地基沉降量的计算方法很多，主要介绍国内常用的一种实用沉降计算方法，即分层总和法。

一般情况下，实际工程所遇到的地基土层都是成层的，每层土的压缩特性各不相同，且压缩模量随深度而变化。因此，在计算地基最终沉降量时，应分别予以对待。分层总和法是将地基土分成若干水平薄层，分别计算各层土的压缩量，然后叠加起来，即为地基总的沉降量，这是一种近似计算法。

1. 分层总和法的基本假设

（1）假设地基土为均质的、连续的、各向同性的半无限空间弹性体，这样可以采用弹性理论计算地基中的竖向附加应力。

（2）依据基础中心点下所受的有效竖向附加应力 σ_z 计算基础的最终沉降量。实际上这与基底边缘和中部其余各点的有效竖向附加应力不同，中点 O 下的有效竖向附加应力为最大值，得到的沉降量数值偏大。计算基础的倾斜时，要以倾斜方向基础两端点下的有效竖向附加应力进行计算。

（3）引入基底附加压力 σ_{z0} 来计算附加应力，即认为净增的基底应力是引起地基土变形的原因，而地基土在开挖基坑后没有回弹，实际上这是一种极端的情况，故计算结果比实际偏大。

（4）在建筑物荷载作用下，地基土只产生竖向变形，不产生侧向变形，即地基土的变形条件假定为完全侧限条件。因而在地基沉降计算中，就可以应用室内侧限压缩试验测定的压缩性指标 α 和 E_s 的值，但得到的沉降量数值偏小。

（5）沉降计算深度，理论上应计算至无限深。但因竖向附加应力随深度而减小，工程上计算至某一深度（称为地基压缩层下限）即可。压缩层下限以下的土层竖向附加应力很小，所产生的压缩量可忽略不计。若压缩层下限以下存在软弱土层时，则应计算至软弱土层底部。

2. 分层总和法计算步骤

（1）用坐标纸按比例绘制地基土层分布剖面图和基础剖面图，如图 4-20 所示。

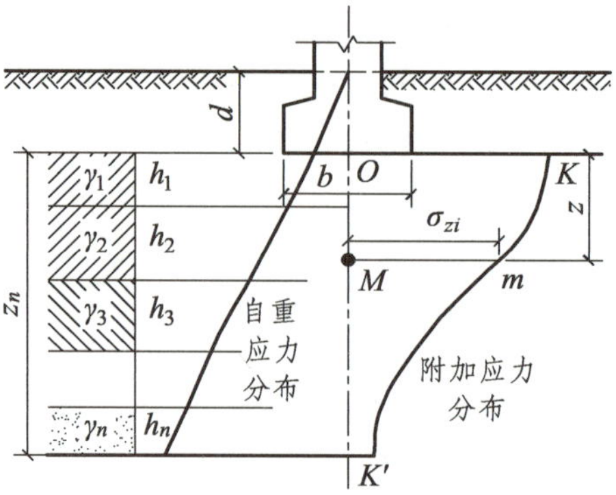

图 4-20　分层总和法计算地基沉降量

（2）将基底下的地基土分为若干个薄层。一般规定每层厚度不应超过 0.4b（b 为基础短边长度），同时还应注意以下几点：

① 地质剖面图中，不同的土层因压缩性不同，将天然土层的层面作为分层面；

② 地下水位必须视为分层面；

③ 基底附近竖向附加应力数值变化大且曲线的曲率大，分层厚度应小些。各计算分层的附加应力分布曲线以直线代替计算时误差较小。

（3）计算地基土各分层面处的自重应力σ_{cz}，绘制出其沿深度的分布曲线于基础中心的左侧。

（4）计算基底应力σ。

（5）计算基底附加应力 σ_{z0}。

（6）计算基础底面中心点下地基土各分层面处的竖向附加应力σ_z，绘制其沿深度的分布曲线于基础中心线的右侧。

（7）确定压缩层厚度，即地基压缩层下限。

① 当下卧岩层离基底较近时，取岩层顶面作为可压缩层下限；

② 一般情况下，地基下面的土层都是可压缩的，但是我们不可能计算到无限深度。地基沉降是由附加应力引起的，附加应力愈小，土层的压缩变形也愈小。由附加应力在地基土中的传播规律可知，地基土埋深愈大，附加应力愈小。当分层的深度达到某一数值时，该分层的压缩量小到可以忽略不计。通常，把需要计算压缩量的土层定义为压缩层。压缩层的下限可根据某处的附加应力σ_z 与自重应力σ_{cz} 的比值来确定的。对于一般土这个比值取为 0.2；当该处为软弱土层或其下存在高压缩性土层时，则可取为 0.1。

（8）求出各分层的平均自重应力$(\bar{\sigma}_{cz})_i$ 和平均附加应力$(\bar{\sigma}_z)_i$。

$$(\bar{\sigma}_{cz})_i = \frac{1}{2}\left[(\bar{\sigma}_{cz})_i^{上} + (\bar{\sigma}_{cz})_i^{下}\right] \tag{4-21}$$

$$(\bar{\sigma}_z)_i = \frac{1}{2}\left[(\bar{\sigma}_z)_i^{上} + (\bar{\sigma}_z)_i^{下}\right] \tag{4-22}$$

式中　$(\bar{\sigma}_{cz})_i^{上}$，$(\bar{\sigma}_{cz})_i^{下}$——第 i 分层土上、下层面处的自重应力（kPa）；

$(\bar{\sigma}_z)_i^{上}$，$(\bar{\sigma}_z)_i^{下}$——第 i 分层土上、下层面处的附加应力（kPa）。

（9）计算各分层土的压缩量 s_i。在侧限压缩条件下，土层的压力从 $p_1=(\bar{\sigma}_{cz})_i$ 增加到 $p_2=(\bar{\sigma}_{cz})_i+(\bar{\sigma}_z)_i$ 时，孔隙比由 e_{1i} 变化为 e_{2i}，土层的变形量 s_i 可由式（4-23）~式（4-25）算得。

$$s_i=\frac{e_{1i}-e_{2i}}{1+e_{1i}}h_i \tag{4-23}$$

也可用压缩系数来表达，因为 $\alpha_i=\dfrac{e_{1i}-e_{2i}}{[(\bar{\sigma}_{cz})_i+(\bar{\sigma}_z)_i]-(\bar{\sigma}_{cz})_i}=\dfrac{e_{1i}-e_{2i}}{(\bar{\sigma}_z)_i}$，则

$$s_i=\frac{\alpha_i(\bar{\sigma}_z)_i}{1+e_{1i}}h_i \tag{4-24}$$

用压缩模量来表达，将 $E_{si}=\dfrac{1+e_{1i}}{\alpha_i}$ 代入上式，得

$$s_i=\frac{(\bar{\sigma}_z)_i}{E_{si}}h_i \tag{4-25}$$

（10）将压缩层内各分层土的压缩量叠加求和，即为计算基础中心点下地基各分层土的压缩变形量 s_i，认为基础的平均沉降量 s 等于 s_i 的总和，即

$$s=\sum_{i=1}^{n}s_i \tag{4-26}$$

式中　n——计算深度范围内土的分层数。

分层总和法计算地基最终沉降量的优点是概念明确，计算过程及变形指标的选取比较方便，易于掌握，适用于不同地基土层的情况。但分层总和法存在如下几个方面的问题：

（1）分层总和法采用弹性理论计算地基中的竖向附加应力 σ_z，用室内侧限压缩试验得到的 e-p 曲线求变形，这与地基的实际受力和变形情况有较大出入。

（2）对于压缩性指标，如采用 α_{1-2} 或 $E_{s(1-2)}$ 计算沉降，这就会得到更为粗略的结果。

（3）压缩层下限的确定方法没有严格的理论根据，是半经验的方法。研究表明，上述确定压缩层下限的方法，会给计算结果带来 10%左右的误差。

（4）未能考虑细颗粒土体固结变形完成后，由于土骨架的蠕变变形所引起的次固结沉降。

（5）没有考虑地基应力历史对沉降的影响和深基础开挖时基坑土的回弹。

（6）上部结构、基础、地基三者是协同工作的，分层总和法只考虑了地基的因素。

以上这些问题导致沉降的计算值与实测值不完全相符，而单纯从理论上去解决这些问题是有困难的。因此，更多的是通过不同工程对象的实测资料的对比，采用合理的经验修正系数去修正理论计算值，以满足工程上的精度要求。

例题 4-4　某柱基础，基底为矩形 $A=a\times b=4\times2=8\ \text{m}^2$，埋深 $d=1.5$ m。传至基础顶面的中心荷载 $F+G=1\,432$ N，各土层计算指标见表 4-6 和表 4-7。试计算柱基础最终沉降量。假定地下水位深 $d_w=2$ m。

表 4-6　土层计算指标

土层	γ /(kN/m²)	α /MPa⁻¹	E_s /MPa
① 黏土	19.5	0.39	4.5
② 粉质黏土	19.8	0.33	5.1
③ 粉砂	19.0	0.37	5.0
④ 粉土	19.2	0.52	3.4

表 4-7　土层侧限压缩试验曲线资料

不同土层孔隙比	p/kPa			
	0	50	100	200
① 黏土	0.820	0.780	0.760	0.740
② 粉质黏土	0.740	0.720	0.700	0.670
③ 粉砂	0.890	0.860	0.840	0.810
④ 粉土	0.850	0.810	0.780	0.740

解：（1）根据题意绘制地基土层分布剖面图和基础剖面图，如图 4-21 所示。

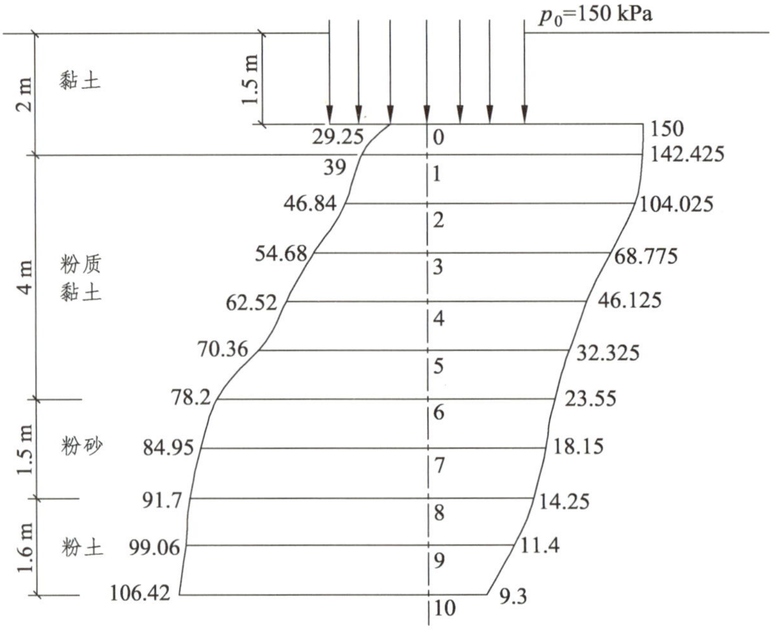

图 4-21　土层自重应力和附加应力分布

（2）将地基分层，根据地基土的天然层次即分层厚度 $h_i \leqslant 0.4b = 0.4 \times 2 = 0.8$ m 分层。取 $h_1 = 0.50$ m，$h_2 \sim h_6 = 0.80$ m，$h_7 = h_8 = 0.75$ m，$h_9 = h_{10} = 0.80$ m。

（3）从原地地面起算各分层面处的自重应力（见表 4-8），将结果绘制于基础中心线的左侧。

表 4-8　自重应力计算

土层	分层	土的重度	h_i/m	$\gamma_i h_i$ /kPa	自重应力/kPa $(\sigma_{cz})_i=\sum\gamma_i h_i$
黏土①	原地面—0	19.5	1.50	29.25	29.25
	0—1	19.5	0.50	9.75	39

土层	分层	土的重度	h_i/m	$\gamma_i h_i$ /kPa	自重应力/kPa $(\sigma_{cz})_i=\sum\gamma_i h_i$
粉质黏土②	1—2	9.8	0.80	7.84	46.84
	2—3	9.8	0.80	7.84	54.68
	3—4	9.8	0.80	7.84	62.52
	4—5	9.8	0.80	7.84	70.36
	5—6	9.8	0.80	7.84	78.2
粉砂③	6—7	9	0.75	6.75	84.95
	7—8	9	0.75	6.75	91.7
粉土④	8—9	9.2	0.80	7.36	99.06
	9—10	9.2	0.80	7.36	106.42

（4）计算基底应力σ：

$$\sigma=\frac{F+G}{A}=\frac{1432}{8}=179\ \text{kPa}$$

（5）基底附加压力σ_{z0}：

$$\sigma_{z0}=\sigma-\gamma h=179-19.5\times1.5=150\ \text{kPa}$$

（6）从基础底面起算各分层面处的附加应力（见表4-9），将结果绘制于基础中心线的右侧。

表4-9　附加应力计算

土层	分层点编号	基底下的距离 z/m	a/b	z/b	α_0	σ_{z0}/kPa	附加应力$(\sigma_z)_i$
黏土①	0	0	2	0	1	150	150
	1	0.5	2	0.25	0.949 5	150	142.425
粉质黏土②	2	1.3	2	0.65	0.693 5	150	104.025
	3	2.1	2	1.05	0.458 5	150	68.775
	4	2.9	2	1.45	0.307 5	150	46.125
	5	3.7	2	1.85	0.215 5	150	32.325
	6	4.5	2	2.25	0.157	150	23.55
粉砂③	7	5.25	2	2.625	0.121	150	18.15
	8	6	2	3	0.095	150	14.25
粉土④	9	6.8	2	3.4	0.076	150	11.4
	10	7.6	2	3.8	0.062	150	9.3

（7）确定压缩层厚度。基础中心线下的自重应力和附加应力计算结果见图 4-20。到粉砂层层底，$\frac{(\sigma_z)_8}{(\sigma_{cz})_8}=\frac{14.25}{91.7}=0.16<0.2$。因此，从基底起算的土层压缩层厚度为 $Z_n=6.0$ m，沉降计算深度取为 $H=2.0+4.0+1.5=7.5$ m。

（8）求出各分层的平均自重应力$(\bar{\sigma}_{cz})_i$的值及相应孔隙比e_{1i}、平均附加应力$(\bar{\sigma}_z)_i$ + 平均自重应力$(\bar{\sigma}_{cz})_i$的值及相应孔隙比e_{2i}，孔隙比根据表 4-6 进行线性插值，结果见表 4-7。

（9）柱基础最终沉降量计算结果。

① 按公式 $s_i=\frac{e_{1i}-e_{2i}}{1+e_{1i}}h_i$ 计算，各分层土沉降量计算见表 4-10。

表 4-10　各分层土沉降量计算

土层	分层	h_i/m	$(\bar{\sigma}_{cz})_i$/kPa	e_{1i}	$(\bar{\sigma}_z)_i$/kPa	$(\bar{\sigma}_{cz})_i+(\bar{\sigma}_z)_i$/kPa	e_{2i}	s_i/mm
黏土①	0—1	0.50	34.125	0.792 7	146.212 5	180.337 5	0.743 9	13.61
粉质黏土②	1—2	0.80	42.92	0.722 8	123.225	166.145	0.680 2	19.78
	2—3	0.80	50.76	0.719 7	86.4	137.16	0.688 9	14.33
	3—4	0.80	58.6	0.716 6	57.45	116.05	0.695 2	9.97
	4—5	0.80	66.44	0.713 4	39.225	105.665	0.698 3	7.05
	5—6	0.80	74.28	0.710 3	28.437 5	102.717 5	0.699 2	5.19
粉砂③	6—8	0.75	81.575	0.847 4	20.85	102.425	0.839 3	3.29
	7—8	0.75	88.325	0.844 7	16.2	104.525	0.838 6	2.48

因此，$s=\sum s_i=75.7$ mm。

② 按公式 $s_i=\frac{\alpha_i(\bar{\sigma}_z)_i}{1+e_{1i}}h_i$ 计算，各层土的 α 的取值见表 4-5，各分层土沉降量计算见表 4-11。

表 4-11　各分层土沉降量计算

土层	分层	h_i/m	$(\bar{\sigma}_{cz})_i$/kPa	e_{1i}	$(\bar{\sigma}_z)_i$/kPa	$(\bar{\sigma}_{cz})_i+(\bar{\sigma}_z)_i$/kPa	α/MPa^{-1}	s_i/mm
黏土①	0—1	0.50	34.125	0.792 7	146.212 5	180.337 5	0.39	15.90
粉质黏土②	1—2	0.80	42.92	0.722 8	123.225	166.145	0.33	18.88
	2—3	0.80	50.76	0.719 7	86.4	137.16	0.33	13.26
	3—4	0.80	58.6	0.716 6	57.45	116.05	0.33	8.84
	4—5	0.80	66.44	0.713 4	39.225	105.665	0.33	6.04
	5—6	0.80	74.28	0.710 3	28.437 5	102.717 5	0.33	4.39
粉砂③	6—8	0.75	81.575	0.847 4	20.85	102.425	0.37	3.13
	7—8	0.75	88.325	0.844 7	16.2	104.525	0.37	2.44

因此，$s=\sum s_i=72.88\ \text{mm}$。

③ 按公式 $s_i=\dfrac{(\bar{\sigma}_z)_i}{E_{si}}h_i$ 计算，各层土的 E_s 的取值见表 4-5，各分层土沉降量计算器见表 4-12。

表 4-12　各分层土沉降量计算

土层	分层	h_i/m	$(\bar{\sigma}_{cz})_i$/kPa	e_{1i}	$(\bar{\sigma}_z)_i$/kPa	$(\bar{\sigma}_{cz})_i+(\bar{\sigma}_z)_i$/kPa	E_s/MPa^{-1}	s_i/mm
黏土①	0—1	0.50	34.125	0.792 7	146.212 5	180.337 5	4.5	16.25
粉质黏土②	1—2	0.80	42.92	0.722 8	123.225	166.145	5.1	19.33
	2—3	0.80	50.76	0.719 7	86.4	137.16	5.1	13.55
	3—4	0.80	58.6	0.716 6	57.45	116.05	5.1	9.01
	4—5	0.80	66.44	0.713 4	39.225	105.665	5.1	6.15
	5—6	0.80	74.28	0.710 3	28.437 5	102.717 5	5.1	4.46
粉砂③	6—8	0.75	81.575	0.847 4	20.85	102.425	5	3.13
	7—8	0.75	88.325	0.844 7	16.2	104.525	5	2.43

因此，$s=\sum s_i=74.31\ \text{mm}$。

4.7.3　建筑物地基变形的特征

建筑物地基变形的特征可分为沉降量、沉降差、倾斜和局部倾斜四种。

1. 沉降量（mm）

（1）定义：沉降量特指基础中心的沉降量。

（2）作用：若沉降量过大，势必影响建筑物的正常使用。

单层排架结构柱基（特别是多跨的）、考虑有关部分之间的净空连接方法及施工顺序时用沉降量控制。

2. 沉降差（mm）

（1）定义：指同一建筑物中，相邻两个基础沉降量的差值。

（2）作用：如建筑物中相邻两个基础的沉降差过大，会使相应的上部结构产生额外应力，超过限度时，建筑物将发生裂缝、倾斜甚至破坏。

由于地基软硬不均匀、荷载大小差异、体型复杂等因素，引起地基变形不同。对于框架结构、单层排架结构，设计时应由相邻柱基的沉降差控制。

3. 倾斜（‰）

（1）定义：特指独立基础倾斜方向两端点的沉降差与其距离的比值，以‰表示。

（2）作用：若建筑物倾斜过大，将影响正常使用，遇台风或强烈地震时危及建筑物整体稳定，甚至倾覆。对于多层或高层建筑和烟囱、水堰水塔、高炉等高耸结构，应以倾斜值作为控制指标。

4. 局部倾斜（‰）

（1）定义：指砖石砌体承重结构，沿纵向 6 ~ 10 m 内基础两点的沉降差与其距离的比值，以‰表示。

（2）作用：若建筑物的局部倾斜过大，往往使砖石砌体承受弯矩而拉裂。对于砌体承重结构设计，应由局部倾斜控制。

4.7.4 容许沉降量

沉降计算的目的是为了预测建筑物建成后基础的沉降量（包括差异沉降）会不会太大，是否超过建筑物安全和正常使用所容许的数值。如果计算结果表明，基础的沉降量有可能超出容许值，那就要改变基础设计，并考虑采取一些工程措施以尽量减小基础沉降可能给建筑物造成的危害。

地基容许沉降量的确定比较困难，因为这牵涉到上部结构、基础、地基之间的相互作用问题，而结构类型、材料性质以及地基土的性状又是多种多样的。同时，除了从结构安全的角度考虑之外，尚应满足建筑物的使用功能、生产工艺以及人们心理感觉等方面的要求。目前，确定地基容许沉降量主要有两条途径，一是理论分析法，二是经验统计法。

理论分析法的实质是进行结构与地基相互作用分析，计算上部结构中由于地基差异沉降可能引起的次应力或拉应变，然后在保证次应力或拉应变不超出结构承受能力的前提下，综合考虑其他方面的要求，确定地基容许沉降量。这方面的理论分析研究工作虽然已有相当大的进展，但仍存在不少困难，如结构构件的性状、地基土的本构关系、土性参数以及现场的边界条件等都不容易确定。因此，从工程实用角度，目前主要还是依靠经验统计。

4.7.5 防止地基有害变形的措施

实践表明，绝对沉降量愈大，差异沉降往往亦愈大。因此，为减小地基沉降对建筑物可能造成的危害，除采取措施尽量减小差异沉降外，尚应设法尽可能减小基础的绝对沉降量。目前，对可能出现过大沉降或差异沉降的情况，通常从以下几个方面采取措施。

1. 减小沉降量的措施

（1）外因方面

地基沉降由附加应力产生，如减小基础底面的附加应力，则可相应减小地基沉降量。由减小基底附加应力可采取以下两种措施：

① 上部结构采用轻质材料，尽量减轻上部结构自重；减少填土，增设地下室，尽量减小基础底面附加压力；

② 当地基中无软弱下卧层时，可加大基础埋深 d。

（2）内因方面

地基土由三相组成，固体颗粒之间存在孔隙，在外荷作用下孔隙发生压缩导致地基产生沉降。因此，为减小地基的沉降量，在修造建筑物之前，可预先对地基进行加固处理。妥善处理局部软弱土层，如暗洪、墓穴、杂填土、吹填土和建筑垃圾、工业废料等。根据地基土的性质、厚度结合上部结构特点和场地周围环境，可分别采用机械压密、强力夯实、换土垫层、加载预压、砂桩挤密、振冲及化学加固等人工地基的措施。必要时，还可以采用桩基础或深基础。

2. 减小沉降差的措施

① 设计中尽量使上部荷载中心受压，均匀分布。尽量避免复杂的平面布置，并避免同一建筑物各组成部分的高度以及作用荷载相差过多。

② 遇高低层相差悬殊、分期施工的单元连接处或地基软硬突变等情况，可合理设置沉降缝。

③ 增加上部结构对地基不均匀沉降的调整作用。如设置封闭圈梁与构造柱，加强上部结构的刚度；将超静定结构改为静定结构，以加大对不均匀沉降的适应性。

④ 妥善安排施工顺序。例如，建筑物高、重部位沉降大先施工；拱桥先做成三铰拱，并可预留拱度。

⑤ 加强基础的刚度和强度，如采用十字交叉形基础、箱形基础。

⑥ 预留吊车轨道高程调整余地。

⑦ 防止施工开挖、降水不当恶化地基土的工程性质。

⑧ 控制大面积地面堆载的高度、分布和堆载速率。

以上措施，有的是设法减小地基沉降量，尤其是差异沉降量，有的是设法提高上部结构对沉降和差异沉降的适应能力。设计时，应从具体工程情况出发，因地制宜，选用合理、有效、经济的一种或几种措施。

思政小课堂

图中所示的是伽利略进行自由落体试验的比萨斜塔，因塔身斜而不倒闻名于世。然而，从工程质量角度来说，它却是个建筑败笔，是建筑物倾斜的典型案例。

动画——文化自信

比萨斜塔发生倾斜的主要原因是地基土层的特殊性。比萨斜塔下有好几层不同性质的土层，由各种软质粉土的沉淀物和非常软的黏土相间形成。地基土在塔身荷载作用下出现不均匀沉降而导致塔身出现倾斜。苏州虎丘塔与比萨斜塔同为世界八大最斜古塔，均为世界文化遗产，追溯它们的建造历史，虎丘塔早于比萨斜塔两百年建成，是唯一保存至今的中国五代时期建筑，具有重大的文化历史意义及学术研究价值。

一个国家的兴盛，离不开高度的文化自信。文化自信是一个民族、一个国家以及一

个政党对自身文化价值的充分肯定和积极践行，并对其文化的生命力持有的坚定信心。我国有博大精深的优秀传统文化，它能增强做中国人的骨气和底气，是我们最深厚的文化软实力，是我们文化发展的母体，积淀着中华民族最深沉的精神追求。诸如“自强不息”的奋斗精神，“精忠报国”的爱国情怀，“天下兴亡，匹夫有责”的担当意识，“舍生取义”的牺牲精神，“革故鼎新”的创新思想，“扶危济困”的公德意识，“国而忘家，公而忘私”的价值理念等，一直是中华民族奋发进取的精神动力。此外，“天人合一”“天下为公”的社会理想，“以人为本”“民惟邦本”的治国理念，“载舟覆舟”“居安思危”的忧患意识，“止戈为武”“协和万邦”的和平思想，“与人为善”“己所不欲，勿施于人”的处世之道，“儒法并用”“德刑相辅”的治理思想，“和为贵”“和而不同”的东方智慧，一直是中华民族治国理政的思想渊源。

项目小结

本项目主要介绍了土体的压缩特性、一维渗透固结模型和有效应力原理。通过有侧限压缩试验和现场载荷试验的讲解，熟悉土体的压缩性指标定义及计算方法，理解应力历史对地基沉降的影响，学会用分层总和法计算出地基土体的最终沉降量，掌握减小地基沉降危害的有效措施。

项目思考题

1. 地基土的变形有何特性？土的变形与其他建筑材料如钢材的变形有何差别？
2. 研究压缩性的意义是什么？
3. 通过固结试验可以得到哪些土的压缩性指标？如何求得？
4. 何谓土的压缩系数？一种土的压缩系数是否为定值，为什么？
5. 载荷试验有何优点？什么情况下做载荷试验？
6. 旁压试验有何特点？适用于什么条件？
7. 何为有效应力原理？有效应力与孔隙水压力的物理概念是什么？在固结过程中，两者是怎样变化的？
8. 分层总和法计算地基沉降量的原理是什么？
9. 怎样判别黏性土是正常固结土，还是超固结土？
10. 一个土样含水率为 40%，重度 $\gamma = 18\ \text{kN/m}^3$，土粒比重 $G_s = 2.7$，在压缩试验中，荷载从 0 增至 100 kPa 时，土样压缩了 0.99 mm，试问压缩系数和压缩模量各为多少？
11. 某土样的原始高度为 $H = 20$ mm，直径 $D = 6.4$ cm，土粒重度 $\gamma_s = 27\ \text{kN/m}^3$，试验后测得干土样质量 $m_s = 91.2$ g，压缩试验结果见表 4-13。依据压缩曲线资料，确定该土样的压缩系数并评定该土样的压缩性。

表 4-13　某土样压力和变形的关系

压力 p_i/MPa	0	0.05	0.1	0.2	0.3	0.4
土样的压缩变形量 ΔH_i/mm	0	0.924	1.308	1.884	2.284	2.562

12. 某桥墩基础，基底为矩形，$a = 10$ m，$b = 5$ m，基础埋深为 3 m，受竖直中心荷

载 $p = 12\ 000$ kN，地基为粉质黏土和黏土层，地下水位在地面下 5 m 处，有关地质资料如图 4-22 所示，粉质黏土层和黏土层的压缩曲线资料列于表 4-14 中，试按分层总和法计算地基总沉降量。

表 4-14　*e-p* 压缩曲线

e	*P*				
	0	50	100	200	300
粉质黏土	0.860	0.795	0.765	0.730	0.710
黏土	0.825	0.770	0.740	0.707	0.695

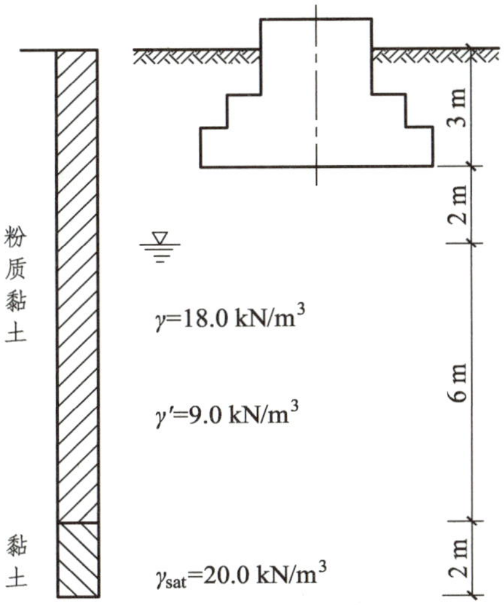

图 4-22　地质剖面图

项目 5

土的抗剪强度及地基承载力

项目导学

在各类建筑工程设计中，为了建筑物的安全可靠，要求建筑地基必须同时满足地基变形条件和地基强度条件。当地基承载能力不能满足要求，在外荷载作用下，会引起地基土体整体或局部破坏，导致建筑物的严重下陷，甚至倾倒。为了分析建筑地基的稳定性，需要深入研究土体的抗剪强度，对于工程设计、施工和管理都有非常重要的意义。本项目主要论述了抗剪强度的概念、抗剪强度指标的测定、土的极限平衡条件及地基承载力的相关概念。

教学目标

1. 知识目标

（1）土体抗剪强度的库仑定律及抗剪强度指标；
（2）摩尔-库仑强度准则；
（3）地基承载力概念及地基破坏形态；
（4）临塑荷载、临界荷载和极限荷载的定义。

2. 能力目标

（1）能正确开展土的抗剪强度试验，并获取抗剪强度指标；
（2）能运用摩尔-库仑强度准则正确判别地基土的应力状态；
（3）能准确说出地基承载力的概念及地基破坏形态；
（4）能正确解释临塑荷载、临界荷载和极限荷载。

3. 情感目标

（1）树立良好的劳动纪律观念和团队协作意识；
（2）养成科学、严谨的工作态度；
（3）具备良好的交流、沟通能力。

4. 素质目标

（1）培养学生科学、严谨的工作态度；
（2）引导学生在生活中要守住做人、做事的底线；
（3）引导学生继承和发扬实事求是的工作作风。

相关案例

萧甬铁路路基沉陷

1. 事故概况

2005 年 5 月 9 日，萧甬线 K84 + 980 ~ K85 + 130 地段，发生线路方向长约 150 m、宽 120 m 的地下土涌动导致的线路路基沉陷、塌方，造成上下行钢轨悬空，线路下陷 6 ~ 8 m。沉陷土总体积约为 25 万 m^3，上下行行车中断。

2. 路基失稳机理分析

影响路基稳定的主要因素有：

（1）路基处于软土地区。滑坡层属于第四系海湖相沉积层，自上而下分别为：

① 褐色素填土，软塑。

② 灰色淤泥质黏土，流塑，高压缩性。该土层含水量高、孔隙比大、强度低、透水性差，灵敏度高，并且具有触变和流变等特性。

③ 灰色粉质黏土，软塑，中高压缩性。

④ 夹灰色粉沙，稍中密、饱和，中压缩性。

该地区第二地质层为淤泥质黏土软弱层，构成滑坡的滑动面，该地层强度低，呈塑性状态，导致路基变形破坏。

（2）地方砖瓦厂取土影响。该地段南侧距路基坡脚 50 m 外为地方砖瓦厂取土坑，经过长期取土形成一个坑长 400 m，宽 90 m，地表以下深 7 ~ 8 m 的取土坑。由于地方超量取土，改变了原有坡体的平衡状态并形成了临空面。特别是在滑舌部位的大量取土，极大削弱了坡体的抗滑力，使坡体中的主应力方向发生明显偏移，最后滑体中的软弱层向取土坑临空面蠕变流动，形成牵引滑坡。

（3）地下水的影响。地方砖瓦厂为了继续取土，在该地段专门建造了抽水泵站和水渠，引起附近地下水位的升降，进而引起滑带土强度性质改变和水压力改变，一定程度上也促进了滑坡滑动。

通过以上分析，路基处于软土地区、地方砖瓦厂超量取土、抽取地下水是引起本次坡体侧牵引滑坡的主要原因。通过抢险工程完成后三个月，复旧工程全部完成后一个月的仔细观测，数据分析表明路基的沉降和横向滑移都趋于稳定，线路恢复正常。

任务 5.1　概　述

为了保证建筑工程的安全与正常使用，除了要防止地基的有害变形外，还须确保地基的强度足以承受上部结构的荷载。这要求地基必须同时满足下列两个技术条件：

（1）地基变形条件：包括地基的沉降量、沉降差、倾斜等，都不能超过国家规范规定的地基变形允许值。

（2）地基强度条件：土是以固体颗粒为骨架的散体材料，固体颗粒是岩块或岩屑，本身强度很高，但粒间联结较弱。土体的抗拉强度很小，可以忽略不计，但可以承受一定的剪力和压力。在建筑物的上部荷载作用下，确保地基的稳定性，不发生地基剪切或滑动破坏。土的强度通常是指土体抵抗剪切破坏达到能力。

尽管由地基强度问题引起的事故数量比由地基变形引起的事故要少，但是后果却极为严重，往往是灾难性的，难以挽救。对地基土的强度问题应当予以高度的重视。

建筑物地基在外荷载的作用下，地基土中任一截面将同时产生法向应力和剪应力，其中法向应力作用将对土体施加约束力，使土体发生压密，这是有利因素；而剪应力作用可使土体发生剪切变形，这是不利因素。土体具有抵抗剪应力的潜在能力，被称为剪阻力或抗剪力，它随着剪应力的增加而逐渐发挥。当剪阻力完全发挥时，土体就处于剪切破坏的极限状态，此时的剪应力也就到达了极限，土体抵抗剪应力的极限值就是土体的抗剪强度，或土体抵抗剪切破坏的受剪能力（强度）。土的抗剪强度是土的重要力学性质之一，研究土的强度问题的重点是土的抗剪强度，表现为土粒间的错动、剪切，以至于破坏。

当土中一点某截面上由外力所产生的剪应力达到土的抗剪强度时，土体就处于剪切破坏的极限状态，局部出现剪切破坏，随着荷载的增加，剪切破坏的范围逐渐扩大，最终在土体中形成连续的滑动面，从而使得地基丧失稳定性。工程实践表明，建筑物地基和土工建筑物的破坏绝大多数是由剪切引起的，剪切破坏是土体强度破坏的重要特点。

土体中滑动面的出现就是由于滑动面上的抗剪强度不能抵抗剪应力所致。例如，建筑物地基的失稳［见图 5-1（a）］，堤坝边坡的坍滑［见图 5-1（b）］，都是沿某一斜面上的剪应力超过土的抗剪强度所造成的。

土的抗剪强度，首先决定于土体本身的性质，包括土的种类、组成、土的状态及土样的结构，这些性质又与它所形成的环境和应力历史、土样的天然结构是否被破坏，以及土样当前所受的应力状态有关。因此，抗剪强度指标并不是固定不变的。要认识土体抗剪强度的实质，需要开展对土的微观结构的研究，通过对土体物质成分、颗粒形状、排列、接触和联结方式的研究，阐明强度的本质。

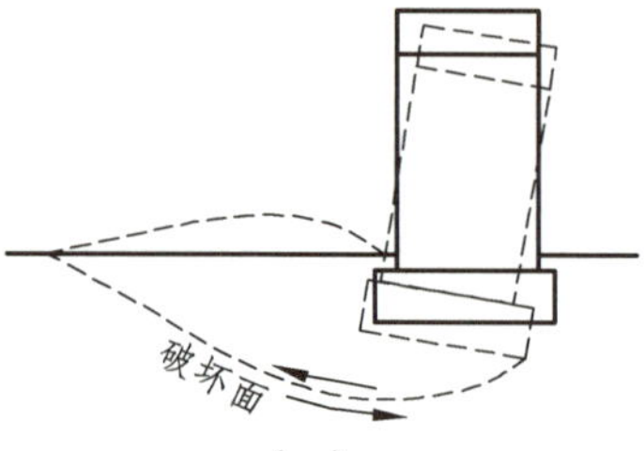

（a）

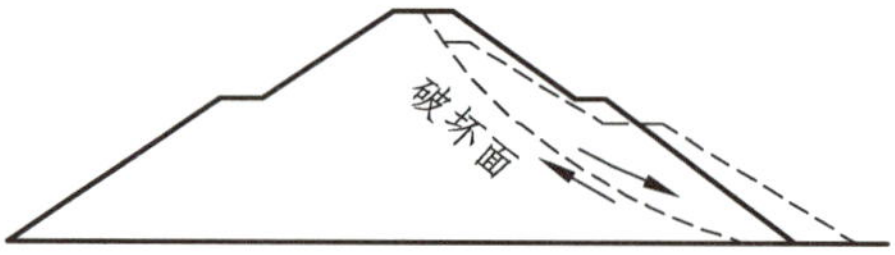

（b）

图 5-1　建筑物地基和堤坝边坡破坏

土体的抗剪强度指标主要通过室内试验和原位测试确定。试验中，仪器的种类和试验方法对抗剪强度值的确定有很大的影响。同一种土用相同的仪器，在不同的排水固结条件下，得出的抗剪强度指标差别也可以很大。

目前与土的抗剪强度相关的工程问题主要有：

1. 土工构筑物的稳定问题

土工构筑物的稳定性问题是工程中经常遇到的问题，土工构筑物包括两类：

（1）天然土工构筑物

天然土工构筑物为自然界天然形成的土坡，如山坡、河岸、海滨等，如在山麓或山坡上建造房屋，一旦上坡失稳，势必毁坏房屋，如图 5-2（a）所示。在河岸或海滨建造房屋，可能导致岸坡滑动，连同房屋一起滑动破坏，如图 5-2（b）所示。

（2）人工土工构筑物

人工土工构筑物为人类活动造成的土坡，如基坑开挖，修筑堤防、土坝、路基等。如基坑失去稳定，基坑附近地面上的建筑物和堆放的材料，将一起滑入基坑。若路基发生滑动，可能连同路上行驶的车辆一起滑动，导致人员伤亡，如图 5-2（c）所示。

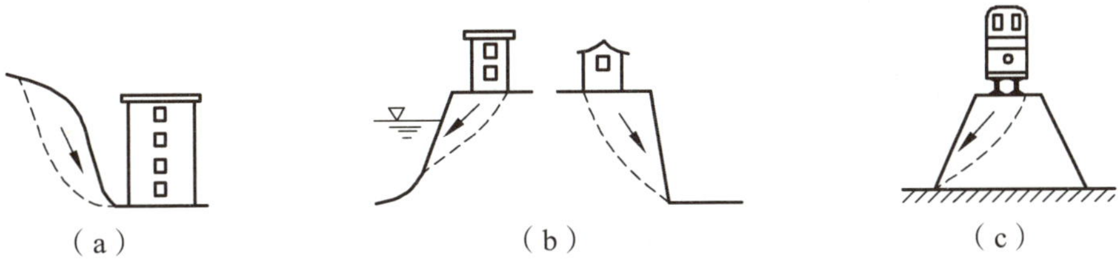

图 5-2　土工构筑物的稳定性问题

2. 土压力问题

如挡土墙、地下结构等的周围土体发生强度破坏时，将对墙体产生过大的侧向压力，可能导致挡土墙等构造物发生滑动，甚至是倾覆。

3. 土的承载力问题

土作为建筑物的地基，其承载力的确定是十分关键的。如果上部结构传下的荷载引起的基底应力较小，地基土体处于压密阶段，或地基中塑性变形区较小，地基就是稳定的；如果上部结构传下的荷载引起的基底应力超过地基土的极限承载力，地基中的塑性变形区越来越大，最后连成一片，地基土发生剪切破坏，将造成上部结构的严重破坏或倒塌，或影响建筑物的正常使用，这些都是工程上所不允许的。地基承载力的确定，首先要研究土的抗剪强度。

任务 5.2　土的抗剪强度

5.2.1　库仑定律

如图 5-3 所示，将一块土样装在有开缝的上、下刚性金属盒内，上盒固定，推动下盒，让土样在预定的（虚线所示）横截面进行剪切，直至土样破坏。破坏时，剪切面上的剪应力就是土的抗剪强度。

试验结果表明，土的抗剪强度不是定值，而是随作用在剪切面上的法向应力σ的增加而增加。

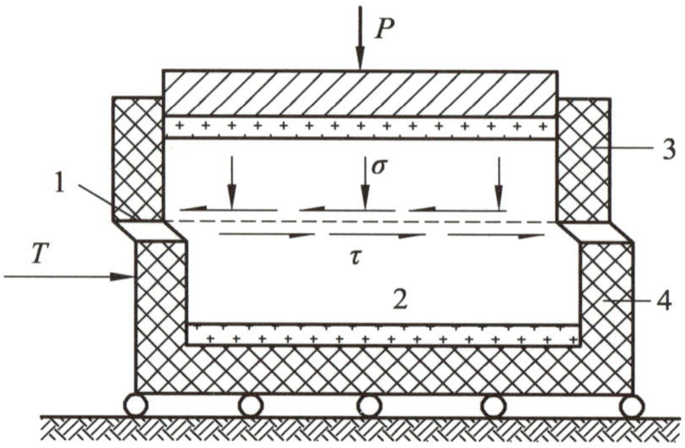

1—开缝；2—土样；3—上剪切盒；4—下剪切盒。

图 5-3　固定剪切面的剪切试验

1776 年，法国工程师库仑（Coulomb）根据砂土剪切试验，将土的抗剪强度τ_f表达为滑动面上法向总应力σ的函数，即

$$\tau_f = \sigma \tan\varphi \tag{5-1}$$

之后又提出了适合黏性土的更普遍的表达式：

$$\tau_f = c + \sigma \tan\varphi \tag{5-2}$$

式中　τ_f——土的抗剪强度（kPa）；

σ——作用在剪切面上的法向应力（kPa）；

φ——土的内摩擦角（°）；

$\tan\varphi$——土的内摩擦角系数；

$\sigma\tan\varphi$——土的内摩擦力（摩阻力）（kPa）；

c——土的黏聚力（内聚力）（kPa）。

式（5-1）和式（5-2）统称为库仑公式，或库仑定律。从该定律可知，对于无黏性土（如砂土），$c=0$，可以看作是式（5-2）的一个特例。

库仑定律表明，在法向应力变化不大的范围内，土的法向应力和抗剪强度之间呈直线关系，τ_f与σ的关系曲线如图 5-4 所示，将τ_f-σ坐标中的直线称之为库仑强度线。图中直线在纵坐标上的截距即为土的黏聚力c，直线的倾角为内摩擦角φ。

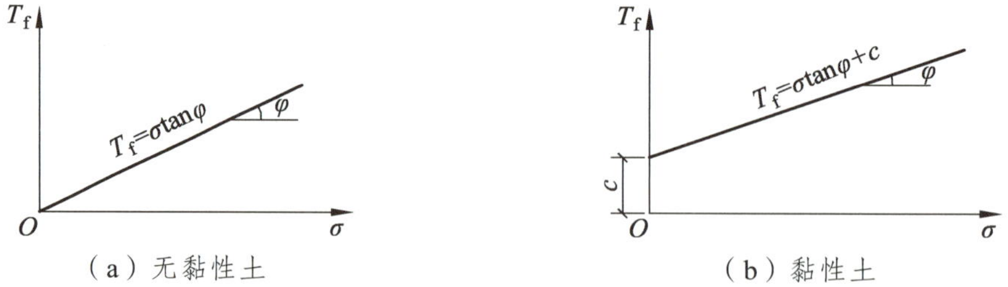

（a）无黏性土　　（b）黏性土

图 5-4　土体抗剪强度与法向应力之间的关系

由图 5-4 可以看出，土的抗剪强度随着法向应力的增大而增大。这与其他固体材料

不同，对于其他固体材料，在一般应力范围内，其抗剪强度为一常量，而土的抗剪强度与法向应力成正比，这反映出土体具有散粒体的强度特点。当法向应力增大时，颗粒与颗粒之间被挤压紧密，颗粒之间的滑动摩擦力和咬合摩擦力均增大，若使之发生剪切错动需要更大的剪应力，故抗剪强度大；反之，则小。

根据太沙基（Terzaghi）的有效应力概念，土体内的剪应力只能由土的骨架承担。因此，土的抗剪强度τ_f应表示为剪切破坏面上的法向有效应力σ'的函数，库仑公式应修改为

$$\tau_f = \sigma' \tan\varphi' \tag{5-3}$$

$$\tau_f = c' + \sigma' \tan\varphi' \tag{5-4}$$

式中　σ'——剪切破坏面上的法向有效应力（kPa）；

c'——有效黏聚力（kPa）；

φ'——有效内摩擦角（°）。

因此，土的抗剪强度有两种表达方法，一种是以总应力σ表示剪切破坏面上的法向应力，抗剪强度表达式即为库仑公式或库仑定律，称为抗剪强度总应力法，相应的c、φ称为总应力强度指标（参数）；另一种则以有效应力σ'表示剪切破坏面上的法向应力，其表达式为式（5-3）、式（5-4），称为抗剪强度有效应力法，c'和φ'称为有效应力强度指标（参数）。试验研究表明，土的抗剪强度取决于土粒间的有效应力。然而，由库仑公式建立的概念在应用上比较方便，许多土工问题的分析方法都还建立在这种概念的基础上，故在工程上仍沿用至今。

5.2.2　抗剪强度的来源

库仑抗剪强度公式$\tau_f = c + \sigma\tan\varphi$表明，土体的抗剪强度主要是由两部分所组成的，即摩擦力$\sigma\tan\varphi$和黏聚力c。

1. 无黏性土

对于无黏性土（粗粒土），由于土体颗粒较粗，颗粒的比表面积较小，其抗剪强度主要来源于粒间的摩擦阻力，土颗粒粒间没有黏聚力，即$c=0$。摩擦力$\sigma\tan\varphi$取决于剪切面上的法向应力σ和土的内摩擦角φ。抗剪强度由抵抗颗粒间相互滑动的力组成，称为摩阻力，其实本质就是摩擦力。摩擦力又可分为两种，一种是土粒间的滑动摩擦，一种是由于颗粒之间相互镶嵌、咬合、连锁作用及脱离咬合状态而移动所产生的咬合摩擦。

（1）滑动摩擦

滑动摩擦存在于土粒表面之间，即在土体剪切过程中，剪切面上的颗粒产生滑动时，要克服由于颗粒表面粗糙不平而引起的滑动摩擦。

（2）咬合摩擦

滑动摩擦力是由于颗粒接触面粗糙不平所引起的，其大小与颗粒的形状、矿物组成、土的级配等因素有关。咬合摩擦力是指相邻颗粒对于相对移动的约束作用。图 5-5（a）表示相互咬合着的颗粒排列。当土体内沿着某一剪切面而产生剪切破坏时，相互咬合着

的颗粒必须从原来的位置被抬起［如图 5-5（b）中颗粒 A］，跨越相邻颗粒（颗粒 B），或者在尖角处将颗粒剪断（颗粒 C）然后才能移动。总之，想要破坏原来的咬合状态，一般要表现出土体积的胀大，即所谓“剪胀”现象，才能达到剪切破坏。剪胀需要消耗部分能量，这部分能量需要由剪切力做功来补偿，即表现为内摩擦角的增大。土愈密，磨圆度愈小，咬合作用力愈强，则内摩擦角愈大。此外，在剪切过程中，土体中的颗粒重新排列，也要消耗掉或释放出一定的能量，这对于土的内摩擦角也有影响。

（a）　　（b）

图 5-5　土内的剪切面

无黏性土（粗粒土）的粒间分子力与重力相比可以忽略不计。所以，一般观点认为，无黏性土不具有黏聚力，但有时由于胶结物质的存在，粗粒土间也具有一定的黏聚力。此外，非饱和的砂土，由于粒间受毛细压力的作用，含水率适当时也具有明显的黏聚作用，可以捏成团，但由于这是暂时性的，在工程中不能作为黏聚力。

2. 黏性土

对于黏性土，其抗剪强度是由两部分组成的，一部分是由于颗粒间的摩擦作用而形成的内摩擦力；另一部分是由于黏性土颗粒间的黏聚力。

（1）内摩擦力

黏性土的内摩擦力与无黏性土中粉细砂相同，是土体受到剪切作用时，剪切面上下土颗粒发生相对移动，土粒表面相互摩擦产生的阻力。对于黏性土（细粒土），由于土的颗粒细微，颗粒的比表面积较小，颗粒表面存在着吸附水膜，土颗粒间可以在接触点处直接接触，也可以通过吸附水膜而间接接触，所以它的内摩擦力构成要比粗粒土复杂。除了由于土颗粒相互移动和咬合作用所引起的摩擦强度外，接触点处的颗粒表面，由于物理化学作用而产生吸引力，对土的摩擦强度也有影响。

（2）黏聚力

黏聚力是黏性土区别于无黏性土的特征，使黏性土的颗粒黏结在一起。黏聚力主要来源于土粒间的各种物理化学作用力，包括库仑力（静电力）、范德华力、胶结作用力等。

① 范德华力：是分子间的引力，这种粒间引力发生在颗粒间紧密接触点处，是细粒土黏结在一起的主要原因。

② 库仑力：即静电作用力。黏土颗粒上下平面带负电荷而边角处带正电荷。当颗粒间的接触是边对面或角对面时，将因异性电荷而产生静电引力。

③ 胶结作用力：土中含有硅、铁、碳酸盐等物质，对土粒产生胶结作用，使土具

有黏聚力并随着时间的推移而逐渐加强。例如密度相同的重塑土的抗剪强度与原状土的抗剪强度就有较大的区别。沉积年代愈老的土，其抗剪强度愈高。

另外，地下水位以上的土，由于毛细水的张力作用，在土骨架间引起毛细压力。毛细压力也有联结土颗粒的作用。土颗粒愈细，毛细压力愈大。

5.2.3　影响抗剪强度指标的因素

钢材与混凝土等建筑材料强度比较稳定，并可由人工加以定量控制，各地区的各类工程可以根据需要选用材料，而土的抗剪强度与之不同，为非标准定值，受很多因素的影响。不同地区、不同成因、不同类型土的抗剪强度往往有很大的差别。在不同的密度、含水率、剪切速率、仪器型式等不同的条件下，其抗剪强度的数值也不相等。

根据库仑公式可知，土的抗剪强度与法向应力σ、内摩擦角φ和土的黏聚力c息息相关；其中c、φ是影响土的抗剪强度的内在因素，它反映了土体抗剪强度变化的规律性，习惯上称为土的抗剪强度指标或抗剪强度参数。将影响抗剪强度指标的因素归纳为两大类：

1. 土的物理化学性质的影响

（1）土粒的矿物成分

砂土中石英矿物含量多，内摩擦角φ大；云母矿物含量多，则内摩擦角φ小。黏性土矿物成分中微晶高岭石（土）含量愈多，黏聚力愈大。黏性土的电分子力等不同时，黏聚力也不同。土中含有的各种胶结物质，可使黏聚力增大。

（2）土的颗粒形状与级配

土的颗粒愈大愈粗，形状愈不规则，表面愈粗糙，内摩擦角φ大；土的级配良好，内摩擦角φ大；土粒均匀，则内摩擦角φ小。

（3）土的原始密度

土的原始密度愈大，土粒之间接触点多且紧密，则土粒之间的表面摩擦力和粗粒土的咬合力愈大，内摩擦角φ大，剪切试验时需要克服这些力的剪力也愈大。同时，土的原始密度大，土的孔隙小，接触紧密，黏聚力c也必然大。

（4）土的含水率

当土的含水率增加时，水分在土粒表面形成润滑剂，降低土粒间的摩擦力，使内摩擦角φ减小。对黏性土来说，含水率增加，将使薄膜水变厚，甚至增加自由水，使抗剪强度降低。联系实际，凡是山坡滑动，通常都在雨后，雨水入渗使山坡土中含水率增加，降低土的抗剪强度，导致山坡失稳滑动。

（5）土的结构

黏性土具有结构强度，当黏性土的天然结构受破坏时，黏聚力c降低，抗剪强度将会显著下降。因原状土样的抗剪强度高于同密度和同含水率的重塑土，所以施工时要注意保持黏性土的天然结构不被破坏，特别是开挖基槽更应保持持力层的原状结构，不扰动。

2. 有效应力或孔隙水压力的影响

由有效应力原理可知，作用在试样剪切面上的总应力σ为有效应力σ'与孔隙水压力u之和，即$\sigma=\sigma'+u$。在外荷载σ作用下，随着时间的增长，孔隙水压力u因排水而逐渐消散，同时有效应力σ'相应地不断增加。

因为孔隙水压力作用在土中的自由水之上，不会产生土粒之间的内摩擦力，只有作用在土颗粒骨架上的有效应力σ'才能产生土的内摩擦强度。因此，若土的抗剪强度试验的条件不同，影响土中孔隙水是否排出与排出多少，亦即影响有效应力σ'的数值大小，使抗剪强度试验结果不同。建筑场地工程地质勘察，应根据实际地质情况与施工速度，即土中孔隙水压力u的消散程度，采用不同的试验方法。

思政小课堂

库仑定律的发现是经过不断地研究与试验，最终才得以完成并不断完善的。很多成果的得出都是经过怀疑、思考、试验，再怀疑、再思考、再试验，不断重复这个过程。我们需要学习的也正是在不断的探索过程中，科学家所表现出的不畏艰险、追求真理、勇于创新、严谨治学的科学精神。

动画—科学家精神

科学没有国界，科学家有祖国。长期以来，我国一代又一代科学家怀着深厚的爱国主义情怀，凭借精湛的学术造诣、宽广的科学视野，为祖国和人民做出了彪炳史册的重大贡献。从李四光、钱学森、钱三强、邓稼先等一大批老一辈科学家，到陈景润、袁隆平、屠呦呦、黄大年、南仁东、钟南山等一大批新中国成立后成长起来的杰出科学家，都是爱国科学家的典范。殷殷爱国情，拳拳赤子心。新时代更需要继承发扬以国家民族命运为己任的爱国主义精神，更需要继续发扬以爱国主义为底色的科学家精神。我们要继承、发扬我国科技界追求真理、服务国家、造福人民的优良传统，保持深厚的家国情怀和强烈的社会责任感，勇担重任，勇攀高峰，把科技成果应用在实现国家现代化的伟大事业中，把人生理想融入为实现中华民族伟大复兴的中国梦的奋斗中，用以爱国奋斗为鲜明特征的科学家精神点亮着中华民族伟大复兴的前行之路。

任务 5.3 土的极限平衡条件

5.3.1 摩尔 - 库仑强度理论

抗剪强度τ_f与法向应力σ间呈线性关系。在一般工程压力作用下，τ_f与σ可近似地看成直线关系，用库仑定律基本上能满足工程计算的精确要求。然而，在高压力作用下，τ_f与σ的关系不再是直线而变成弯曲的曲线。此时，库仑定律已不适用，应考虑采用其他的抗剪强度定律。

1910 年，摩尔（Mohr）提出材料的破坏是剪切破坏的理论。当任一平面上的剪应力等于材料的抗剪强度时该点就发生破坏，并提出在破坏面上的剪应力，即抗剪强度τ_f是该面上法向应力的函数，即

$$\tau_f = f(\sigma) \tag{5-5}$$

由此函数关系所确定的曲线称为摩尔破坏包（络）线，也可称为抗剪强度包线，如图 5-6 所示。依据计算点的应力值与摩尔抗剪强度包线的关系，可以检验是否达到破坏状态。

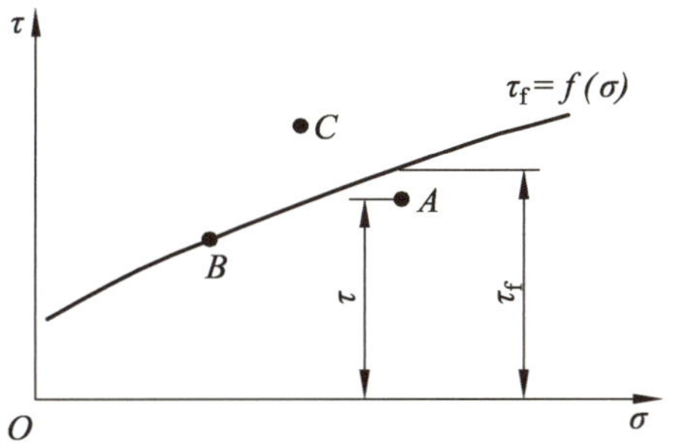

图 5-6 摩尔破坏包线

如果代表土单元体中某一个面上法向应力σ和剪应力τ的点落在破坏包线下面，如A点，表明在该法向应力σ下，该面上的剪应力τ小于土的抗剪强度τ_f，土体不会沿该面发生剪切破坏。若正好落在破坏包线上，如B点，表明剪切面上剪应力等于抗剪强度，土单元体处于临界破坏状态或极限平衡状态。若位于破坏包线以上，如C点，即处于破坏区域内，表明土单元体已经破坏，实际上这种应力状态是不存在的。当剪应力τ增加到抗剪强度τ_f时，将产生应力迁移和应力重分布，不可能再继续增长。当然，土单元体中只要有一个面发生剪切破坏，该土单元体就进入了破坏状态。

理论分析和实验都证明，摩尔理论对土比较合适。在应力变化范围不是很大的情况下，土的摩尔破坏包线通常可以近似地用直线代替，该直线方程就是库仑公式表达的方程，即土的抗剪强度与法向应力呈线性函数的关系。这种以库仑公式作为抗剪强度公式，根据剪应力是否达到抗剪强度作为破坏标准的理论，被称为摩尔-库仑强度理论。

5.3.2 摩尔应力圆

现以平面应变问题为例。如图 5-7 所示，在土中取一单元土体，假设作用在单元土

体上的两个主应力为竖向应力 σ_1（大主应力）和水平应力 σ_3（小主应力），取任一斜截面 *mn* 切割单元土体，斜截面 *mn* 与大主应力 σ_1 的作用面（即水平面）成 α 角，斜截面 *mn* 上作用法向应力 σ 和剪应力 τ。为了表示任意斜截面 *mn* 上的法向应力 σ 和剪应力 τ，截取楔形体 *abc* 为研究对象进行静力分析。

（a）微单元体上的应力　　（b）隔离体 *abc* 上的应力

图 5-7　土体中任意斜面上的应力

将各力分别在水平和垂直方向投影，根据静力平衡条件和 $F=\sigma A$ 可得

$$\begin{cases} \sum X=0 \quad \sigma_3 d_s \sin\alpha - \sigma d_s \sin\alpha + \tau d_s \cos\alpha = 0 \quad ① \\ \sum Y=0 \quad \sigma_1 d_s \cos\alpha - \sigma d_s \cos\alpha - \tau d_s \sin\alpha = 0 \quad ② \end{cases}$$

联立求解以上方程，消去斜截面长度 d_s，①乘以 $\cos\alpha$，②乘以 $\sin\alpha$，可得

$$\sigma_3 \sin\alpha\cdot\cos\alpha - \sigma\sin\alpha\cdot\cos\alpha + \tau\cos\alpha\cdot\cos\alpha = 0 \quad ③$$
$$\sigma_1 \cos\alpha\cdot\sin\alpha - \sigma\cos\alpha\cdot\sin\alpha - \tau\sin\alpha\cdot\sin\alpha = 0 \quad ④$$

③ + ④得到 *mn* 平面上的法向应力

$$\sigma = \frac{\sigma_1+\sigma_3}{2} + \frac{\sigma_1-\sigma_3}{2}\cos 2\alpha \tag{5-6}$$

③ – ④得到 *mn* 平面上的剪应力

$$\tau = \frac{\sigma_1-\sigma_3}{2}\sin 2\alpha \tag{5-7}$$

由式（5-6）和式（5-7）可知，若给定 σ_1 和 σ_3，则通过该单元体任一平面上的法向应力和剪应力将随着它与大主应力面的夹角 α 不同而不同。

将式（5-6）移项后两端平方，将式（5-7）两端平方可得

$$\left(\sigma - \frac{\sigma_1+\sigma_3}{2}\right)^2 = \left(\frac{\sigma_1-\sigma_3}{2}\cos 2\alpha\right)^2$$

$$\tau^2 = \left(\frac{\sigma_1-\sigma_3}{2}\sin 2\alpha\right)^2$$

将两式相加可得

$$\left(\sigma-\frac{\sigma_1+\sigma_3}{2}\right)^2+\tau^2=\left(\frac{\sigma_1-\sigma_3}{2}\right)^2 \tag{5-8}$$

不难看出上述关系式为一个圆的方程式。由式（5-6）和式（5-7）不难发现，式中的σ和τ是单元土体任意截面上的法向应力和剪应力，而它们恰好是圆方程式（5-8）的解。因此，在σ-τ坐标平面内，单元土体的应力状态的轨迹是一个圆，圆心坐标$\left(\frac{\sigma_1+\sigma_3}{2},0\right)$，半径为$\frac{\sigma_1-\sigma_3}{2}$，该圆就称为摩尔应力圆，如图 5-8 所示。摩尔应力圆上点的横、纵坐标分别代表了单元土体某个截面上的法向应力和剪应力。

在图 5-8 中，B 点坐标为（σ_3，0），C 点坐标为（σ_1，0）。这说明 B 点和 C 点所对应截面的法向应力分别为σ_3和σ_1，它们所对应截面的剪应力则均为 0。图 5-7（a）中，单元土体的竖直截面和水平截面上的应力恰好为 B 点和 C 点的坐标。因此，我们可以认为 B 点代表竖直面，C 点代表水平面。当 C 点在摩尔应力圆上绕着圆心 D 转过 180°时，刚好到达 B 点。此时，截面正好由水平面转变为竖直面，即截面转动了 90°。于是，可以推测截面在单元土体中转过的角度等于摩尔应力圆上点运动所对应圆心角的一半。这样，只要在图 5-8 中给出一个确定的点，我们就可以知道这个点所对应的截面及其上的法向应力和剪应力，即摩尔应力圆可以全面表示土体中一点的应力状态。

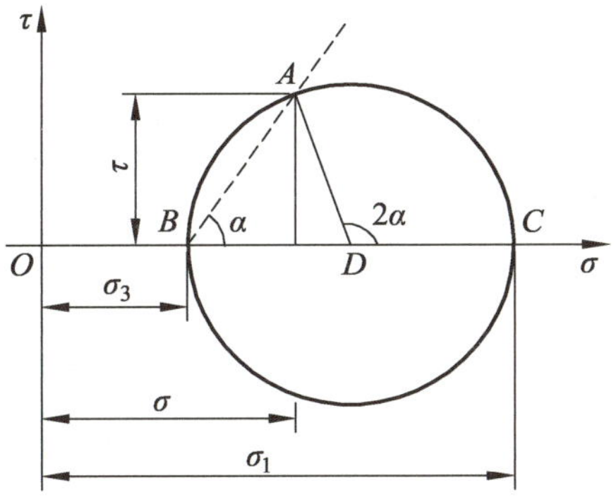

图 5-8　土的摩尔应力圆

需要指出，在土力学中画摩尔应力圆时，应力的正负号与材料力学不同，一般规定如下：法向应力以压应力为正，拉应力为负；剪应力以逆时针方向为正，顺时针方向为负。例如：在摩尔应力圆上，纵坐标绝对值最大的点为过圆心 D 的铅垂线与圆的两个交点。那么，单元土体中剪应力最大值出现在与水平面成 ± 45°的截面上，剪应力最大值为$(\sigma_1-\sigma_3)/2$。

5.3.3　土的极限平衡状态

土的抗剪强度指土体抵抗剪切破坏的极限能力，其数值等于剪切破坏时滑动面上的剪应力。判断单元土体是否发生剪切破坏的关键，就是比较出单元土体任意截面上剪应力和抗剪强度的大小关系。当$\tau<\tau_f$时，单元土体是安全的，处于弹性平衡状态；当$\tau=\tau_f$时，单元土体即将沿着此截面发生剪切破坏，处于极限平衡状态；当$\tau>\tau_f$时，单元土体已发生塑性破坏。然而，在实际问题中，单元土体的界面有无数个，将无数个截面上的剪应力与抗剪强度进行比较是不可能做到的。

摩尔应力圆和库仑抗剪强度线为解决单元土体是否发生剪切破坏的问题提供了思路。依据土层的物理性质、埋深和受力情况，可以画出摩尔应力圆。依据剪切试验可测得土的抗剪强度指标（内摩擦角 φ 和黏聚力 c），进而画出库仑抗剪强度线。将摩尔应力圆和库仑抗剪强度线画在同一张坐标图上，如图 5-9 所示。

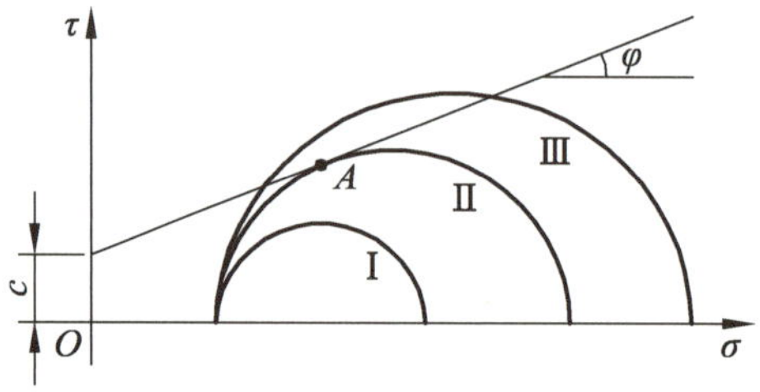

图 5-9 摩尔应力圆与库仑抗剪强度之间的关系

摩尔应力圆上点的横坐标和纵坐标分别代表单元土体某截面上的法向应力和剪应力，该法向应力下截面可以获得的抗剪强度则在库仑抗剪强度线上。于是，判别单元土体是否发生剪切破坏的问题（即比较某截面上抗剪强度与剪应力的大小），就转变为寻找摩尔应力圆和库仑抗剪强度线的位置关系问题。

由图 5-9 可知，圆和线存在三种位置关系：

（1）相离（圆和线没有交点）

整个摩尔圆位于抗剪强度线的下方（圆Ⅰ），说明该点在任何平面上的剪应力都小于土所能发挥的抗剪强度（$\tau < \tau_f$），因此，土体处于安全稳定状态。

（2）相切（圆和线有且仅有一个交点）

摩尔圆与抗剪强度线相切（圆Ⅱ），切点为 A，说明在 A 点所代表的截面上，剪应力正好等于抗剪强度（$\tau = \tau_f$），土体在该截面上处于极限平衡状态，圆Ⅱ称为极限应力圆。

（3）相交或相割（圆和线有两个交点）

抗剪强度线是摩尔圆的一条割线（圆Ⅲ），实际上这种情况是不存在的。因为只要圆Ⅱ稍微变大（圆Ⅱ与 σ 轴的右交点水平向右移动），土体就已经发生剪切破坏，即不存在 $\tau > \tau_f$ 的情况。

例题 5-1　已知土的抗剪强度指标 $c = 20\,\text{kPa}$，$\varphi=22°$，若作用在土中某平面上得到法向应力和剪应力分别为 $\sigma = 100\,\text{kPa}$，$\tau = 60.4\,\text{kPa}$，试问该平面是否发生剪切破坏？

解：$\tau_f = c + \sigma\tan\varphi = 20 + 100\times\tan 22° = 60.4\,\text{kPa}$

因为 $\tau = \tau_f$，所以该平面会发生剪切破坏。

5.3.4 土的极限平衡条件式

由图 5-10（b）可知，单元土体即将沿着 A 点所对应的截面发生剪切破坏。不妨把 A 点所对应的截面称为破裂面，它与大主应力的作用面成 α_f 角，破裂面在单元土体中的位置如图 5-10（a）所示。将抗剪强度线延长与 σ 轴相交于 R 点，由三角形 ARD 可知 $AD = RD\sin\varphi$，

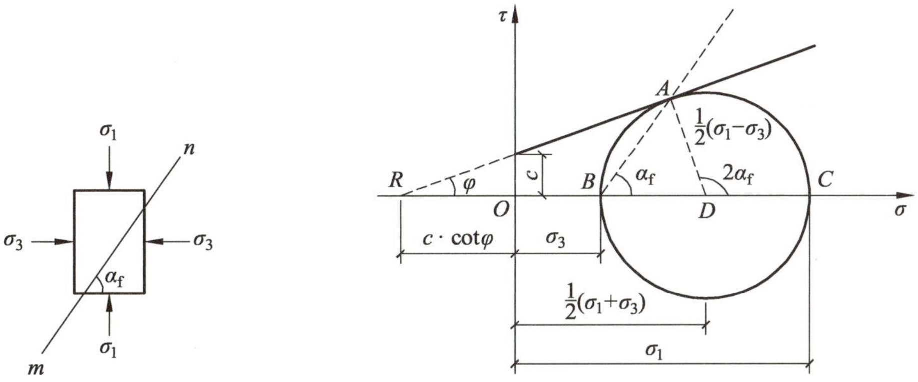

（a）单元土体　　（b）极限平衡状态时的摩尔圆

图 5-10　土体中一点达极限平衡状态时的摩尔圆

因 $AD=(\sigma_1-\sigma_3)/2$， $RD=c\times\cot\varphi+\dfrac{1}{2}(\sigma_1+\sigma_3)$，则有

$$\sin\varphi=\frac{AD}{RD}=\frac{(\sigma_1-\sigma_3)/2}{c\times\cot\varphi+(\sigma_1+\sigma_3)/2}=\frac{\sigma_1-\sigma_3}{\sigma_1+\sigma_3+2c\times\cot\varphi} \tag{5-9}$$

化简得

$$\sigma_1=\sigma_3\frac{1+\sin\varphi}{1-\sin\varphi}+2c\frac{\cos\varphi}{1-\sin\varphi} \tag{5-10}$$

将 $\sin 90°=1$ 代入 $\dfrac{1+\sin\varphi}{1-\sin\varphi}$ 可得

$$\frac{1+\sin\varphi}{1-\sin\varphi}=\frac{\sin 90°+\sin\varphi}{\sin 90°-\sin\varphi}$$

$$=\frac{2\sin\left(\dfrac{90°+\varphi}{2}\right)\cos\left(\dfrac{90°-\varphi}{2}\right)}{2\cos\left(\dfrac{90°+\varphi}{2}\right)\sin\left(\dfrac{90°-\varphi}{2}\right)}=\frac{\sin\left(45°+\dfrac{\varphi}{2}\right)\cos\left(45°-\dfrac{\varphi}{2}\right)}{\cos\left(45°+\dfrac{\varphi}{2}\right)\sin\left(45°-\dfrac{\varphi}{2}\right)}$$

将 $\cos\left(45°-\dfrac{\varphi}{2}\right)=\sin\left(45°+\dfrac{\varphi}{2}\right)$， $\sin\left(45°-\dfrac{\varphi}{2}\right)=\cos\left(45°+\dfrac{\varphi}{2}\right)$ 代入上式可得

$$\frac{1+\sin\varphi}{1-\sin\varphi}=\frac{\sin^2\left(45°+\dfrac{\varphi}{2}\right)}{\cos^2\left(45°+\dfrac{\varphi}{2}\right)}=\tan^2\left(45°+\frac{\varphi}{2}\right)$$

又

$$\frac{\cos\varphi}{1-\sin\varphi}=\sqrt{\left(\frac{\cos\varphi}{1-\sin\varphi}\right)^2}=\sqrt{\frac{1-\sin^2\varphi}{(1-\sin\varphi)^2}}=\sqrt{\frac{1+\sin\varphi}{1-\sin\varphi}}=\tan\left(45°+\frac{\varphi}{2}\right)$$

故式（5-10）可写成

$$\sigma_1 = \sigma_3 \tan^2\left(45° + \frac{\varphi}{2}\right) + 2c\tan\left(45° + \frac{\varphi}{2}\right) \tag{5-11}$$

同理可得

$$\sigma_3 = \sigma_1 \tan^2\left(45° - \frac{\varphi}{2}\right) - 2c\tan\left(45° - \frac{\varphi}{2}\right) \tag{5-12}$$

式（5-11）和式（5-12）为黏性土的极限平衡条件。对于无黏性土，$c = 0$，则极限平衡条件为

$$\sigma_1 = \sigma_3 \tan^2\left(45° + \frac{\varphi}{2}\right) \tag{5-13}$$

$$\sigma_3 = \sigma_1 \tan^2\left(45° - \frac{\varphi}{2}\right) \tag{5-14}$$

由图 5-10（b）中三角形 ARD 的外角与内角的关系可得破裂角：$2\alpha_f = \pm(90° + \varphi)$，即

$$\alpha_f = \pm\left(45° + \frac{\varphi}{2}\right) \tag{5-15}$$

这说明破坏面与大主应力 σ_1 的作用面的夹角为 $45° + \frac{\varphi}{2}$，破坏面与小主应力 σ_3 的作用面的夹角为 $90° - \left(45° + \frac{\varphi}{2}\right) = 45° - \frac{\varphi}{2}$，如图 5-11 所示。

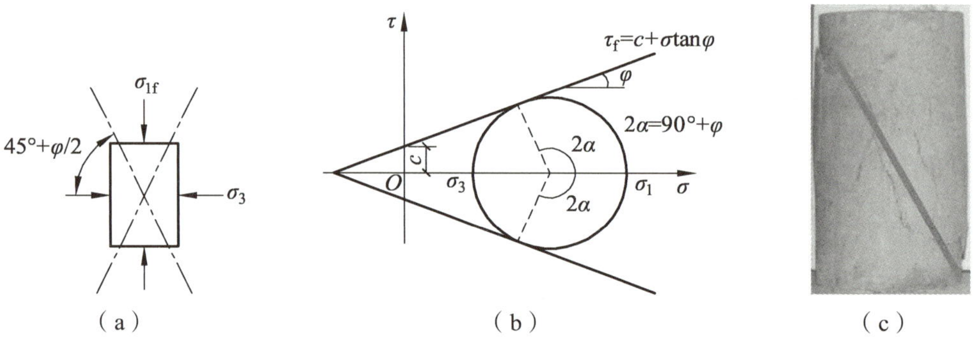

图 5-11　滑动面的位置

式（5-11）～式（5-14）称为土的极限平衡条件，也可称为摩尔-库仑强度准则。应用极限平衡条件可判别土体是否发生剪切破坏。

需要注意的是，当剪切面上的法向应力 σ 的变化范围较大时，土的抗剪强度线不再是一条直线，而是呈曲线形状。此时，就不能用库仑公式表述土的抗剪强度，通常用抗剪强度包线表示。

5.3.5　极限平衡条件的应用

利用土体达到极限平衡状态时的应力表达式，可知单元土体实际上所受的应力和土的抗剪强度指标 c、φ，可以很容易判断该单元体是否产生剪切破坏。

（1）内摩擦角法：已知土体内某一点的主应力为 σ_1 和 σ_3，土的内摩擦角为 φ，要判断土体是否破坏，求出相应于这种应力下土体达到极限平衡所要求的内摩擦角 φ_m。

$\varphi_m > \varphi$，表示保持单元土体不发生破坏所需的内摩擦角大于土体的实际内摩擦角，土体实际的摩阻力较小。显然，实际土体单元势必早已经破坏，如图 5-12（a）所示。

$\varphi_m < \varphi$，表示保持单元土体不发生破坏所需的内摩擦角小于土体实际的内摩擦角，土体处于稳定状态，或称处于弹性平衡状态，如图 5-12（b）所示。

$\varphi_m=\varphi$，则表示土体单元正好处于极限平衡状态，如图 5-12（c）所示。

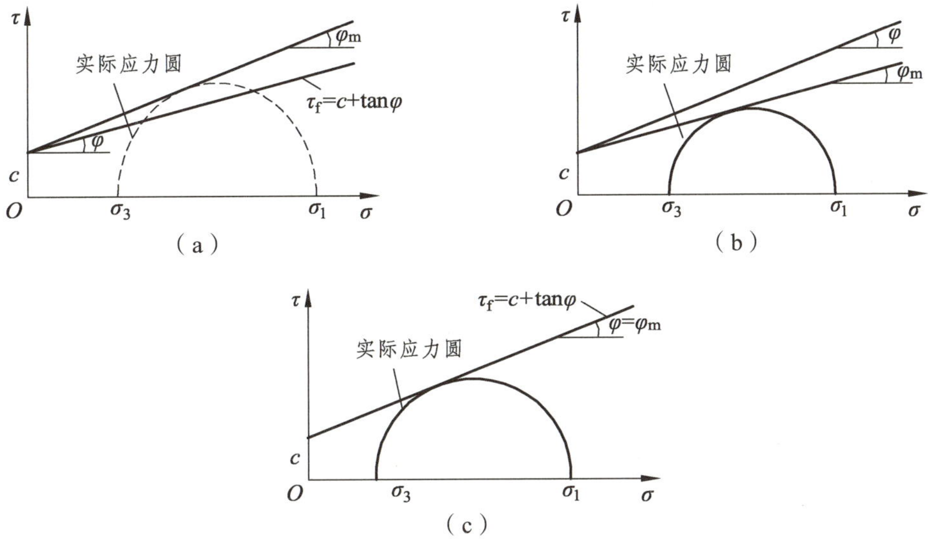

图 5-12　内摩擦角法示意图

（2）大主应力法：将土体的实际应力 σ_3 和土的内摩擦角为 φ 代入式（5-10）或式（5-12），求出相应于这种应力下土体达到极限平衡时的大主应力 σ_{1f}。

$$\sigma_{1f}=\sigma_3\tan^2\left(45°+\frac{\varphi}{2}\right)+2c\tan\left(45°+\frac{\varphi}{2}\right)$$

$$\sigma_{1f}=\sigma_3\tan^2\left(45°+\frac{\varphi}{2}\right)$$

$\sigma_{1f}>\sigma_1$，极限应力圆大于实际应力圆，土体处于稳定状态，如图 5-13（a）所示。

$\sigma_{1f}<\sigma_1$，极限应力圆小于实际应力圆，实际土体早已经破坏，如图 5-13（b）所示。

$\sigma_{1f}=\sigma_1$，极限应力圆等于实际应力圆，土体处于极限平衡状态，如图 5-13（c）所示。

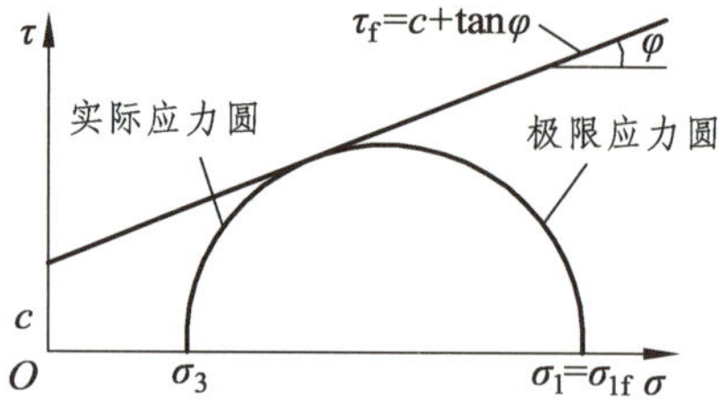

（c）

图 5-13　大主应力法示意图

（3）小主应力法：将土体的实际应力 σ_1 和土的内摩擦角为 φ 代入式（5-11）或式（5-13），求出相应于这种应力下土体达到极限平衡时的小主应力 σ_{3f}。

$$\sigma_{3f}=\sigma_1\tan^2\left(45°-\frac{\varphi}{2}\right)-2c\tan\left(45°-\frac{\varphi}{2}\right)$$

$$\sigma_{3f}=\sigma_1\tan^2\left(45°-\frac{\varphi}{2}\right)$$

$\sigma_{3f}>\sigma_3$，极限应力圆小于实际应力圆，实际土体早已经破坏，如图 5-14（a）所示。

$\sigma_{3f}<\sigma_3$，极限应力圆大于实际应力圆，土体处于稳定状态，如图 5-14（b）所示。

$\sigma_{3f}=\sigma_3$，极限应力圆等于实际应力圆，土体处于极限平衡状态，如图 5-14（c）所示。

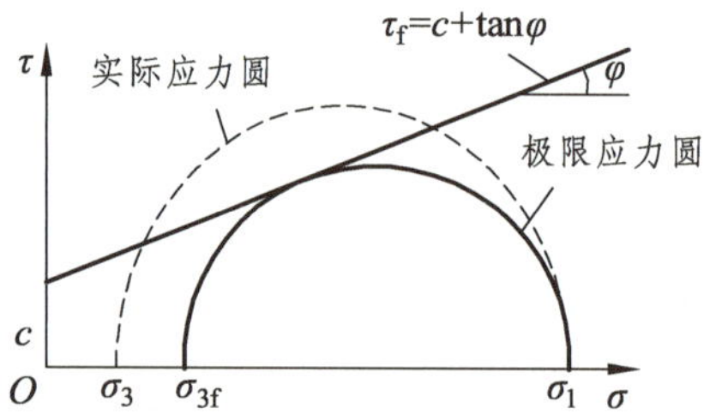

（a）

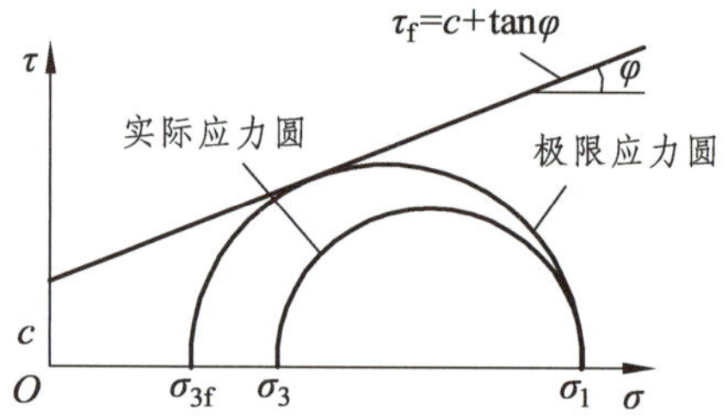

（b）

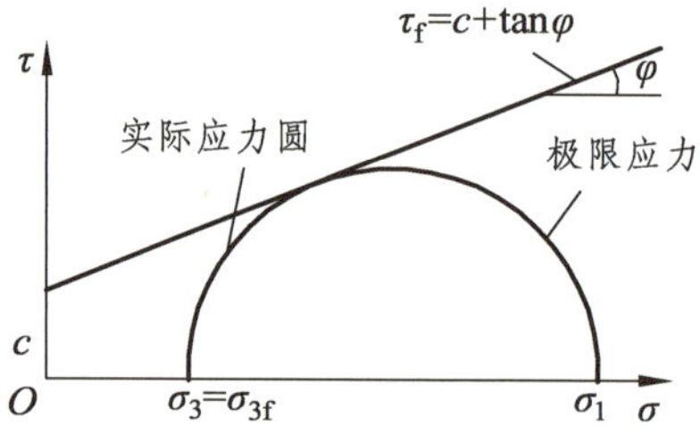

（c）

图 5-14　小主应力法示意图

例题 5-2　地基中某一单元土体上的大主应力为 430 kPa，小主应力为 200 kPa。通过试验测得土的抗剪强度指标 $c=15$ kPa，$\varphi=20°$，试问该单元土体处于何种状态？

解：第一种方法：内摩擦角法。

在 $\sigma_1=430$ kPa 、$\sigma_3=200$ kPa 处于极限平衡状态时所需的内摩擦角为

$$\sin\varphi_m = \frac{(\sigma_1-\sigma_3)/2}{c\cdot\cot\varphi+(\sigma_1+\sigma_3)/2} = \frac{\sigma_1-\sigma_3}{2c\cot\varphi+(\sigma_1+\sigma_3)}$$

$$= \frac{430-200}{2\times15\times\cot20°+(430+200)} = 0.242$$

$$\varphi_m = \arcsin 0.242 = 14° < 20°$$

因此该点处于稳定状态。

第二种方法：大主应力法。

$$\sigma_{1f} = \sigma_3\tan^2\left(45°+\frac{\varphi}{2}\right)+2c\tan\left(45°+\frac{\varphi}{2}\right) = 450.8\ \text{kPa}$$

σ_{1f} 大于该单元土体实际大主应力 σ_1，实际应力圆半径小于极限应力圆半径，所以该单元土体处于弹性平衡状态。

第三种方法：小主应力法。

$$\sigma_{3f} = \sigma_1\tan^2\left(45°-\frac{\varphi}{2}\right)-2c\tan\left(45°-\frac{\varphi}{2}\right) = 189.8\ \text{kPa}$$

σ_{3f} 小于该单元土体实际小主应力 σ_3，实际应力圆半径小于极限应力圆半径，所以该单元土体处于弹性平衡状态。

第四种方法：破裂面上的抗剪强度法。

假定该点在剪切面上，即该点破坏，此刻破坏面与大主应力作用面的夹角为

$$\alpha_f = \frac{1}{2}(90°+\varphi) = 45°+\frac{\varphi}{2} = 55°$$

$$\sigma = \frac{1}{2}(\sigma_1+\sigma_3)+\frac{1}{2}(\sigma_1-\sigma_3)\cos2\alpha_f = 275.7\ \text{kPa}$$

$$\tau = \frac{1}{2}(\sigma_1-\sigma_3)\sin2\alpha_f = 108.1\ \text{kPa}$$

由库仑公式可得

$$\tau_f = \sigma\tan\varphi + c = 115.3\ \text{kPa}$$

由于 $\tau < \tau_f$，所以该单元土体处于弹性平衡状态。

例题 5-3　地基中某一单元土体上的大主应力为 430 kPa，小主应力为 200 kPa。通过试验测得土的抗剪强度指标 c = 15 kPa，$\varphi = 20°$。试求：（1）单元土体最大剪应力出现在哪个面上，是否会沿剪应力最大的面发生剪切破坏？（2）破裂面与最大主应力作用面的夹角及破裂面上的剪应力和法向应力是多少？

解：（1）验证是否沿剪应力最大的面发生破坏。

当 $\alpha = 45°$ 时，剪应力最大，所以最大剪应力为

$$\tau_{max} = \frac{1}{2}(\sigma_1-\sigma_3)\sin90° = \frac{1}{2}(\sigma_1-\sigma_3) = 115\ \text{kPa}$$

剪应力最大面上的法向应力为

$$\sigma=\frac{1}{2}(\sigma_1+\sigma_3)+\frac{1}{2}(\sigma_1-\sigma_3)\cos 2\alpha=315\ \text{kPa}$$

该面上的抗剪强度为

$$\tau_\text{f}=\sigma\tan\varphi+c=129.66\ \text{kPa}$$

由于 $\tau_{\max}<\tau_\text{f}$，所以，不会沿该面发生剪切破坏。

（2）破裂面与最大主应力作用面间的夹角为

$$\alpha_\text{f}=\pm\left(45°+\frac{\varphi}{2}\right)=\pm\left(45°+\frac{20°}{2}\right)=\pm 55°$$

破裂面上的剪应力为

$$\tau=\frac{1}{2}(\sigma_1-\sigma_3)\sin 2\alpha_\text{f}=\frac{1}{2}(430-200)\sin(2\times 55°)=108.06\ \text{kPa}$$

破裂面上的法向应力为

$$\sigma=\frac{1}{2}(\sigma_1+\sigma_3)+\frac{1}{2}(\sigma_1-\sigma_3)\cos 2\alpha_\text{f}=242.77\ \text{kPa}$$

思政小课堂

依据摩尔应力圆和库仑抗剪强度线之间的位置关系，可以判别土是否发生剪切破坏。当摩尔应力圆超过抗剪强度包线时，土体就将发生破坏。因此，在设计、施工中，一定不能超过抗剪强度线，必须守住底线。

动画—底线思维

习近平总书记曾在“两学一做”学习教育的重要指示中强调，要“把做人做事的底线划出来”，为党员干部划出法律底线、纪律底线、政策底线和道德底线。底线是事物质变的分界线、做人做事的警戒线，不可踩、更不可越。

底线思维是基于底线而延伸出的系统而辩证的思维方式，是马克思主义的科学思维方法。新时代对青年底线思维的培养提出了更高的要求。当代青年应树立正确的人生观、世界观和价值观，找准底线；胸怀敬畏之心，坚守底线；发挥主观能动性，追求高线；加强思想政治教育，培养底线思维，做好中国特色社会主义事业的合格建设者和可靠接班人。

任务 5.4　土的抗剪强度试验

抗剪强度是土的一个重要力学参数，不同的土，抗剪强度的大小不一样，即使是同样的土，抗剪强度的大小也和土的沉积年代、天然含水率、密实度等有关。在评价地基的稳定性，计算地基的承载能力时，经常要用到这个指标。因此，如何准确地测定各种土抗剪强度的大小，对工程有重要的意义。

抗剪强度的试验方法有多种：

- 抗剪强度试验方法
  - 室内试验
    - 直接剪切试验
    - 三轴剪切试验
    - 无侧限抗压试验
  - 现场试验
    - 十字板剪切试验
    - 大型直接剪切试验

下面分别介绍几种常用的抗剪强度试验。

5.4.1　直接剪切试验

直接剪切仪分为应变控制式和应力控制式两种，前者是等速推动试样产生位移，测定相应的剪应力，后者则是对试件分级施加水平剪应力测定相应的位移，我国普遍采用的是应变控制式直剪仪，如图 5-15 所示。

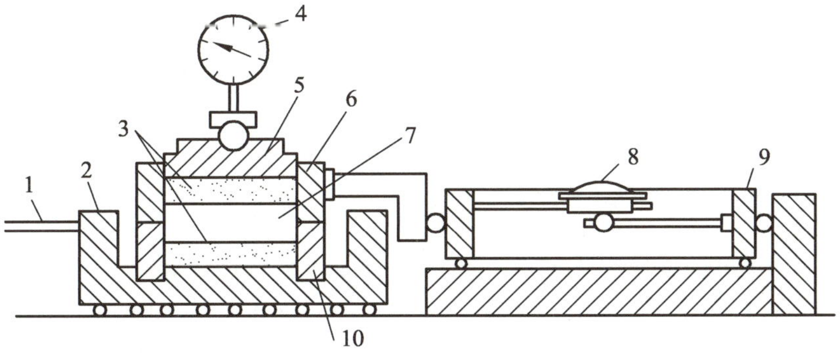

1—轮轴；2—底座；3—透水石；4、8—百分表；5—传压活塞；6—上盒；7—土样；9—钢环；10—下盒。

图 5-15　应变控制式直剪仪

该仪器的主要部件由固定的上盒和活动的下盒组成，试样放在上下盒内上下两块透水石之间。试验时，由杠杆系统通过加压活塞和上透水石对试件施加某一垂直压力，然后等速转动手轮对下盒施加水平推力，使试样在上下盒之间的水平接触面上产生剪切变形，直至破坏，剪应力的大小可借助于上盒接触的量力环的变形值计算确定。在剪切过程中，随着上下盒相对剪切变形的发展，土样中的抗剪强度逐渐发挥出来，直到剪应力等于土的抗剪强度时，土样剪切破坏，所以土样的抗剪强度可用剪切破坏时的剪应力来量度。

下面通过图 5-16 说明直接剪切试验原理。

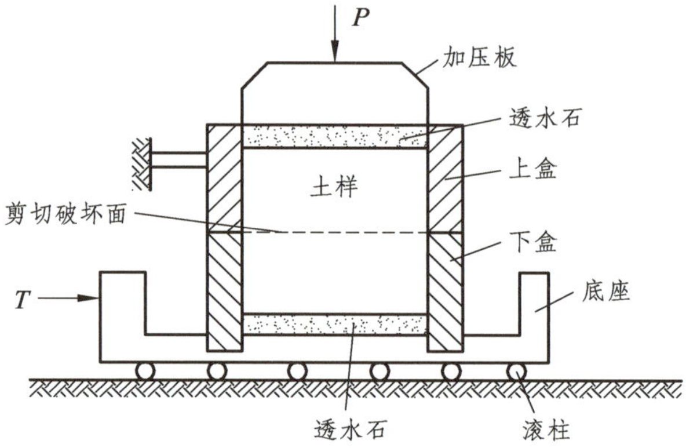

图 5-16　试验仪器示意图

将土样放在上、下两块透水石之间。试验时，先通过加压板施加一个法向力 P。由于上盒被固定住，推动下盒施加水平力 T，直至土样沿着上、下盒之间的水平面发生剪切破坏，记录下剪切破坏时 P 和 T 的值，对于相同的土样，当施加的 P 不同时，所测得的 T 值也不同。

试验时，一般采用 4 个完全相同的土样，分别在不同的垂直压力 p_1、p_2、p_3、p_4 下进行直接剪切试验，可相应测得破坏时的水平推力 T_1、T_2、T_3、T_4。

在 σ-τ 坐标图上找出上述 4 个点，通过上述 4 个点作一条直线，即得该种土的抗剪强度曲线，如图 5-17 所示。该直线与 τ 轴的交点即为黏聚力 c，倾角即为内摩擦角 φ。

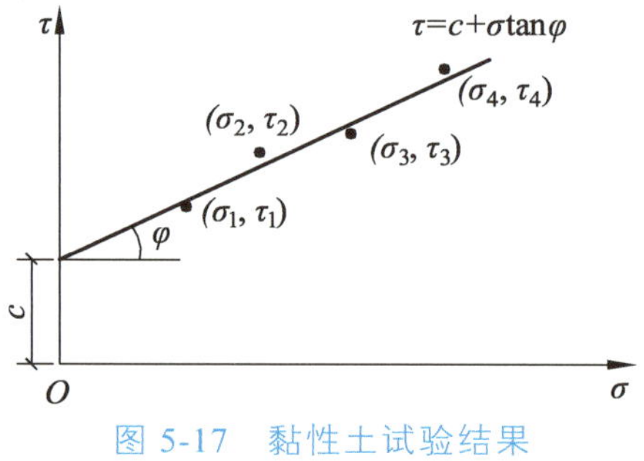

图 5-17　黏性土试验结果

为了近似模拟土体在现场的排水条件，直接剪切试验可分为如下三种方法：

（1）快剪：竖向压力施加后，立即施加水平剪力进行剪切，而且剪切的速率很快。一般从加荷到剪坏只需 3 ~ 5 min。

由于剪切速率快，可认为土样在这样短的时间内没有排水固结，试样中始终存在孔隙水压力，模拟了现场不排水剪切情况。例如：软土地基上快速堆填路堤，由于加荷速度快，地基土渗透性又低，则这种条件下的强度和稳定性问题是处于不能排水条件下的稳定性分析问题，采用快剪可模拟这种实际受荷情况。

（2）固结快剪：竖向压力施加后，给以充分的时间使土样排水固结。固结终了后再施加水平剪力，快速地把土样剪坏，即剪切时模拟不排水条件。

（3）慢剪：竖向压力施加后，先让土样排水固结，使孔隙水压力完全消散。固结后以慢速施加水平剪力，使土样在受剪过程中有充分时间排水。

不同的试验方法测得的强度指标有所差别，应根据工程实际情况，选择较为接近实际工程情况的试验方法。

直剪仪的优点是构造简单、操作方便，一般性的室内试验多采用直剪仪。然而，直剪仪也存在如下缺点：

（1）剪切破坏面限定在上、下盒之间的水平面上，该面不一定是土样抗剪强度最弱的面。

（2）剪切面上剪应力分布不均匀，土样的剪切破坏先从边缘开始，在边缘也产生应力集中。

（3）在剪切过程中，土样抗剪面积逐渐缩小，而计算土样抗剪强度时，却是按土样原截面积计算的。

（4）靠试验速度的快慢控制排水程度，做不到严格的排水或不排水，不能测量孔隙水压力，这一点对于透水性强的土来说尤为突出。

5.4.2 三轴压缩试验

为了克服直剪试验存在的问题，对重大工程及一些科学研究，应采用更为完善的三轴压缩试验。三轴压缩试验直接量测的是试样在不同恒定周围压力下的抗压强度，然后利用摩尔-库仑破坏理论间接推求出土的抗剪强度。

三轴压缩仪组成如下：

三轴压缩仪 {
- 压力室（核心部分）
- 轴向加压系统
- 周围压力系统
- 孔隙水压力量测系统

图 5-18 所示为三轴压缩仪，压力室是三轴压缩仪的主要组成部分，它是一个由金属上盖、底座和透明有机玻璃圆筒组成的密闭容器。

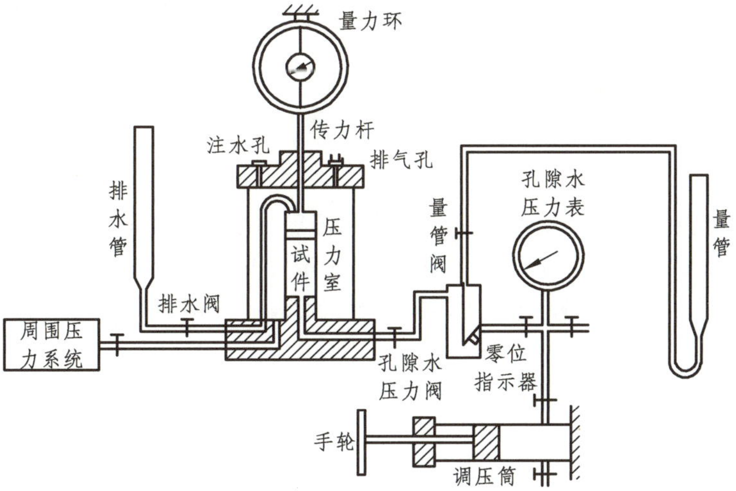

图 5-18 三轴压缩仪

1. 常用试验步骤

先将圆柱形土样套在薄乳胶膜内，上下扎紧不漏水，置于密闭的压力室中，然后通过周围压力阀向压力室内注入液体。使试件受三相相等的压力。此时，三个主应力相等，土样内不产生剪应力。然后保持 σ_3 不变，再通过活塞杆在顶部施加垂直压力 P，使土样中产生剪应力。逐渐加大 P，直到土样剪切破坏，记录下破坏时的 P 值。如图 5-19 所示。

试件破坏时的主应力关系为

$$\sigma_1 = \frac{P}{A} + \sigma_3 \tag{5-16}$$

式中 A——试件断面积（m^2）；

P——试件破坏时通过传力杆施加的竖向力（kN）。

（a）试件受周围压力　（b）破坏时试件上的主应力

图 5-19　三轴压缩试验原理

以（$\sigma_1 - \sigma_3$）作极限应力圆，如图5-20所示。

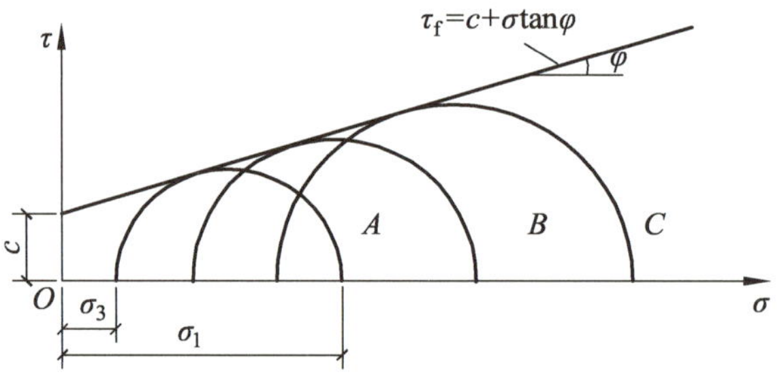

图 5-20　摩尔破坏包线

2. 三轴试验方法

对应于直接剪切试验的快剪、固结快剪和慢剪试验，三轴压缩试验按剪切前受到周围压力 σ_3 的固结状态和剪切时的排水条件，可分为不固结不排水（UU）试验、固结不排水（CU）试验、固结排水（CD）试验三种方法，分别对应于直剪试验的快剪、固结快剪和慢剪试验。

（1）三轴压缩不固结不排水（UU）试验，简称不排水试验。

先向土样施加周围压力 σ_3，随后立即施加竖向力 P 直至剪坏。在施加 σ_3 和 P 的过程中，自始至终关闭排水阀门，不允许土中水排出，这样从开始加压直至试样剪坏，全过程中含水率保持不变，从而实现了不固结不排水剪。这种试验方法所对应的实际工程条件相当于饱和软黏土上快速加荷时的应力状况。

（2）三轴压缩固结不排水（CU）试验，简称固结不排水试验。

试验时先将土样施加周围压力 σ_3，并打开排水阀门，使土样在 σ_3 作用下充分排水固结。在确认土样的固结已经完成后，关闭排水阀门。施加竖向力 P，使土样在不能向外排水的条件下受剪切破坏。

（3）三轴压缩固结排水（CD）试验，简称排水试验。

在整个试验过程中，始终打开排水阀门，即在施加 σ_3 和竖向力 P 的全过程中，土样始终处于排水状态。

不同的试验方法，所测得的指标是有差别的，应根据工程的实际情况具体分析，以选择基本符合实际工程受荷情况的试验方法。

3. 三轴试验方法优点

（1）可严格控制排水条件，准确测定试样在剪切过程中孔隙水压力变化，从而可定量获得土中有效应力的变化情况。

（2）试件中的应力状态比较明确，破坏面是试件的最弱面，一般为 $\alpha = 45° + \alpha/2$ 左右的斜截面，不像直剪仪限定在上下盒之间。

（3）剪切破坏面上应力分布较均匀。

（4）除抗剪强度指标外，还可测定如土的灵敏度、侧压力系数、孔隙水压力系数等力学指标，是土工试验不可缺少的设备。

4. 三轴试验方法缺点

（1）构造较复杂。

（2）操作技术要求较高。

（3）试件中的主应力为 $\sigma_2 = \sigma_3$，而实际上土体的受力状态未必都属于这类轴对称情况。

适用条件：一级建筑物地基的强度试验。

5.4.3　无侧限抗压试验（单轴压缩试验）

无侧限抗压强度试验如同在三轴仪中进行 σ_3=0 的不排水剪切试验一样。试验时，将圆柱形试样放在图 5-21 所示的无侧限抗压试验仪中，在不加任何侧向压力的情况下施加垂直压力，直到使试件剪切破坏为止，剪切破坏时试样所能承受的最大轴向压力 q_u 称为无侧限抗压强度。

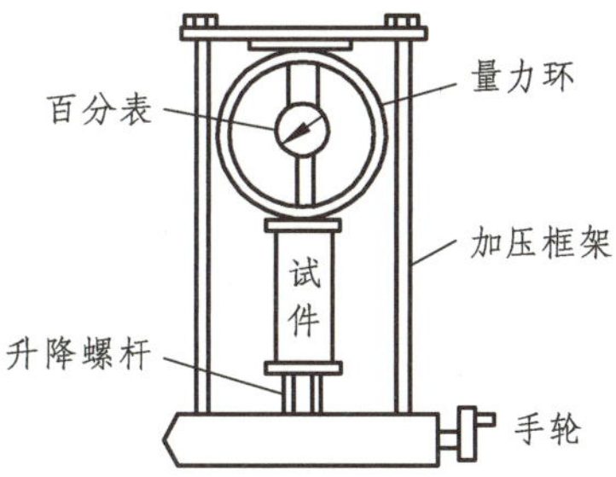

图 5-21　无侧限抗压试验仪

根据试验结果，只能作一个极限应力圆（$\sigma_1 = q_u$、$\sigma_3 = 0$）。因此对于一般黏性土就难以作出破坏包线。而对于饱和黏性土，根据在三轴不固结不排水试验的结果，其破坏包线近似于一条水平线，即 $\varphi_u = 0$。这样，如仅为了测定饱和黏性土的不排水抗剪强度，就可以利用构造比较简单的无侧限抗压试验仪代替三轴仪。此时，取 $\varphi_u = 0$，则由无侧限抗压强度试验所得的极限应力圆的水平切线就是破坏包线，如图 5-22 所示。

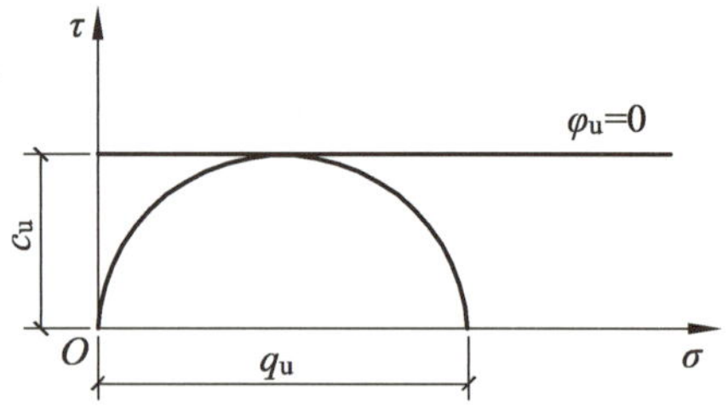

图 5-22　无侧限抗压强度试验结果

于是，就可根据无侧限抗压强度 q_u 来求饱和土的不排水强度，即

$$\tau_f = c_u = \frac{q_u}{2} \tag{5-17}$$

式中　c_u——土的不排水抗剪强度（kPa）；

q_u——无侧限抗压强度（kPa）。

无侧限抗压强度还可以用来测定土的灵敏度 S_t。无侧限抗压强度试验的缺点是试样的中间部分完全不受约束。因此，当试样接近破坏时，往往被压成鼓形，这时试样中的应力显然不是均匀的（三轴仪中的试样也有此问题）。

5.4.4　十字板剪切试验

上面提到的三种试验方法，都是在室内进行抗剪强度试验。首先必须取土样，由于土样在采取、运送、保存和制备过程中不可避免地要受到扰动，而且水分也要蒸发，含水率也很难保持。因此，室内试验的测试精度要受到影响。十字板剪切试验是一种现场原位的测试方法，在工地现场直接测试地基土的抗剪强度。

十字板剪切仪的构造如图 5-23 所示。试验时，先把套管打到要求测试深度以下

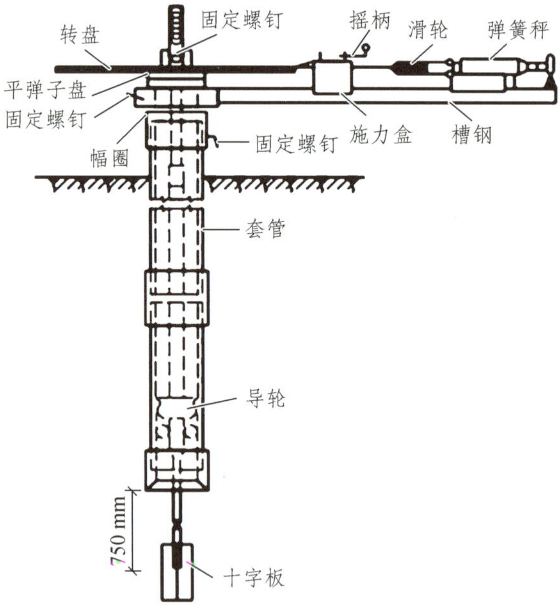

（a）剖面图

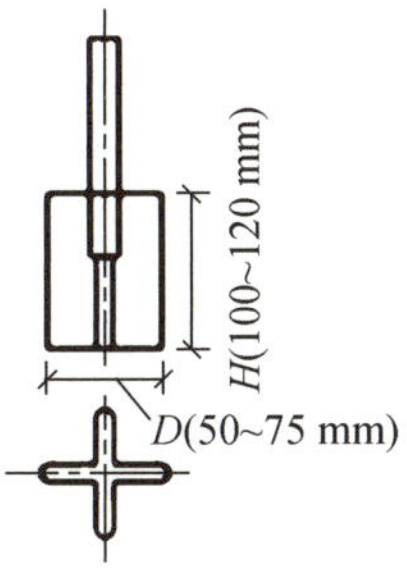

（b）十字板

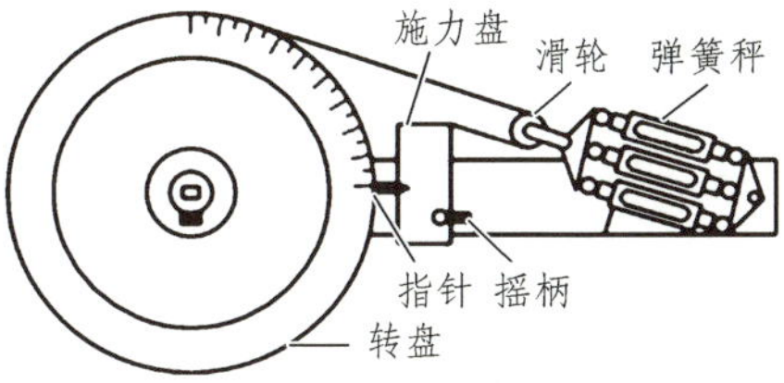

（c）扭力设备

图 5-23　十字板剪切仪

750 mm，将套管内的土清除，再通过套管将安装在钻杆下的十字板压入土中至测试的深度。加荷是由地面上的扭力装置对钻杆施加扭矩，使埋在土中的十字板扭转，直至土体剪切破坏（破坏面为十字板旋转所形成的圆柱面）。

设土体剪切破坏时所施加的扭矩为 M，则它应该与剪切破坏圆柱面（包括侧面和上下面）上土的抗剪强度所产生的抵抗力矩相等，即

$$
\begin{aligned}
M &= \pi DH \cdot \frac{D}{2} \cdot \tau_V + 2 \cdot \frac{\pi D^2}{4} \cdot \frac{D}{3} \tau_H \\
&= \frac{1}{2} \pi D^2 H \tau_V + \frac{\pi D^2}{6} \tau_H
\end{aligned}
\tag{5-18}
$$

式中　M——剪切破坏时的扭矩（kN · m）;

τ_V、τ_H——分别为剪切破坏时圆柱体侧面和上下面土的抗剪强度（kPa）;

H——十字板的高度（m）;

D——十字板的直径（m）。

但是，在实际土层中 τ_V、τ_H 是不同的。爱斯（Aas）曾利用不同的 D/H 的十字板剪力仪测定饱和黏性土的抗剪强度。试验结果表明，天然土层的抗剪强度是非等向的，即水平面上的抗剪强度大于垂直面上的抗剪强度，这主要是由于水平面上的固结压力大于侧向固结压力的缘故。

天然状态的土体是各向异性的，但实用上为了简化计算，假定土体为各向同性体，即 $\tau_V = \tau_H$，并记作 τ_f，则式（5-18）可写成

$$
\tau_f = \frac{2M}{\pi D^2 \left(H + D/3 \right)}
\tag{5-19}
$$

式中　τ_f——在现场由十字板测定的土的抗剪强度（kPa）。

十字板剪切仪适用于饱和软黏土，它的优点是构造简单，操作方便，原位测试对土的扰动小，因此实际中应用广泛。但在软土中夹砂层时，其测试结果可能偏高。

5.4.5　大型直剪试验

对于无法取得原状土样的土类，采用现场大型直剪试验。该试验方法适用于测定边

坡和滑坡的岩体软弱结合面、岩石和土的接触面、滑动面和黏性土、砂土、碎石土的混合层及其他粗颗粒土层的抗剪强度。由于大型直剪试验土样的剪切面面积较室内试验大得多，又在现场测试，因此它更能符合实际情况。有关大型直剪试验的设备及试验方法可参见有关土工试验专著。

思政小课堂

在直剪试验中，有一个细节非常重要却经常被同学们忽视。在这里提醒大家，在转动手轮，对剪切盒施加水平剪力前，一定不要忘记拔去剪切盒固定销。否则，上下剪切盒将出现整体平移，无法实现对试样的剪切。

动画—细节决定成败

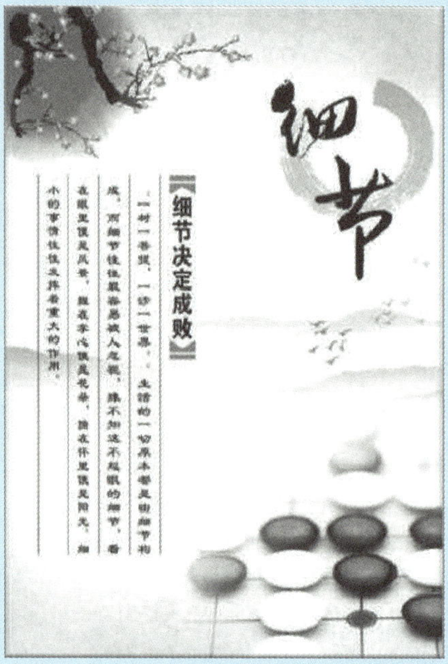

习近平总书记曾引用“图难于其易，为大于其细。天下难事，必作于易；天下大事，必作于细”来说明细节的重要性。做任何事都应从基础入手、注重细节，不可好高骛远。同学们在践行社会主义核心价值观中应当做到扎扎实实干事，踏踏实实做人。

任务 5.5　地基承载力

5.5.1　地基承载力的定义

地基承受建筑荷载的作用后，内部应力发生变化。一方面，附加应力引起地基内土体变形，造成建筑物沉降或不均匀沉降，若沉降过大，就会导致建筑物严重下沉、倾斜或挠曲、上部结构开裂。有关这方面的问题，在项目 4 中已经阐述；另一方面，引起地基内土体的剪应力增加。当某一点的剪应力达到土的抗剪强度时，这一点的土就处于极限平衡状态。若土中某一区域内各点都达到极限平衡状态，就形成极限平衡区，或称为塑性区。地基小范围的极限平衡状态大都可以恢复到弹性平衡状态，此时地基尚能趋于稳定，仍具有安全的承载能力。如荷载继续增大，地基内极限平衡区的发展范围随之不断增大，局部的塑性区发展成为连续贯穿到地表的整体滑动面。这时，基础下一部分土体将沿滑动面产生整体滑动，称为地基失去稳定，如果这种情况发生，建筑物将发生严重的塌陷、倾倒等灾害性的破坏。

地基承载力，也叫地基强度，是指在满足强度及稳定性的要求下，地基土体单位面积上承受荷载的能力。通常区分为两种承载力，一种称为极限承载力，荷载足够大使地基中达到抗剪强度的区域连成一片，地基失去稳定性，即产生承载能力极限状态，此时作用在地基上的荷载称为地基极限承载能力；另一种是容许承载力，指地基稳定有足够的安全度并且变形控制在建筑物容许的范围内时的承载力。

在地基基础设计中，为保证在荷载作用下地基土不致产生强度（剪切）破坏，必须使基底应力不超过规定的地基承载力，同时也要使建筑物不会产生不允许的沉降和沉降差，以满足建筑物正常的使用要求。

确定地基承载力是工程实践中迫切需要解决的基本问题之一，也是土力学研究的主要内容。其目的是为了掌握地基承载规律，发挥地基的承载能力，合理确定地基承载力，保证地基不致因为荷载作用而发生剪切破坏，产生变形过大而影响建筑物或土工建筑物的正常使用。

5.5.2 影响地基承载力的因素

土的抗剪强度是土体抵抗剪切破坏的能力，地基承载力取决于地基土的抗剪强度，地基承载力是地基土抗剪强度的一种宏观表现，影响地基土抗剪强度的因素对地基承载力也产生类似的影响。一般情况下，工程上可以进行类比判断。

1. 地基土的成因

不同成因的土具有不同的承载力，对于同一类土，一般冲积、洪积成因土的承载力要比坡积、残积成因的土大一些。

2. 地基土的堆积条件

地基土的成岩过程是和堆积年代密切相关的。在天然状态下，地基土的堆积年代愈久远，成岩作用程度愈高，其承载力也愈大，反之则愈小。

3. 土的物理力学性质

地基土的物理力学性质指标是影响承载力高低的直接因素。同样情况下，一般含水量高的地基土抗剪强度低，承载力也低，孔隙比大的地基土抗剪强度低，承载力低。

4. 地基土层的分布、地下水

土的重度大小对承载力有一定的影响，当土受到地下水的浮力作用时，土的重度就要减小，承载力降低。

5. 荷载作用的时间

荷载作用时间短暂，如地震荷载，土体承载力可以提高。荷载作用时间长，如高塑性黏土，呈可塑或软塑状态，在长期荷载作用下，使土体产生蠕变降低了土体的强度，承载力降低。

6. 建筑物的性质

建筑物的结构形式、构造特点、整体刚度以及使用要求不同，则对容许沉降的要求也不同，因而对承载力的选取也应有所不同。

7. 建筑物的基础

建筑物基础的形式、尺寸、埋深、刚度、施工方法等对承载力也有影响。

5.5.3 地基剪切破坏模式

在荷载作用下的地基因承载力不足引起的破坏，一般都由地基土的剪切破坏所引起。项目 4 中描述的地基从压密到失稳过程的 *p-s* 曲线，仅仅是载荷试验所归纳的一类常见 *p-s* 曲线，但它不是地基破坏的唯一形式。在松软的土层中，或者荷载板的埋置深度较大时，经常会出现图 5-24 中 *B* 型和 *C* 型的 *p-s* 曲线。试验表明，地基土有三种破坏模式：整体剪切破坏、局部剪切破坏和冲切剪切破坏。

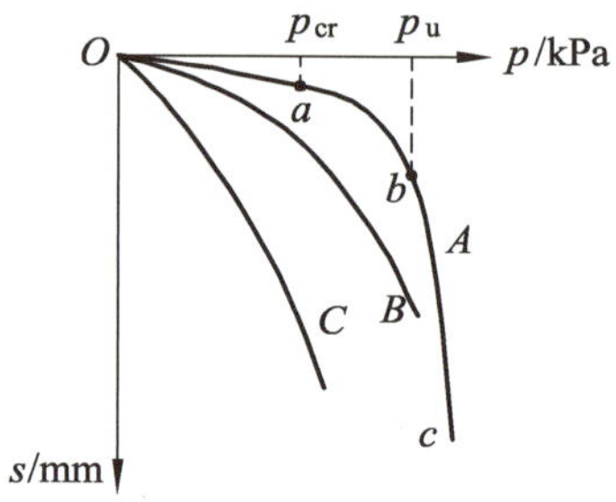

图 5-24　不同类型的 *p-s* 曲线

1. 整体剪切破坏

整体剪切破坏是一种在浅基础荷载作用下地基发生连续剪切滑动面的地基破坏模式，其概念最早由 L.普朗德尔提出。

整体剪切破坏的特征为：当荷载较小时，基底应力 p 与沉降 s 基本上成直线关系，如图 5-24 中 *A* 曲线的 *oa* 段，属于直线变形阶段。当荷载增加到某一数值时，在基础边缘处的土体开始发生剪切破坏，随着荷载的增加，剪切破坏区（或称塑性变形区）逐渐扩大，这时压力与沉降之间成曲线关系，如图 5-24 中 *A* 曲线的 *ab* 段，属弹塑性变形阶段。如果基础上的荷载继续增加，剪切破坏区不断扩大，最终在地基中形成一连续的滑动面，基础急剧下沉或向一侧倾倒，同时基础四周的地面隆起，地基发生整体剪切破坏，如图 5-25（a）所示。

整体剪切破坏常发生于密砂及硬黏土等坚实地基中，描述这种破坏模式的典型的荷载-沉降曲线（*p-s* 曲线）具有明显的转折点，破坏前建筑物一般不会发生过大的沉降，是一种典型的土体强度破坏，破坏具有一定的突然性。

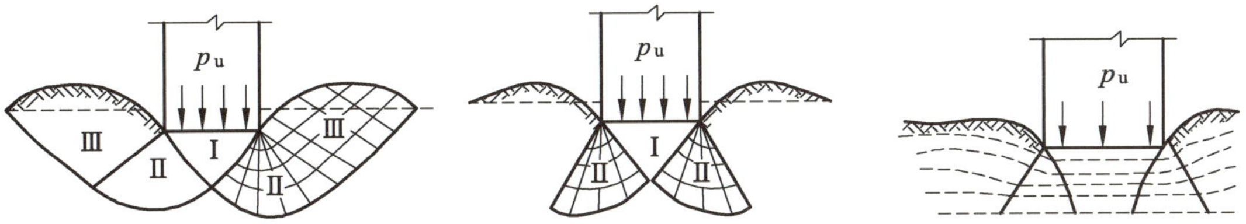

图 5-25　地基的破坏模式

2. 局部剪切破坏

局部剪切破坏是一种在浅基础荷载作用下地基某一范围内产生剪切破坏区的破坏形式，其概念最早由 K.太沙基提出。

局部剪切破坏也从基础边缘开始，其破坏特征为：在荷载作用下，地基在基础边缘以下开始发生剪切破坏之后，随着荷载的继续增大，地基变形增大，剪切破坏区继续增大，基础两侧土体有部分隆起，但滑动面不发展到地面，而是限制在地基内部某一区域，基础没有明显的倾斜和倒塌，如图 5-25（b）所示。压力与沉降关系曲线从一开始就呈现非线性关系，如图 5-24 曲线 *B*。局部剪切破坏常发生于中等密实砂土中。

3. 冲剪破坏

冲剪破坏是一种在浅基础荷载作用下地基土体发生垂直剪切破坏，使基础产生较大沉降的一种地基破坏模式，也被称为刺入剪切破坏。冲剪破坏的概念由 E.E.德贝尔和 A.S.魏锡克提出。

冲剪破坏一般发生于基础刚度很大，地基土十分软弱的情况。在荷载作用下，由于基础下软弱土的压缩变形使基础连续下沉，如荷载继续增加到某一数值时，基础可能向下“切入”土中，基础侧面附近的土体因垂直剪切而破坏，如图 5-25（c）所示。冲剪破坏时，地基中没有出现明显的连续滑动面，基础四周的地面不隆起，基础没有很大的倾斜，压力与沉降关系曲线与局部剪切破坏的情况类似，曲线不出现明显的转折现象，如图 5-24 曲线 *C*。冲剪破坏常发生于压缩性较大的松砂、软土地基或基础埋深较大时。

影响地基破坏模式的因素有地基土的条件、基础的条件等，其中土体的压缩性是影响破坏模式的主要因素。如果土的压缩性低，土体相对比较密实，一般容易发生整体剪切破坏。反之，如果土比较疏松，压缩性高，则会发生冲剪破坏。

地基土的压缩性对破坏模式的影响也会随着其他因素的变化而变化。建在密实土层中的基础，如果埋深大或受到瞬时冲击荷载，也会发生冲剪破坏；如果在密实砂层下卧有可压缩的软弱土层，也可能发生冲剪破坏。建在饱和正常固结黏土上的基础，若地基土在加载时不发生体积变化，将会发生整体剪切破坏；如果加荷很慢，使地基土固结，发生体积变化，则有可能发生刺入破坏。对于具体工程可能会发生何种破坏模式，需考虑各方面的因素后综合确定。

5.5.4 界限荷载

在现场进行载荷试验，根据各级荷载及相应的相对稳定沉降值可以得到基底应力 p 与沉降 s 之间的关系曲线（p-s 曲线）。曲线可以分为三个阶段：直线变形阶段、塑性变形阶段和破坏阶段（项目 4 中已做过详细叙述）。相应于地基变形的三个阶段，地基有两个界限荷载，一个是相应于从直线变形阶段过渡到塑性变形阶段的界限荷载，称为地基的临塑荷载，一般记为 p_{cr}，是对应 p-s 曲线 a 点的荷载；一个是相应于从塑性变形阶段过渡到破坏阶段的界限荷载，称为极限荷载，记为 p_u，即对应 p-s 曲线 b 点的荷载，如图 5-24 所示。

工程实践证明，即使地基中存在塑性区，只要塑性区的开展范围不超过某一限度，仍不至于影响建筑物的安全和使用。因此，如果用 p_{cr} 作为地基的承载力，无疑是偏于保守和不经济的。但是，地基中的塑性区究竟允许发展到多大范围，这和建筑物的重要性、荷载的性质及土的物理力学性质等因素有关。

思政小课堂

加拿大特朗斯康谷仓地基事故正是由于谷仓装载后荷载超过地基的极限承载力而发生倾斜，更重要的是在修建谷仓前并未对地基土进行勘察，没有发现基底下的淤泥土层，从而造成了此次事故。我们在今后的工作中一定要避免发生类似的事情，要做到实事求是。

动画—实事求是

习近平总书记指出：“坚持实事求是，最基础的工作在于搞清楚‘实事’，就是了解实际、掌握实情。这就要求我们必须不断对实际情况作深入系统而不是粗枝大叶的调查研究，使思想、行动、决策符合客观实际。”搞清楚事物的真实面貌，并不是一件容易的事情，有时候会遇到很多的挑战。没有实事求是的精神和态度，对事物的了解就可能是一知半解，甚至是偏见性的误解。所以同学们无论是学习还是生活，要更加自觉地坚持和贯彻实事求是思想路线，坚韧不拔，为中华民族伟大复兴而奋斗。

项目小结

本项目主要介绍了土体的抗剪强度及地基承载能力，内容涉及土体的抗剪强度、库仑定律、摩尔应力圆、极限平衡条件，以及地基的破坏形态分析、地基临塑荷载、临界荷载和极限荷载的概念。通过对不同条件下抗剪强度指标测定方法的介绍，掌握土的抗剪强度对工程实际的意义，正确确定各类工程的地基承载能力，保证工程结构物的安全和正常使用。

项目思考题

1. 土体被剪切破坏的实质是什么？同一种土的抗剪强度是不是一个定值？

2. 什么叫抗剪强度线？黏性土和无黏性土的抗剪强度规律有何不同？

3. 土样内摩擦角为$\varphi = 26°$，黏聚力为 $c = 20$ kPa，承受大主应力和小主应力分别为 $\sigma_1 = 450$ kPa，$\sigma_3 = 150$ kPa，试判断该土样是否达到极限平衡状态？

4. 在平面问题上，砂类土中一点的大小主应力分别为 500 kPa 和 180 kPa，内摩擦角$\varphi = 36°$，试判断该点的最大剪应力是多少？最大剪应力作用面上的法向应力是多少？此点是否达到极限平衡状态，为什么？

5. 抗剪强度的试验方法有哪些？

6. 直接剪切试验的原理是什么？

7. 三轴试验方法的优缺点有哪些？适用条件是什么？

8. 影响土抗剪强度的因素有哪些？

9. 什么是地基承载力？什么是极限地基承载力？什么是地基容许承载力？

10. 地基有哪几种破坏形式？各有什么特征？

11. 何谓塑性区？地基临塑荷载和地基临界荷载的物理意义是什么？

项目 6

土压力计算

项目导学

在土木、水利水电、港口及交通工程中，经常会遇到修建挡土结构物的问题。挡土墙是工程上最常见的用来阻挡土体发生坍塌或滑坡破坏的挡土结构物。无论哪一种挡土结构都要承受土体的侧向压力作用——土压力。土压力是设计挡土结构物断面及验算其稳定性的主要荷载。本项目主要论述了三种土压力的概念、朗肯土压力理论及库仑土压力理论。

教学目标

1. 知识目标

（1）常见的挡土墙形式；

（2）三种土压力的概念及产生条件；

（3）计算土压力的朗肯土压力理论和库仑土压力理论。

2. 能力目标

（1）能说出常见的挡土墙结构形式；

（2）能正确判别挡土墙上的土压力种类；

（3）能运用朗肯土压力理论准确计算挡土墙上的土压力；

（4）能准确说出朗肯土压力理论和库仑土压力理论的区别。

3. 情感目标

（1）树立良好的劳动纪律观念和团队协作意识；

（2）养成科学、严谨的工作态度；

（3）具备良好的交流、沟通能力。

4. 思政目标

（1）帮助学生建立文明、自信的精神风貌；

（2）帮助学生树立基层服务意识；

（3）培养学生爱国情怀。

相关案例

南京江南水泥厂滑山体坡

南京江南水泥厂位于南京市东北部、长江南岸栖霞山麓。栖霞山的山坡原是稳定的，建厂平整场地开挖坡脚使山坡土体失去平衡。中上部山坡削坡筑路，破坏了自然山坡。1975 年夏季雨量集中，雨水渗入山坡残积土中，使土体含水率增加，抗剪强度降低，导致山体滑坡。

滑坡主要为第四系下蜀土沿着孤峰组上部灰白色高岭土和栖霞灰岩顶部风化层滑动，滑坡周界清晰，后壁高达约 10 m，有三级台阶，积水洼地有次级小滑塌及拉张、鼓胀裂缝，主滑方向为自西向东下滑。

为防止新的滑坡，在山麓修筑了一道钢筋混凝土挡土墙；采用地表排水、局部刷坡等措施，现已基本处于稳定状态。由以上案例可以看出，土压力在挡土墙的设计施工中是一个重要的影响因素，只有确定出不同边界条件下的土压力大小、方向和分布规律，才能确定出合理的挡土结构物的设计施工参数。

任务 6.1　概　述

6.1.1　挡土墙及其分类

在土木工程中，为了防止土体移动或滑动，通常需要修建各种类型的挡土结构物加以支挡。挡土墙是一种常见的防止土体坍塌的构筑物，在房屋建筑、桥梁、道路以及水利等工程中得到广泛应用。例如：深基坑施工中的围护结构、高层建筑的地下室侧墙、路堑护坡、桥台以及河堤等，如图 6-1 所示。

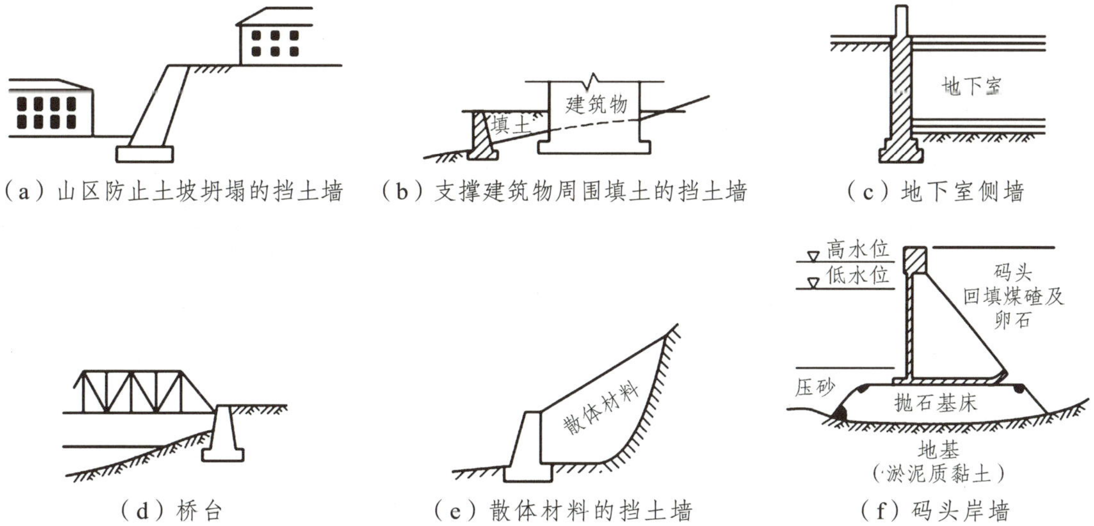

（a）山区防止土坡坍塌的挡土墙　（b）支撑建筑物周围填土的挡土墙　（c）地下室侧墙

（d）桥台　（e）散体材料的挡土墙　（f）码头岸墙

图 6-1　挡土墙应用举例

1. 挡土墙按结构形式分类

按结构形式划分，常用的挡土墙形式有重力式、悬臂式、扶壁式、锚杆式、锚定板式、加筋土式等。

（1）重力式挡土墙

重力式挡土墙指的是依靠墙身自重抵抗土体侧压力的挡土墙。根据墙背倾斜方向，可以分为仰斜式、直立式、俯斜式，如图 6-2 所示。重力式挡土墙具有形式简单、施工简便、可就地取材等优点。然而，重力式挡土墙的体积和重量往往都很大，施工过程中的工程量也很大。此外，在软弱地基上修建重力式挡土墙往往受到地基承载力的限制，可能导致地基沉降量过大。

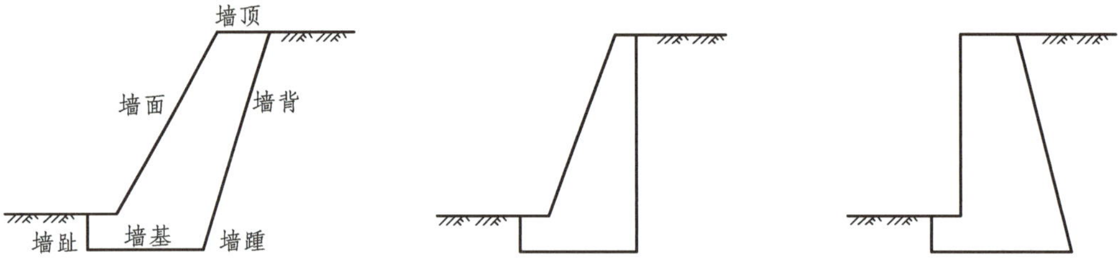

（a）仰斜式　（b）直立式　（c）俯斜式

图 6-2　重力式挡土墙

（2）悬臂式挡土墙

悬臂式挡土墙由底板和固定在底板上的直墙构成，主要靠底板上的填土重量来维持稳定的挡土墙，主要由立壁（板）、趾板及踵板三个钢筋混凝土构件组成，如图 6-3 所示。其优点是截面尺寸小，施工方便，对地基承载力要求不高；缺点是工作面较大，施工较复杂。

（3）扶壁式挡土墙

扶壁式挡土墙指的是沿悬臂式挡土墙的立壁，每隔一定距离加一道扶壁，将立壁与踵板连接起来的挡土墙，如图 6-4 所示。扶壁式挡土墙一般为钢筋混凝土结构，它的主要特点是构造简单、施工方便，墙身断面较小，自身质量轻，可以较好地发挥材料的强度性能，能适应承载力较低的地基。然而，扶壁式挡土墙需耗用一定数量的钢材和水泥，特别是墙高较大时，钢材用量急剧增加，施工成本增大，工程经济性降低。

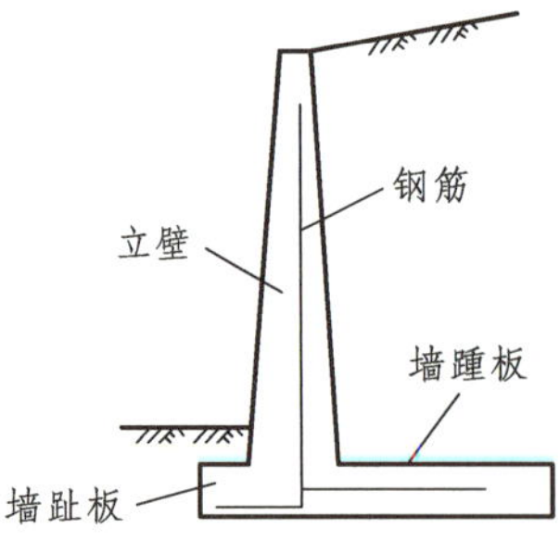

图 6-3　悬臂式挡土墙

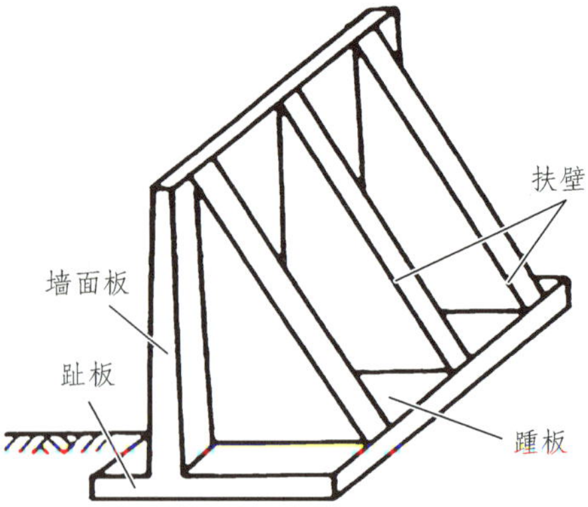

图 6-4　扶壁式挡土墙

（4）锚杆、锚定板式挡土墙

锚杆式挡土墙指的是由钢筋混凝土板和锚杆组成，依靠锚固在岩土层内的锚杆的水平拉力以承受土体侧压力的挡土墙，如图 6-5（a）所示。锚杆挡土墙的特点是：① 结构质量轻，使挡土墙的结构轻型化，与重力式挡土墙相比，可以节约大量的圬工和节省工程投资；② 利于挡土墙的机械化、装配化施工，可以提高劳动生产率；③ 不需要开挖大量基坑，能克服不良地基施工不便的困难，并利于施工安全。然而，锚杆挡土墙也有一些不足之处，使设计和施工受到一定的限制，如施工工艺要求较高，要有钻孔、灌浆等配套的专用机械设备，且要耗用一定的钢材。

锚定板挡土墙是由墙面、拉杆、锚定板以及充填墙面与锚定板之间的填土所共同组成的一个整体，如图 6-5（b）所示。锚定板挡土结构是依靠填土与锚定板接触面上的侧向承载力以维持结构的平衡，不需要利用钢拉杆与填土之间的摩擦力，因此它的钢拉杆长度可以较短，钢拉杆的表面可以用沥青玻璃布包扎防锈，而填料也不必限用摩擦系数较大的砂性土。从防锈、节省钢材和适应各种填料三个方面比较，锚定板挡土结构都有较大的优越性，但施工程序较复杂。

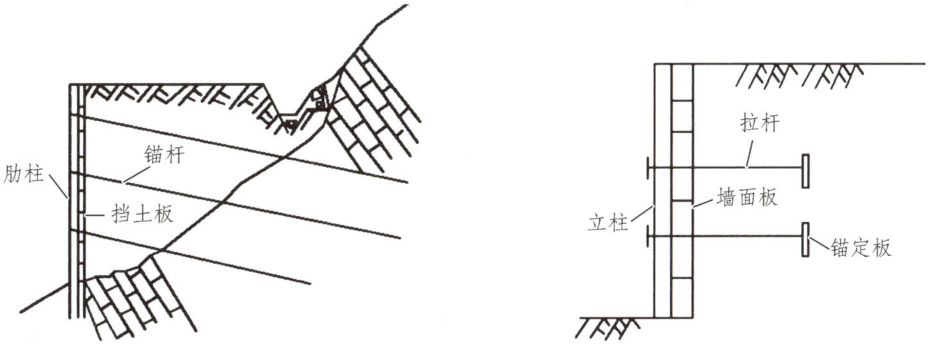

（a）锚杆式挡土墙　　（b）锚定板式挡土墙

图 6-5　锚杆、锚定板式挡土墙

（5）加筋土挡土墙

加筋土挡土墙指的是由填土、拉带和镶面砌块组成的加筋土承受土体侧压力的挡土墙，是利用加筋土技术修建的一种支挡结构物，如图 6-6 所示。加筋土挡土墙的优点

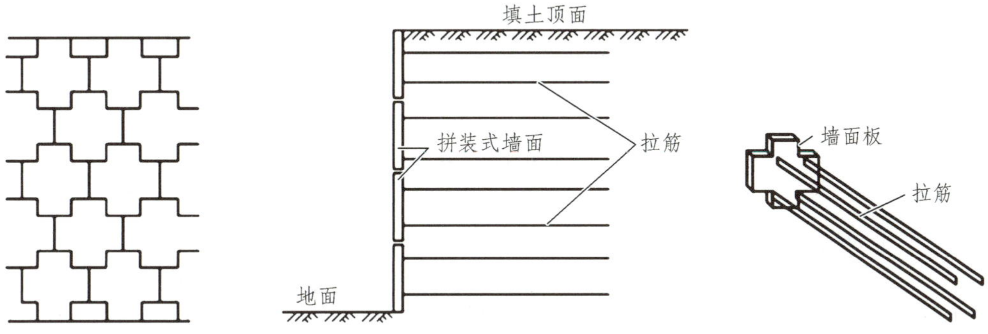

（a）正面图　　（b）全墙剖视图　　（c）单块透视图

图 6-6　加筋土挡土墙

是：① 对地基土的承载力要求低，适合在软弱地基上建造，能充分利用材料的性能；② 能够进行现场预制和工地拼装，施工简便、快速，并且节省劳力和缩短工期；③ 加筋土挡土墙具有一定的柔性，抗振动性强；④ 加筋土挡土墙节约占地，造型美观。

2. 挡土墙按其刚度和位移方式分类

挡土墙按其刚度和位移方式分为刚性挡土墙、柔性挡土墙和临时支撑三类。

（1）刚性挡土墙

刚性挡土墙通常为用砖、石或混凝土所筑成的断面较大的挡土墙。由于刚度大，墙体在侧向土压力作用下，仅能发生整体平移或转动，墙身的挠曲变形极小，甚至可以忽略不计，如图 6-7（a）、（b）所示。墙背受到的土压力呈三角形分布，土压力强度的最大值出现在墙底，类似静水压力分布，如图 6-7（c）所示。

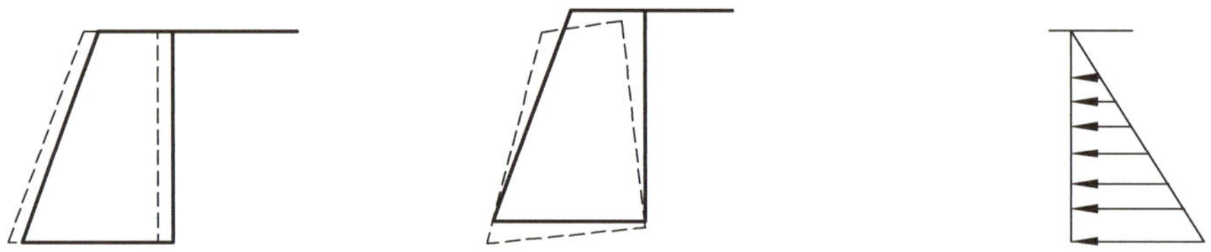

（a）墙向前移动　（b）墙围绕墙根转动　（c）作用在墙背上的土压力分布

图 6-7　刚性挡土墙的变形及土压力分布

（2）柔性挡土墙

当墙身在侧向土压力作用下，产生了不可忽略的挠曲变形时，墙身的变形将影响土压力的大小和分布，我们把这种类型的挡土墙称为柔性挡土墙。例如在深基坑开挖中，为保障坑壁稳定而打入土中的板桩墙就属于柔性挡土墙。这时作用在墙身上的土压力虽然呈曲线分布，但是为了简化计算，可将其近似为线性分布，如图 6-8 所示。

（a）锚杆板桩墙的变形　（b）板桩墙上的土压力分布

图 6-8　柔性挡土墙上的土压力分布

3. 其他分类

挡土墙按所处环境条件可分为一般地区挡土墙、浸水地区挡土墙和地震地区挡土墙等。按墙体材料可分为石砌挡土墙、混凝土挡土墙、钢筋混凝土挡土墙、钢板挡土墙等。根据受力方式可分为仰斜式挡土墙和承重式挡土墙。

6.1.2 土压力的分类

土压力通常是指挡土墙后的填土因自重或外荷载作用对墙背产生的侧压力。土压力是挡土墙的主要外荷载。因此，设计挡土墙时首先要确定土压力的四要素，即土压力的性质、大小、方向和作用点。

土压力的计算是个比较复杂的问题。土压力的性质随挡土墙可能位移的方向不同，可划分为主动土压力、被动土压力和静止土压力三种类型。

（1）静止土压力：挡土墙在土压力作用下不发生任何位移或转动，墙后土体处于弹性平衡状态，这时作用在墙背的土压力称为静止土压力。作用在单位长度挡土墙上静止土压力的合力用 E_0（kN/m）表示，如图 6-9（a）所示。地下室的外墙、地下水池侧壁、涵洞的侧壁以及其他不产生位移的挡土结构物均可按静止土压力计算。

（2）主动土压力：若挡土墙在土压力作用下向前移动或绕墙趾向前转动，这时容纳墙后填土的空间增大，土颗粒之间侧向挤压能量得到释放，因此作用在墙后的土压力将逐渐减小，当墙后土体达到极限平衡状态，并出现连续滑动面而使得土体下滑时，土压力减至最小值，此时的土压力称为主动土压力。主动土压力的合力用 E_a（kN/m）表示，如图 6-9（b）所示。实际中的挡土墙，绝大多数情况下属于主动土压力问题，是我们研究的重点。

（3）被动土压力：若挡土墙在外荷载作用下，向填土方向移动或绕墙踵向后转动，这时容纳墙后填土的空间减小，土颗粒进一步受到挤压，因此作用在墙后的土压力将逐渐增大，直至墙后土体达到极限平衡状态，并出现连续滑动面，墙后土体将向上挤出隆起，土压力增至最大值，此时的土压力称为被动土压力。被动土压力的合力用 E_p（kN/m）表示，如图 6-9（c）所示。

当桥台受到桥上荷载推向土体达到极限状态时，土对桥台产生被动土压力。地下顶管法施工时，千斤顶后座土体受挤压，产生向后位移，达到土体极限平衡状态时，千斤顶顶板上作用被动土压力。

依据上述分析并结合图 6-9 可以发现：主动土压力下，土体的破坏表现为向下的滑动；被动土压力下，土体的破坏表现为向上的隆起。

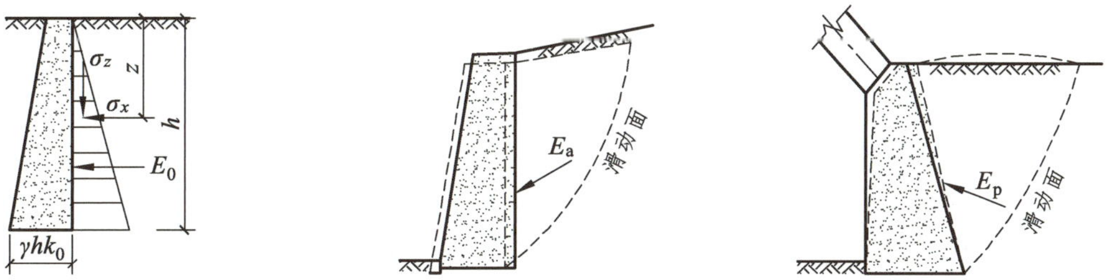

（a）静止土压力　（b）主动土压力　（c）被动土压力

图 6-9　挡土墙的三种土压力

6.1.3 土压力试验

1929 年，太沙基通过挡土墙模型试验研究了土压力与挡土墙位移的关系。试验表明，土压力的大小及分布除了与挡土墙的位移方向有关，还与挡土墙的位移大小有关。

如图 6-10 所示，在长方形的模型槽中部插上一块刚性挡板，在板的一侧安装压力盒后将土回填至设计高度，板的另一侧临空。当挡板静止不动时，测得板上的土压力为 E_0；将挡板向临空方向移动或转动时，土压力逐渐减小，最终测得填土下滑前的土压力最小值为 E_a；将挡板推向填土方向，土压力逐渐增大，最终测得填土隆起前的土压力最大值 E_p。土压力随挡土墙移动而变化的情况如图 6-11 所示。由试验可知，在墙背土压力作用下，墙体的位移方向决定了土压力的类型，而土压力的数值大小由墙体的位移量的大小决定。

图 6-10　土压力大小与位移试验

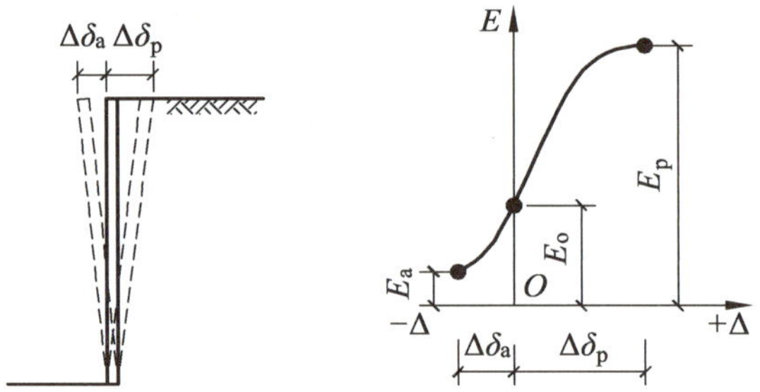

图 6-11　土压力与墙身位移的关系

由图 6-11 可以看出：

（1）将墙体向前的位移量设为 $-\Delta$，墙体向后的位移量设为 $+\Delta$；当墙体发生向前的位移，但是没有达到极限平衡状态时，墙背上的实际土压力要比极限平衡时的主动土压力 E_a 大得多；当墙体发生向后的位移，但是没有达到极限平衡状态时，墙背上的实际土压力要比极限平衡状态时的被动土压力 E_p 小得多。通过人们进行过多次多种的挡土墙模型试验原型观测和理论研究，在相同的墙高和填土条件下，三种土压力的大小关系为：$E_a<E_0<E_p$。

（2）产生被动土压力所需位移 $\Delta\delta_p$ 远大于产生主动土压力所需位移 $\Delta\delta_a$。经验表明，一般 $\Delta\delta_a$ 为 $0.001H \sim 0.005H$（H 为挡土墙高），$\Delta\delta_p$ 为 $0.01H \sim 0.1H$，而 $\Delta\delta_p$ 这样大小的位移量实际上对工程常常是不容许的。因此，一般情况下只能利用被动土压力的一部分。

（3）挡土墙所受的土压力大小并不是一个常数，随着位移量的变化，墙上的土压力值也在变化，并非只存在三种特定的土压力值。一般在进行挡土墙设计时，需要按照三种特定状态下的土压力（静止土压力、主动土压力、被动土压力）进行计算，此时要弄清实际工程与哪种状态较为接近。

6.1.4 影响土压力的因素

试验表明，土压力的大小与以下因素有关：

（1）填土的性质，包括：① 填土的松密程度，即重度γ；② 干湿程度，即含水率ω；③ 土的强度指标，即内摩擦角φ和黏聚力c；④ 填土表面的形状（水平、向上倾斜或向下倾斜）等。

（2）挡土墙的类型、剖面形状、墙背的光滑程度和结构形式，都关系到采用何种土压力理论计算墙后填土的土压力。

（3）填土表面荷载的情况和填土的施工情况（是否密实、排水条件）以及地下水的情况等。

（4）挡土墙的位移方向和位移量。挡土墙的位移方向不同，土压力的种类就不同。由试验和计算可知，其他条件完全相同，仅挡土墙位移方向相反，土压力的数值就是可以相差到 20 倍左右。

上述各因素中，挡土墙的位移方向和位移量是影响土压力大小的最主要因素。因此，设计挡土墙时，首先应考虑墙体可能产生位移的方向和位移量的大小。

任务 6.2 静止土压力

静止土压力产生的条件是挡土墙静止不动。修筑在坚硬土质地基上，断面很大的刚性挡土墙，如岩石地基上的重力式挡土墙；地下室的外墙受到内隔墙的支挡，可认为外墙不发生任何移动或转动；此外，水闸、船闸的边墙，因与闸底板连接成整体，边墙位移可忽略不计；这些挡土墙背后的土体都处于静止的弹性平衡状态，墙体不会产生位移或变形很小，可以忽略不计，此时可按静止土压力计算挡土墙上的土压力。

假设挡土墙的墙背竖直、光滑、墙后填土面表面水平，静止土压力可按以下所述方法计算：设挡土墙静止不动，在墙后土体中深度z处任取一单元体（见图 6-12），若土的天然重度为γ，其上作用着竖向的土自重应力为γz。假定土体是半无限弹性体，因墙体静止不动，土体没有产生侧向位移，根据静止土压力的定义，则静止土压力强度可按水平向的自重应力进行计算。

$$e_0 = K_0\sigma_{cz} = K_0\gamma z \tag{6-1}$$

式中 e_0——静止土压力的强度（kPa）；

K_0——静止土压力系数；

γ——墙后填土的重度（kN/m^3）；

z——墙后填土的埋深（m）。

由式（6-1）可见，当墙后填土为相同的均匀土质，且填土中不含地下水时，静止土压力强度随深度线性变化。墙顶处：$z=0$，$e_0=0$；墙底处：$z=H$，$e_0=K_0\gamma H$；静止土压力沿墙高呈三角形分布（见图 6-12）。计算作用在单位长度挡土墙上的静止土压力的合力，就是计算图 6-12 所示三角荷载的面积，因此单位长度挡土墙上的静止土压力 E_0 可表示为

$$E_0=\frac{1}{2}K_0\gamma H\cdot H\times 1=\frac{1}{2}K_0\gamma H^2 \tag{6-2}$$

E_0 的单位为 kN/m，其方向为水平指向墙背，作用点通过图 6-12 所示三角荷载的重心，即距离墙底 $H/3$ 处。

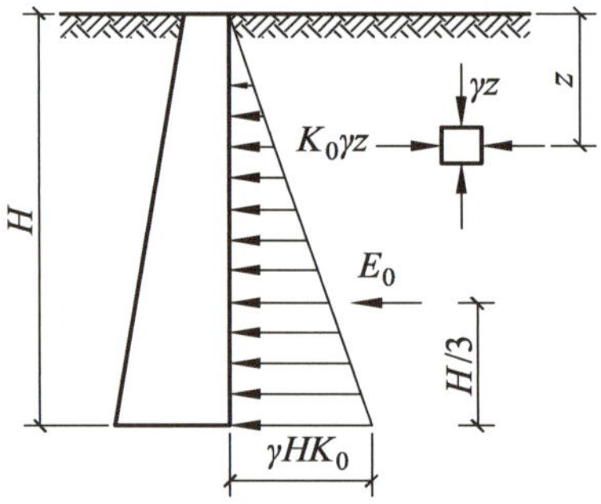

图 6-12　静止土压力强度分布

静止土压力计算的关键是静止土压力系数 K_0 的确定。如前所述，静止土压力系数的数值可以通过室内或是原位静止测压力试验测定，其物理意义是在不允许有侧向变形的情况下，土样受到轴向压力 $\Delta\sigma_z$，将会引起侧向压力的相应增量 $\Delta\sigma_x$，两者的比值就是土的侧压力系数或静止土压力系数 K_0。

$$K_0=\frac{\Delta\sigma_z}{\Delta\sigma_x}=\frac{\mu}{1-\mu} \tag{6-3}$$

式中　μ——土体的泊松比。

静止土压力系数 K_0 与土的性质、密实程度等因素有关，一般砂土可取 0.35 ~ 0.50，黏性土可取 0.50 ~ 0.70。对于无黏性土和正常固结的黏性土也可近似按 $K_0=1-\sin\varphi'$（φ' 为土的有效内摩擦角）计算。

例题 6-1　一座设计在岩基上的挡土墙，墙高 7 m，墙后填土为中砂，重度为 19 kN/m^3，有效内摩擦角为 30°，试计算作用在挡土墙上的土压力。

解：因挡土墙建在坚硬的基岩上，可认为墙体不发生位移或转动，按静止土压力计算。

$$K_0=1-\sin\varphi'=1-\sin 30°=0.5$$

土中各点的静止土压力值为

墙顶处：$z=0$，$e_0=0$。

墙底处：$z=H$，$e_0=K_0\gamma H=0.5\times 19\times 7=66.5$ kPa。

静止土压力强度沿墙高呈三角形分布，合力为

$$E_0=\frac{1}{2}K_0\gamma H^2=\frac{1}{2}\times 0.5\times 19\times 7^2=232.75\ \text{kN/m}$$

合力作用点离墙底的距离为 $H/3 = 2.33$ m 。

例题 6-2　一座设计在岩基上的挡土墙，墙高 6 m，墙后填土为中砂，重度为 18.5 kN/m^3，试计算作用在挡土墙上的土压力。

解：因挡土墙建在坚硬的基岩上，可认为墙体不发生位移或转动，按静止土压力计算。根据墙后填土为中砂，取经验值 $K_0 = 0.4$。

土中各点的静止土压力值为

墙顶处：$z = 0$，$e_0 = 0$。

墙底处：$z = H$，$e_0 = K_0\gamma H = 0.4 \times 18.5 \times 6 = 44.4$ kPa。

静止土压力强度沿墙高呈三角形分布，合力为

$$E_0 = \frac{1}{2}K_0\gamma H^2 = \frac{1}{2} \times 0.4 \times 18.5 \times 6^2 = 133.2 \text{ kN/m}$$

合力作用点离墙底的距离为 $H/3 = 2$ m 。

思政小课堂

建在基岩之上的重力式挡土墙，相对稳定，在于有坚实的基层支持。

动画—扎根基层

基层是国家和社会的基础，是社会财富创造的前沿阵地，也是各项政策管理得到落实的最终环节。近年来，国家出台了如“大学生村官”计划等一系列鼓励毕业生到基层或西部就业等相关政策。毋庸置疑，高校毕业生到农村去，是成长成才的一种正确选择。不过基层的路并不是一帆风顺的，它需要“天之骄子”们精神和身体上的双重坚定，怀揣理想，带着不怕苦、不嫌穷、不畏难的干劲和一腔饱满的热情投身基层。基层的经验，无论以后走到什么岗位都将是一笔宝贵的财富。在平凡的工作中创造不平凡，坚定信念，立足岗位，为建成富强、民主、文明、和谐、美丽的社会主义现代化国家奉献自己的一份力量。

任务 6.3　朗肯土压力理论

朗肯土压理论是 1857 年英国科学家朗肯（Rankine）提出的，这一理论建立在土的极限平衡理论基础上，以墙后填土中的单元土体为研究对象，令其处于极限平衡状态。利用朗肯土压力理论进行土压力计算时，需要进行如下假定：

（1）挡土墙墙背是竖直的，即墙背与竖直面的夹角为 0°；

（2）挡土墙墙背是光滑的，即忽略墙后填土与墙背接触面上的摩擦力；

（3）挡土墙墙后的填土表面水平，墙后的填土为均质且各向同性的无黏性土或黏性土；

（4）墙体在压力作用下将产生足够的位移和变形，使填土处于极限平衡状态。

6.3.1　朗肯主动土压力状态

如图 6-13 所示，在墙后土体中深度 z 处任取一单元体。当挡土墙静止不动时，则单元体竖向大主应力 $\sigma_1=\gamma z$ 和水平向小主应力 $\sigma_3=K_0\gamma z$。该应力状态仅由填土的自重产生，故此时土体处于弹性状态，其相应的摩尔圆如图 6-14 的圆 I 所示，即摩尔圆与填土抗剪强度线相离。

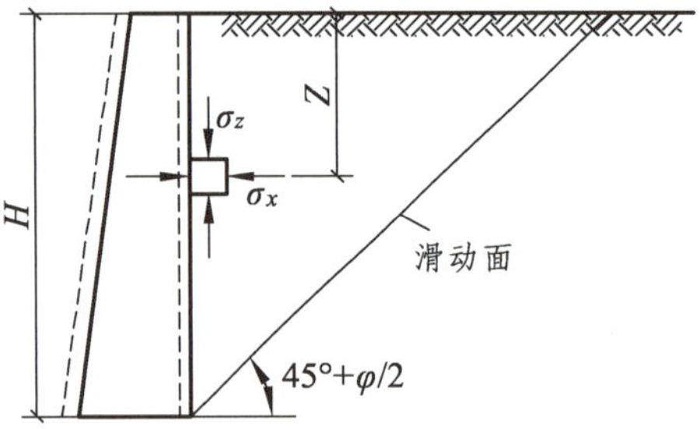

图 6-13　主动朗肯状态

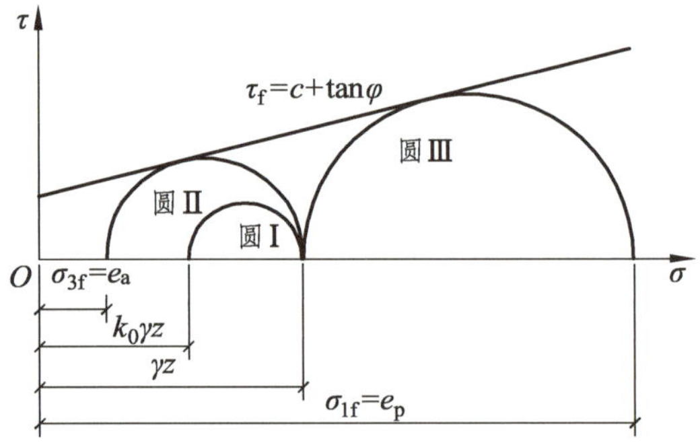

图 6-14　相应的摩尔圆

当挡土墙离开填土向前发生微小的位移或绕墙趾向前发生微小转动时，单元体竖向应力不变，仍为自重应力，即 $\sigma_1=\sigma_z=\sigma_{cz}=\gamma z$。由于容纳墙后填土的空间增大，土颗粒之间侧向挤压能量得到释放，因此作用在墙后的水平应力 $\sigma_3=\sigma_x$ 将逐渐减小，相应的摩尔圆（见图6-14的圆 I）也在逐步扩大。当位移量达到一定值时，σ_3 减小到 σ_{3f}，由竖向大主应力 $\sigma_1=\gamma z$ 和水平向小主应力 σ_{3f} 构成的应力圆与抗剪强度曲线相切，如图6-14圆 Ⅱ 所示，称为主动极限应力圆。此时，墙后填土中任意点均处于极限平衡状态，水平向最小主应力 σ_{3f} 称为朗肯主动土压力 e_a（$e_a=\sigma_{3f}$）。与此同时，土体中存在过墙踵的滑动面（剪切破坏面），滑动面与大主应力（竖向应力）作用平面（水平面）的夹角为 $45°+\varphi/2$。

6.3.2　朗肯主动土压力计算公式

如图6-15（a）所示，朗肯主动土压力计算的实质就是已知单元体中的竖向应力为大主应力（即 $\sigma_1=\gamma z$），求极限平衡状态时的水平向小主应力。

1. 无黏性土的主动土压力

对于无黏性土（$c=0$），我们曾推导过已知大主应力，求小主应力的极限平衡条件为

$$\sigma_3=\sigma_1\tan^2\left(45°-\frac{\varphi}{2}\right)$$

当墙后填土处于主动极限平衡状态时，朗肯主动土压力强度e_a为小主应力 σ_3，而竖向应力为大主应力 σ_1，则主动土压力强度可表示为

$$e_a=\sigma_3=\gamma z\tan^2\left(45°-\frac{\varphi}{2}\right)$$

令 $K_a=\tan^2\left(45°-\frac{\varphi}{2}\right)$，称为朗肯主动土压力系数，则主动土压力强度为

$$e_a=\gamma zK_a \tag{6-4}$$

式中　e_a——朗肯主动土压力强度（kPa）;
　　γ——填土的重度（kN/m^3）;
　　z——计算点距填土表面的深度（m）;
　　φ——填土的内摩擦角（°）。

由上式可见，主动土压力强度 e_a 与墙后填土埋深成正比，沿墙高呈三角形分布，如图 6-15（b）所示。

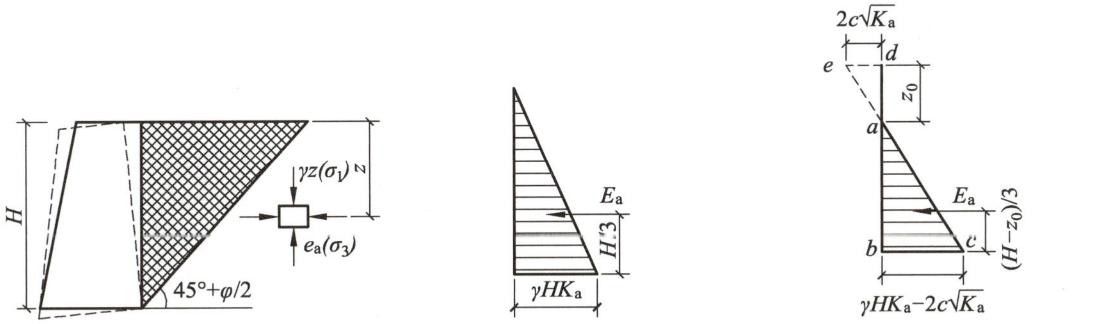

（a）主动土压力　（b）无黏性土主动土压力强度分布　（c）黏性土主动土压力强度分布

图 6-15　无黏性土主动土压力压强分布

单位长度挡土墙上的主动土压力为

$$E_a=\frac{1}{2}\gamma H^2K_a \tag{6-5}$$

E_a的方向为水平指向墙背，作用点在距离墙底 $H/3$ 处。

2. 黏性土的主动土压力

对于黏性土（$c\neq0$），我们也曾推导过已知大主应力，求小主应力的极限平衡条件为

$$\sigma_3 = \sigma_1 \tan^2\left(45° - \frac{\varphi}{2}\right) - 2c\tan\left(45° - \frac{\varphi}{2}\right)$$

当墙后填土处于主动极限平衡状态时，朗肯主动土压力强度e_a为小主应力σ_3，而竖向应力为大主应力σ_1，则主动土压力强度可表示为

$$e_a = \sigma_3 = \gamma z \tan^2\left(45° - \frac{\varphi}{2}\right) - 2c\tan\left(45° - \frac{\varphi}{2}\right)$$

令朗肯主动土压力系数$K_a = \tan^2\left(45° - \frac{\varphi}{2}\right)$，此时的主动土压力强度可表示为

$$e_a = \gamma z K_a - 2c\sqrt{K_a} \tag{6-6}$$

式中　e_a——黏性土朗肯主动土压力强度（kPa）；

γ——填土的重度（kN/m^3）；

z——计算点距填土表面的深度（m）；

c——土的黏聚力（kPa）；

φ——填土的内摩擦角（°）。

墙后填土为黏土时，朗肯主动土压力强度由正负两部分叠加而成：一部分是由土自重引起的土压力$\gamma z K_a$，为正值；另一部分是由于黏性土内聚力的存在而引起的负侧压力$2c\sqrt{K_a}$；两者叠加结果如图6-15（c）所示。不难发现，按照土力学中应力正负号的定义习惯，图6-15（c）中aed是负值，对墙背产生拉力，实际上是不存在的，即在z_0范围内没有土压力。

$$\gamma z_0 K_a - 2c\sqrt{K_a} = 0$$

$$z_0 = \frac{2c}{\gamma\sqrt{K_a}} \tag{6-7}$$

式（6-7）中的深度z_0，称为临界深度（开裂深度），此处的主动土压力强度为零。这就是许多陡峭的黏土坡不需支撑能直立不坍塌的原因，因此黏性土的主动土压力强度分布图形仅是abc部分。

墙后填土为黏土时，单位长度挡土墙上的主动土压力为

$$E_a = \frac{1}{2}\left(\gamma H K_a - 2c\sqrt{K_a}\right)(H - z_0) \tag{6-8}$$

$$E_a = \frac{1}{2}\gamma H^2 K_a - 2cH\sqrt{K_a} + \frac{2c^2}{\gamma} \tag{6-9}$$

墙后填土为黏土时，主动土压力E_a的方向仍为水平指向墙背，但是其作用点在距离墙底$(H - z_0)/3$处，如图6-15（c）所示。

例题6-3　有一高7 m，墙背直立、光滑，填土表面水平的挡土墙。填土的物理力学性质指标为：$c = 12$ kPa，$\varphi = 15°$，$\gamma = 18\ kN/m^3$。试求挡土墙所受的主动土压力及作用点，并绘制主动土压力强度分布图。

解：（1）主动土压力强度。

$$e_a = \gamma z \tan^2\left(45° - \frac{\varphi}{2}\right) - 2c\tan\left(45° - \frac{\varphi}{2}\right)$$
$$= 18 \times 7 \times \tan^2\left(45° - \frac{15}{2}\right) - 2 \times 12 \times \tan\left(45° - \frac{15}{2}\right) = 55.8\ \text{kPa}$$

（2）主动土压力合力。

$$E_a = \frac{1}{2}\gamma H^2 K_a - 2cH\sqrt{K_a} + \frac{2c^2}{\gamma}$$
$$= \frac{1}{2} \times 18 \times 7^2 \times \tan^2\left(45° - \frac{15°}{2}\right) - 2 \times 12 \times 7 \times \tan\left(45° - \frac{15°}{2}\right) + \frac{2 \times 12^2}{18}$$
$$= 146.8\ \text{kN/m}$$

（3）临界深度。

$$z_0 = \frac{2c}{\gamma\sqrt{K_a}} = \frac{2 \times 12}{18 \times \tan\left(45° - \frac{15°}{2}\right)} = 1.74\ \text{m}$$

（4）主动土压力作用点距墙底的距离。

$$\frac{H - z_0}{3} = \frac{7 - 1.74}{3} = 1.75\ \text{m}$$

（5）主动土压力分布如图6-16所示。

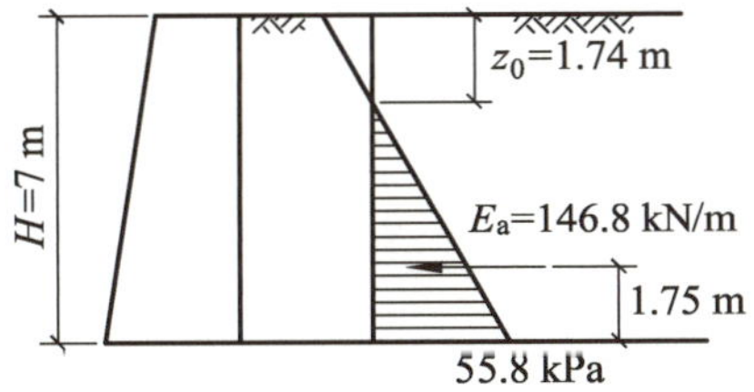

图 6-16　例题 6-3 图

6.3.3　朗肯被动土压力状态

当挡土墙向填土方向微小移动或绕墙踵向后微小转动时，单元体竖向应力不变，仍为自重应力，即 $\sigma_1 = \sigma_z = \sigma_{cz} = \gamma z$。由于容纳墙后填土的空间减小，土颗粒进一步受到挤压，因此作用在墙后的水平应力 $\sigma_3 = \sigma_x$ 将逐渐增大。墙体向后移动或转动的初期，单元体应力圆在图 6-14 圆 I 基础上逐渐变小。墙体向后移动或转动达到一定程度时，单元体的水平应力开始超过竖向应力，即单元体的小主应力 $\sigma_3 = \sigma_z = \sigma_{cz} = \gamma z$，单元体的大主应力为水平应力 $\sigma_1 = \sigma_x$。若墙体向后移动或转动进一步增大，相应的摩尔圆也逐步扩大。当水平向应力增大到 σ_{1f} 时，由 $\sigma_3 = \gamma z$ 和 σ_{1f} 构成的应力圆再次与抗剪强度曲线相切，如图 6-14 圆Ⅲ所示，称为被动极限应力圆。此时，墙后填土中任意点均处于极限平衡状态，水平向最大主应力 σ_{1f} 称为朗肯被动土压力 e_p（$e_p=\sigma_{1f}$）。与此同时，土体中存在过墙踵的滑动面（剪切破坏面），滑动面与大主应力（水平应力）作用平面（竖直面）的夹角为 $45°+\varphi/2$，与小主应力（竖向应力）作用面（水平面）的夹角为 $45°-\varphi/2$，如图 6-17 所示。

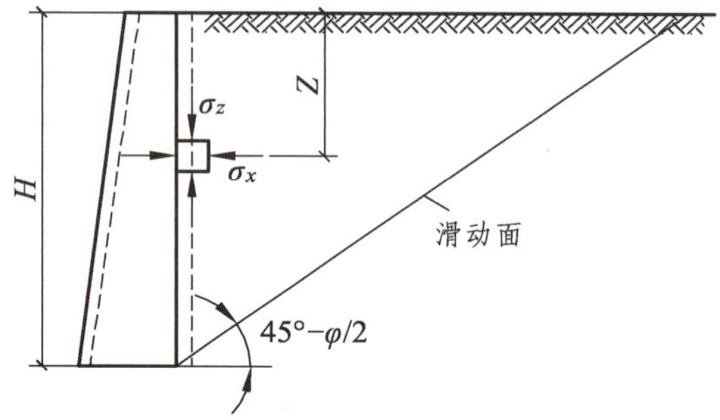

图 6-17　被动朗肯状态

6.3.4　朗肯被动土压力计算公式

如图6-18（a）所示，朗肯被动土压力计算的实质就是已知单元体中的竖向应力为小主应力（即 $\sigma_3=\gamma z$），求极限平衡状态时的水平向大主应力。

1. 无黏性土的被动土压力

对于无黏性土（$c=0$），我们曾推导过已知小主应力，求大主应力的极限平衡条件为

$$\sigma_1=\sigma_3\tan^2\left(45°+\frac{\varphi}{2}\right)$$

当墙后填土处于被动极限平衡状态时，朗肯被动土压力强度e_p为大主应力 σ_1，而竖向应力为小主应力 σ_3，则被动土压力强度可表示为

$$e_p=\gamma z\tan^2\left(45°+\frac{\varphi}{2}\right)$$

令 $K_p=\tan^2\left(45°+\dfrac{\varphi}{2}\right)$，称为朗肯被动土压力系数，则被动土压力强度为

$$e_p=\gamma zK_p \tag{6-10}$$

式中　e_p——朗肯被动土压力强度（kPa）；

γ——填土的重度（kN/m^3）；

z——计算点距填土表面的深度（m）；

φ——填土的内摩擦角（°）。

由上式可见，被动土压力强度 e_p 与墙后填土埋深成正比，沿墙高呈三角形分布，如图 6-18（b）所示。

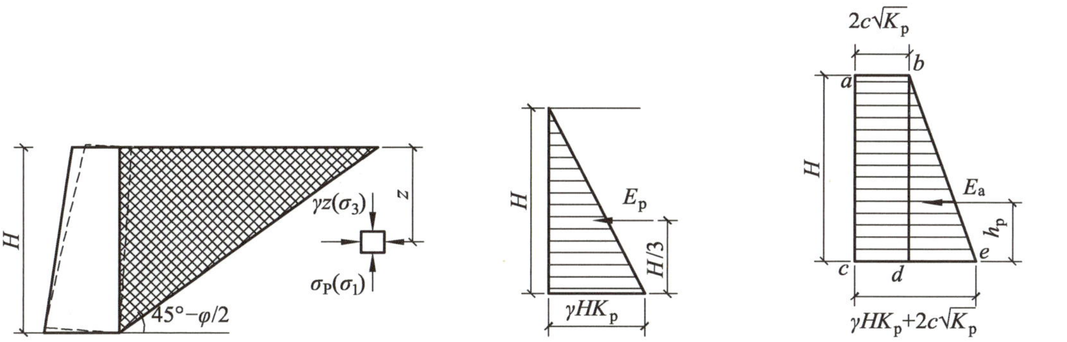

（a）被动土压力　　（b）无黏性土被动土压力分布（c）黏性土被动土压力分布

图 6-18　被动土压力强度分布

单位长度挡土墙上的被动土压力合力为

$$E_p = \frac{1}{2}\gamma H^2 K_p \tag{6-11}$$

E_p 的方向为水平指向墙背，作用点在距离墙底 $H/3$ 处。

2. 黏性土被动土压力的计算

对于黏性土（ $c \neq 0$ ），我们也曾推导过已知小主应力，求大主应力的极限平衡条件为

$$\sigma_1 = \sigma_3 \tan^2\left(45° + \frac{\varphi}{2}\right) + 2c\tan\left(45° + \frac{\varphi}{2}\right)$$

此时，被动土压力强度 e_p 是大主应力，而 $\sigma_3 = \gamma z$ 是小主应力，则被动土压力强度可表示为

$$e_p = \gamma z \tan^2\left(45° + \frac{\varphi}{2}\right) + 2c\tan\left(45° + \frac{\varphi}{2}\right)$$

令 $K_p = \tan^2\left(45° + \frac{\varphi}{2}\right)$，此时的被动土压力强度为

$$e_p = \gamma z K_p + 2c\sqrt{K_p} \tag{6-12}$$

黏性土的被动土压力强度也分别由土体的自重和黏聚力两部分叠加组成，叠加后的被动土压力强度图形为梯形，如图 6-18（c）所示，则单位长度挡土墙上的被动土压力合力为

$$E_p = \left[2c\sqrt{K_p} + \left(\gamma H K_p + 2c\sqrt{K_p}\right)\right] \times H \times \frac{1}{2}$$
$$= \frac{1}{2}\gamma H^2 K_p + 2cH\sqrt{K_p} \tag{6-13}$$

E_p 的作用方向水平指向墙背，其作用点通过梯形的形心，距墙底的高度 H_p 可用下式计算：

$$H_p=\left(\frac{1}{2}\gamma H^2K_p\frac{H}{3}+2cH\sqrt{K_p}\frac{H}{2}\right)/E_p \quad (6\text{-}14)$$

例题 6-4　已知某混凝土挡土墙，高 6 m，墙背直立、光滑、填土面水平。填土的物理力学性质指标为：$c=19$ kPa，$\varphi=20°$，$\gamma=18.5$ kN/m^3。试求作用在挡土墙上的被动土压力及其作用点，并绘出被动土压力分布图。

解：填土的被动土压力系数 $K_p=\tan^2\left(45°+\frac{\varphi}{2}\right)=2.04$

墙顶处$z=0$，被动土压力强度为

$$e_p=\gamma z\tan^2\left(45°+\frac{\varphi}{2}\right)+2c\tan\left(45°+\frac{\varphi}{2}\right)=2\times19\times\sqrt{2.04}=54.3\text{ kPa}$$

在墙底处$z=6$ m，被动土压力强度为

$$\begin{aligned}e_p&=\gamma z\tan^2\left(45°+\frac{\varphi}{2}\right)+2c\tan\left(45°+\frac{\varphi}{2}\right)\\&=18.5\times6\times2.04+2\times19\times\sqrt{2.04}=280.7\text{ kPa}\end{aligned}$$

被动土压力的合力为

$$\begin{aligned}E_p&=\frac{1}{2}\gamma H^2K_p+2cH\sqrt{K_p}\\&=\frac{1}{2}\times18.5\times6^2\times2.04+2\times19\times6\times\sqrt{2.04}\\&=1\,005\text{ kN/m}\end{aligned}$$

被动土压力作用在离墙底的距离为

$$\begin{aligned}H_p&=\left(\frac{1}{2}\gamma H^2K_p\frac{H}{3}+2cH\sqrt{K_p}\frac{H}{2}\right)/E_p\\&=\frac{0.5\times6\times(280.7-54.3)\times2+6\times54.3\times3}{1\,005}=2.32\text{ m}\end{aligned}$$

被动土压力的分布如图6-19所示。

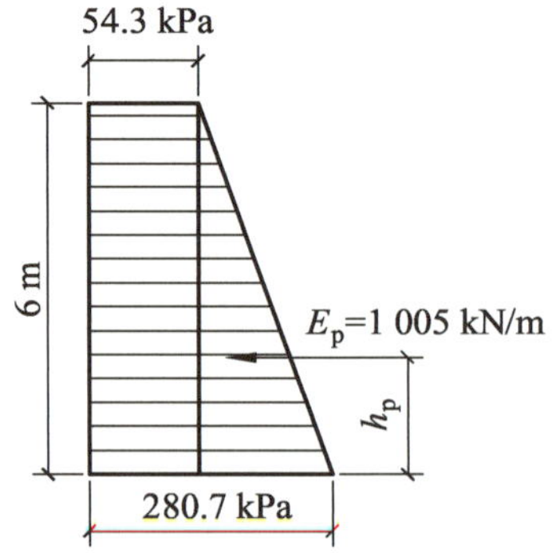

图 6-19　例题 6-4 图

朗肯土压力系数也可通过查表 6-1、表 6-2 得出。朗肯土压力理论公式简单，便于记忆。但是，由于没有考虑墙与土间阻力，使计算结果与实际有出入，使计算的主动土压力偏大，被动土压力偏小。

表 6-1　朗肯主动土压力系数

内摩擦角/（°）	K_a	$\sqrt{K_a}$	内摩擦角/（°）	K_a	$\sqrt{K_a}$
6	0.811	0.900	27	0.376	0.613
7	0.783	0.885	28	0.361	0.601
8	0.756	0.869	29	0.347	0.589
9	0.729	0.854	30	0.333	0.577
10	0.704	0.839	31	0.320	0.566
11	0.680	0.824	32	0.307	0.554
12	0.656	0.810	33	0.295	0.543
13	0.633	0.795	34	0.283	0.532
14	0.610	0.781	35	0.271	0.521
15	0.589	0.767	36	0.260	0.510
16	0.568	0.754	37	0.249	0.499
17	0.548	0.740	38	0.238	0.488
18	0.528	0.727	39	0.228	0.477
19	0.509	0.713	40	0.217	0.466
20	0.490	0.700	41	0.208	0.456
21	0.472	0.687	42	0.198	0.445
22	0.455	0.675	43	0.189	0.435
23	0.438	0.662	44	0.180	0.424
24	0.422	0.649	45	0.172	0.414
25	0.406	0.670	46	0.163	0.404
26	0.390	0.625	47	0.155	0.394

表 6-2　朗肯被动土压力系数

内摩擦角/（°）	K_p	$\sqrt{K_p}$	内摩擦角/（°）	K_p	$\sqrt{K_p}$
6	1.233	1.111	27	2.663	1.632
7	1.278	1.130	28	2.770	1.664
8	1.323	1.150	29	2.882	1.698
9	1.371	1.171	30	3.000	1.732
10	1.420	1.192	31	3.124	1.767

续表

内摩擦角/（°）	K_p	$\sqrt{K_p}$	内摩擦角/（°）	K_p	$\sqrt{K_p}$
11	1.472	1.213	32	3.255	1.804
12	1.525	1.235	33	3.392	1.842
13	1.580	1.257	34	3.537	1.881
14	1.638	1.280	35	3.690	1.921
15	1.698	1.303	36	3.852	1.963
16	1.761	1.327	37	4.023	2.006
17	1.826	1.351	38	4.204	2.050
18	1.894	1.376	39	4.395	2.097
19	1.965	1.402	40	4.599	2.145
20	2.040	1.428	41	4.815	2.194
21	2.117	1.455	42	5.045	2.246
22	2.198	1.483	43	5.289	2.300
23	2.283	1.511	44	5.550	2.356
24	2.371	1.540	45	5.828	2.414
25	2.464	1.570	46	6.126	2.475
26	2.561	1.600	47	6.445	2.539

思政小课堂

南京江南水泥厂位于南京市东北部、长江南岸栖霞山麓，历史上曾多次出现山坡滑动。栖霞山的山坡原是稳定的，建厂平整场地开挖坡脚，使山坡土体失去平衡。中上部山坡削坡筑路，破坏了自然山坡。1975 年夏季雨量集中，雨水渗入山坡残积土中，使土体含水量增加，抗剪强度降低，导致山坡滑动事故。为防止新的滑坡，在山麓修筑一道钢筋混凝土挡土墙，采用地表排水、局部刷坡等措施，现已基本处于稳定状态。

动画——一座工厂的抗日传奇

江南水泥厂始建于1935年，是当时国内规模最大、设备和工艺最先进的水泥厂，是中国水泥工业发展史上的重要标志企业，更是我国近现代民族工业艰难发展的一帧缩影。

1937年的冬天，在日军的屠刀面前，在寒冷彻骨的金陵城里，依然有不灭的人性之光，点燃温暖与希望。江南水泥厂标志性的小黄楼，在战争的炮火中见证了这一切。在日军占领南京期间，它面对敌人的威逼利诱，没为侵略者生产过一袋水泥。在日军侵华南京大屠杀期间，它更是用千疮百孔、坚韧不屈的身体，救助了3万多名中国难民免遭日寇屠杀和蹂躏，成为南京当时最大的难民营。

历史是最好的老师，昭昭前事，惕惕后人！2014年2月27日，我国将12月13日设立为南京大屠杀死难者国家公祭日。2014年7月6日，国家公祭网正式上线。我们这么做并不是要渲染仇恨、放大对立，而是要牢记用鲜血和生命铸就的中国人民抗日战争的伟大历史，牢记中国人民为维护民族独立和自由、捍卫国家主权和尊严建立的伟大功勋，牢记中国人民为世界反法西斯战争胜利做出的伟大贡献；更是要用行动唤起全世界对历史的尊重，对正义和和平的向往和坚守。我们要擦清历史的镜子，抹去灰尘，以史为鉴，在铭记历史中奋勇向前。

任务 6.4　库仑土压力理论

1776年，法国科学家库仑（Coulomb）根据极限平衡的概念，假定挡土墙后的滑动楔形体处于极限平衡状态，分析了滑动楔形体的力系平衡条件，进而提出了另一种计算挡土墙上的土压力的经典理论，即库仑土压力理论。该理论考虑了墙背面与填土间的摩擦力、墙后填土倾角以及墙背倾角，适用于各种填土面和不同的墙背条件，且方法简便，有足够的精度，至今也仍然是一种被广泛采用的土压力理论。

6.4.1　基本原理

朗肯土压力理论和库仑土压力理论虽然都是基于极限平衡条件得出的，但两者的研究对象不同；前者的研究对象为墙后半无限空间土体中的单元体，后者的研究对象为墙后滑动楔形体。如果挡土墙后的填土是无黏性土，当墙后填土发生破坏时，滑动楔形体将沿着某个平面发生滑动。如图6-20（a）所示，滑动楔形体 *ABC* 由三条边组成，*AB* 边为挡土墙的墙背，*BC* 边为通过墙踵的滑动面，*AC* 边为墙后填土的表面。以滑动楔形体 *ABC* 为研究对象并对其进行受力分析，依据静力平衡条件，可以求解出挡土墙对滑动楔形体 *ABC* 的支撑反力；再依据作用与反作用公理，便可求得墙后填土作用于墙背的土压力。按照受力条件的不同（滑动楔形体可以向下滑动，也可向上挤出），它可以是主动土压力，也可以是被动土压力。这种计算方法又称为滑动楔形体平衡法。应该指出，应用库仑土压力理论计算挡土墙上的土压力时，应试算不同的滑动面（即图6-20中的 *BC* 面），只有最危险滑动面对应的土压力才是滑动楔形体作用于墙背的主动土压力 e_a 或被动土压力 e_p。

库仑土压力理论虽然打破了朗肯土压力理论中的三个假定，即：

（1）墙背（AB）可以是倾斜的，墙背与竖直方向的夹角是 α；

（2）墙背是粗糙的，楔形体 ABC 滑动时，土与墙背的摩擦角为 δ；

（3）墙后填土面（AC）可以是倾斜的，其与水平方向的夹角为 β。

但是，在工程应用中，库仑土压力理论有自己独特的假定，即：

（1）墙后填土为均匀的无黏性土（$c=0$）；

（2）挡土墙和滑动楔形体 ABC 均为刚体；

（3）滑动破裂面为通过墙踵的平面 BC。

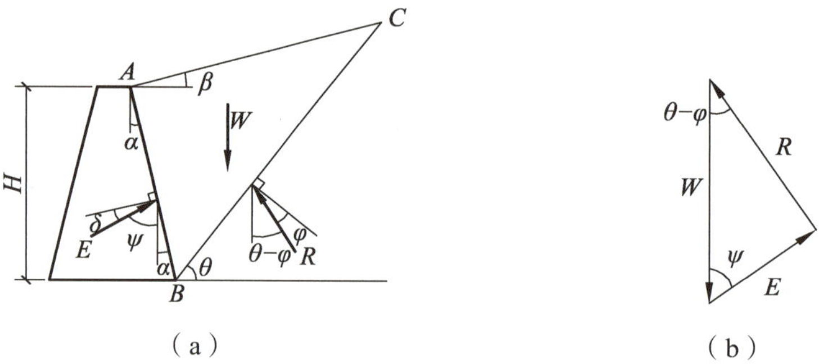

图 6-20　库仑主动土压力计算示意图

6.4.2　主动土压力计算

如图 6-20 所示，墙背与垂直线的夹角为 α，填土表面倾角为 β，墙高为 H，填土与墙背之间的摩擦角为 δ，土的内摩擦角为 φ，土的凝聚力 $c=0$，假定滑动面 BC 通过墙踵，与水平方向的夹角为 θ。

取滑动楔形体 ABC 作为隔离体进行受力分析，当滑动楔形体 ABC 向下滑动，处于极限平衡状态时，楔形体 ABC 上作用有以下三个力：

（1）滑动楔形体 ABC 自重 W，当滑裂面的倾角 θ 确定后，由几何关系可计算土楔自重 $G=V_{ABC}\times\gamma$。

（2）滑动面 BC 上的反力 R，该力是由于楔形体 ABC 滑动时产生的土粒之间的摩擦力在 BC 面上的合力，作用方向与 BC 面的法线的夹角等于土的内摩擦角 φ。楔形体 ABC 下滑时，R 的位置在法线的下侧。

（3）墙背 AB 对土楔体的反力 E，其与主动土压力构成了作用力和方作用力，两者力的大小相等、作用线相互重合但方向相反。力 E 的作用线与墙背 AB 法线的夹角为 δ（δ 为土与墙之间的摩擦角）。楔形体 ABC 下滑时，力 E 的位置在法线的下侧。

楔形体 ABC 在以上三个力的作用下处于极限平衡状态，则由该三力构成的力的矢量三角形必然闭合。已知 W 的大小和方向，以及 R、E 的方向，可给出如图 6-20（b）所示的力三角形。按正弦定理有

$$\frac{E}{\sin(\theta-\varphi)}=\frac{W}{\sin[180^\circ-(\theta-\varphi+\psi)]}$$

则

$$E=\frac{W\sin(\theta-\varphi)}{\sin(\theta-\varphi+\psi)} \tag{6-15}$$

式中，$\psi=90°-(\delta+\alpha)$。

由公式（6-15）可知，滑动楔形体 ABC 自重 W 是 θ 的函数，φ 和 ψ 为已知常数，因此 E 就是 θ 的单值函数，即 $E=f(\theta)$，不同的 θ 对应着不同的 P 值。

主动土压力应为 $E=f(\theta)$ 的最大值，因此应令 $\frac{dE}{d\theta}=0$，用数值法求解 θ 后，再代入式（6-15），即可求得作用于墙背的主动土压力 E_a。

$$E_a=\frac{1}{2}\gamma H^2\frac{\cos^2(\varphi-\alpha)}{\cos^2\alpha\times\cos(\alpha+\delta)\times\left[1+\sqrt{\frac{\sin(\varphi+\delta)\times\sin(\varphi-\beta)}{\cos(\alpha+\delta)\times\cos(\alpha-\beta)}}\right]^2}$$
$$=\frac{1}{2}K_a\gamma H^2 \tag{6-16}$$

式中　γ——墙后填土的重度（kN/m^3）；

H——墙的高度（m）；

K_a——库仑主动土压力系数，是φ、α、β、δ的函数，见表 6-3 ~ 表 6-8；

α——墙背倾角（墙背与铅直线的夹角），以铅直线为准，顺时针为负，称仰斜；逆时针为正，称俯斜；

δ——墙背与填土之间的摩擦角，由试验确定；无试验资料时，一般取 $\delta=(1/3\sim2/3)\varphi$，也可参考表 6-9 中的数值；

φ——墙后填土的内摩擦角（°）；

β——填土表面的倾角（°）。

当墙背直立（$\alpha=0$），墙面光滑（$\delta=0$），填土表面水平（$\beta=0$）时，主动土压力系数为 $K_a=\tan^2\left(45°-\frac{\varphi}{2}\right)$，与朗肯主动土压力系数相同。式（6-16）变形为

$$e_a=\frac{1}{2}\gamma H^2K_a=\frac{1}{2}\gamma H^2\tan^2\left(45°-\frac{\varphi}{2}\right)$$

由此可知，朗肯主动土压力公式是库仑土压力公式的特殊情况。

沿墙高度分布的主动土压力强度 e_a，可通过对式（6-16）求导得出，即

$$e_a=\frac{dE_a}{dz}=\gamma zK_a \tag{6-17}$$

由此可知，主动土压力强度沿墙高呈三角形分布，如图 6-21 所示。主动土压力合力作用点在离墙底的 $H/3$ 高度处，作用线与墙背法线的夹角为 δ，与水平面的夹角为 $\delta+\alpha$。

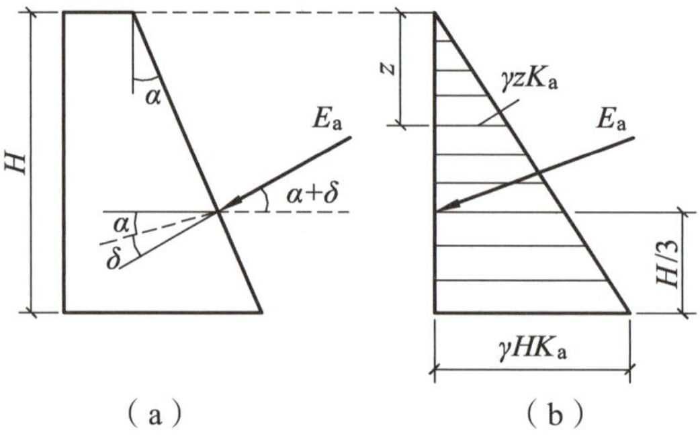

图 6-21　主动土压力强度分布图

表 6-3　主动土压力系数 K_a 值（$\delta=0°$）

α	β	φ							
		15°	20°	25°	30°	35°	40°	45°	50°
0°	0°	0.589	0.490	0.406	0.333	0.271	0.217	0.172	0.132
	5°	0.635	0.524	0.431	0.352	0.284	0.227	0.178	0.137
	10°	0.704	0.569	0.462	0.374	0.300	0.238	0.186	0.142
	15°	0.933	0.639	0.505	0.402	0.319	0.251	0.194	0.147
	20°		0.883	0.573	0.441	0.344	0.267	0.204	0.154
	25°			0.821	0.505	0.379	0.288	0.217	0.162
	30°				0.750	0.436	0.318	0.235	0.172
	35°					0.671	0.369	0.260	0.186
	40°						0.587	0.303	0.206
	45°							0.500	0.242
	50°								0.413
10°	0°	0.652	0.560	0.478	0.407	0.343	0.288	0.238	0.194
	5°	0.705	0.601	0.510	0.431	0.362	0.302	0.249	0.202
	10°	0.784	0.655	0.550	0.461	0.384	0.318	0.261	0.211
	15°	1.039	0.737	0.603	0.498	0.411	0.337	0.274	0.221
	20°		1.015	0.685	0.548	0.444	0.360	0.291	0.231
	25°			0.977	0.628	0.491	0.391	0.311	0.245
	30°				0.925	0.566	0.433	0.337	0.262
	35°					0.860	0.502	0.374	0.284
	40°						0.785	0.437	0.316
	45°							0.703	0.371
	50°								0.614

α	β	φ							
		15°	20°	25°	30°	35°	40°	45°	50°
20°	0°	0.736	0.648	0.569	0.498	0.434	0.375	0.322	0.274
	5°	0.801	0.700	0.611	0.532	0.461	0.397	0.340	0.288
	10°	0.896	0.768	0.663	0.572	0.492	0.421	0.358	0.302
	15°	1.196	0.868	0.730	0.621	0.529	0.450	0.380	0.318
	20°		1.205	0.834	0.688	0.576	0.484	0.405	0.337
	25°			1.196	0.791	0.639	0.527	0.435	0.358
	30°				1.169	0.740	0.586	0.474	0.385
	35°					1.124	0.683	0.529	0.420
	40°						1.064	0.620	0.469
	45°							0.990	0.552
	50°								0.904
−10°	0°	0.540	0.433	0.344	0.270	0.209	0.158	0.117	0.083
	5°	0.581	0.461	0.364	0.284	0.218	0.164	0.120	0.085
	10°	0.644	0.500	0.389	0.301	0.229	0.171	0.125	0.088
	15°	0.860	0.562	0.425	0.322	0.243	0.180	0.130	0.090
	20°		0.785	0.482	0.353	0.261	0.190	0.136	0.094
	25°			0.703	0.405	0.287	0.205	0.144	0.098
	30°				0.614	0.331	0.226	0.155	0.104
	35°					0.523	0.263	0.171	0.111
	40°						0.433	0.200	0.123
	45°							0.344	0.145
	50°								0.262
−20°	0°	0.497	0.380	0.287	0.212	0.153	0.106	0.070	0.043
	5°	0.535	0.405	0.302	0.222	0.159	0.110	0.072	0.044
	10°	0.595	0.439	0.323	0.234	0.166	0.114	0.074	0.045
	15°	0.809	0.494	0.352	0.250	0.175	0.119	0.076	0.046
	20°		0.707	0.401	0.274	0.188	0.125	0.080	0.047
	25°			0.603	0.316	0.206	0.134	0.084	0.049
	30°				0.498	0.239	0.147	0.090	0.051
	35°					0.396	0.172	0.099	0.055
	40°						0.301	0.116	0.060
	45°							0.215	0.071
	50°								0.141

表 6-4　主动土压力系数 K_a 值（$\delta=5^\circ$）

α	β	φ							
		15°	20°	25°	30°	35°	40°	45°	50°
0°	0°	0.556	0.465	0.387	0.319	0.260	0.210	0.166	0.129
	5°	0.605	0.500	0.412	0.337	0.274	0.219	0.173	0.133
	10°	0.680	0.547	0.444	0.360	0.289	0.230	0.180	0.138
	15°	0.937	0.620	0.488	0.388	0.308	0.243	0.189	0.144
	20°		0.886	0.558	0.428	0.333	0.259	0.199	0.150
	25°			0.825	0.493	0.369	0.280	0.212	0.158
	30°				0.753	0.428	0.311	0.229	0.168
	35°					0.674	0.363	0.255	0.182
	40°						0.589	0.299	0.202
	45°							0.502	0.388
	50°								0.415
10°	0°	0.622	0.536	0.460	0.393	0.333	0.280	0.233	0.191
	5°	0.680	0.579	0.493	0.418	0.352	0.294	0.243	0.199
	10°	0.767	0.636	0.534	0.448	0.374	0.311	0.255	0.207
	15°	1.060	0.725	0.589	0.486	0.401	0.330	0.269	0.217
	20°		1.035	0.676	0.538	0.436	0.354	0.286	0.228
	25°			0.996	0.622	0.484	0.385	0.306	0.242
	30°				0.943	0.563	0.428	0.333	0.259
	35°					0.877	0.500	0.371	0.281
	40°						0.801	0.436	0.314
	45°							0.716	0.371
	50°								0.626
20°	0°	0.709	0.627	0.553	0.485	0.424	0.368	0.318	0.271
	5°	0.781	0.680	0.597	0.520	0.452	0.391	0.335	0.285
	10°	0.887	0.755	0.650	0.562	0.484	0.416	0.355	0.300
	15°	1.240	0.866	0.723	0.614	0.523	0.446	0.376	0.316
	20°		1.250	0.835	0.684	0.571	0.480	0.402	0.335
	25°			1.240	0.794	0.639	0.525	0.434	0.357
	30°				1.212	0.746	0.587	0.474	0.385
	35°					1.166	0.689	0.532	0.421
	40°						1.103	0.627	0.472
	45°							1.026	0.559
	50°								0.937

α	β	φ							
		15°	20°	25°	30°	35°	40°	45°	50°
−10°	0°	0.503	0.406	0.324	0.256	0.199	0.151	0.112	0.080
	5°	0.546	0.434	0.344	0.269	0.208	0.157	0.116	0.082
	10°	0.612	0.474	0.369	0.286	0.219	0.164	0.120	0.085
	15°	0.850	0.537	0.405	0.308	0.232	0.172	0.125	0.087
	20°		0.776	0.463	0.339	0.250	0.183	0.131	0.091
	25°			0.695	0.390	0.276	0.197	0.139	0.095
	30°				0.607	0.321	0.218	0.149	0.100
	35°					0.518	0.255	0.166	0.108
	40°						0.428	0.195	0.120
	45°							0.341	0.141
	50°								0.259
−20°	0°	0.457	0.352	0.267	0.199	0.144	0.101	0.067	0.041
	5°	0.496	0.376	0.282	0.208	0.150	0.104	0.068	0.042
	10°	0.557	0.410	0.302	0.220	0.157	0.108	0.070	0.043
	15°	0.787	0.466	0.331	0.236	0.165	0.112	0.073	0.044
	20°		0.688	0.380	0.259	0.178	0.119	0.076	0.045
	25°			0.586	0.300	0.196	0.127	0.080	0.047
	30°				0.484	0.228	0.140	0.085	0.049
	35°					0.386	0.165	0.094	0.052
	40°						0.293	0.111	0.058
	45°							0.209	0.068
	50°								0.137

表 6-5　主动土压力系数 K_a 值（$\delta=10°$）

α	β	φ							
		15°	20°	25°	30°	35°	40°	45°	50°
0°	0°	0.533	0.447	0.373	0.309	0.253	0.204	0.163	0.127
	5°	0.585	0.483	0.398	0.327	0.266	0.214	0.169	0.131
	10°	0.664	0.531	0.431	0.350	0.282	0.225	0.177	0.136
	15°	0.947	0.609	0.476	0.379	0.301	0.238	0.185	0.141
	20°		0.897	0.549	0.420	0.326	0.254	0.195	0.148
	25°			0.834	0.487	0.363	0.275	0.209	0.156
	30°				0.762	0.423	0.306	0.226	0.166
	35°					0.681	0.359	0.252	0.180
	40°						0.596	0.297	0.201
	45°							0.508	0.238
	50°								0.420

α	β	φ 15°	20°	25°	30°	35°	40°	45°	50°
10°	0°	0.603	0.520	0.448	0.384	0.326	0.275	0.230	0.189
	5°	0.665	0.566	0.482	0.409	0.346	0.290	0.240	0.197
	10°	0.759	0.626	0.524	0.440	0.369	0.307	0.253	0.206
	15°	1.089	0.721	0.582	0.480	0.396	0.326	0.267	0.216
	20°		1.064	0.674	0.534	0.432	0.351	0.284	0.227
	25°			1.024	0.622	0.482	0.382	0.304	0.241
	30°				0.969	0.564	0.427	0.332	0.258
	35°					0.901	0.503	0.371	0.281
	40°						0.823	0.438	0.315
	45°							0.736	0.374
	50°								0.644
20°	0°	0.695	0.615	0.543	0.478	0.419	0.365	0.316	0.271
	5°	0.773	0.674	0.589	0.515	0.448	0.388	0.334	0.285
	10°	0.890	0.752	0.646	0.558	0.482	0.414	0.354	0.300
	15°	1.298	0.872	0.723	0.613	0.522	0.444	0.377	0.317
	20°		1.308	0.844	0.687	0.573	0.481	0.403	0.337
	25°			1.298	0.806	0.643	0.528	0.436	0.360
	30°				1.268	0.758	0.594	0.478	0.388
	35°					1.220	0.702	0.539	0.426
	40°						1.155	0.640	0.480
	45°							1.074	0.572
	50°								0.981
−10°	0°	0.477	0.385	0.309	0.245	0.191	0.146	0.109	0.078
	5°	0.521	0.414	0.329	0.258	0.200	0.152	0.112	0.080
	10°	0.590	0.455	0.354	0.275	0.211	0.159	0.116	0.082
	15°	0.847	0.520	0.390	0.297	0.224	0.167	0.121	0.085
	20°		0.773	0.450	0.328	0.242	0.177	0.127	0.088
	25°			0.692	0.380	0.268	0.191	0.135	0.093
	30°				0.605	0.313	0.212	0.146	0.098
	35°					0.516	0.249	0.162	0.106
	40°						0.426	0.191	0.117
	45°							0.339	0.139
	50°								0.258

续表

α	β	φ							
		15°	20°	25°	30°	35°	40°	45°	50°
−20°	0°	0.427	0.330	0.252	0.188	0.137	0.096	0.064	0.039
	5°	0.466	0.354	0.267	0.197	0.143	0.099	0.066	0.040
	10°	0.529	0.388	0.286	0.209	0.149	0.103	0.068	0.041
	15°	0.772	0.445	0.315	0.225	0.158	0.108	0.070	0.042
	20°		0.675	0.364	0.248	0.170	0.114	0.073	0.044
	25°			0.575	0.288	0.188	0.122	0.077	0.045
	30°				0.475	0.220	0.135	0.082	0.047
	35°					0.378	0.159	0.091	0.051
	40°						0.288	0.108	0.056
	45°							0.205	0.066
	50°								0.135

表 6-6　主动土压力系数 K_a 值（$\delta = 15°$）

α	β	φ							
		15°	20°	25°	30°	35°	40°	45°	50°
0°	0°	0.518	0.434	0.363	0.301	0.248	0.201	0.160	0.125
	5°	0.571	0.471	0.389	0.320	0.261	0.211	0.167	0.130
	10°	0.656	0.522	0.423	0.343	0.277	0.222	0.174	0.135
	15°	0.966	0.603	0.470	0.373	0.297	0.235	0.183	0.140
	20°		0.914	0.546	0.415	0.323	0.251	0.194	0.147
	25°			0.850	0.485	0.360	0.273	0.207	0.155
	30°				0.777	0.422	0.305	0.225	0.165
	35°					0.695	0.359	0.251	0.179
	40°						0.608	0.298	0.200
	45°							0.518	0.238
	50°								0.428
10°	0°	0.592	0.511	0.441	0.378	0.323	0.273	0.228	0.189
	5°	0.658	0.559	0.476	0.405	0.343	0.288	0.240	0.197
	10°	0.760	0.623	0.520	0.437	0.366	0.305	0.252	0.206
	15°	1.129	0.723	0.581	0.478	0.395	0.325	0.267	0.216
	20°		1.103	0.679	0.535	0.432	0.351	0.284	0.228
	25°			1.062	0.628	0.484	0.383	0.305	0.242
	30°				1.005	0.571	0.430	0.334	0.260
	35°					0.935	0.509	0.375	0.284
	40°						0.853	0.445	0.319
	45°							0.763	0.380
	50°								0.668

α	β	φ							
		15°	20°	25°	30°	35°	40°	45°	50°
20°	0°	0.690	0.611	0.540	0.476	0.419	0.366	0.317	0.273
	5°	0.774	0.673	0.588	0.514	0.449	0.389	0.336	0.287
	10°	0.904	0.757	0.649	0.560	0.484	0.416	0.357	0.303
	15°	1.372	0.889	0.731	0.618	0.526	0.448	0.380	0.321
	20°		1.383	0.862	0.697	0.579	0.486	0.408	0.341
	25°			1.372	0.825	0.655	0.536	0.442	0.365
	30°				1.341	0.778	0.606	0.487	0.395
	35°					1.290	0.722	0.551	0.435
	40°						1.221	0.609	0.492
	45°							1.136	0.590
	50°								1.037
−10°	0°	0.458	0.371	0.298	0.237	0.186	0.142	0.106	0.076
	5°	0.503	0.400	0.318	0.251	0.195	0.148	0.110	0.078
	10°	0.576	0.442	0.344	0.267	0.205	0.155	0.114	0.081
	15°	0.850	0.509	0.380	0.289	0.219	0.163	0.119	0.084
	20°		0.776	0.441	0.320	0.237	0.174	0.125	0.087
	25°			0.695	0.374	0.263	0.188	0.133	0.091
	30°				0.607	0.308	0.209	0.143	0.097
	35°					0.518	0.246	0.159	0.104
	40°						0.428	0.189	0.116
	45°							0.341	0.137
	50°								0.259
−20°	0°	0.405	0.314	0.240	0.180	0.132	0.093	0.062	0.038
	5°	0.445	0.338	0.255	0.189	0.137	0.096	0.064	0.039
	10°	0.509	0.372	0.275	0.201	0.144	0.100	0.066	0.040
	15°	0.763	0.429	0.303	0.216	0.152	0.104	0.068	0.041
	20°		0.667	0.352	0.239	0.164	0.110	0.071	0.042
	25°			0.568	0.280	0.182	0.119	0.075	0.044
	30°				0.470	0.214	0.131	0.080	0.046
	35°					0.374	0.155	0.089	0.049
	40°						0.284	0.105	0.055
	45°							0.203	0.065
	50°								0.133

表 6-7　主动土压力系数 K_a 值（$\delta=20°$）

α	β	φ							
		15°	20°	25°	30°	35°	40°	45°	50°
0°	0°			0.357	0.297	0.245	0.199	0.160	0.125
	5°			0.384	0.317	0.259	0.209	0.166	0.130
	10°			0.419	0.340	0.275	0.220	0.174	0.135
	15°			0.467	0.371	0.295	0.234	0.183	0.140
	20°			0.547	0.414	0.322	0.251	0.193	0.147
	25°			0.874	0.487	0.360	0.273	0.207	0.155
	30°				0.798	0.425	0.306	0.225	0.166
	35°					0.714	0.362	0.252	0.180
	40°						0.625	0.300	0.202
	45°							0.532	0.241
	50°								0.440
10°	0°			0.438	0.377	0.322	0.273	0.229	0.190
	5°			0.475	0.404	0.343	0.289	0.241	0.198
	10°			0.521	0.438	0.367	0.306	0.254	0.208
	15°			0.586	0.480	0.397	0.328	0.269	0.218
	20°			0.690	0.540	0.436	0.354	0.286	0.230
	25°			1.111	0.639	0.490	0.388	0.309	0.245
	30°				1.051	0.582	0.437	0.338	0.264
	35°					0.978	0.520	0.381	0.288
	40°						0.893	0.456	0.325
	45°							0.799	0.389
	50°								0.699
20°	0°			0.543	0.479	0.422	0.370	0.321	0.277
	5°			0.594	0.520	0.454	0.395	0.341	0.292
	10°			0.659	0.568	0.490	0.423	0.363	0.309
	15°			0.747	0.629	0.535	0.456	0.387	0.327
	20°			0.891	0.715	0.592	0.496	0.417	0.349
	25°			1.467	0.854	0.673	0.549	0.453	0.374
	30°				1.434	0.807	0.624	0.501	0.406
	35°					1.379	0.750	0.569	0.448
	40°						1.305	0.685	0.509
	45°							1.214	0.615
	50°								1.109

α	β	φ							
		15°	20°	25°	30°	35°	40°	45°	50°
	0°			0.291	0.232	0.182	0.140	0.105	0.076
	5°			0.311	0.245	0.191	0.146	0.108	0.078
	10°			0.337	0.262	0.202	0.153	0.113	0.080
	15°			0.374	0.284	0.215	0.161	0.117	0.083
	20°			0.437	0.316	0.233	0.171	0.124	0.086
−10°	25°			0.703	0.371	0.260	0.186	0.131	0.090
	30°				0.614	0.306	0.207	0.142	0.096
	35°					0.524	0.245	0.158	0.103
	40°						0.433	0.188	0.115
	45°							0.344	0.137
	50°								0.262
	0°			0.231	0.174	0.128	0.090	0.061	0.038
	5°			0.246	0.183	0.133	0.094	0.062	0.038
	10°			0.266	0.195	0.140	0.097	0.064	0.039
	15°			0.294	0.210	0.148	0.102	0.067	0.040
	20°			0.344	0.233	0.160	0.108	0.069	0.042
−20°	25°			0.566	0.274	0.178	0.116	0.073	0.043
	30°				0.468	0.210	0.129	0.079	0.045
	35°					0.373	0.153	0.087	0.049
	40°						0.283	0.104	0.054
	45°							0.202	0.064
	50°								0.133

表 6-8　主动土压力系数 K_a 值（$\delta=25°$）

α	β	φ							
		15°	20°	25°	30°	35°	40°	45°	50°
	0°				0.296	0.245	0.199	0.160	0.126
	5°				0.316	0.259	0.209	0.167	0.130
	10°				0.340	0.275	0.221	0.175	0.136
	15°				0.372	0.296	0.235	0.184	0.141
	20°				0.417	0.324	0.252	0.195	0.148
0°	25°				0.494	0.363	0.275	0.209	0.157
	30°				0.828	0.432	0.309	0.228	0.168
	35°					0.741	0.368	0.256	0.183
	40°						0.647	0.306	0.205
	45°							0.552	0.246
	50°								0.456

续表

α	β	φ							
		15°	20°	25°	30°	35°	40°	45°	50°
10°	0°				0.379	0.325	0.276	0.232	0.193
	5°				0.408	0.346	0.292	0.244	0.201
	10°				0.443	0.371	0.311	0.258	0.211
	15°				0.488	0.403	0.333	0.273	0.222
	20°				0.551	0.443	0.360	0.292	0.235
	25°				0.658	0.502	0.396	0.315	0.250
	30°				1.112	0.600	0.448	0.346	0.270
	35°					1.034	0.537	0.392	0.295
	40°						0.944	0.471	0.335
	45°							0.845	0.403
	50°								0.739
20°	0°				0.488	0.430	0.377	0.329	0.284
	5°				0.530	0.463	0.403	0.349	0.300
	10°				0.582	0.502	0.433	0.372	0.318
	15°				0.648	0.550	0.469	0.399	0.337
	20°				0.740	0.612	0.512	0.430	0.360
	25°				0.894	0.699	0.569	0.469	0.387
	30°				1.553	0.846	0.650	0.520	0.421
	35°					1.494	0.788	0.594	0.466
	40°						1.414	0.721	0.532
	45°							1.316	0.647
	50°								1.201
−10°	0°				0.228	0.180	0.139	0.104	0.075
	5°				0.242	0.189	0.145	0.108	0.078
	10°				0.259	0.200	0.151	0.112	0.080
	15°				0.281	0.213	0.160	0.117	0.083
	20°				0.314	0.232	0.170	0.123	0.086
	25°				0.371	0.259	0.185	0.131	0.090
	30°				0.620	0.307	0.207	0.142	0.096
	35°					0.534	0.246	0.159	0.104
	40°						0.441	0.189	0.116
	45°							0.351	0.138
	50°								0.267

续表

α	β	φ							
		15°	20°	25°	30°	35°	40°	45°	50°
−20°	0°				0.170	0.125	0.089	0.060	0.037
	5°				0.179	0.131	0.092	0.061	0.038
	10°				0.191	0.137	0.096	0.063	0.039
	15°				0.206	0.146	0.100	0.066	0.040
	20°				0.229	0.157	0.106	0.069	0.041
	25°				0.270	0.175	0.114	0.072	0.043
	30°				0.470	0.207	0.127	0.078	0.045
	35°					0.374	0.151	0.086	0.048
	40°						0.284	0.103	0.053
	45°							0.203	0.064
	50°								0.133

表 6-9　土对挡土墙墙背的摩擦角

挡土墙情况	摩擦角 δ
墙背平滑、排水不良	（0 ~ 0.33）φ
墙背粗糙、排水良好	（0.33 ~ 0.5）φ
墙背很粗糙、排水良好	（0.5 ~ 0.67）φ
墙背与填土间不可能滑动	（0.67 ~ 1.0）φ

例题 6-5　有一重力式挡土墙高 4.0 m，$\alpha = 10°$，$\beta = 5°$，墙后填砂土，$c = 0$，$\varphi = 30°$，$\gamma = 18\ \text{kN/m}^3$。试分别求出当 $\delta = \varphi/2$ 和 $\delta = 0$ 时，作用于墙背上的总主动土压力 E_a 的大小、方向及作用点。

解：（1）求 $\delta = \frac{1}{2}\varphi$ 时的主动土压力 E_{a1}。

根据 $\alpha = 10°$，$\beta = 5°$，$\delta = \frac{1}{2}\varphi = 15°$和 $\varphi = 30°$，查表 6-6，得 $K_{a1} = 0.405$，则

$$E_{a1} = \frac{1}{2}\gamma H^2 K_{a1} = \frac{1}{2}\times 18\times 4^2\times 0.405 = 58.3\ \text{kN/m}$$

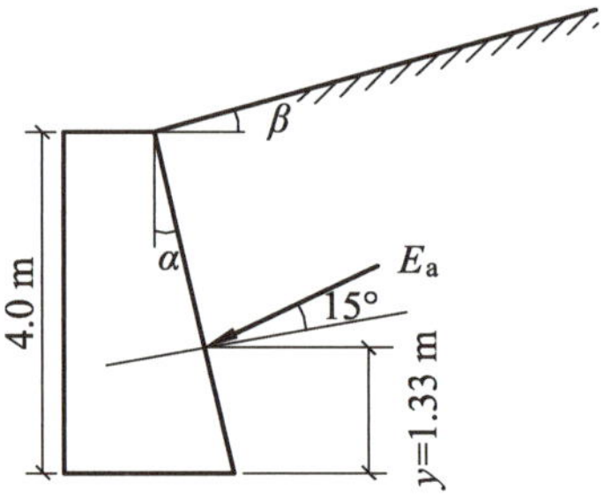

图 6-22　例题 6-5 图

E_{a1} 作用点位置在距墙底 $H/3$ 处，即 $y = 4/3 = 1.33$ m。E_{a1} 作用线与墙背法线的夹角为 15°，如图 6-22 所示。

（2）求 $\delta = 0$ 时主动土压力 E_{a2}。

根据 $\alpha = 10°$，$\beta = 5°$，$\delta = 0°$和 $\varphi = 30°$，查表 6-3，得 $K_{a2} = 0.431$，则

$$E_{a2} = \frac{1}{2}\gamma H^2 K_{a2} = \frac{1}{2}\times 18\times 4^2\times 0.431 = 62.06\ \text{kN/m}$$

E_{a2} 的作用点与 E_{a1} 相同，E_{a2} 的方向为水平指向墙背。

比较上述计算结果可知，当墙背与土之间的摩擦角 δ 减小时，作用于墙背上的总主动力压力将增大。

6.4.3 被动土压力计算

当挡土墙在外力作用下被推向填土，滑动楔形体 ABC 沿着破裂面 BC 向上滑动，处于极限平衡状态时，同样在楔形体 ABC 上作用有三个力 W、E 和 R（见图 6-23）。楔体 ABC 的重力 W 的大小和方向为已知。由于楔形体 ABC 上滑，E 和 R 的方向均位于墙背和破裂面法线的上侧，夹角分别为 δ 和 φ，因此 E 和 R 的方向已知但大小未知。与求主动土压力的原理相似，用数解法可求得总被动土压力。

$$E_p=\frac{1}{2}\gamma H^2\frac{\cos^2(\varphi+\alpha)}{\cos^2\alpha\times\cos(\alpha-\delta)\times\left[1-\sqrt{\dfrac{\sin(\varphi+\delta)\times\sin(\varphi+\beta)}{\cos(\alpha-\delta)\times\cos(\alpha-\beta)}}\right]^2}$$

$$=\frac{1}{2}K_p\gamma H^2 \tag{6-18}$$

式中，K_p 称为库仑被动土压力系数，K_p 也为 φ、α、δ、β 的函数。

被动土压力强度 e_p 沿竖直高度 H 的分布，可以通过对 E_p 求导得出，即

$$e_p=\frac{dE_p}{dz}=\gamma zK_p \tag{6-19}$$

被动土压力强度沿墙高也呈三角形线性分布［见图 6-23（c）］。总被动土压力的作用点在底面以上 $H/3$ 处，其作用线与墙面法线夹角为 δ，与水平面夹角为 $\delta-\alpha$。

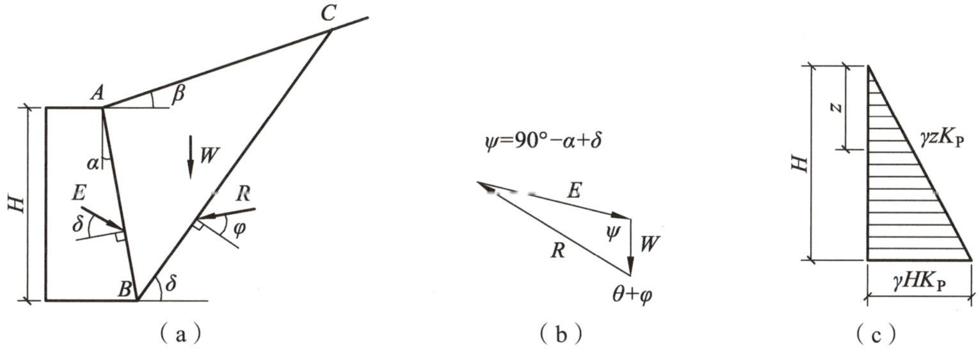

图 6-23 库仑被动土压力强度分布

例题 6-6 挡土墙高 4.5 m，墙背俯斜，填土为砂土，$\gamma=17.5\ \text{kN/m}^3$，$\varphi=30°$，填土坡角、填土与墙背摩擦角等指标如图 6-24 所示，试按库仑理论求主动土压力 E_a。

解：由 $\alpha=10°$，$\beta=15°$，$\varphi=30°$，$\delta=20°$，按式（6-18）得

$$K_a=\frac{\cos^2(\varphi-\alpha)}{\cos^2\alpha\cos(\alpha+\delta)\left[1+\sqrt{\dfrac{\sin(\varphi+\delta)\sin(\varphi-\beta)}{\cos(\alpha+\delta)\cos(\alpha-\beta)}}\right]^2}=0.48$$

$$E_a = \frac{1}{2}\gamma H^2 K_a = 85.1\ \text{kN/m}$$

E_a 作用点位于 $H/3$ 处，方向与墙背法线成 $\delta = 20°$ 角，并位于法线上侧，如图 6-24 所示。

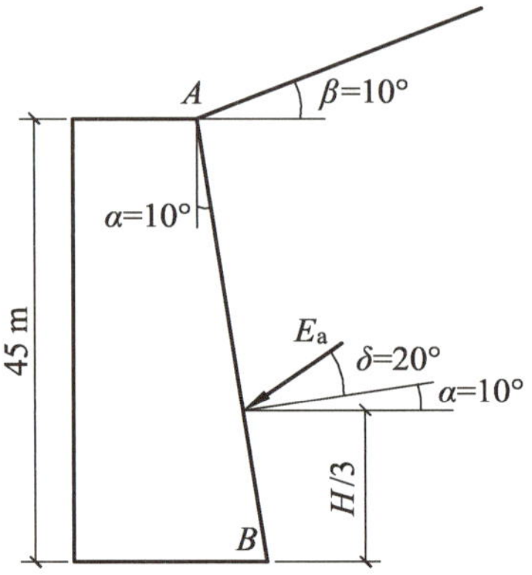

图 6-24　例题 6-6 图

6.4.4　朗肯土理论与库仑土压力理论的比较

挡土墙土压力的计算理论是土力学的主要课题之一，也是较复杂的问题之一，还有许多问题尚待进一步解决。朗肯理论和库仑理论都是研究土压力问题的简化方法，它们各有其不同的基本假定、分析方法和适用条件，只有在最简单的情况下（$\alpha = 0$，$\beta = 0$，$\delta = 0$），用这两种古典理论计算结果才相同。因此，在应用时必须注意针对实际情况合理选择，否则将会造成不同程度的误差。以下是两种理论的一些基本比较。

1. 分析方法的异同

朗肯理论和库仑理论均属于极限状态土压力理论，都是计算极限平衡状态作用下墙背的土压力，这是它们的共同点。但两者在分析方法上存在着较大的差异，朗肯土压力理论依据半空间的应力状态和土的极限平衡条件，从一点的应力出发，先求土压力强度及分布，再计算总土压力，因而朗肯理论属于极限应力法；库仑土压力理论根据墙背和滑裂面之间的土楔整体处于极限平衡状态，用静力平衡条件先求出作用在墙背上的总土压力，需要时再计算土压力强度及其分布形式，因而库仑理论属于滑动楔体法。

上述两种理论中，朗肯理论在理论上比较严密，但只能在理想的简单条件下求解，应用上受到了一定的限制。库仑理论虽然是一种简化理论，但由于其能适用于较为复杂的各种实际边界条件，且在一定的范围内能得出比较满意的结果，因而应用更广。

2. 计算误差

朗肯理论和库仑理论建立在某些假定的基础上,因此计算结果都有一定误差。朗肯土压力理论应用半空间中的应力状态和极限平衡理论的概念比较明确,公式简单，便于记忆，对于黏性土和无黏性土都可以用该公式直接计算，故在工程中得到广泛应用。但为了使墙后的应力状态符合半空间的应力状态，必须假设墙背直立的、光滑的，墙后填土面是水平的。由于该理论忽略了墙背与填土之间的摩擦影响，使计算的主动土压力增大，被动土压力偏小。

思政小课堂

香港陆地总面积 1 106.66 平方千米，约 70%的土地为山地、丘陵；属典型的亚热带季风气候，年降雨量大，每年的 4 月至 9 月为雨季，在此期间滑坡事故时有发生。香港地区人多地少，大量民居建筑、道路等均依山而建，因而需要修建很多高陡的挡土墙来阻止山坡土体下滑。1972 年 7 月，香港宝城路附近，两万立方米残积土从山坡上下滑，巨大滑动体正好冲过一幢高层住宅——宝成大厦，顷刻间宝成大厦被冲毁倒塌并砸毁相邻一幢大楼一角，造成 67 人死亡。

动画—香港繁荣稳定的“守护神”和“定海神针”

1997 年 7 月 1 日，被誉为东方之珠的香港，回到祖国的怀抱，“一国两制”、“港人治港”、高度自治的政策，在香港得到了成功实现，让香港实现了持续繁荣。经过香港特区政府多年的努力，于 2000 年将斜坡整体山体滑坡风险减至 20 世纪 70 年代的 50%，于 2010 年将滑坡风险减至 25%。香港滑坡整治的显著成效，是香港回到祖国怀抱后繁荣发展的一种表现。

2020 年 6 月 30 日，十三届全国人大常委会会议表决通过了《中华人民共和国香港特别行政区维护国家安全法》，国家主席习近平签署第 49 号主席令予以公布。该法是继《中华人民共和国香港特别行政区基本法》之后，中央为香港特别行政区专门制定的第二部重要法律，被喻为香港繁荣稳定的“守护神”和“定海神针”。

该法的颁布、实施，让香港以更安全、稳定、和谐的社会环境和良好的营商环境吸引外来投资者，继续保持国际金融、贸易和航运中心的地位。

项目小结

本项目主要介绍了挡土结构物上的土压力问题，首先介绍了挡土墙及其分类，土压力的概念和分类，其次介绍了静止土压力计算方法，朗肯土压力理论与计算方法，最后介绍了库仑土压力理论与计算方法。通过本项目的学习，能够熟练运用朗肯土压力理论和库仑土压力理论进行各种土压力的计算，为挡土墙等挡土结构物的设计提供必要的支持。

项目思考题

1. 什么是主动土压力、被动土压力和静止土压力？三者的关系是什么？

2. 说明土的极限平衡状态是什么意思，挡土墙应如何移动，才能产生主动土压力？

3. 朗肯土压力理论的基本假设是什么？

4. 库仑土压力理论的基本假设是什么？

5. 已知挡土墙 4 m 高，墙背竖直光滑，墙后填土面水平，填土重度 $\gamma = 17\ \text{kN/m}^3$，对填土采样进行了两次直接剪切试验，试验结果如下：（1）$p_1 = 100\ \text{kPa}$，$\tau_1 = 52\ \text{kPa}$；（2）$p_1 = 150\ \text{kPa}$，$\tau_1 = 73\ \text{kPa}$。

试求：（1）主动破坏时，作用在墙顶下 3 m 处的土压力和墙背上土压力的合力；

（2）被动破坏时，作用在墙顶下 3 m 处的土压力和墙背上土压力的合力。

6. 有一挡土墙，高 5 m，墙背直立、光滑，填土表面水平的挡土墙。填土的物理力学性质指标为：$c = 10\ \text{kPa}$，$\varphi = 20°$，$\gamma = 18\ \text{kN/m}^3$。试求主动土压力及作用点，并绘出主动土压力分布图。

7. 挡土墙高 4 m，墙背倾斜角 $\alpha = 10°$（倾斜），填土坡脚$\beta = 30°$，$\gamma = 18\ \text{kN/m}^3$，$\varphi = 30°$，$c = 0$，填土与墙背的摩擦角$\delta = 2\varphi/3$，试按库仑理论求主动土压力及其作用点。

项目 7

天然地基上的浅基础施工

项目导学

本项目系统地学习天然地基上的浅基础设计和施工。通过学习，学生熟悉浅基础常用类型及适用条件，熟悉刚性扩大基础的设计，掌握陆地、水中浅基础的施工方法和要求。

教学目标

1. 知识目标

（1）浅基础类型、构造和适用条件；

（2）基础埋置深度的定义及确定方法；

（3）浅基础的常用施工方法。

2. 能力目标

（1）能简要介绍浅基础类型、构造和适用条件；

（2）能准确解释基础埋置深度，并说出确定基础埋置深度的确定方法；

（3）能准确说出浅基础的常用施工方法。

3. 情感目标

（1）养成综合思考问题的习惯；

（2）能够主动查阅资料，具有自学能力；

（3）具有一定安全施工意识。

4. 思政目标

（1）增强宗旨意识，把人民放心中；

（2）帮助学生了解党的历史；

（3）切实增强学生政治责任感和历史使命感，培养担当民族复兴大任的时代新人。

相关案例

克拉玛依拓源化工厂基础施工

克拉玛依拓源化工厂储煤车间拟建建筑物为地上六层，无地下室，砖混结构，建筑面积约 3 600 m^2。地基处理方案采用大开挖换土垫层法，基础埋深 –3.7 m（高于自然地面 1.0 m），垫层处理厚度 1.5 m，基础形式采用条形基础。

拟建场地地层属第四纪全新统的冲洪积沉积类型，岩土主要以细颗粒粉土为主，局部夹薄层粉砂及粉质黏土透镜体。拟建场地水文地质条件较为单一，场地地下水属第四系孔隙潜水，主要补给源为大气降水，地下水受季节性影响较大，年变幅 0.5 ~ 0.8 m，施工期间地下水水位埋深位于 4.0 m（以自然地面计）。

基坑开挖后地下水出露，基坑内有积水现象，坑底岩土较为软弱，垫层无法进行回填碾压处理，必须采取相应的降排水措施，方法如下：在基坑底部按 3.0 m 间距网格状人工开挖排水槽，排水槽宽约 0.4 m，深 0.5 m，排水槽内均匀排列铺设粒径大于 10 cm 卵石颗粒，基坑外围对称开挖两眼排水井，排水井距基坑边线约 5.0 m，由于出现流砂现象，因此排水井采用砖砌。通过三天的排水处理，场地地下水水位明显下降，基坑底部进行适当的晾晒后，可进行回填处理。在回填施工过程中，排水井一直处于工作状态，直到回填施工完工。

由此可见，浅基础施工时，不仅仅是简单地开挖基坑，很可能遇到地下水问题。因此本项目学习中，需要了解天然浅基础类型及不同情况下的施工方法。

任务 7.1　概　述

7.1.1　地基与基础的概念

任何建筑物都建造在一定的地层上，建筑物的全部荷载都由它下面的地层来承担。受建筑物影响的那一部分地层称为地基，建筑物向地基传递荷载的下部结构称为基础，如图 7-1 所示。地基基础是保证建筑物安全和满足使用要求的关键之一。基础工程包括建筑物的地基与基础的设计与施工。

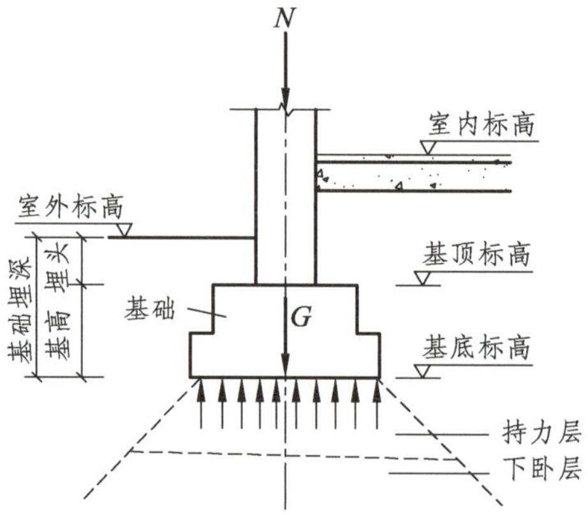

图 7-1　地基与基础

地基与基础在各种荷载作用下将产生附加应力和变形。为了保证建筑物的正常使用与安全，地基与基础必须具有足够的强度和稳定性，变形也应在允许范围之内。根据地层变化情况、上部结构的要求、荷载特点和施工技术水平，可采用不同类型的地基和基础。

地基可分为天然地基与人工地基。未经人工处理就可以满足设计要求的地基称为天然地基。如果天然地层土质过于软弱或存在不良工程地质问题，需要经过人工加固或处理后才能修筑基础，这种地基称为人工地基。

基础根据埋置深度分为浅基础和深基础。通常将埋置深度较浅（一般在数米以内），且施工简单的基础称为浅基础；若浅层土质不良，需将基础置于较深的良好土层上，且施工较复杂时称为深基础。基础埋置在土层内深度虽较浅，但在水下部分较深，如深水中的桥墩基础，称为深水基础，在设计和施工中有些问题需要作为深基础考虑。桥梁及各种人工构造物常用天然地基上的浅基础。当需设置深基础时常采用桩基础或沉井基础，而我国公路、铁路桥梁应用最多的深基础是桩基础。目前，我国公路建筑物基础大多采用混凝土或钢筋混凝土结构，少部分用钢结构。在石料丰富的地区，就地取材，也常用石砌基础。只有在特殊情况下（如抢修、建临时便桥）采用木结构。

7.1.2　基础分类

铁路桥梁基础根据其结构形式和施工方法分为明挖基础、桩基础、管柱基础和沉井基础等。

1. 明挖基础

明挖基础采用露天敞坑放坡开挖，然后在地基上用块石或混凝土砌筑而成的实体基础，其埋置深度较浅，故为浅基础，如图 7-2 所示。明挖基础构造简单，所用块石或混凝土材料不能承受较大的拉应力，故基础的厚宽比要足够大，受力时不只是基础本身产生挠曲变形，因此又称为刚性基础。因地基土的强度比基础圬工的强度低，为了适应地基的承载力，基底的平面尺寸都需要扩大，使基底产生的最大应力不超过持力层的容许承载力，故明挖基础又常称为刚性扩大基础。明挖基础适用范围为浅层土较为坚实，且水流冲刷不严重的浅水地区。由于其构造简单、埋深浅、施工容易，加上可以就地取材，故造价低廉，广泛应用于中小桥涵及旱桥。中外知名的赵州桥就是在粉质黏土地基上采用了明挖基础建成的。

图 7-2　明挖基础

2. 桩基础

桩基础是指将刚度、强度较高，并且有一定长度的杆形构件——桩，打入或设置在较松软的土基中，桩的上部与承台板（梁）连接所构成的基础，如图 7-3 所示。桩基础中上部结构的荷载通过承台分配至各个桩头，再通过桩身及桩端把力传递到周围土及桩端深层土中，故属于深基础。桩基础的结构较轻，施工机械化程度较高，施工进度较快。其适用于地基上部土层松软、承载力较低或河床冲刷深度较大的地质水文情况。

图 7-3　桩基础

3. 管柱基础

管柱基础是由管柱群和钢筋混凝土承台组成的基础，是桥梁的一种深基础。管柱由钢管节、钢筋混凝土管节或预应力混凝土管节拼接而成，用振动打桩结合高压射水方法沉入土层中。管柱基础的施工不受水位、河床岩层性质和形状的限制，全部作业均可在水面以上进行。管柱基础的承载力较大，沉降较小，施工工期较短，造价较低。适用条件为：深水、岩面不平、岩面下可能有溶洞、管柱需穿透后放置在坚实岩层、河床有较厚的砂质覆盖层等情况。

4. 沉井基础

沉井基础一般是在墩位所在的地面上或筑岛面上建造的井筒状结构物，如图 7-4 所示。通过在井孔内取土，借助自重的作用，克服土堆井壁的摩擦力而沉入土中。当第一节井筒快没入土中时，再接筑第二节井筒，这样一直接筑、下沉至设计位置，然后在经过封底、井内填充、修筑顶盖，即成为沉井基础。沉井基础是深埋和深水基础常用形式，既宜于水上施工，也便于路上施工。它刚性大、稳定性好，具有较好的抗震性能，尤其适用于对基础承载力要求较高，对基础变位敏感的桥梁，如大跨度悬索桥、拱桥、连续梁桥等。

图 7-4　沉井基础

7.1.3 基础上的荷载

在设计基础之前，需确定作用在基础上的荷载。荷载可分为主要荷载、附加荷载和特殊荷载三类。

荷载按其性质和发生概率划分为主力、附加力和特殊力三类。主力是经常作用的荷载；附加力不是经常发生的荷载，或者其最大值发生概率较小；特殊力是暂时的或者属于灾害性的荷载，发生的概率是极小的。《铁路桥涵设计基本规范》（TB 10002.1—2005）对桥涵荷载分类和组合的规定见表 7-1。

表 7-1　桥涵荷载

<table>
<tr><th colspan="2">荷载分类</th><th>荷载名称</th><th>荷载分类</th><th>荷载名称</th></tr>
<tr><td rowspan="12">主力</td><td rowspan="5">恒载</td><td>结构构件及附属设备自重预加力</td><td rowspan="5">附加力</td><td>制动力或牵引力</td></tr>
<tr><td>混凝土收缩和徐变的影响土压力</td><td>风力</td></tr>
<tr><td>静水压力及水浮力</td><td>流水压力</td></tr>
<tr><td rowspan="2">基础变位的影响</td><td>温度变化作用</td></tr>
<tr><td>冻胀力</td></tr>
<tr><td rowspan="7">活载</td><td>列车竖向静活载公路活载（需要时考虑）</td><td rowspan="7">特殊荷载</td><td>列车脱轨荷载</td></tr>
<tr><td>列车竖向动力作用</td><td>船只或排筏的撞击力</td></tr>
<tr><td>长钢轨纵向水平力（伸缩力和挠曲力）</td><td>汽车撞击力</td></tr>
<tr><td>离心力</td><td>施工临时荷载</td></tr>
<tr><td>横向摇摆力</td><td>地震力</td></tr>
<tr><td>活载土压力</td><td rowspan="2">长钢轨断轨力</td></tr>
<tr><td>人行道人行荷载</td></tr>
</table>

7.1.4 基础工程学科发展概况

基础工程与其他技术学科一样，是人类在长期的生产实践中不断发展起来的，在世界各文明古国数千年前的建筑活动中，就有很多关于基础工程的工艺技术成就，但由于当时受社会生产力和技术条件的限制，在相当长的时期内发展很缓慢，仅停留在经验积累的感性认识阶段。国外在 18 世纪产业革命以后，城建、水利、道路建筑规模的扩大促使人们对基础工程的重视与研究，对有关问题开始寻求理论上的解答。此阶段在作为本学科的理论基础的土力学方面，如土压力理论、土的渗透理论等有局部的突破，基础工程也随着工业技术的发展而得到新的发展，如 19 世纪中叶利用气压沉箱法修建深水基础。20 世纪 20 年代，基础工程有比较系统、比较完整的专著问世，1936 年召开第一届国际土力学与基础工程会议后，土力学与基础工程作为一门独立的学科取得不断的发展。20 世纪 50 年代起，现代科学新成就的渗入，使基础工程技术与理论得到更进一步的发展与充实，成为一门较成熟的独立的现代学科。

我国是一个具有悠久历史的文明古国，我国古代劳动人民在基础工程方面，也早就表现出高超的技艺和创造才能。例如，远在 1 400 多年前隋朝时所修建的赵州安济石拱桥，不仅在建筑结构上有独特的技艺，而且在地基基础的处理上也非常合理，该桥桥台坐落在较浅的密实粗砂土层上，沉降很小，现反算其基底压力约为 500 ~ 600 kPa，与现行的各设计规范中所采用的该土层容许承载力的数值（550 kPa）极为接近。

近年来，国外基础工程科学技术发展也较快，一些国家采用了概率极限状态设计方法，将高强度预应力混凝土应用于基础工程，基础结构向薄壁、空心、大直径发展，采用的管柱直径达 6 m，沉井直径达 80 m（水深 60 m）并以大口径磨削机对基岩进行处理，在水深流速较大处采用水上自升式平台进行沉桩（管柱）施工等。

工程实践表明，建筑物地基与基础的设计和施工质量的优劣，对整个建筑物的质量和正常使用起着根本的作用。基础工程是隐蔽工程，如有缺陷，较难发现，也较难弥补和修复，而这些缺陷往往直接影响整个建筑物的使用甚至安全。基础工程的进度，经常控制整个建筑物的施工进度。基础工程的造价，通常在整个建筑物造价中占相当大的比例，尤其是在复杂的地质条件下或深水中修建基础更是如此。因此，对基础工程必须做到精心设计、精心施工。

思政小课堂

基础施工是建筑物施工第一步，基础质量决定了建筑物质量。价值观对于我们人生意味着方向，如何像建好基础一样扣好人生的第一粒扣子，值得我们每个人深入思考。

动画—树立正确的价值观

2014 年 5 月 4 日，习近平总书记在北京大学师生座谈会上的讲话勉励广大青年："青年的价值取向决定了未来整个社会的价值取向，而青年又处在价值观形成和确立的时期，抓好这一时期的价值观养成十分重要。这就像穿衣服扣扣子一样，如果第一粒扣子扣错了，剩余的扣子都会扣错。人生的扣子从一开始就要扣好。"

一个不容忽视的现实是：很多时候，我们穿衣服时第一道扣子扣错了，却总在扣最后一道扣子的时候才发现。衣服的扣子扣错了，大不了再扣一遍，但人生的扣子一旦扣错了，是无法重来一次的。青年在树立自己的价值观时，不妨向古人学习，“吾日三省吾身”，时不时地给自己做个“全面检查”，看看自己在人生的第一道扣子有没有扣错，检查一下自己在人生的道路上有没有走歪。有则改正，无则加勉。

各位青年要树立远大理想、树立和践行社会主义核心价值观，增强“四个意识”、增强先进性和光荣感，为实现中华民族伟大复兴的中国梦而勤奋学习、努力工作。

任务 7.2　天然地基上浅基础的类型、构造及适用条件

凡是直接在未加固过的地基土上修筑基础，该地基土能保持其自然形成的土质结构和特性，不需要进行人工加固，就具有良好的稳定性，称为天然地基。当地基土的土质很差，不经过人工加固处理，就不能达到设计要求，称为人工地基。也有局部地区遇到的地基土土质特殊，如湿陷性黄土、多年冻土、压缩性强的软土等，这些地区均需做特殊的设计和施工，称为特殊地基。

基础可分为平基和桩基两大类。平基的基地一般为一平面，即使有些基础建筑在倾斜的岩面上，需将基底做成台阶状，也属平基之列。工程界常把平基按其基底埋置深度，大致分为浅平基和深平基两大类。由于浅平基一般是在露天开挖的基坑内直接修筑基础，故有时称按此法施工的基础为明挖基础。例如用沉井和沉箱等特殊方法修筑的基础，则称为深平基。

浅基础在设计计算时可以忽略基础侧面土体对基础的影响，如不计基础侧边与土间的摩阻力等，基础结构形式和施工方法也较简单。深基础埋入地层较深，结构形式和施工方法较浅基础复杂，在设计计算时需考虑基础侧面土体的影响。

天然地基浅基础由于埋深浅，结构形式简单，施工方法简便，造价也较低，因此是建筑物最常用的基础类型。

7.2.1　浅基础常用类型及适用条件

天然地基浅基础根据受力条件及构造可分为刚性基础和柔性基础两大类。

1. 刚性基础

刚性基础具有非常大的抗弯刚度，受荷后基础不发生挠曲。因此，原来是平面的基底，沉降后仍然保持平面。如果基础的荷载合力通过基底形心，则沿基底的沉降处处相同；而当荷载偏心时，沉降后基底为一倾斜平面。当基础在外力（包括基础自重）作用下，基底的地基反力为 σ，此时基础的悬出部分［见图 7-5（b）］，a—a 断面左端，相当于承受着强度为 σ 的均布荷载的悬臂梁，在荷载作用下，a—a 断面将产生弯曲拉应力和剪应力。当基础圬工具有足够的截面使材料的容许应力大于由地基反力产生的弯曲拉应力和剪应力时，a—a 断面不会出现裂缝。这时，基础内不需配置受力钢筋，这种

基础称为刚性基础［见图 7-5（b）］。它是桥梁、涵洞和房屋等建筑物常用的基础类型，其形式有刚性扩大基础、单独柱下刚性基础、条形基础等。

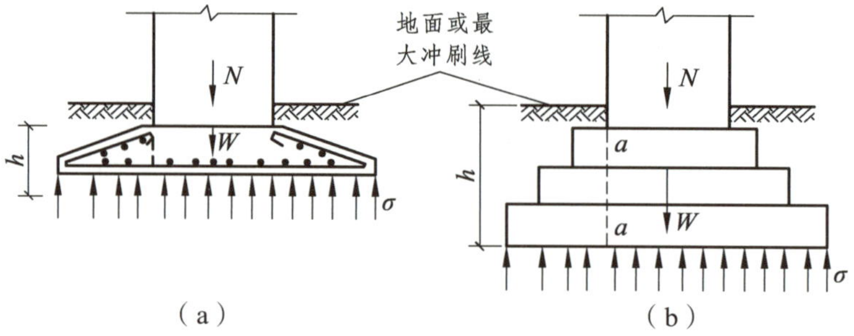

图 7-5　基础类型

刚性基础常用的材料有混凝土、粗料石和片石。混凝土是修筑基础最常用的材料，它的优点是强度高、耐久性好，可浇筑成任意形状的砌体，混凝土强度等级一般不宜小于 C15 号。对于大体积混凝土基础，为了节约水泥用量，可掺入不多于砌体体积 25% 的片石（称片石混凝土）。

刚性基础的特点是稳定性好、施工简便、能承受较大的荷载。它的主要缺点是自重大，并且当持力层为软弱土时，由于扩大基础面积有一定限制，需要对地基进行处理或加固后才能采用，否则会因所受的荷载压力超过地基强度而影响建筑物的正常使用。所以对于荷载大或上部结构对沉降差较敏感的建筑物，当持力层的土质较差又较厚时，刚性基础作为浅基础是不适宜的。

2. 柔性基础

基础在基底反力作用下，在 a—a 断面产生弯曲拉应力和剪应力若超过了基础圬工的强度极限值，为了防止基础在 a—a 断面开裂甚至断裂，可将刚性基础尺寸重新设计，并在基础中配置足够数量的钢筋，这种基础称为柔性基础［见图 7-5（a）］。柔性基础主要是用钢筋混凝土浇筑，常见的形式有柱下扩展基础、条形和十字形基础、筏板及箱形基础，其整体性能较好，抗弯刚度较大。

7.2.2　浅基础的构造

1. 刚性扩大基础

将基础平面尺寸扩大以满足地基强度要求，这种刚性基础又称刚性扩大基础（见图 7-6），其平面形状常为矩形，其每边扩大的尺寸最小为 0.20 ~ 0.50 m，作为刚性基础，每边扩大的最大尺寸应受到材料刚性角的限制。当基础较厚时，可在纵横两个剖面上都做成台阶形，以减少基础自重，节省材料。它是桥涵及其他建筑物常用的基础形式。

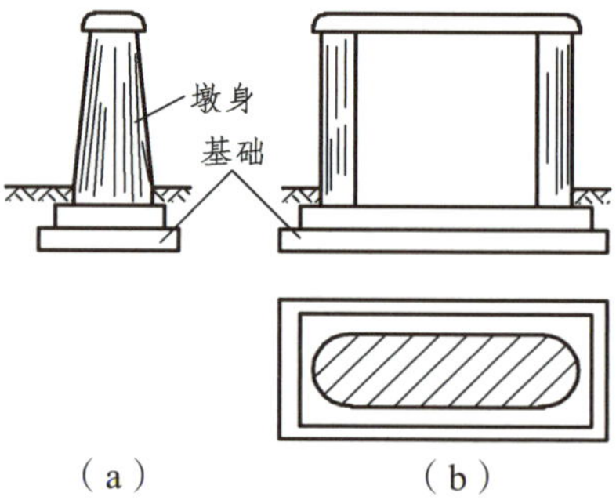

图 7-6　刚性扩大基础

2. 单独和联合基础

单独基础是立柱式桥墩和房屋建筑常用的基础形式之一，如图 7-7 所示。它的纵横剖面均可砌筑成台阶式［见图 7-7（a)、(b)］，但柱下单独基础用石或砖砌筑时，则在柱子与基础之间用混凝土墩连接。个别情况下柱下基础用钢筋混凝土浇筑时，其剖面也可浇筑成锥形［见图 7-7（c)］。

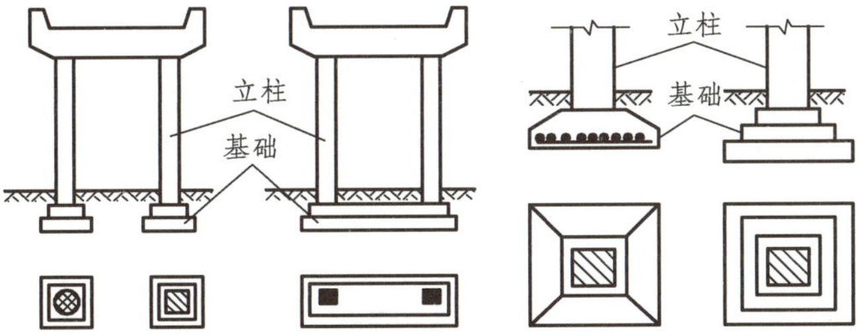

图 7-7　单独和联合基础

3. 条形基础

条形基础分为墙下和柱下条形基础，墙下条形基础是挡土墙下或涵洞下常用的基础形式，如图 7-8 所示。其横剖面可以是矩形或将一侧筑成台阶形。如挡土墙很长，为了避免在沿墙长方向因沉降不匀而开裂，可根据土质和地形予以分段，设置沉降缝。有时为了增强桥柱下基础的承载能力，将同一排若干个柱子的基础联合起来，也就成为柱下条形基础（见图 7-9）。其构造与倒置的 T 形截面梁相类似，在沿柱子的排列方向的剖面可以是等截面的，也可以在柱位处加腋。在桥梁基础中，一般是做成刚性基础，个别的也可做成柔性基础。

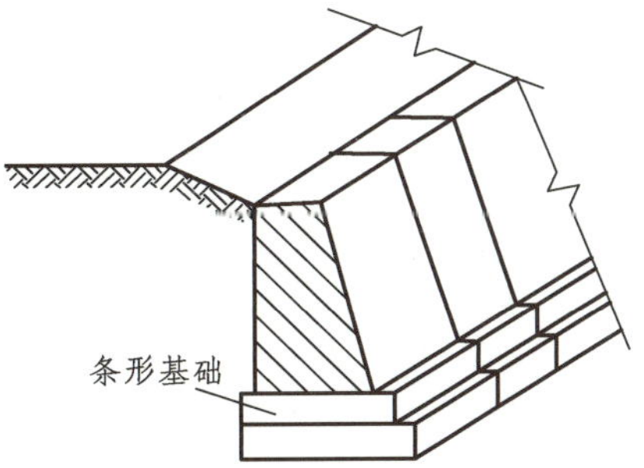

图 7-8　挡土墙下条形基础

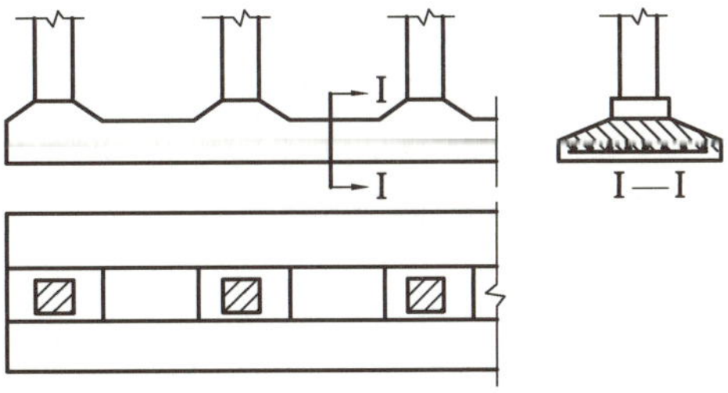

图 7-9　柱下条形基础

如地基土很软，基础在宽度方向需进一步扩大面积，同时又要求基础具有空间的刚度来调整不均匀沉降时，可在柱下纵、横两个方向均设置条形基础，成为十字形基础。这是房屋建筑常用的基础形式，也是一种交叉条形基础。

4. 筏板和箱形基础

筏板和箱形基础都是房屋建筑常用的基础形式，如图 7-10、图 7-11 所示。

当立柱或承重墙传来的荷载较大，地基土质软弱又不均匀，采用单独或条形基础均不能满足地基承载力或沉降的要求时，可采用筏板式钢筋混凝土基础，这样既扩大了基底面积又增加了基础的整体性，并避免建筑物局部发生不均匀沉降。

筏板基础在构造上类似于倒置的钢筋混凝土楼盖，它可以分为平板式［见图 7-10（a）］和梁板式［见图 7-10（b）］。平板式常用于柱荷载较小而且柱子排列较均匀和间距也较小的情况。

为增大基础刚度，可将基础做成由钢筋混凝土顶板、底板及纵横隔墙组成的箱形基础（见图 7-11），它的刚度远大于筏板基础，而且基础顶板和底板间的空间常可利用作地下室。它适用于地基较软弱，土层厚，建筑物对不均匀沉降较敏感或荷载较大而基础建筑面积不太大的高层建筑。

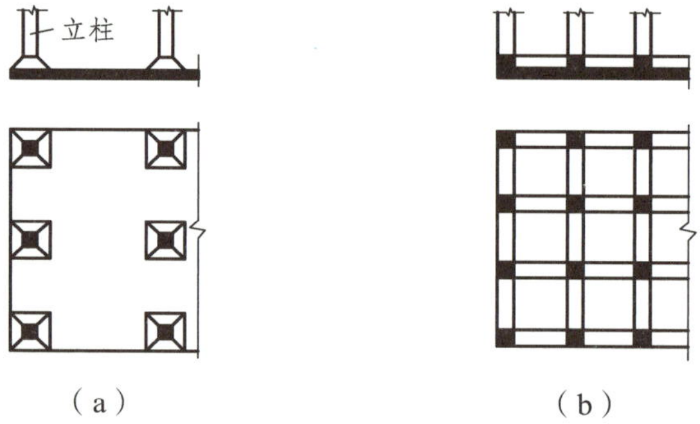

图 7-10　筏板基础

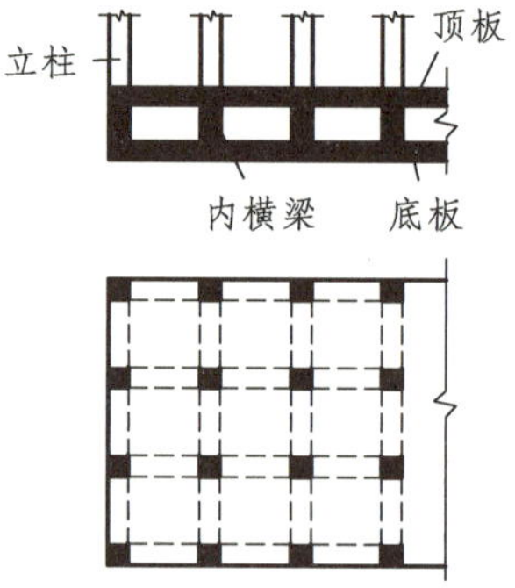

图 7-11　箱形基础

任务 7.3　基础埋置深度的确定

在确定基础埋置深度时，必须考虑把基础设置在变形较小，而强度又比较大的持力层上，以保证地基强度满足要求，而且不致产生过大的沉降或沉降差。此外,还要使基础有足够的埋置深度，以保证基础的稳定性，确保基础的安全。确定基础的埋置深度时，必须综合考虑各种因素的作用。

7.3.1　保证持力层稳定所需的最小埋置深度

地表土在温度和湿度的影响下，会产生一定的风化作用，其性质是不稳定的。加上人类和动物的活动以及植物的生长作用，也会破坏地表土层的结构，影响其强度和稳定，所以一般地表土不宜作为持力层。为了保证地基和基础的稳定性，基础的埋置深度（除岩石地基外）应在天然地面或无冲刷河底以下不小于 1 m。我国《公路桥涵地基与基础设计规范》（JTG 3363—2019）规定：

（1）小桥涵基础，在无冲刷处，除岩石地基外，应在地面或河床以下埋深不小于 1 m；如有冲刷，基底埋深应在局部冲刷线以下不小于 1 m。

（2）小桥涵的基础底面，如河床上有铺砌层时，宜设置在铺砌层顶面以下不小于 1 m。

我国《铁路桥涵地基和基础设计规范》(TB 10093—2017)规定：在无冲刷处或设有铺砌防冲时，不应小于底面以下 2.0 m，特殊困难情况下不小于 1.0 m。

7.3.2 当地的冻结深度

在寒冷地区，应该考虑由于季节性的冰冻和融化对地基土引起的冻胀影响。对于冻胀性土，如土温在较长时间内保持在冻结温度以下，水分能从未冻结土层不断地向冻结区迁移，引起地基的冻胀和隆起，这些都可能使基础遭受损坏。为了保证建筑物不受地基土季节性冻胀的影响，除地基为非冻胀性土外，基础底面应埋置在天然最大冻结线以下一定深度。我国《公路桥涵地基与基础设计规范》(JTG 3363—2019)规定：当上部结构为超静定结构，地基为冻胀性土时，均应将基底埋入冻结线以下不小于 0.25 m；当墩台基底设置在不冻胀土层中，基底埋深可不受冻深的限制；当墩台基础设置在季节性冻胀土层时，基底的最小埋深由计算确定；涵洞基础设置在季节性冻土地基上时，出入口和自两端洞口向内各 2 ~ 6 m(或可采用不小于 2 m 的一段涵节长度)范围内涵身基底的埋置深度也应由计算确定。我国《铁路桥涵地基和基础设计规范》(TB 10093—2017)规定：对于冻胀、强冻胀土时，基底应在冻结线以下不小于 0.25 m；对于弱冻胀土，不应小于冻结深度。

7.3.3 河流的冲刷深度

在有水流的河床上修建基础时，要考虑洪水对基础下地基土的冲刷作用，洪水水流越急，流量越大，洪水的冲刷越大，整个河床面被洪水冲刷后要下降，这叫一般冲刷，被冲下去的深度叫一般冲刷深度。同时，由于桥墩的阻水作用，使洪水在桥墩四周冲出一个深坑，这叫局部冲刷。

因此，在有冲刷的河流中，为了防止桥梁墩、台基础四周和基底下土层被水流掏空冲走以致倒塌，基础必须埋置在设计洪水的最大冲刷线以下不小于 1 m。特别是在山区和丘陵地区的河流，更应注意考虑季节性洪水的冲刷作用。

1. 公路墩台基础埋置深度

在有冲刷处，非岩石河床墩台基底埋深的安全值可按表 7-2 确定。

表 7-2　基底埋深安全值　　单位：m

桥梁类别	总冲刷深度				
	0	5	10	15	20
大桥、中桥、小桥(不铺砌)	1.5	2.0	2.5	3.0	3.5
特大桥	2.0	2.5	3.0	3.5	4.0

2. 铁路墩台基础埋置深度

在有冲刷处，基底应在墩台附近最大冲刷线以下，不小于下列安全值：对于一般桥梁安全值为 2 m 加冲刷总深度的 10%；对于特大桥(或大桥)属于技术复杂、修复困难或重要者，安全值为 3 m 加冲刷总深度的 10%，如表 7-3 所示。

表 7-3　铁路桥基底埋深安全值　　　　单位：m

<table>
<tr><th colspan="3">冲刷总深度</th><th>0</th><th>5</th><th>10</th><th>15</th><th>20</th></tr>
<tr><td rowspan="3">安全值</td><td colspan="2">一般桥梁</td><td>2.0</td><td>2.5</td><td>3.0</td><td>3.5</td><td>4.0</td></tr>
<tr><td rowspan="2">特大桥（或大桥）属于技术复杂、修复困难或重要者</td><td>设计频率流量</td><td>3.0</td><td>3.5</td><td>4.0</td><td>4.5</td><td>5.0</td></tr>
<tr><td>检算频率流量</td><td>1.5</td><td>1.8</td><td>2.0</td><td>2.3</td><td>2.5</td></tr>
</table>

注：冲刷总深度为自河床面算起的一般冲刷深度与局部冲刷深度之和。

建于抗冲能力强的岩石上的基础，可不考虑上述规定，对于抗冲性能较差的岩石，应根据具体情况确定其基底埋深。

3. 地基的地质条件

覆盖土层较薄（包括风化岩层）的岩石地基，一般应清除覆盖土和风化层后，将基础直接修建在新鲜岩面上；如岩石的风化层很厚，难以全部清除时，基础放在风化层中的埋置深度应根据其风化程度、冲刷深度及相应的容许承载力来确定。如岩层表面倾斜时，不得将基础的一部分置于岩层上，而另一部分则置于土层上，以防基础因不均匀沉降而发生倾斜甚至断裂。在陡峭山坡上修建桥台时，还应注意岩体的稳定性。

当基础埋置在非岩石地基上，如受压层范围内为均质土，基础埋置深度除满足冲刷、冻胀等要求外，可根据荷载大小，由地基土的承载能力和沉降特性来确定（同时考虑基础需要的最小埋深）。当地质条件较复杂（如地层为多层土组成）或对大中型桥梁及其他建筑物基础持力层的选定，基础埋置深度应通过较详细计算或方案比较后确定。

4. 上部结构形式

上部结构的形式不同，对基础产生的位移要求也不同。对中、小跨度简支梁桥来说，这项因素对确定基础的埋置深度影响不大。但对超静定结构，即使基础发生较小的不均匀沉降也会使内力产生一定变化。例如对拱桥桥台，为了减少可能产生的水平位移和沉降差值，有时需将基础设置在埋藏较深的坚实土层上。

5. 地形条件

当墩台、挡土墙等结构位于较陡的土坡上，在确定基础埋深时，还应考虑土坡连同结构物基础一起滑动的稳定性。由于在确定地基容许承载力时，一般是按地面为水平的情况下确定的，因而当地基为倾斜土坡时，应结合实际情况，予以适当折减并采取相应措施。若基础位于较陡的岩体上，可将基础做成台阶形，但要注意岩体的稳定性。

除此以外，在确定基础埋置深度时，还应考虑相邻建筑物的影响，如新建筑物基础比原有建筑物基础深，则施工挖土有可能影响原有基础的稳定。施工技术条件（施工设备、排水条件、支撑要求等）及经济分析等对基础埋深也有一定影响，这些因素也应考虑。

上述影响基础埋深的因素不仅适用于天然地基上的浅基础，有些因素也适用于其他类型的基础（如沉井基础）。

任务 7.4 桥梁浅基础施工

天然地基上浅基础施工又称为明挖法施工。采用明挖法施工特点是工作面大、施工简便，其施工程序和主要内容为定位放样、基坑围堰、基坑排水、基坑开挖、基底检验、基础砌筑及基坑回填。

7.4.1 基础定位放样

基础定位放样是根据墩台的位置和尺寸将基础的平面位置与基础各部分的标高标定在地面上。放样时，首先定出桥梁的主轴线，然后定出墩台轴线，最后详细定出基础各部尺寸。基础位置确定后采用钉设龙门板或测设轴线控制桩，作为基坑开挖后各阶段施工恢复轴线的依据。

基础的尺寸由设计图纸查得为 a、b，如图 7-12 所示。

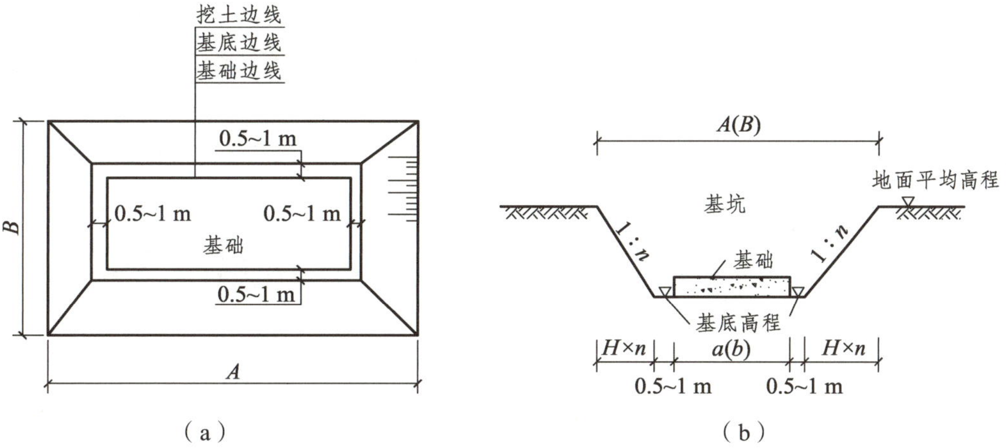

图 7-12 基坑放坡示意图

根据土质确定放坡率与工作面等宽度可得到基坑顶的尺寸为

$$A = a + 2\times(0.5\sim1) + 2\times H\times n \qquad (7\text{-}1)$$

$$B = b + 2\times(0.5\sim1) + 2\times H\times n \qquad (7\text{-}2)$$

式中 A——为基坑顶的长（m）；

B——为基坑顶的宽（m）；

H——基础底高程与地面平均高程之差（m）；

n——边坡率。

7.4.2 基坑围堰

在水中修筑基础必须防止地下水和地表水浸入基坑内，常用的防水措施是围堰法。围堰是一种临时性的挡水结构物。其方法是在基坑开挖之前，在基础范围的四周修筑一个封闭的挡水堤坝，将水挡住，然后排除堰内水，使基坑的开挖在无水或少水的情况下进行。待工作结束后，即可拆除。

1. 围堰的一般要求

（1）堰顶应高出施工期间可能出现的最高水位（包括浪高）0.5 ~ 0.7 m。

（2）围堰的外形应与基础的轮廓线及水流状况相适应，堰内平面尺寸应满足基础施工的需要，堰的内脚至基坑顶边缘不小于 1.0 m 距离。

（3）围堰要求坚固、稳定，防水严密，减少渗漏。

2. 常用围堰的形式和施工要求

（1）土围堰

如图 7-13 所示，适应于河边浅滩地段和水深小于 1.5 m，流速小于 1.5 m/s，渗水性较小的河床上。

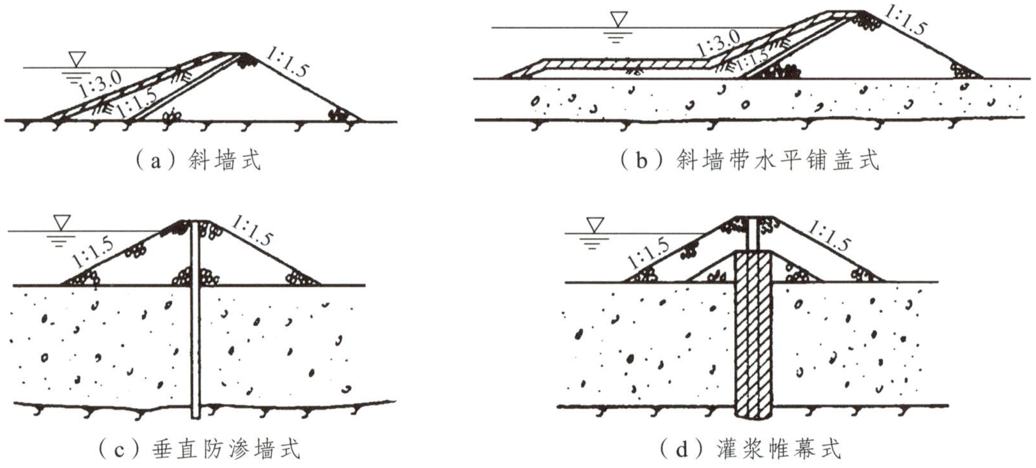

（a）斜墙式　（b）斜墙带水平铺盖式

（c）垂直防渗墙式　（d）灌浆帷幕式

图 7-13　土围堰

一般采用松散的黏性土做填料。如果当地无黏性土时，也可用河滩细砂或中砂填筑，这时最好设黏土心墙，以减少渗水现象。筑堰前，应将河床底杂物淤泥清除以防漏水，先从上游开始，并填筑出水面，逐步填至下游合拢。倒土时应将土沿着已出水面的堰顺坡送入水中，切勿直接向水中倒土，以免使土离析。水面以上的填土应分层夯实。

土堰的构造：顶宽 1 ~ 2 m，堰外迎水面边坡为 1：2 ~ 1：3，堰内边坡为 1：1 ~ 1：1.5，外侧坡面加铺草皮、柴排或草袋等加以防护。

（2）土袋围堰

土袋围堰适用于水深 3.5 m 以下，流速小于 2 m/s 的透水性较小的河床，如图 7-14 所示。

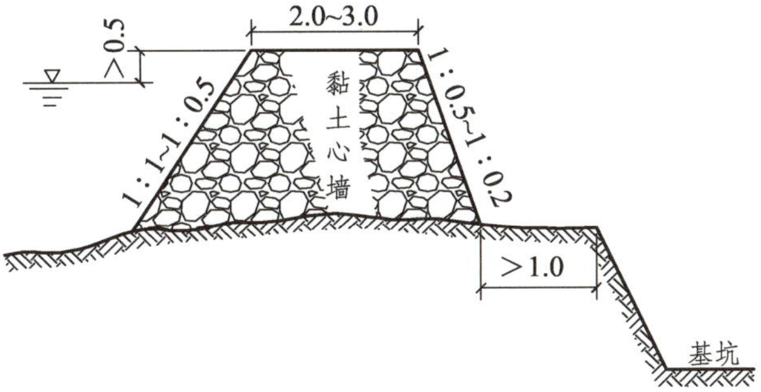

图 7-14　土袋围堰（尺寸单位：m）

堰底处理及填筑方向与土围堰相同。土袋内应装袋容量 1/3 ~ 1/2 松散的黏土或亚黏土。土袋可采用草包、麻袋或尼龙编织袋。叠砌土袋时，要求上下、内外相互错缝，堆码整齐。土袋围堰也可用双排土袋与中间填充黏土组成。

土袋围堰构造：顶宽 2 ~ 3 m，堰外边坡为 1∶0.5 ~ 1∶1.0，堰内边坡为 1∶0.2 ~ 1∶0.5。

（3）木板桩围堰

木板桩围堰适用于砂性土、黏性土和不含卵石的其他土质河床。

水深在 2 ~ 4 m，可采用单层木板桩围堰，必要时可在外侧堆土，如图 7-15（a）所示。当水深在 4 ~ 6 m 时，可用中间填黏土的双层木板桩围堰，如图 7-15（b）所示。

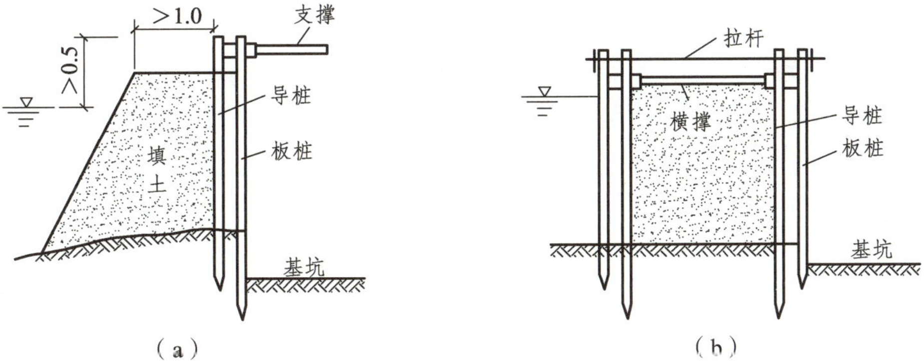

图 7-15　木板桩围堰（尺寸单位：m）

（4）钢板桩围堰

钢板桩围堰适用水深 5 m 以上各类土质的深水基坑，如图 7-16 所示。

钢板桩在使用前要检查其机械性能和尺寸，并进行锁口试验与检查，钢板桩的锁口应用止水材料捻缝。施打顺序一般由上游分两头向下游合龙，施打时宜先将钢板桩打到稳定的深度再依次打到设计深度。钢板桩需接长时，相邻两桩的接头位置应上下错开。施打过程要检查其位置的正确性和桩身的垂直度，不符合要求时应立即纠正或拔出重打。

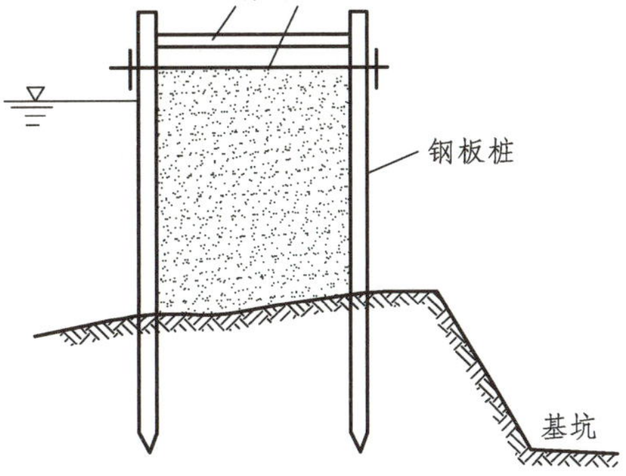

图 7-16　双层钢板桩围堰

钢板桩可用锤击、振动或辅以射水等方法下沉，但在黏土地基中不宜使用射水。锤击时宜使用桩帽，以分布冲击力和保护桩头。

板桩入土深度，应按基坑开挖深度、土质、施工周期、施工荷载等因素经计算确定，入土深度应保证桩自身的稳定外，还应保证基坑不会出现隆起或管涌现象。

7.4.3 基坑排水

1. 集水坑排水

集水坑排水适用于除严重流沙以外的各种土质。它主要是用水泵将水排出坑外，排水时，泵的抽水量应大于集水坑内的渗水量。

基坑施工接近地下水位时，在坑底基础范围以外设置集水坑并沿坑底周围开挖排水沟，使渗出的水从排水沟流入集水坑内，排出坑外。随着基坑的挖深，集水坑也应随着加深，并低于坑底面约 0.30 ~ 0.50 m，集水坑宜设在上游。

2. 井点排水法

井点排水法适用于粉、细砂或地下水位较高、挖基较深、坑壁不易稳定的土质基坑。井点的选择应根据土壤的渗透系数、要求的降低水位深度以及工程特点而定。各种井点的适用范围见表 7-4。

表 7-4　各种井点法的适用范围

井点类别	渗透系数/(m/a)	降低水位深度/m	井点类别	渗透系数/(m/a)	降低水位深度/m
一级轻型井点法	0.1 ~ 80	3 ~ 6	电渗井点法	<0.1	5 ~ 6
二级轻型井点法	0.1 ~ 80	6 ~ 9	管井井点法	20 ~ 200	3 ~ 5
喷射井点法	0.1 ~ 50	8 ~ 20	深井泵法	10 ~ 80	>15
射流泵井点法	<50	<10			

（1）轻型井点法降低地下水位

轻型井点法是在基坑四周将井点管按一定的间距插入地下含水层内，井点管的上端过弯联管与总管相连接，再用抽水设备将地下水从井点管内不断抽水，使地下水位降至坑底以下，保证基坑挖土施工在干燥无水的状况下进行。

轻型井点系统的主要设备有井点设备（井点管、弯联管、集水总管）和抽水设备（真空泵、离心水泵、集水箱）。其施工程序为埋设井管、用弯联管连接井点管和集水总管、连接抽水系统、开动抽水系统抽水、拔管，如图 7-17 所示。

（2）井点法施工注意事项

① 井点管距离基坑壁一般不宜小于 1 m，宜布置在地下水流的上游。

② 井点的布置应随基坑形状、大小、地质、地下水位高低与降水深度等要求可采用单排、双排、环形井点。有时为了施工需要，也可留出一段不加封闭。

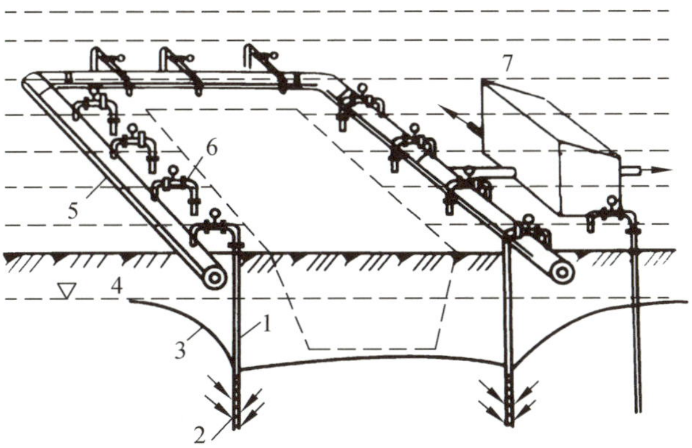

1—井点管；2—滤管；3—降低后的地下水位线；4—原地下水位线；5—集水总管；6—弯连管；7—水泵房。

图 7-17 井点法布置示意图

③ 井点管露出地面 0.2 ~ 0.3 m，尽可能将滤水管埋设在透水性较好的土层中，埋深保证地下水位降至基坑底面以下 0.5 ~ 1.0 m。

④ 射水冲孔深度低于滤管底 1.0 m，并灌粗砂至滤管以上 1.0 m，距地面 1.5 m 处用黏土封以防漏气。

⑤ 应对整个井点系统加强维护和检查，保证不间断地抽水。

⑥ 应考虑水位降低区域建筑物可能产生的沉降，应做好沉降观测，必要时应采取防护措施。

⑦ 为防止在抽水过程中，个别井点管因失效而影响抽水效果，在使用时应比原来确定数增加 10%。

7.4.4 基坑开挖

1. 不加固坑壁的开挖（放坡法）

适用条件：干涸无水河滩、河沟或修筑围堰后能排除地面水的河沟；地下水位低于基底，或渗水小不影响坑壁稳定；基础埋置不深，施工周期短，挖基坑时不影响邻近建筑物的安全可采用放坡开挖。

（1）为避免地面水冲刷坑壁，在基坑顶四周适当距离设置截水沟。

（2）基坑顶边应留有护道，弃土或静荷载距基坑边缘不小于 0.5 m，动荷载距基坑边缘不小于 1.0 m。

（3）基坑深度大于 5 m 时，可采用二次放坡法施工，在边坡中段加设宽约 0.5 ~ 1.0 m 的护道，如图 7-18 所示。

（4）基坑开挖在有条件的情况下，宜在枯水或少雨季节进行，开挖后应连续快速施工。

（5）当采用机械挖土时，挖至坑底时应保留 1.0 ~ 0.2 m 底层，在基础浇筑圬工前用人工挖至基底标高。

（6）基坑开挖不得扰动基底土；如发生超挖，严禁用土回填。

（7）开挖后的基坑不得长期暴露，扰动或浸泡，应及时组织验槽、砌筑。

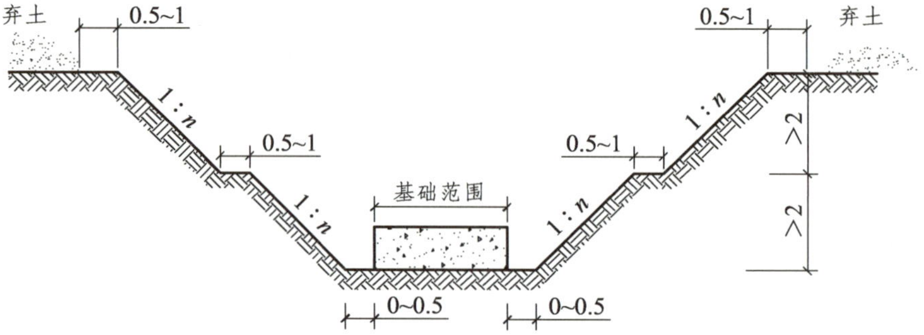

图 7-18　放坡开挖（尺寸单位：m）

（8）施工时应随时观察基坑边缘顶面土有无裂缝，坑壁有无松散塌落，确保安全施工。

2. 加固坑壁的开挖

（1）适用条件

当地下水位较高而基坑较深、坑壁土质不稳定，放坡开挖工作量大，施工影响邻近建筑物的安全，可将基坑的坑壁加固后再开挖或边开挖基坑边加固坑壁。加固坑壁的方法有挡板支撑和喷射混凝土护壁。

（2）挡板支撑

① 垂直衬板支撑加固坑壁

在黏性土、紧密的干砂土地基中，当基坑尺寸较小，挖深不超过 2 m 时，可采用图 7-19（a）的加固方法，一次挖至基底后再安装支撑。但有些黏性差的土，开挖时易坍塌，可采用图 7-19（b）的加固方法，分段下挖，随挖随撑。

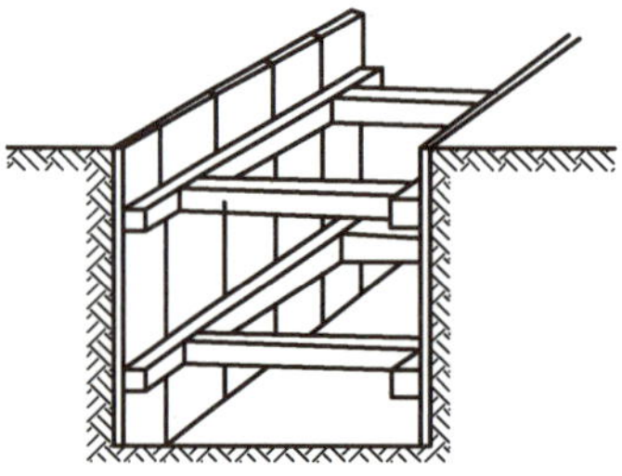

（a）垂直衬板支撑一次完成

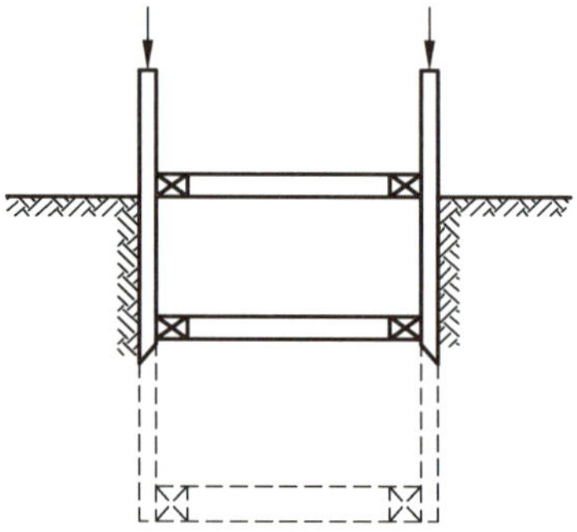

（b）垂直衬板支撑分段完成

图 7-19　垂直衬板式支撑

② 水平衬板支撑加固坑壁

用水平衬板支撑加固坑壁要比垂直衬板加固坑壁来得简单方便。如土质的黏性较好，地基密实，可一次挖到设计标高后进行支撑加固，如图 7-20（a）所示。对于黏性较差、易坍塌的土，可分层开挖，分层支撑，最后以长立木替换短立木，如图 7-20（b）所示。

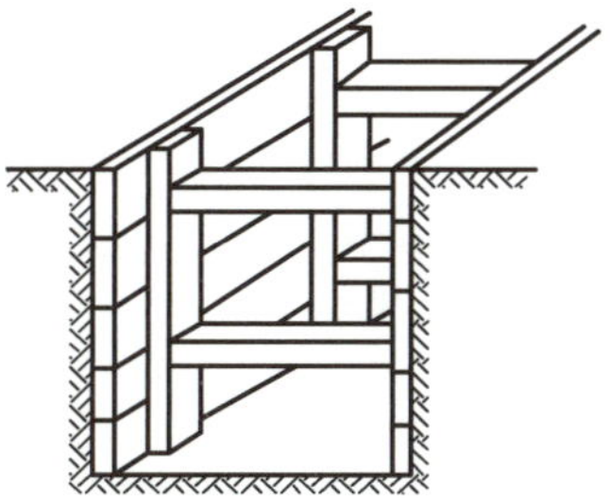

（a）水平衬板支撑一次完成

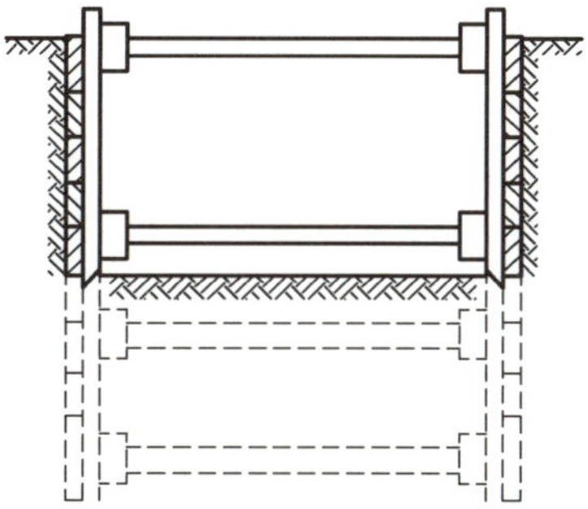

（b）水平衬板支撑分段完成

图 7-20　水平衬板式支撑

如果基坑宽度很大，无法安设支撑时，可采用锚杆式支撑，如图 7-21 所示。柱桩采用螺栓拉杆连接锚桩，锚桩距柱桩 $L \geqslant H/\tan\varphi$。式中，$H$ 为基坑开挖深度，φ 为土的内摩擦角。

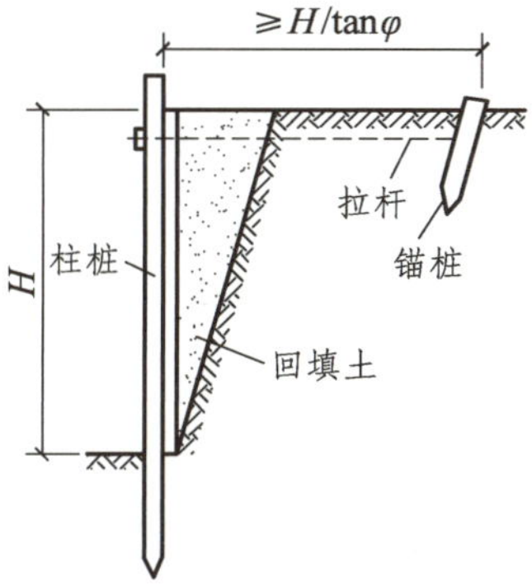

图 7-21　锚杆式支撑

思政小课堂

建筑基础的技术升级核心目的始终是为了解决建设中遇到的多种难题，最终为人民更好地生活和使用服务。全心全意为人民服务也是我们党的宗旨，而为中国人民谋幸福，为中华民族谋复兴则是共产党人的初心和使命。

动画—不忘初心　牢记使命

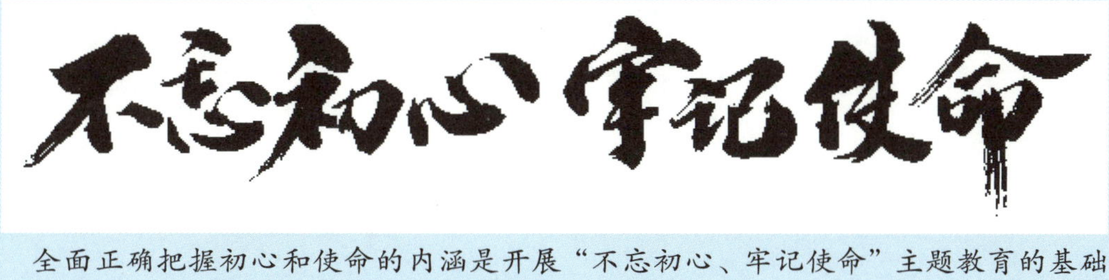

全面正确把握初心和使命的内涵是开展“不忘初心、牢记使命”主题教育的基础性工作。党的十九大报告指出：“中国共产党人的初心和使命，就是为中国人民谋幸福，

为中华民族谋复兴。”同时还指出：“中国共产党是为中国人民谋幸福的政党，也是为人类进步事业而奋斗的政党。中国共产党始终把为人类作出新的更大的贡献作为自己的使命。”由此可见，中国共产党人的初心和使命的内涵不局限于中国人民和中华民族，而是有着更宽广的世界胸怀和更丰富的时代内涵。这个内涵就是习近平总书记在中国共产党与世界政党高层对话主旨讲话中提出的“三个为”，即为中国人民谋幸福、为中华民族谋复兴、为人类谋和平与发展。

项目小结

本项目主要介绍了基础的概念以及分类，重点阐述了天然地基上浅基础的类型、构造、基础的施工方法和要求，为浅基础的设计和施工提供支持。

项目思考题

1. 什么是地基？基础的概念？铁路桥梁基础有哪几种形式？
2. 浅基础的构造都有哪些？适用哪些工程条件？
3. 桥梁浅基础施工的程序有哪些？
4. 常用的围堰形式有哪些？围堰施工有哪些要求？
5. 基坑的排水的方法有哪些？施工时有哪些注意事项？

项目 8

桩基础施工

项目导学

在选择地基基础方案时，如果地基浅层土质不良，无法满足建筑物对地基的变形和强度要求，而又不适宜采用人工地基时，可利用深部较为坚实的土层或岩层作为持力层，采用深基础方案。桩基础是一种历史悠久而古老的基础形式，也是现代桥梁等建筑工程中常用的一种深基础形式。

教学目标

1. 知识目标

（1）桩基础的适用条件及分类；
（2）单桩竖向承载力的确定方法；
（3）桩基础的施工方法。

2. 能力目标

（1）能够根据地质情况正确选择成孔方法；
（2）能简要介绍桩基础施工流程及方法；
（3）能进行桩基施工的质量控制与事故处理。

3. 情感目标

（1）养成独立思考，独立解决问题的能力；
（2）养成严谨求实的工作作风；
（3）培养学生的自学能力；
（4）具备一定的动手能力。

4. 思政目标

（1）培养学生家国情怀；
（2）践行爱国主义精神；
（3）帮助学生树立以青春之我建设伟大祖国的决心。

相关案例

渠江三线特大桥桩基础施工

1. 工程概况

三汇镇渠江三线特大桥为襄渝铁路二线重点工程，桥址位于四川省达州市渠县三汇镇车站出站 1 km，紧靠达成线既有渠江铁路大桥下游，相距 12 ~ 30 m。桥跨布置为 2 × 24 预应力混凝土简支梁 + 3 × 32 m 预应力混凝土简支梁 +（40 + 4 × 64 + 40）m 预应力混凝土连续梁 + 24 m 预应力混凝土简支梁，桥梁全长 520.80 m。主桥连续梁梁体采用单箱单室变高度箱形梁，Ⅱ线双线箱梁为襄渝线，Ⅰ线单线箱梁为达成线。三线墩身及基础均为合修。

2. 气候、水文情况

本地区属亚热带温暖湿润气候区，雨量充沛，春早夏长，秋雨连绵，冬暖多雾。

桥址上下游河道顺直，水域开阔，枯水期河面宽 330 ~ 350 m，水深 5 ~ 8 m。桥位所在河段为Ⅳ级航道，过往船只较频繁。该桥段内地表水主要为渠江江水，常年有流水，流量随季节变化。枯水期基本保持在相对变化不大的水位，汛期水位变化较大，汛期和枯水期水位落差达 20 余米，多发生在每年的 7—9 月份。

3. 工程特点

（1）工期紧。全桥总工期仅 18 个月；水中墩要求在 1 个枯水期达到度汛标高。

（2）技术含量高，施工组织难度大。水深在枯水期为 6 ~ 10 m，水中墩共 6 座，桩基础共 89 根，桩长 19 ~ 26 m。水上设施多，江水流量随季节变化较大，并有通航要求。

（3）施工环境差。交通不便，材料、机械运输困难，施工阻力大。

4. 桩基施工方案

为了尽可能地加快施工进度，确保枯水期水中墩墩身施工至安全度汛标高，在保证安全和施工质量的前提下，根据气候、水文、地质及施工条件，经过反复研究，决定水中平台墩的 8#、9#墩采用挖孔桩施工，各桩同步进行；7#墩采用钻孔桩施工。水中平台原为钻孔平台设计，保留原平台不便，必要时个别墩可采取钻孔施工。

5. 桩基施工

（1）挖孔桩施工关键

① 确保钢护筒补强后结构受力可靠。

② 钢护筒入岩一定深度，刃脚处理到位。

③ 确保挖孔作业人员的安全。

（2）钢护筒插打要求

采用中-160 振动打桩机，尽量将钢护筒打入岩层一定深度，确保嵌岩。

（3）挖孔防渗处理

① 钢护筒刃脚处理

钢护筒嵌入岩层后，刃脚底部为主要透水部位。首先进行抽水，由于采用振动打桩机插打钢护筒，在插打的过程中将 2～4 m 的覆盖层挤密，抽水后进行人工开挖或采用砂石泵配合高压射水用换浆法清除孔内覆盖层。清除覆盖层到岩面后根据透水情况继续开挖或灌注高度为 1.5 m 的 C30 水下混凝土进行刃脚处理。

② 岩层渗水的防治

待封堵混凝土强度达到 80%及以上时，进入下一步施工，采用水钻挖直径为 1.5 m 的孔，在挖透封堵混凝土后，进入强风化泥岩夹砂岩，由于岩体较破碎，透水较大及岩层易剥落，在此施工时严格控制施工进度，每施工 1 m 左右及进行混凝土护壁施工直至通过强风化泥岩夹砂岩或外套外径为 1.5 m 的小钢护筒直至通过破碎带。

对于岩层裂隙较大处，可采用人工打入木楔、止水条、海带等遇水膨胀材料进行先期封堵，然后再采用混凝土护壁，确保护壁质量。

在施工过程中采用彩条布包裹孔壁，将四周渗水引至孔底集中抽排，视渗水情况放置 1～2 台潜水泵抽水，确保施工正常进行。进入弱风化岩层后岩层密实，孔壁渗水较少，可直接开挖。

（4）挖孔桩施工

根据不同的地质情况采用不同的机械工具，对于强风化泥岩夹砂岩，采用风枪掘进；对于弱风化泥岩夹砂岩采用水钻施工，施工方法同常规挖孔施工。

（5）下钢筋笼

对于采用挖孔施工，孔底沉淀较少，清孔采用砂石泵配合高压射水清孔。钢筋笼采用浮吊或墩旁吊机分节焊接吊放。

（6）水封混凝土

过程同常规水封方法。

由此可见，本工程深水挖孔桩基础施工的难点及关键是钢护筒的加固和挖孔中的防渗。桩基施工过程中，没有发现钢护筒变形问题，并在挖孔的过程中很好地控制了渗水量，满足了正常施工的要求。挖孔桩很好地解决了孔底沉淀问题。因此，应掌握桩基础与其他类型基础相比其自身的优点，选择合适的桩基础类型及施工方法。

任务 8.1　概　述

在基础设计中，常用的除平基外，还有桩基础，它是由设置在土中或部分设置在土中的桩和承台连接而成的深基础。通常，当地基浅层土质不良、采用浅基础无法满足结构物对地基强度、变形和稳定性方面的要求时，往往需要采用桩基础。

桩基础是一种历史悠久而应用广泛的深基础形式。浙江余姚河姆渡遗址中的木构建筑修建于圆木桩、方木桩和板桩组成的桩基础之上，这些木桩被视为基础工程中桩的雏形。近代随着工业技术和工程建设的发展，桩的类型和成桩工艺、桩的设计理论和设计方法、桩的承载能力与桩基结构的检测技术等方面均有迅速的发展，从而使桩与桩基础的应用更为广泛。桩基础不仅可作为建筑物的基础形式，而且还可应用于软弱地基的加固和地下支挡结构物。

8.1.1　桩基础的组成与特点

桩基础可以是单根桩（如一柱一桩的情况），也可以是单排桩或多排桩。对于双（多）柱式桥墩单排桩基础，当桩外露在地面上较高时，桩间以横系梁相连，以加强各桩的横向联系。多数情况下桩基础是由多根桩组成的群桩基础，基桩可全部或部分埋入地基土中。群桩基础中所有桩的顶部由承台连成一整体，在承台上再修筑墩身或台身及上部结构，如图 8-1（a）所示。

承台的作用是将外力传递给各桩并将各桩连成一整体共同承受外荷载。基桩的作用在于穿过软弱的压缩性土层或水，使桩底坐落在更密实的地基持力层上。各桩所承受的荷载由桩通过桩侧土的摩阻力及桩端土的抵抗力将荷载传递到桩周土及持力层中，如图 8-1（b）所示。

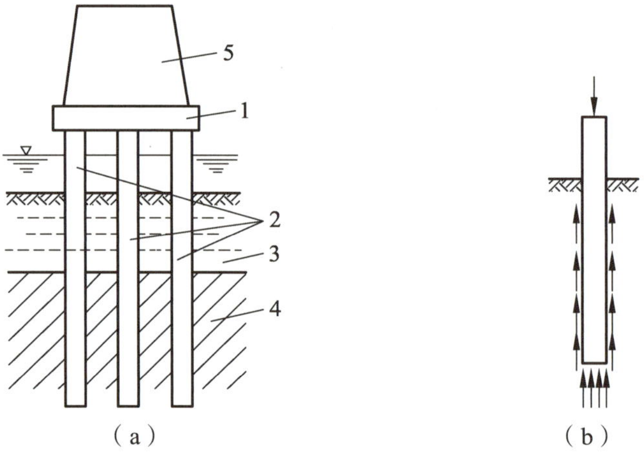

1—承台；2—基桩；3—松软土层；4—持力层；5—墩身。

图 8-1　桩基础

桩基础如设计正确，施工得当，它具有承载力高、稳定性好、沉降量小而均匀、在深基础中具有耗用材料少、施工简便等特点。在深水河道中，可避免（或减少）水下工程，简化施工设备和技术要求，加快施工速度并改善工作条件。

8.1.2　桩基础的适用条件

在下列情况下可采用桩基础：

（1）荷载较大，地基上部土层软弱，适宜的地基持力层位置较深，采用浅基础或人工地基在技术上、经济上不合理时；

（2）河床冲刷较大，河道不稳定或冲刷深度不易计算正确，位于基础或结构物下面的土层有可能被侵蚀、冲刷，如采用浅基础不能保证基础安全时；

（3）当地基计算沉降过大或建筑物对不均匀沉降敏感时，采用桩基础穿过松软（高压缩）土层，将荷载传到较坚实（低压缩性）土层，以减少建筑物沉降并使沉降较均匀；

（4）当建筑物承受较大的水平荷载，需要减少建筑物的水平位移和倾斜时；

（5）当施工水位或地下水位较高，采用其他深基础施工不便或经济上不合理时；

（6）地震区，在可液化地基中，采用桩基础可增加建筑物抗震能力，桩基础穿越可液化土层并伸入下部密实稳定土层，可消除或减轻地震对建筑物的危害。

以上情况也可以采用其他形式的深基础，但桩基础由于耗材少、施工快速简便，往往是优先考虑的深基础方案。

任务 8.2　桩与桩基础的分类

为满足建筑物的要求，适应地基特点，随着科学技术的发展，在工程实践中已形成了各种类型的桩基础，它们在本身构造上和桩土相互作用性能上具有各自的特点。学习桩和桩基础的分类，目的是掌握其特点、了解桩和桩基础的基本特征，以便设计和施工时更好地发挥桩基础的特长。

下面按承台位置、沉入土中的施工方法、桩的设置效应、桩土相互作用特点及桩身材料等分类介绍。

8.2.1　桩基础按承台位置分类

桩基础按承台位置可分为高桩承台基础和低桩承台基础（简称高桩、低桩承台），如图 8-2 所示。高桩承台的承台底面位于地面（或冲刷线）以上，低桩承台的承台底面位于地面（或冲刷线）以下。高桩承台的结构特点是基桩部分桩身沉入土中，部分桩身外露在地面以上（称为桩的自由长度），而低桩承台则基桩全部沉入土中（桩的自由长度为零）。

高桩承台由于承台位置较高或设在施工水位以上，可减少墩台的圬工数量，避免或减少水下作业，施工较为方便。然而，在水平力的作用下，由于承台及桩基露出地面的一段自由长度周围无土来共同承受水平外力，桩基的受力情况较为不利，桩身内力和位移都比同样水平外力作用下的低桩承台要大，其稳定性也比低桩承台差。

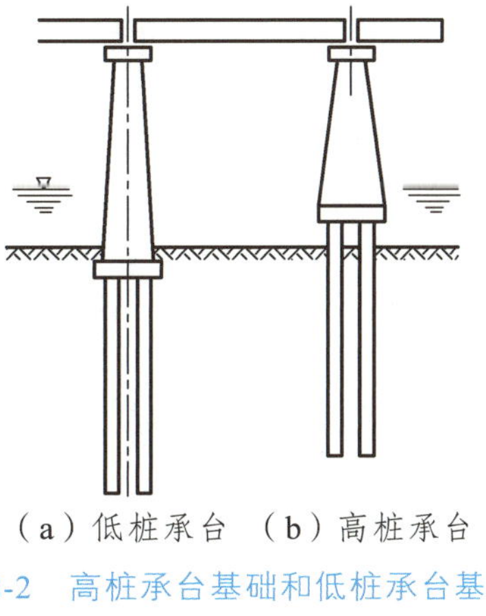

（a）低桩承台　（b）高桩承台

图 8-2　高桩承台基础和低桩承台基础

8.2.2　桩基础按桩土相互作用特点分类

建筑物荷载通过桩基础传递给地基。垂直荷载一般由桩底土层抵抗力和桩侧与土产生的摩阻力来承受。由于地基土的分层和其物理力学性质不同，桩的尺寸和设置方法的不同，都会影响桩的受力状态。水平荷载一般由桩和桩侧土水平抗力来承受，而桩承受水平荷载的能力与桩轴线方向及斜度有关。因此，根据桩土相互作用特点，基桩可分为：

1. 竖向受荷桩

（1）摩擦桩

桩穿过并支承在各种压缩性土层中，在竖向荷载作用下，基桩所发挥的承载力以侧摩阻力为主时，统称为摩擦桩，如图 8-3（a）所示。以下几种情况均可视为摩擦桩。

① 当桩端无坚实持力层且不扩底时；

② 当桩的长径比很大，即使桩端置于坚实持力层上，由于桩身直接压缩量过大，传递到桩端的荷载较小时；

③ 当预制桩沉桩过程由于桩距小、桩数多、沉桩速度快，使已沉入桩上涌，桩端阻力明显降低时。

（2）端承桩（柱桩）

桩穿过较松软土层，桩底支承在坚实土层（砂、砾石、卵石、坚硬老黏土等）或岩层中，且桩的长径比不太大时，在竖向荷载作用下，基桩所发挥的承载力以桩底土层的抵抗力为主时，称为端承桩或柱桩，如图 8-3（b）所示。按照我国习惯，柱桩是专指桩底支承在基岩上的桩，此时因桩的沉降甚微，认为桩侧摩阻力可忽略不计，全部垂直荷载由桩底岩层抵抗力承受。

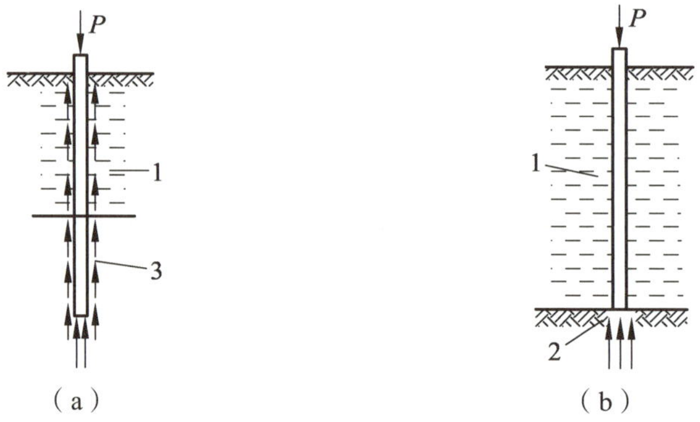

1—软弱土层；2—岩层或硬土层；3—中等土层。

图 8-3　摩擦桩和端承桩

柱桩承载力较大，较安全可靠，基础沉降也小，但如岩层埋置很深，就需采用摩擦桩。柱桩和摩擦桩由于它们在土中的工作条件不同，其与土的共同作用特点也就不同，因此在设计计算时所采用的方法和有关参数也不一样。

2. 横向受荷桩

（1）主动桩

桩顶受横向荷载作用，桩身轴线偏离初始位置，桩身所受土压力因桩主动变位而产生。风力、地震力、车辆制动力等作用下的建筑物桩基属于主动桩。

（2）被动桩

沿桩身一定范围内承受侧向压力，桩身轴线被该土压力作用而偏离初始位置。深基坑支挡桩、坡体抗滑桩、堤岸护桩等均属于被动桩。

3. 竖直桩与斜桩

按桩轴方向可分为竖直桩、单向斜桩和多向斜桩等，如图 8-4 所示。在桩基础中是否需要设置斜桩，斜度如何确定，应根据荷载的具体情况而定。一般结构物基础承受的水平力常较竖直力小得多，且现已广泛采用的大直径钻、挖孔灌注桩具有一定的抗剪强度。因此，桩基础常全部采用竖直桩。拱桥墩台等结构物桩基础往往需设斜桩以承受上部结构传来的较大水平推力，减小桩身弯矩、剪力和整个基础的侧向位移。

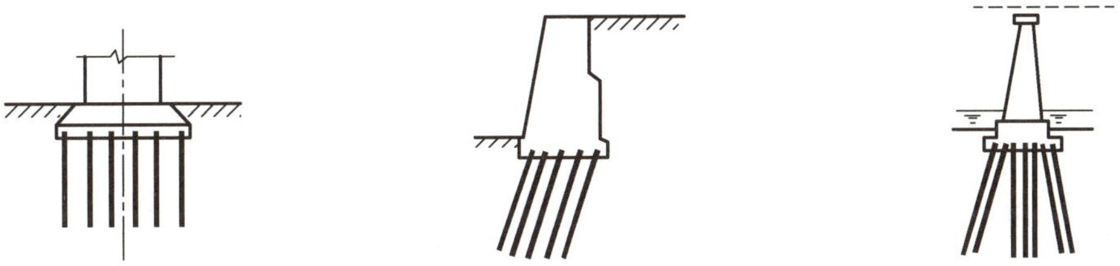

（a）竖直桩　（b）单向斜桩　（c）多向斜桩

图 8-4　竖直桩和斜桩

斜桩的桩轴线与竖直线所成倾斜角的正切不宜小于 1/8，否则斜桩施工斜度误差将显著地影响桩的受力情况。目前为了适应拱台推力，有些拱台基础已采用倾斜角大于 45°的斜桩。

8.2.3　按桩身材料分类

1. 钢　桩

钢桩强度高、运输方便、施工质量稳定，能承受强大的冲击力和获得较高的承载力，沉桩时贯入能力强、速度较快，且排挤土量小，对邻近建筑影响小。

钢桩可根据荷载特征制作成各种有利于提高承载力的断面，其设计的灵活性大，壁厚、桩径的选择范围大，便于割接，桩长容易调节。钢桩还可根据弯矩沿桩身的变化情况局部加强其断面刚度和强度。其主要缺点是用钢量大、成本昂贵，在大气和水土中钢材具有腐蚀性。

2. 钢筋混凝土桩

钢筋混凝土桩的配筋率较低（一般为 0.3%～1.0%），而混凝土取材方便、价格便宜、耐久性好。钢筋混凝土桩既可预制又可现浇（灌注桩），还可采用预制与现浇组合，适用于各种地层，成桩直径和长度可变范围大。

因此，桩基工程的绝大部分是钢筋混凝土桩，桩基工程的主要研究对象和主要发展方向也是钢筋混凝土桩。

8.2.4 桩　墩

1. 定义及分类

桩墩是通过在地基中成孔后灌注混凝土形成的大口径断面柱形深基础，即以单个桩墩代替群桩及承台。

桩墩基础底端可支承于基岩之上也可嵌入基岩或较坚硬土层之中，分为端承桩墩和摩擦桩墩两种，如图 8-5 所示。

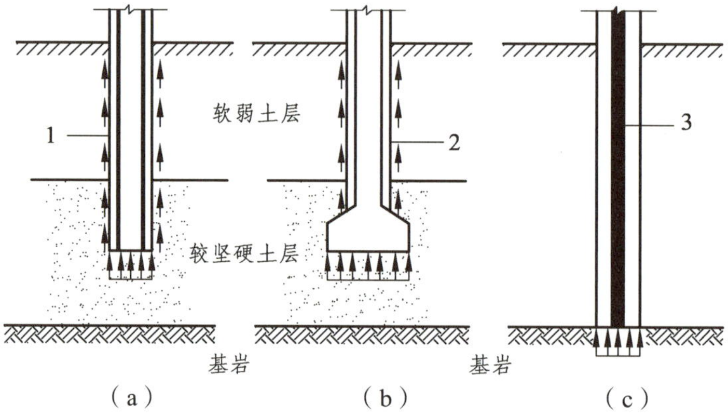

1—钢筋；2—钢套管；3—钢核。

图 8-5　端承桩墩和摩擦桩墩

2. 构造及特点

桩墩一般为直柱形，在桩墩底土较坚硬的情况下为使桩墩底承受较大的荷载，也可将桩墩底端尺寸扩大而做成扩底桩墩［见图 8-5（b）］。桩墩断面形状常为圆形，其直径不小于 0.8 m。桩墩一般为钢筋混凝土结构，当桩墩受力很大时也可用钢套筒或钢核桩墩［见图 8-5（b）、（c）］。

桩墩的受力分析与基桩相类似，但桩墩的断面尺寸较大而且有较高的竖向承载力，可承受较大的水平荷载。对于扩底桩墩还具有抵抗较大上拔力的能力。

3. 适用条件

对于上部结构传递的荷载较大且要求基础墩身面积较小时的情况，可考虑桩墩深基础方案。桩墩的优点在于墩身面积小、美观、施工方便、经济，但外力太大时，纵向稳定性较差，对地基要求也高，所以在选定方案时尤其受较大船撞力的河流中应用此类型桥墩更应注意。

任务 8.3　桩基础的构造

不同材料、不同类型的桩基础具有不同的构造特点，为了保证桩的质量和桩基础的正常工作能力，在设计桩基础时应满足其构造的基本要求。现仅以目前国内桥梁工程中最常用的桩与桩基础的构造特点及要求简述如下。

8.3.1 各种基桩的构造

桩的构造指的是桩的几何形状、几何尺寸大小、采用什么材料、对材料的强度等级要求及含筋率高低等。

1. 钢筋混凝土灌注桩

钻（挖）孔桩及沉管桩是采用就地灌注的钢筋混凝土桩，桩身常为实心断面，如图8-6所示。

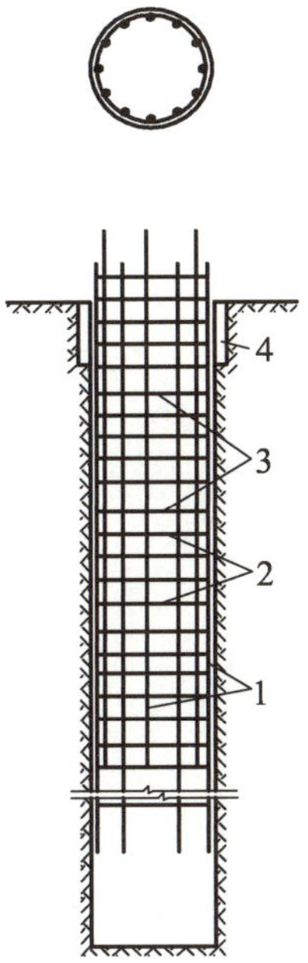

1—主筋；2—箍筋；3—加强箍；4—护筒。

图 8-6 钢筋混凝土灌注桩

设计直径：钻孔桩一般为 0.80 ~ 1.50 m，挖孔桩的直径或最小边宽度不宜小于1.40 m，沉管灌注桩直径一般为 0.30 ~ 0.60 m。

混凝土：不低于 C20，对仅承受竖直力的基桩可用 C15（但水下混凝土仍不应低于C20）。

桩内钢筋：应按照内力和抗裂性的要求布设，长摩擦桩应根据桩身弯矩分布情况分段配筋，短摩擦桩和柱桩也可按桩身最大弯矩通长均匀配筋。当按内力计算桩身不需要配筋时，应在桩顶 3 ~ 5 m 内设置构造钢筋。

2. 钢筋混凝土预制桩

预制的钢筋混凝土桩，有实心的圆桩和方桩（少数为矩形桩），有空心的管桩，另外还有管柱（用于管柱基础）。

(1) 方　桩

通常桩长在 10 m 以内时横断面为 0.30 m × 0.30 m。

① 混凝土：强度不低于 C25。

② 桩内钢筋：应按制造、运输、施工和使用各阶段的内力要求配筋。

③ 主筋直径：一般为 19 ~ 25 mm。由于桩尖穿过土层时直接受到正面阻力，应在桩尖处把所有的主筋弯在一起并焊在一根芯棒上。

④ 箍筋直径：一般为 6 ~ 8 mm，间距为 0.10 ~ 0.20 m（在两端处一般减少 0.05 m）。因桩头直接受到锤击，故在桩顶需设三层方格网片以增强桩头强度。

⑤ 钢筋保护层厚度：不小于 35 mm。

⑥ 吊环：桩内需预埋直径为 20 ~ 25 mm 的钢筋吊环，吊点位置通过计算确定，如图 8-7 所示。

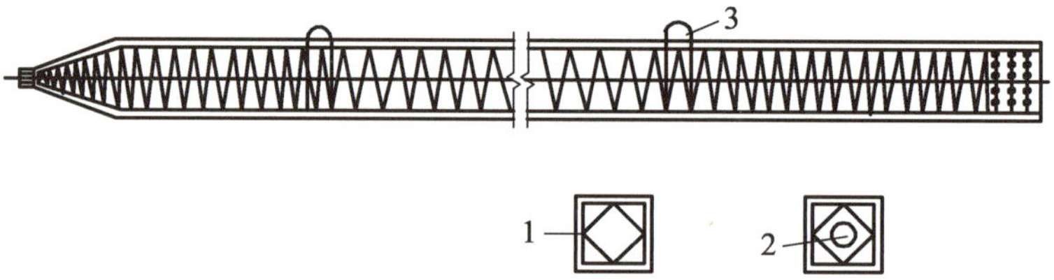

1—实心方桩；2—空心方桩；3—吊环。

图 8-7　预制钢筋混凝土方桩

(2) 管　桩

管桩由工厂以离心旋转机生产，有普通钢筋混凝土或预应力钢筋混凝土两种，直径为 400 mm、550 mm，管壁厚 80 mm，混凝土强度为 C25 ~ C40，每节管桩两端装有连接钢盘（法兰盘）以供接长。

管柱实质上是一种大直径薄壁钢筋混凝土圆管节，在工厂分节制成，施工时逐节用螺栓接成，它的组成部分是法兰盘、主钢筋、螺旋筋，管壁（不低于 C25，厚 100 ~ 140 mm），最下端的管柱具有钢刃脚，用薄钢板制成。我国常用的管柱直径为 1.50 ~ 5.80 m，一般采用预应力钢筋混凝土管柱。

预制钢筋混凝土桩柱的分节长度，应根据施工条件决定，并应尽量减少接头数量。接头强度不应低于桩身强度，并有一定的刚度以减少锤振能量的损失。接头法兰盘的平面尺寸不得突出管壁之外。

3. 钢　桩

(1) 钢桩的型式

钢桩的型式很多，主要有钢管型和 H 型钢桩，常用的是钢管桩。钢管桩的分段长度按施工条件确定，不宜超过 12 ~ 15 m，常用直径为 400 ~ 1 000 mm。

(2) 钢管桩的设计厚度

钢管桩的设计厚度由有效厚度和腐蚀厚度两部分组成。有效厚度为管壁在外力作用下所需要的厚度，可按使用阶段的应力计算确定。腐蚀厚度为建筑物在使用年限内管壁腐蚀所需要的厚度，可通过钢桩的腐蚀情况实测或调查确定，无实测资料时可参考表 8-1 确定。

表 8-1　钢管桩年腐蚀速率

钢管桩所处环境		单面年腐蚀率/（mm/a）
地面以上	无腐蚀性气体或腐蚀性挥发介质	0.05 ~ 0.1
地面以下	水位以上	0.05
	水位以下	0.02
	波动区	0.1 ~ 0.3

注：表中上限值为一般情况，下限值为近海或临海地区。

（3）钢桩的防腐

钢桩防腐处理可采用外表涂防腐层，增加腐蚀余量及阴极保护。当钢管桩内壁同外界隔绝时，可不考虑内壁防腐。

（4）钢管桩的分类

钢管桩按桩端构造可分为开口桩和闭口桩两类，如图 8-8 所示。

开口钢管桩穿透土层的能力较强，但沉桩过程中桩底端的土将涌入钢管内腔形成土芯。

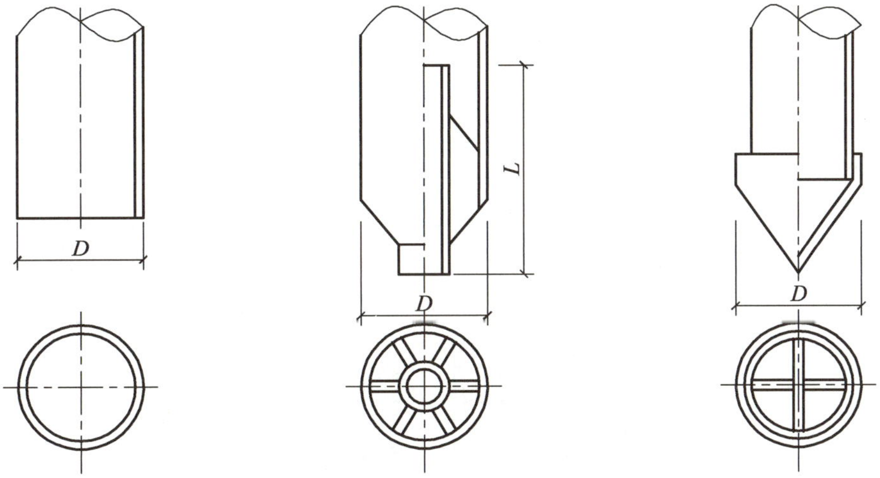

（a）开口式　（b）半闭口式　（c）闭口式

图 8-8　钢管桩的端部构造型式

8.3.2　承台的构造及桩与承台的连接

1. 对承台的要求

对于多排桩基础，桩顶由承台连接成为一个整体。承台的平面尺寸和形状应根据上部结构（墩、台身）底截面尺寸和形状以及基桩的平面布置而定，一般采用矩形和圆端形。

承台厚度应保证承台有足够的强度和刚度，铁路桥梁墩台多采用钢筋混凝土或混凝土刚性承台（承台本身材料的变形远小于其位移），其厚度不宜小于 1.5 m。混凝土不得低于 C30。承台板的底部应布置一层钢筋网。当桩顶主筋伸入承台板联结时，钢筋网在越过桩顶处不得截断。

2. 桩和承台的连接

钻（挖）孔灌注桩桩顶主筋宜伸入承台，桩身伸入承台长度一般为 150 ~ 200 mm（盖梁式承台，桩身可不伸入）。伸入承台的桩顶主筋可做成喇叭形（约与竖直线倾斜 15°，若受构造限制，主筋也可不做成喇叭形），如图 8-9 所示。伸入承台的钢筋锚固长度应符合结构相关规范要求。对于不受轴向拉力的打入桩可不破桩头，将桩直接埋入承台内。

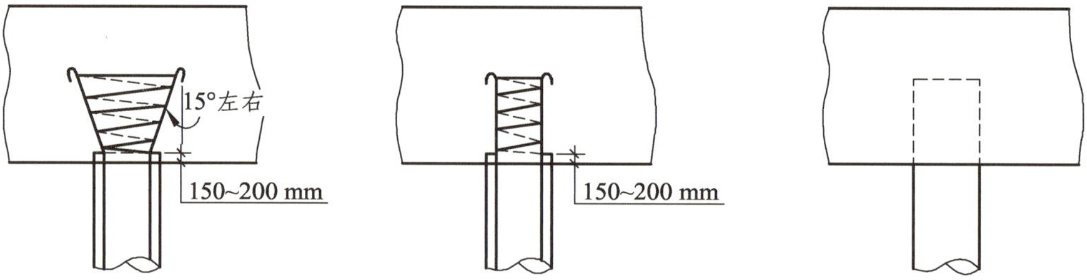

（a）　（b）　（c）

图 8-9　桩和承台的连接

3. 承台的钢筋构造

承台的受力情况比较复杂，为了使承台受力较为均匀并防止承台因桩顶荷载作用发生破碎和断裂，应在承台底部桩顶平面上设置一层钢筋网，钢筋纵桥向和横桥向每 1 m 宽度内可采用钢筋截面积 1 200 ~ 1 500 mm^2（此项钢筋直径为 14 ~ 18 mm，应按规定锚固长度弯起锚固，钢筋网在越过桩顶钢筋处不应截断，并应与桩顶主筋连接）。钢筋网也可根据桩基和墩台的布置，按带状布设，如图 8-10 所示。低桩承台有时也可不设钢筋网。

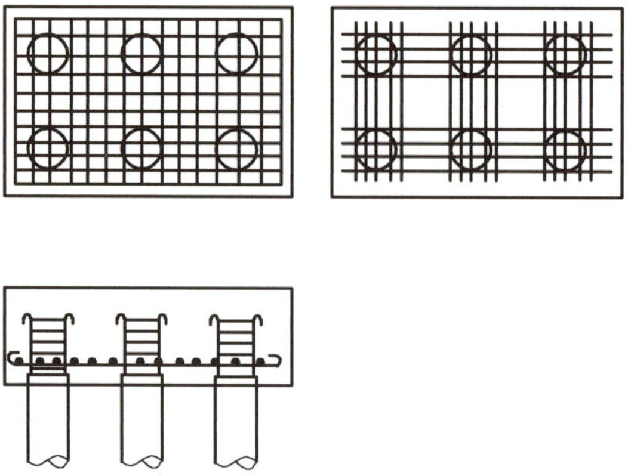

（a）　（b）

图 8-10　承台底钢筋网

对于双柱式或多柱式墩（台）单排桩基础，在桩之间为加强横向联系而设有横系梁时，一般认为横系梁不直接承受外力，可不作内力计算，按横断面的 0.1%配置构造钢筋。

任务 8.4　桩基础施工技术及施工质量控制

8.4.1　桩基础施工技术现状

目前，我国最常见桩的类型主要有灌注桩（包括人工挖孔灌注桩、机械成孔灌注桩）和预制桩。桩基础广泛应用于房屋建筑、水利建筑、桥墩基础等。

人工挖孔灌注桩因具有施工方便、单桩承载力高、抗震能力强、施工速度快、可多桩同时进行、桩端持力层便于检查、质量易于保证等优点得到许多设计和施工单位认可，但也因施工条件差、劳动强度大等受到限制。人工挖孔灌注桩适用于无地下水或地下水较少的黏土、粉质黏土及含少量砂卵石的黏土，对有流沙、地下水位较高、涌水量大的冲积地带及近代沉积的含水量高的淤泥、淤泥质土层不适用。

灌注桩是直接在桩位上就地成孔，然后在孔内安放钢筋笼灌注混凝土而成，能适应各种地层，无须接桩，施工时无振动、噪声小，宜在建筑物密集地区使用。灌注桩操作要求严格，施工过程中必须力争一次成桩，避免返工，成孔时有大量土渣或泥浆排出。根据成孔工艺不同，分为干作业成孔、泥浆护壁成孔、锤击成孔、套管护壁成孔和爆扩成孔等，近年来还出现了扩沉管灌注桩、钻孔压浆承桩等一些新工艺。

预制混凝土桩的形式有预制方桩及预制管桩两类，是在专业厂家加工而成，用沉桩设备将桩打入、压入或振入土中。预制桩坚固耐用、施工速度快、抗腐蚀性强、单桩承载力较高。由于施工噪声和振动较大，也由于是挤土桩，施工时易引起周围地面隆起对施工周围环境影响较大。一般不宜在城市建筑密集的地区使用。钢桩则有 H 型钢桩、钢管桩和钢板桩等，它们的沉桩方法主要有锤击打入法、静力压桩法及水冲沉桩法，有时也采用振动沉桩方法。

8.4.2　桩基础施工前期准备阶段

在施工前，要认真看图，领会设计意图，查阅地质报告，并对施工场地进行全面勘察，主要内容包括查明施工现场的地形、地貌、气候及其他自然条件；了解施工现场成桩深度范围内土层的分布情况、形成年代及各层土的物理力学性能指标；了解邻近建筑物的位置、距离、结构性质、现状及目前使用情况；了解沉桩区域附近地下管线的分布及距离、埋置深度、使用年限、管径大小、结构情况等；了解施工现场区域内人为和自然地质现象，地震、熔岩、矿岩、古塘、暗滨及地下构筑物、障碍物等。根据设计要求确定桩基础的类型、施工机械和施工工艺，为顺利完成施工、保证施工质量和安全做好施工前期准备工作。

桩基础施工前应编制施工方案，根据成孔机械、成桩工艺，确定施工顺序、邻近建筑物或地下管线的保护措施等；计划施工进度，根据工程总进度计划确定桩基施工计划（进度计划、劳动力需求计划及材料、设备需求计划）；制定质量保证、安全技术及文明施工等措施；进行工艺试桩，确定合理的施工工艺，确定工艺参数。

8.4.3 灌注桩基础施工过程的质量控制

下面以机械成孔、泥浆护壁以及灌注桩为例进行阐述。施工中桩身材料的选择和混凝土级配的确定对保证桩基施工质量有着极为重要的意义，是保证桩基质量的基础。为了获得较好的收缩值，最好采用矿渣硅酸水泥或普通硅酸水泥。如果是在冬季施工，最好选用普通硅酸水泥，水泥标号应大于425#，尤其是在低于5 °C环境下进行桩基施工时应采用加入早期防冻剂的方法以提高混凝土抗冻能力。细骨料、砂颗粒级配应当严格按照《普通混凝土用砂质量标准及检验方法》中的相关规定进行，粗骨料所采用的碎石、卵石级配应严格按照《普通混凝土用碎石或卵石质量标准及检验方法》中的相关规定确定，尤其是针片状颗粒含量，应严格控制在10%以内，如果对混凝土强度要求较高，可考虑采用高效减水剂，掺用的外加剂应符合现行《混凝土外加剂应用技术规范》等相关规定。为了获得较好的使用性能和使用寿命，需要特别注意配合比，水泥用量过少会使混凝土强度降低，水泥用量过多会因水化热高引起过大的温度应力产生温度裂缝。施工前应充分考虑水灰比、骨料级配、水泥用量等并进行多次试验才能最终确定。由施工单位根据设计要求向混凝土供应商提出混凝土的技术参数和具体要求。由混凝土供应商保证混凝土的质量并提供给施工单位。

钻孔过程的监督：在每次钻孔前应该重新复核该桩位及标高，确保无误；参照地质勘探报告和按设计图纸要求判断孔深是否已经达到设计要求的持力层。检测终孔的孔深、孔径、孔斜度及二次清孔后的沉浆密度、沉渣厚度。对端承桩孔底沉渣不超过50 mm，摩擦桩为150 mm。钻孔时要特别注意避免出现孔壁坍塌、扩径和缩颈。

钢筋笼的检查：主要检查钢筋笼的制作质量、下笼、焊接质量、搭接长度。分段制作的钢筋笼的长度以钢筋的定长为宜，一般大于等于6 m，连接时钢筋接头的一半应予错开焊接且两钢筋轴心在一直线上。为避免灌注导管挂笼及钢筋笼上浮，笼底钢筋略成喇叭状。对非全长配筋的桩，钢筋笼顶标高低于地面时用吊筋将钢筋笼焊接牢固，防止下落。钢筋笼的保护层最好设置成混凝土滚轮，厚度为混凝土的保护层厚度，每隔2 m均匀布置4个，穿在箍筋上，这样既能保证保护层厚度，又能减少对孔壁的扰动。在焊接施工时要特别注意焊缝的饱满程度。

灌注混凝土过程的质量控制：检查钢筋笼顶固定措施是否可靠，其顶面标高是否满足设计要求；核实商品混凝土强度等级，抽查坍落度；检查导管的长度及导管的水密性，核实导管底部的距离是否满足规范要求；检查储料斗的容积是否可以达到混凝土初灌量导管的理论埋深；浇灌混凝土过程中，检查导管的埋深、压浆及混凝土面上升情况，注意孔内是否有异常情况，督促施工人员控制好灌注速度；为防止发生断桩、夹泥、堵管等现象，应加强对混凝土的坍落度的控制。坍落度合理的混凝土应是拌和均匀、和易性好、内阻小、初凝时间长、润滑性好且有较好的触变性能，坍落度合理的混凝土可有效地保证混凝土灌注性、连续性和密实性，一般应控制在 160～220 mm 范围内。导管底端在混凝土面以下的深度是否合理关系到成桩质量，必须予以严格控制。在开浇时，料斗必须储足一次下料能保证导管埋入混凝土达 1.0 m 以上的混凝土初灌量，以免因导管下口未被埋入混凝土内造成管内反混浆现象，导致开浇失败；在浇筑过程中，要经常探测混凝土面实际标高、计算混凝土面上升高度、导管下口与混凝土面相对位置，及时拆卸导管，保持导管合理埋深，严禁将导管拔出混凝土面，导管埋深一般控制在 1～5 m，过大或过小都会出现质量问题，直接影响桩身的质量。

8.4.4 桩基础施工要点

桩基础通常可分为沉入桩基础和灌注桩基础，按成桩施工方法又可分为沉入桩、钻孔灌注桩、人工挖孔桩。

1. 沉入桩基础

常用的沉入桩有钢筋混凝土桩、预应力混凝土桩和钢管桩。

（1）准备工作

沉桩前应掌握工程地质钻探资料、水文资料和打桩资料；沉桩前必须处理地上（下）障碍物，平整场地，并应满足沉桩所需的地面承载力；应根据现场环境状况采取降噪声措施；城区、居民区等人员密集的场所不应进行沉桩施工；对地质复杂的大桥、特大桥，为检验桩的承载能力和确定沉桩工艺应进行试桩；贯入度应通过试桩或做沉桩试验后会同监理及设计单位研究确定；用于地下水有侵蚀性的地区或腐蚀性土层的钢桩应按照设计要求做好防腐处理。

（2）施工技术要点

① 预制桩的接桩可采用焊接、法兰连接或机械连接，接桩材料工艺应符合规范要求。

② 沉桩时，桩帽或送桩帽与桩周围间隙应为 5～10 mm；桩锤、桩帽或送桩帽应和桩身在同一中心线上；桩身垂直度偏差不得超过 0.5%。

③ 沉桩顺序：对于密集桩群，自中间向两个方向或四周对称施打；根据基础的设计标高，宜先深后浅；根据桩的规格，宜先大后小，先长后短；锤击过程应采用重锤低击。

④ 施工中若锤击有困难时，可在管内助沉。

⑤ 桩终止锤击的控制应视桩端土质情况而定，一般情况下以控制桩端设计标高为主，贯入度为辅。

⑥ 沉桩过程中应加强邻近建筑物、地下管线等的观测、监护。

（3）沉桩方式及设备选择

① 锤击沉桩宜用于砂类土、黏性土。桩锤的选用应根据地质条件、桩型、桩的密集程度、单桩竖向承载力及现有施工条件等因素确定；振动沉桩宜用于锤击沉桩效果较差的密实的黏性土、砾石、风化岩。

② 在密实的砂土、碎石土、砂砾的土层中用锤击法、振动沉桩法有困难时，可采用射水作为辅助手段进行沉桩施工。在黏性土中应慎用射水沉桩；在重要建筑物附近不宜采用射水沉桩。

③ 静力压桩宜用于软黏土（标准贯入度 N<20）、淤泥质土；钻孔埋桩宜用于黏土、砂土、碎石土，且河床覆土较厚的情况。

2. 钻孔灌注桩基础

（1）准备工作

施工前应掌握工程地质资料、水文地质资料，具备所用各种原材料及制品的质量检验报告；施工时应按有关规定，制定安全生产、保护环境等措施；灌注桩施工应有齐全、有效的施工记录。

（2）成孔方式与设备选择

依据成桩方式可分为泥浆护壁成孔、干作业成孔、护筒（沉管）灌注桩及爆破成孔，施工机具类型及土质适用条件可参考表 8-2。

表 8-2　成桩方式与适用条件

序号	成桩方式与设备		土质适用条件
1	泥浆护壁成孔桩	冲抓钻	黏性土、粉土、砂土、填土、碎石土及风化岩层
		冲击钻	
		旋挖钻	
		潜水钻	黏性土、淤泥、淤泥质土及砂土
2	干作业成孔桩	长螺旋钻孔	地下水位以上的黏性土、砂土及人工填土非密实的碎石类土、强风化岩
		钻孔扩底	地下水位以上的坚硬、硬塑的黏性土及中密以上的砂土风化岩层
		人工挖孔	地下水位以上的黏性土、黄土及人工填土
3	沉管灌注桩	夯扩	桩端持力层为埋深不超过 20 m 的中、低压缩性黏性土、粉土、砂土和碎石类土
		振动	黏性土、粉土和砂土
4	爆破成孔		地下水位以上的黏性土、黄土碎石土及风化岩

（3）泥浆护壁成孔

① 泥浆制备

泥浆制备根据施工机械、工艺及穿越土层情况进行配合比设计，宜选用高塑性黏土或膨润土；泥浆护壁施工期间护筒内的泥浆面应高出地下水位 1.0 m 以上，在清孔过程中应不断置换泥浆，直至灌注水下混凝土；灌注混凝土前，孔底 500 mm 以内的泥浆相对密度应小于 1.25；含砂率不得大于 8%；黏度不得大于 28 s；现场应设置泥浆池和泥浆收集设施，废弃的泥浆、渣应进行处理，不得污染环境。

② 正、反循环钻孔

泥浆护壁成孔时根据泥浆补给情况控制钻进速度；保持钻机稳定；钻进过程中如发生斜孔、塌孔和护筒周围冒浆、失稳等现象时，应先停钻，待采取相应措施后再进行钻进；钻孔达到设计深度，灌注混凝土之前，孔底沉渣厚度应符合设计要求。设计未要求时端承型桩的沉渣厚度不应大于 100 mm；摩擦型桩的沉渣厚度不应大于 300 mm。

动画—正循环钻孔施工

动画—反循环钻孔施工

（4）干作业成孔

① 长螺旋钻孔

钻机定位后，应进行复检，钻头与桩位点偏差不得大于 20 mm，开孔时下钻速度应缓慢；钻进过程中，不宜反转或提升钻杆；在钻进过程中遇到卡钻、钻机摇晃、偏斜或发生异常声响时，应立即停钻，查明原因，采取相应措施后方可继续作业；钻至设计标高后，应先泵入混凝土并停顿 10 ~ 20 s，再缓慢提升钻杆。提钻速度应根据土层情况确定，并保证管内有一定高度的混凝土；混凝土压灌结束后，应立即将钢筋笼插至设计深度，并及时清除钻杆及泵（软）管内残留混凝土。

② 钻孔扩底

钻杆应保持垂直稳固，位置准确，防止因钻杆晃动引起扩大孔径；钻孔扩底桩施工扩底孔部分虚土厚度应符合设计要求；灌注混凝土时，第一次应灌到扩底部位的顶面，随即振捣密实；灌注桩顶以下 5 m 范围内混凝土时，应随灌注随振动，每次灌注高度不大于 1.5 m。

③ 人工挖孔

人工挖孔桩必须在保证施工安全前提下选用；挖孔桩截面一般为圆形，也有方形桩；孔径 1 200 ~ 2 000 mm，最大可达 3 500 mm；挖孔深度不宜超过 25 m；采用混凝土或钢筋混凝土支护孔壁技术，护壁的厚度、拉接钢筋、配筋、混凝土强度等级均应符合设计要求；井圈中心线与设计轴线的偏差不得大于 20 mm；上下节护壁混凝土的搭接长度不得小于 50 mm；每节护壁必须保证振捣密实，并应当日施工完毕；应根据土层渗水情况使用速凝剂；模板拆除应在混凝土强度大于 2.5 MPa 后进行；挖孔达到设计深度后，应进行孔底处理。必须做到孔底表面无松渣、泥、沉淀土。

（5）钢筋笼与灌注混凝土施工要点

钢筋笼加工应符合设计要求。钢筋笼制作、运输和吊装过程中应采取适当的加固措施，防止变形；吊放钢筋笼入孔时，不得碰撞孔壁，就位后应采取加固措施固定钢筋笼的位置。

沉管灌注桩内径应比套管内径小 60 ~ 80 mm，用导管灌注水下混凝土的桩应比导管连接处的外径大 100 mm 以上；灌注桩采用的水下灌注混凝土宜采用预拌混凝土，其骨料粒径不宜大 40 mm。

灌注桩各工序应连续施工，钢筋笼放入泥浆后 4 h 内必须浇筑混凝土；当气温低于 0 °C 时，浇筑混凝土应采取保温措施，浇筑时混凝土的温度不得低于 5 °C。当气温高于 30 °C 时，应根据具体情况对混凝土采取缓凝措施。

桩顶混凝土浇筑完成后应高出设计标高 0.5 ~ 1 m，确保桩头浮浆层凿除后桩基面混凝土达到设计强度；灌注桩的实际浇筑混凝土量不得小于计算体积；套管成孔的灌注桩任何一段平均直径与设计直径的比值不得小于 1.0；场地为浅水时宜采用筑岛法施工，筑岛面积应按钻孔方法、机具大小而定。岛的高度应高出最高施工水位 0.5 ~ 1.0 m。

场地为深水或淤泥层较厚时，可采用固定式平台或浮式平台，平台须稳固牢靠，能承受施工时的静载和动载；并考虑施工机械进出安全。

（6）水下混凝土灌注

① 桩孔检验合格，吊装钢筋笼完毕后，安置导管浇筑混凝土；混凝土配合比应通过试验确定，须具备良好的和易性，坍落度宜为 180 ~ 220 mm。

② 导管应符合下列要求：导管内壁应光滑圆顺，直径宜为 20 ~ 30 cm，节长宜为 2 m；导管不得漏水，使用前应试拼、试压，试压的压力宜为孔底静水压力的 1.5 倍；导管轴线偏差不宜超过孔深的 0.5%，且不宜大于 10 cm；导管采用法兰盘接头宜加锥形活套；采用螺旋丝扣型接头时必须有防止松脱装置。

③使用的隔水球应有良好的隔水性能，并应保证顺利排出；开始灌注混凝土时，导管底部至孔底的距离宜为 300 ~ 500 mm；导管一次埋入混凝土灌注面以下不应少于 1.0 m；导管埋入混凝土深度宜为 2 ~ 6 m；灌注水下混凝土必须连续施工，并应控制提拔导管速度，严禁将导管提出混凝土灌注面。灌注过程中的故障应记录备案。

（7）钻孔灌注桩施工质量控制的常见措施

① 地质勘探资料和设计文件可能存在的问题

地质勘探主要存在勘探孔间距太大、孔深太浅、土工试验数量不足、土工取样和土工试验不规范、桩周摩阻力和桩端承载力不足等问题。设计文件主要存在对地质勘探资料没有认真研究、桩型选择不当、地面标高不清等问题。

在桩基开始施工前，对地质勘探资料和设计文件进行认真研究。对桩基持力层厚度变化较大的场地，应适当加密地质勘探孔；必要时进行补充勘探，防止桩端落在较薄的持力层上而发生持力层剪切破坏。场地有较厚的回填层和软土层时，设计者应认真校核桩基是否存在负摩擦现象。

② 孔口高程的误差

孔口高程的误差主要有两方面：一是由于地质勘探完成后场地再次回填，计算孔口高程时疏忽而引起的误差；二是由于施工场地在施工过程中废渣的堆积，地面不断升高，孔口高程发生变化造成的误差。

减小误差的对策是认真校核原始水准点和各孔口的绝对高程，每根桩开孔前复测一次桩位孔口高程。

③ 钻孔深度的误差

有些工程在场地回填平整前就进行工程地质勘探，地面高程较低，当工程地质勘探采用相对高程时，施工应把高程换算一致，避免出现钻孔深度的误差。另外，孔深测量应采用丈量钻杆的方法，取钻头的 2/3 长度处作为孔底终孔界面，不宜采用测绳测定孔深。对于端承桩钻孔的终孔标高应以桩端进入持力层深度为准，不宜以固定孔深的方式终孔。因此，钻孔到达桩端持力层后应及时取样鉴定，确定钻孔是否进入桩端持力层。

④ 孔径误差

孔径误差主要是由于作业人员疏忽错用其他规格的钻头，或因钻头陈旧、磨损后直径偏小所致。对于直径 800 ~ 1200 mm 的桩，钻头直径比设计桩径小 30 ~ 50 mm 是合理的。每根桩孔开孔时，应验证钻头规格，实行签证手续。

⑤ 钻孔垂直度不符合规范要求

主要原因：场地平整度和密实度差，钻机安装不平整或钻进过程发生不均匀沉降，导致钻孔偏斜；钻杆弯曲、钻杆接头间隙太大，造成钻孔偏斜；钻头翼板磨损不一，钻头受力不均，造成偏离钻进方向；钻进中遇软硬土层交界面或倾斜岩面时，钻压过高使钻头受力不均，造成偏离钻进方向。

控制钻孔垂直度的主要技术措施：压实、平整施工场地；安装钻机时应严格检查钻机的平整度和主动钻杆的垂直度，钻进过程中应定时检查主动钻杆的垂直度，发现偏差立即调整；定期检查钻头、钻杆、钻杆接头，发现问题及时维修或更换；在软硬土层交界面或倾斜岩面处钻进，应低速低钻压钻进；发现钻孔偏斜，应及时回填黏土，冲平后再低速低钻压钻进；在复杂地层钻进，必要时在钻杆上加设扶正器。

⑥ 塌孔与缩径

主要原因：塌孔与缩径产生的原因基本相同，主要是地层复杂、钻进速度过快、护壁泥浆性能差、成孔后放置时间过长没有灌注混凝土等原因所造成。

预防措施：钻（冲）孔灌注桩穿过较厚的砂层、砾石层时，成孔速度应控制在 2 m/h 以内，泥浆性能主要控制其密度为 1.3 ~ 1.4 g/cm^3、黏度为 20 ~ 30 s、含砂率≤6%，若孔内自然造浆不能满足以上要求时，可采用加黏土粉、烧碱、木质素的方法，改善泥浆的性能，通过对泥浆的除砂处理，可控制泥浆的密度和含砂率。没有特殊原因，钢筋骨架安装后应立即灌注混凝土。

⑦ 桩端持力层判别错误

持力层判别是钻孔桩成败的关键，现场施工必须给予足够的重视。对于非岩石类持力层，判断比较容易，可根据地质资料，结合现场取样进行综合判定。

对于桩端持力层为强风化岩或中风化岩的桩，判定岩层界面难度较大，可采用以地质资料的深度为基础，结合钻机的受力、主动钻杆的抖动情况和孔口捞样进行综合判定，必要时进行原位取芯验证。

⑧ 孔底沉渣过厚或灌注混凝土前孔内泥浆含砂量过大

孔底沉渣过厚除清孔泥浆质量差，清孔无法达到设计要求外，还有测量方法不当造成误判。要准确测量孔底沉渣厚度，首先需准确测量桩的终孔深度，应采用丈量钻杆长度的方法测定，取孔内钻杆长度 + 钻头长度，钻头长度取至钻尖的 2/3 处。

在含粗砂、砾砂和卵石的地层钻孔，有条件时应优先采用泵吸反循环清孔。当采用正循环清孔时，前阶段应采用高黏度浓浆清孔，并加大泥浆泵的流量，使砂石粒能顺利地浮出孔口。孔底沉渣厚度符合设计要求后，应把孔内泥浆密度降至 1.1 ~ 1.2 g/cm^2。清孔整个过程应专人负责孔口捞渣和测量孔底沉渣厚度，及时对孔内泥浆含砂率和孔底沉渣厚度的变化进行分析，若出现清孔前期孔口泥浆含砂量过低，捞不到粗砂粒，或后期把孔内泥浆密度降低后，孔底沉渣厚度增大较多，则说明前期清孔时泥浆的黏度和稠度偏小，砂粒悬浮在孔内泥浆里，没有真正达到清孔的目的，施工时应特别注意这种情况。

⑨ 水下混凝土灌注和桩身混凝土质量问题

混凝土质量关系到混凝土灌注过程是否顺利和桩身混凝土质量两大方面。要配制出高质量的混凝土，首先要设计好配合比和做好现场试配工作，采用高强度水泥时，应注意混凝土的初凝和终凝时间与单桩灌注时间的关系，必要时添加缓凝剂。施工现场应严格控制好配合比（特别是水灰比）和搅拌时间。掌握好混凝土的和易性及其坍落度，防止混凝土在灌注过程中发生离析和堵管。

初灌时埋管深度达不到规范要求：规范规定，灌注导管底端至孔底的距离应为 0.3～0.5 m，初灌时导管首次埋深应不小于 1.0 m。在计算混凝土的初灌量时，除计算桩长所需的混凝土量外，还应计算导管内积存的混凝土量。

灌注混凝土时堵管：灌注混凝土时发生堵管主要由灌注导管破漏、灌注导管底距孔底深度太小、完成二次清孔后灌注混凝土的准备时间太长、隔水栓不规范、混凝土配制质量差、灌注过程中灌注导管埋深过大等原因引起。因此，灌注导管在安装前应由专人负责检查，可采用肉眼观察和敲打听声相结合的方法进行检查，检查项目主要有灌注导管是否存在孔洞和裂缝、接头是否密封、厚度是否合格；灌注导管使用前应进行水密承压和接头抗拉试验，严禁用气压。进行水密试验的水压不应小于孔内水深 1.3 倍的压力，也不应小于导管壁和焊缝可能承受灌注混凝土时最大内压力 P 的 1.3 倍；灌注导管底部至孔底的距离应为 300～500 mm，在灌浆设备的初灌量足够的条件下，应尽可能取大值。隔水栓应认真细致制作，其直径和椭圆度应符合使用要求，其长度应小于等于 200 mm；完成第二次清孔后，应立即开始灌注混凝土，若因故推迟灌注混凝土，应重新进行清孔。否则，可能造成孔内泥浆悬浮的砂粒下沉而使孔底沉渣过厚，并导致隔水栓无法正常工作而发生堵管事故。

灌注混凝土过程中钢筋骨架上浮：产生钢筋骨架上浮主要原因由以下几方面造成，混凝土初凝和终凝时间太短，使孔内混凝土过早结块，当混凝土面上升至钢筋骨架底时，结块的混凝土托起钢筋骨架；清孔时孔内泥浆悬浮的砂粒太多，混凝土灌注过程中砂粒回沉在混凝土面上，形成较密实的砂层，并随孔内混凝土逐渐升高，当砂层上升至钢筋骨架底部时托起钢筋骨架；混凝土灌注至钢筋骨架底部时，灌注速度太快，造成钢筋骨架上浮。因此，在施工过程中除认真清孔外，当灌注的混凝土面距钢筋骨架底部 1 m 左右时，应降低灌注速度。当混凝土面上升到骨架底口 4 m 以上时，提升导管，使导管底口高于骨架底部 2 m 以上，然后恢复正常灌注速度。

桩身混凝土强度低或混凝土离析：主要原因是施工现场混凝土配合比控制不严、搅拌时间不够和水泥质量差。预防措施：严格把好进厂水泥的质量关，控制好施工现场混凝土配合比，掌握好搅拌时间和混凝土的和易性。

桩身混凝土夹渣或断桩：产生此类问题的主要原因有以下几个方面，初灌混凝土量不够，造成初灌后埋管深度太小或导管根本就没有进入混凝土；混凝土灌注过程拔管长度控制不准，导管拔出混凝土面；混凝土初凝和终凝时间太短，或灌注时间太长，使混凝土上部结块，造成桩身混凝土夹渣；清孔时孔内泥浆悬浮的砂粒太多，混凝土灌注过程中砂粒回沉在混凝土面上，形成沉积砂层，阻碍混凝土的正常上升，当混凝土冲破沉积砂层时，部分砂粒及浮渣被包入混凝土内。严重时可能造成堵管事故，导致混凝土灌注中断。因此，在施工过程中要注意，导管的埋置深度宜控制在 2 ~ 6 m。混凝土灌注过程中拔管应有专人负责指挥，并分别采用理论灌入量计算孔内混凝土面和重锤实测孔内混凝土面，取两者的低值来控制拔管长度，确保导管的埋置深度大于等于 2 m。单桩混凝土灌注时间宜控制在 1.5 倍混凝土初凝时间内。

桩顶混凝土不密实或强度达不到设计要求：主要原因是超灌高度不够、混凝土浮浆太多、孔内混凝土面测定不准。对于桩径≤1 000 mm 的桩，超灌高度不小于桩长的 4%；对于桩径>1 000 mm 的桩，超灌高度不小于桩长的 5%。对于大体积混凝土的桩，桩顶 10 m 内的混凝土应适当调整配合比，增大碎石含量，减少桩顶浮浆。在灌注最后阶段，孔内混凝土面测定应采用硬杆筒式取样法测定。

⑩ 混凝土灌注过程因故中断

混凝土灌注过程中断的原因较多，在采取抢救措施后仍无法恢复正常灌注的情况下，可采用如下方法进行处理：若刚开灌不久，孔内混凝土较少，可拔起导管和吊起钢筋骨架，重新钻孔至原孔底，安装钢筋骨架和清孔后再开始灌注混凝土；迅速拔出导管，清理导管内积存混凝土和检查导管后，重新安装导管和隔水栓，然后按初灌的方法灌注混凝土，待隔水栓完全排出导管后，立即将导管插入原混凝土内，此后便可按正常的灌注方法继续灌注混凝土。此法的处理过程必须在混凝土的初凝时间内完成；混凝土灌注过程因故中断后拔除钢筋骨架，待已灌混凝土强度达到 C15 后，先用同级钻头重新钻孔，并钻除原灌混凝土的浮浆，再用 lt500 钻头在桩中心钻进 300 ~ 500 mm 深，这样就完成了接口的处理工作，然后便可按新桩的灌注程序灌注混凝土。

思政小课堂

桩基础作为高层建筑和特大桥梁的基础对上层建筑的稳定起着至关重要的作用，就像家对于国一样，正是一个个美好的家庭才组成了伟大的祖国。新的时代里，家国情怀对于在座的同学至关重要，也是我们的人生课题，值得我们共同学习。

动画—家国情怀

家国情怀是中华民族最为深厚的历史情感，爱国精神是中华文明赓续不绝、延绵至今的强大动力。列夫·托尔斯泰在《战争与和平》里说：“历史是国家和人类的传记。”爱国诗人闻一多曾说：“我爱中国固因他是我的祖国，而尤因他是有那种可敬爱的文化的国家。”在中华文明五千年传承中，经典和模范总能激发起人们对民族共同体最深沉的

情感。《孟子》有云:“天下之本在国，国之本在家，家之本在身。”宋儒张载提倡“为天地立心，为生民立命，为往圣继绝学，为万世开太平”;岳飞背后“精忠报国”的铮铮誓言;顾炎武“天下兴亡，匹夫有责”的崇高担当;守岛英雄王继才的信仰坚守……这些都是家国情怀在不同时代的经典阐释。家是国的基础，国是家的延伸。习近平总书记曾对广大文化文艺工作者、哲学社会科学工作者提出殷切希望:“要有信仰、有情怀、有担当，树立高远的理想追求和深沉的家国情怀。”在新时代的征程上，家国情怀必将继续激发起全民族团结奋斗的精神，由“小我”到“大我”，由“大我”到“无我”，相信在中国共产党的领导下，我们必将创造让世界惊叹的“家国传奇”。

项目小结

本项目对桩基础的组成、类型、构造进行了讲解，对桩基础施工工序以及施工过程中的要点和质量控制进行阐述，通过本项目的学习，能够掌握桩基础的施工流程和施工方法。

项目思考题

1. 桩基础由哪些部分组成?
2. 桩基础都有哪些类型?各自有什么特点?
3. 承台以及桩与承台的连接要求有哪些?
4. 沉入桩基础施工过程中应注意哪些问题?
5. 钻孔灌注桩基础施工工序有哪些?施工时有哪些注意事项?

项目 9

沉井基础施工

项目导学

沉井的应用已有很长的历史，它是由古老的掘井作业发展而成的一种施工方法。在现代土木工程中，为了满足结构物的要求，适应地基的特点，在工程实践中形成了沉井基础。当上部荷载较大，基础埋置深度较深时，沉井基础是最常用的基础类型之一，它广泛应用于桥梁墩台基础、取水构筑物、污水泵站、地下工业厂房、大型设备基础、地下仓（油）库、人防掩蔽所、盾构拼装井、地下车道与车站、地下构筑物的围壁和大型深埋基础等。本项目介绍了沉井的类型与构造、施工过程以及存在的问题。

教学目标

1. 知识目标

（1）沉井的类型与构造；

（2）沉井施工流程及方法；

（3）沉井下沉中遇到的问题及处置措施。

2. 能力目标

（1）能准确说出沉井的类型及构造；

（2）能简要介绍沉井基础的施工流程及施工方法；

（3）能正确处理沉井施工中出现的问题。

3. 情感目标

（1）通过本项目训练，养成科学、严谨的工作态度；

（2）通过本项目训练，加强学生理论联系实际的意识。

4. 思政目标

（1）培养学生科学态度，激励学生学习的紧迫感；

（2）培养学生民族自豪感和开拓进取精神。

相关案例

沪通长江大桥沉井基础施工

沪通长江大桥是沪通铁路的关键性工程和控制性工程。大桥全长 11 072 m，按四线铁路、六车道公路合建桥梁设计，其中公铁合建桥梁长 6 993 m，正桥主航道桥为钢桁梁斜拉桥，主跨 1 092 m，是目前世界上最大跨度公铁两用斜拉桥。主航道桥 6 个桥墩均为沉井基础，其中 28 号墩为主塔墩，沉井基础分为 24 个井孔，横截面长 86.9 m、宽 58.7 m，相当于 12 个篮球场大小，沉井高 105 m，相当于 35 层楼高，总重量达 30 万 t，为世界最大体积沉井基础。

28 号主墩沉井基础由 50 m 高钢沉井和 55 m 高混凝土沉井两部分组成。28 号主塔墩所处江底地质复杂，将 35 层楼的“巨无霸”沉入江底绝非易事，先后采用井孔内抓泥、高压射水、声呐检测仪器检测、水下机器人井孔内探测、刃脚泥面爆破等方式协助沉井下沉。在多措并举下，沉井井孔内阻碍下沉的各种杂物被不断“取出”，施工“瓶颈”被突破，确保了沉井基础准确到位。28 号主墩沉井基础封底历时 35 天，共灌注水下混凝土 63 615 m^3，混凝土厚度达 14 m，具有面积大、体积大、水压大、水位深、时间长等特点。在经过碎石填孔、灌注第一批封底混凝土、井孔吸石和灌注第二批封底混凝土等工序完成整个沉井的封底施工。

沉井封底是沉井基础施工中最重要的一个环节，沉井在后续施工的主塔、钢梁等荷载作用下，是否会出现沉降，完全取决于沉井封底质量，而如此大体积水下混凝土灌注在国内尚属首次。28 号主塔墩沉井成功封底，掀开了沪通长江大桥建设过程中崭新的一页，开启了世界最大桥梁沉井基础水上承台施工模式，迎来了沉井基础施工的新里程碑。

任务 9.1　概　述

9.1.1　沉井的概念

沉井是一种井筒状的结构物，它是以井内挖土，依靠自身重力克服井壁摩阻力后下沉到设计高程，然后经过混凝土封底并填塞井孔，使其成为桥梁墩台或其他结构物的基础。井筒较高时也可以分段浇筑，多次下沉，井筒结构在下沉工程中是挡水和挡土的围堰结构，基础竣工后即成为永久性深基础的一部分，如图 9-1 所示。

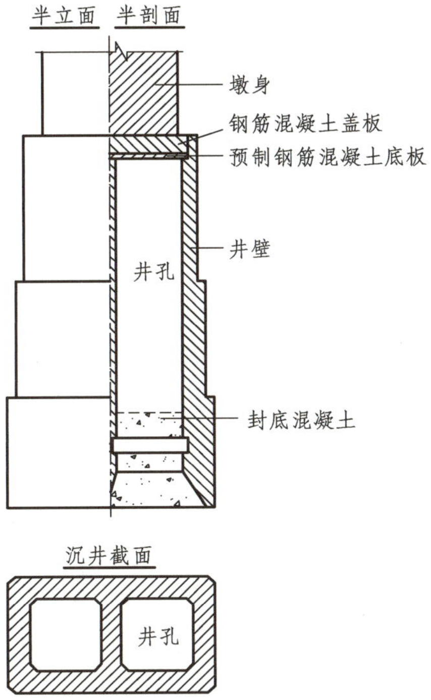

图 9-1　沉井基础示意图

9.1.2　沉井的特点

1. 沉井的优点

沉井的优点：埋置深度较大，整体性强，稳定性好，具有较大的承载面积，能承受较大的竖直和水平荷载。此外，沉井既是基础，又是施工时的挡土和挡水围堰结构物，施工工艺简便，技术稳妥可靠，无须特殊专业设备，并可做成补偿性基础，避免过大沉降，保证基础稳定性。因此，在深基础或地下结构中应用较为广泛，如桥梁墩台基础，地下泵房、水池、油库、矿用竖井、大型设备基础、高层和超高层建筑物基础等。

2. 沉井的缺点

沉井的缺点：施工工期较长；对粉、细砂类土在井内抽水易发生流砂现象，造成沉井倾斜；沉井下沉过程中遇到的大孤石、树干或井底岩层表面倾斜过大，也会给施工带来一定的困难。沉井最适合在不太透水的土层中下沉，其易于控制沉井下沉方向，避免倾斜。

9.1.3　沉井适用条件

当地基土层基本承载力较低或河床冲刷深度较大，基础需要埋置较深时，若采用明挖基础，则基坑较深，土方开挖量大，有时坑壁需要支撑和做板桩围堰，因而施工技术复杂，费用昂贵，在这种情况下，常采用桩基础或沉井基础。沉井基础既适合在岸滩及浅水条件下修建，也可在深水中用浮运下沉的方法修建。它最适合在不透水或透水性小的土层中下沉，因为在此条件下井孔中的水可以排干，在井孔中可以进行人工施工，沉井下沉方向容易控制，下沉速度也快，如果遇到障碍物也便于处理。

根据“经济合理，施工上可能”的原则，一般下列情况可考虑采用沉井基础：

（1）上部荷载较大，表层地基土承载力不足，而在一定深度下有较好的持力层，且与其他基础方案相比较为经济合理。

（2）在山区河流中，虽土质较好，但冲刷大，或河中有较大卵石不便桩基础施工。

（3）岩层表面较平坦且覆盖层薄，但河水较深，采用扩大基础施工围堰有困难。

任务 9.2　沉井的类型和构造

9.2.1　沉井的分类

1. 按施工方法分类

（1）一般沉井

一般沉井指就地制造下沉的沉井，这种沉井是在基础设计的位置上制造，然后挖土靠沉井自重下沉。如基础位置在水中，需先在水中筑岛，再在岛上筑井下沉。

（2）浮运沉井

浮运沉井指先在岸边制造，再浮运就位下沉的沉井。通常在深水地区（如水深大于 10 m），或水流流速大，有通航要求，人工筑岛困难或不经济时，可采用浮运沉井。

2. 按建筑材料分类

（1）混凝土沉井

混凝土沉井因抗压强度高，抗拉强度低，多做成圆形，且仅适用于下沉深度不大（4 ~ 7 m）的松软土层。

（2）钢筋混凝土沉井

这种沉井抗压、抗拉强度均较高，下沉深度大（达数十米以上），可做成重型或薄壁就地制造下沉的沉井，也可做成薄壁浮运沉井及钢丝网水泥沉井等，在工程中应用最广。

（3）竹筋混凝土沉井

沉井承受拉力主要在下沉阶段，我国南方盛产竹材，因此可就地取材，采用耐久性差但抗拉力好的竹筋代替部分钢筋，做成竹筋混凝土沉井，如南昌赣江大桥，白沙沱长江大桥等。

（4）钢沉井

井由钢材制作，其强度高，质量轻，易于拼装，适于制造空心浮运沉井，但用钢量大，国内较少采用。此外，根据工程条件也可选用木沉井和砌石圬工沉井等。

3. 按沉井的平面形状分类

按平面形状，沉井可分为圆形、矩形和圆端形三种基本类型，根据井孔的布置方式，又可分为单孔、双孔及多孔沉井，如图 9-2、图 9-3 所示。

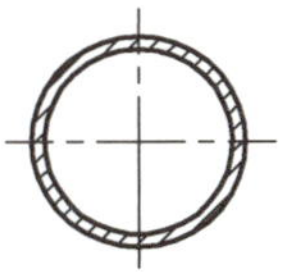

（a）圆形沉井

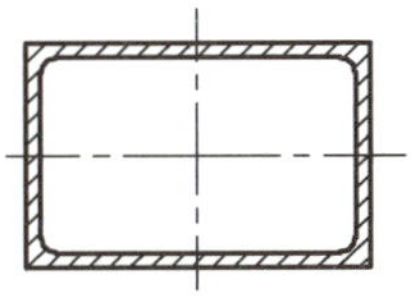

（b）方形沉井

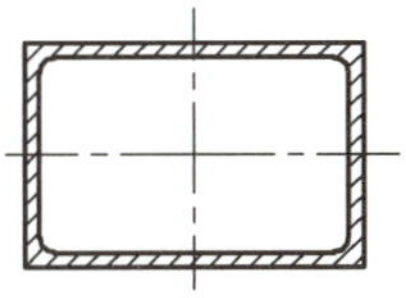

（c）矩形沉井

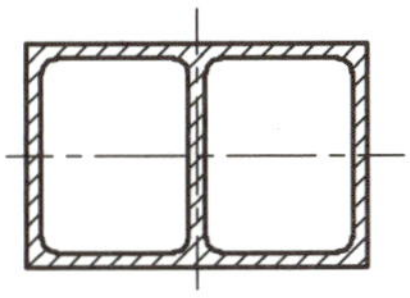

（d）双孔矩形沉井

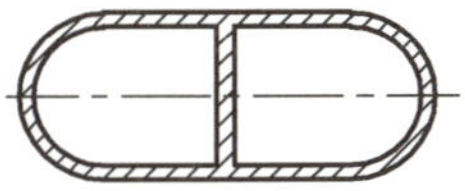

（e）圆端形沉井

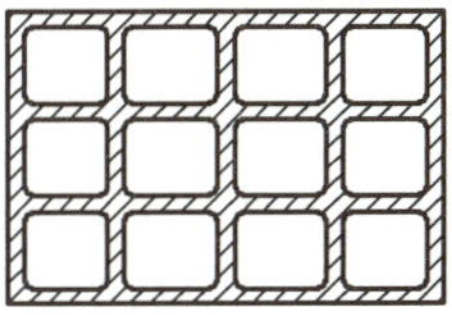

（f）多孔井字形沉井

图 9-2　沉井平面图

（a）矩形沉井

（b）圆形沉井

（c）圆端形沉井

图 9-3　沉井示意图

（1）圆形沉井

圆形沉井在下沉过程中易于控制方向；当采用抓泥斗挖土时，比其他沉井更能保证其刃脚均匀地支承在土层上，在侧压力作用下，井壁仅受轴向应力作用，即使侧压力分布不均匀，弯曲应力也不大，能充分利用混凝土抗压强度大的特点，多用于斜交桥或水流方向不定的桥墩基础。

（2）矩形沉井

矩形沉井制造方便，受力有利，能充分利用地基承载力，与矩形墩台相配合。沉井四角一般做成圆角，以减小井壁摩阻力和除土清孔的困难。矩形沉井在侧压力作用下，井壁受较大的挠曲力矩；在流水中阻水系数较大，冲刷较严重。

（3）圆端形沉井

圆端形沉井通常能更好地与桥梁墩台平面形状相适应，控制下沉、受力条件、阻水冲刷均较矩形有利，但沉井制造较复杂。

对平面尺寸较大的沉井，可在沉井中设隔墙，构成双孔或多孔沉井，以改善井壁受力条件及均匀取土下沉。

4. 按沉井的立面形状分类

按立面形状，沉井可分为柱形（竖直式）、阶梯形和锥形沉井，如图 9-4 所示。

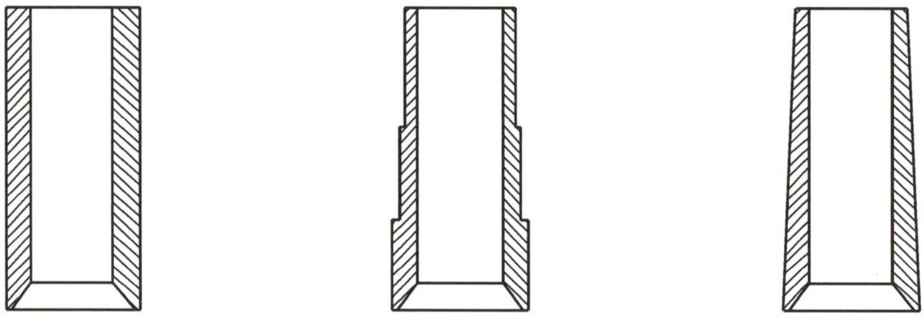

（a）柱形　　（b）阶梯形　　（c）锥形

图 9-4　沉井剖面图

（1）柱形沉井

柱形沉井受周围土体约束较均衡，下沉过程中不易发生倾斜，井壁接长较简单，模板可重复利用，但井壁侧阻力较大。当土体密实，下沉深度较大时，易出现下部悬空，造成井壁拉裂，故一般用于入土不深或土质较松软的情况。

（2）阶梯形沉井和锥形沉井

阶梯形沉井和锥形沉井可以减小土与井壁的摩阻力，井壁抗侧压力性能较为合理，但施工较复杂，消耗模板多，沉井下沉过程中易发生倾斜。多用于土质较密实，沉井下沉深度大，且要求沉井自重不太大的情况。通常锥形沉井井壁坡度为 1/20 ~ 1/40，阶梯形井壁的台阶宽为 100 ~ 200 mm。

9.2.2 沉井基础的构造

1. 沉井的轮廓尺寸

（1）沉井的平面形状：决定于墩（台）底部的形状。对矩形或圆端形墩，可采用相应形状的沉井，采用矩形沉井时，为保证下沉的稳定性，沉井的长边与短边之比不宜大于 3。当墩的长宽比较为接近时，可采用方形或圆形沉井。沉井顶面尺寸为墩（台）身底部尺寸加襟边宽度。襟边宽度不宜小于 0.2 m，也不宜小于沉井全高的 1/50，浮运沉井不小于 0.4 m。如沉井顶面需设置围堰，其襟边宽度根据围堰构造还需加大。墩（台）身边缘应尽可能支承于井壁上或盖板支承面上，对井孔内不以混凝土填实的空心沉井不允许墩（台）身边缘全部置于井孔位置上。

（2）沉井的底面标高：须根据上部结构荷载，水文地质条件及各土层的承载力等确定。

沉井基础的顶面（墩底）要求埋在地面下 0.2 m 或在地下水位以上 0.5 m。当沉井顶面标高和底面标高确定之后，由墩底面和沉井底面两个标高之差即可定出沉井高度。高的沉井应分节制造和下沉，每节高度不宜大于 5 m，对底节沉井若是在松软土层中下沉时，还不应大于沉井宽度的 0.8 倍。若底节沉井高度过高，沉井过重，会给制模、筑岛时岛面处理、抽除垫木下沉等带来困难。

2. 沉井的构造

沉井一般由井壁、刃脚、隔墙、井孔、凹槽、封底和顶板等组成。有时，井壁中还预埋射水管等其他部分，如图 9-5 所示。

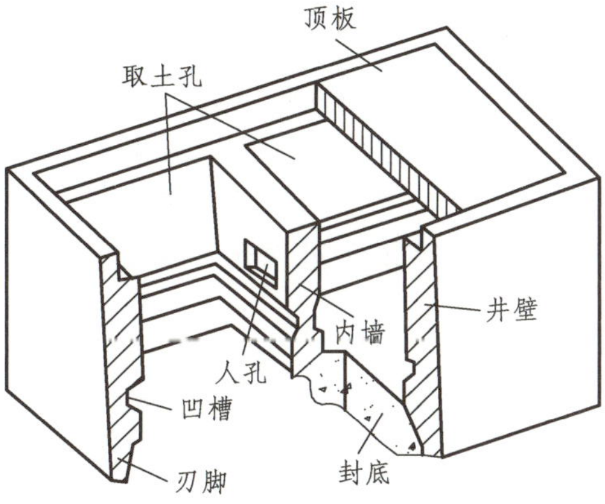

（a）

（b）

图 9-5　沉井构造

（1）井　壁

沉井的外壁，是沉井的主体部分，在沉井下沉过程中起挡土、挡水及利用本身自重克服土与井壁间摩阻力下沉的作用。当沉井施工完毕后，就成为传递上部荷载的基础或基础的一部分。因此，井壁必须具有足够的强度和一定的厚度，并根据施工过程中的受力情况配置竖向及水平向钢筋。壁厚可采用 0.8 ~ 2.2 m，使用钢筋混凝土及钢壳混凝土。浮运沉井的壁厚还应根据浮运要求通过计算综合确定。混凝土强度等级不应低于 C25，当为薄壁浮运沉井时不应低于 C30。

（2）刃　脚

井壁下端形如楔状的部分，其作用是减少下沉阻力利于沉井切土下沉。刃脚底面（踏面）宽度一般不大于 150 mm，软土可适当放宽。若下沉深度大，土质较硬，刃脚底面应以型钢（角钢或槽钢）加强，如图 9-6 所示，以防刃脚损坏。刃脚内侧斜面与水平面夹角不宜小于 45°。刃脚高度视井壁厚度，便于抽除垫木而定，一般大于 1.0 m，混凝土强度等级不应低于 C30。

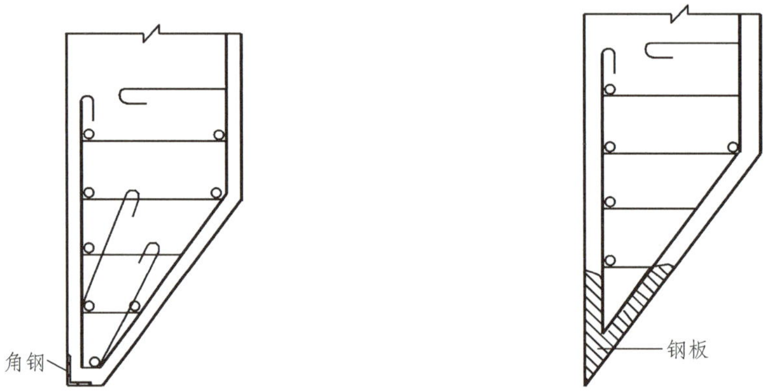

（a）带有踏面的刃角　　（b）尖刃角

图 9-6　刃角的构造

（3）隔　墙

根据使用和结构上的需要，在沉井井筒内设置隔墙，其作用是将沉井空腔分隔成多个井孔，便于控制挖土下沉，防止或纠正倾斜和偏移，并加强沉井刚度，减小井壁挠曲应力。隔墙厚度一般小于井壁，为 0.5 ~ 1.0 m。隔墙底面应高出刃脚底面 0.5 m 以上，避免被土搁住而妨碍下沉。如为人工挖土，还应在隔墙下端设置过人孔，以便工作人员在井孔间往来。

（4）井　孔

井孔为挖土排土的工作场所和通道，其尺寸应满足施工要求，最小边长不宜小于 3 m。井孔应对称布置，以便对称挖土，保证沉井均匀下沉。

（5）凹　槽

凹槽位于刃脚内侧上方，用于沉井封底时使井壁与封底混凝土较好地结合，使封底混凝土底面反力更好地传给井壁。凹槽高约 1.0 m，深度一般为 150 ~ 300 mm。

（6）射水管

当沉井下沉较深，土阻力较大，估计下沉困难时，可在井壁中预埋射水管组。射水管应均匀布置，以利于控制水压和水量来调整下沉方向。一般水压不小于 600 kPa。如使用泥浆润滑套施工方法，应有预埋的压射泥浆管路。

(7) 封　底

沉井沉至设计高程进行清基后，便在刃脚踏面以上至凹槽处浇筑混凝土形成封底。封底可防止地下水涌入井内，其底面承受地基土和水的反力，封底混凝土顶面应高出凹槽 0.5 m，其厚度可由应力验算决定，根据经验也可取不小于井孔最小边长的 1.5 倍。封底混凝土强度等级，非岩石地基不应低于 C25，岩石地基不应低于 C20。

(8) 顶　板

沉井封底后，若条件允许，为节省污工量，减轻基础自重，在井孔内可不填充任何东西，做成空心沉井基础，或仅填以砂石，此时须在井顶设置钢筋混凝土顶板。以承托上部结构的全部荷载。顶板厚度一般为 1.5 ~ 2.0 m，钢筋配置由计算确定。

(9) 井孔填充物

根据受力或稳定的要求，井孔内可保持中空或用砂石料、混凝土（不低 C10）、浆砌片石等填充。在严寒地区，低于冰冻线 0.25 m 以上部分，应用混凝土或圬工填实。

沉井井孔内是否填充应根据受力和稳定性要求确定，并应满足下列要求：

① 填料可采用混凝土、片石混凝土或片石注浆混凝土；无冰冻地区也可采用粗砂和砂砾填料。

② 粗砂、砂砾填芯沉井和空心沉井的顶面均应设置钢筋混凝土盖板，盖板厚度应通过计算确定。

(10) 环墙、井顶围堰

当沉井顶面位于地面或岛面以下时，在环墙上需接筑井顶围堰，用以挡土或水。

通常在环墙内预埋锚栓或预留板桩槽，以联结井顶围堰，如图 9-7 所示。井顶围堰的支撑应结合井孔的布置，使其不影响从井孔中取土的通道。当井顶围堰高度不大时（如 1.0 ~ 2.0 m），为了节约木材和增加沉井压重，也可用浆砌片石砌筑井顶围堰。

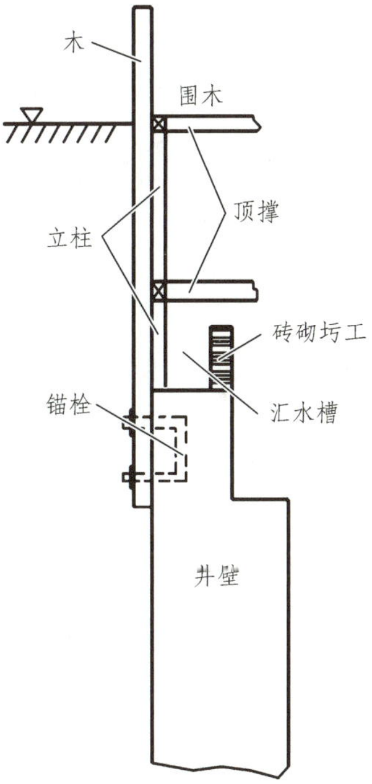

图 9-7　木板井顶围堰

9.2.3　浮运沉井的构造

浮运沉井可分为不带气筒和带气筒两种。

1. 不带气筒的浮运沉井

不带气筒的浮运沉井多用钢、木、钢丝网水泥等材料制作，薄壁空心，具有构造简单、施工方便、节省钢材等优点，适用于水不太深、流速不大、河床较平、冲刷较小的自然条件。

钢丝网水泥薄壁沉井（见图 9-8）是由内、外壁组成的空心井壁沉井，这是制造浮运沉井较好的方法，具有施工方便、节省钢材等优点。沉井的内壁，外壁及横隔板都是钢筋钢丝网水泥制成，做法是将若干层钢丝网均匀地铺设在钢筋网的两侧，外面涂抹不低于 M5 的水泥砂浆，使它充满钢筋网和钢丝网之间的间隙并形成厚 1 ~ 3 mm 的保护层。

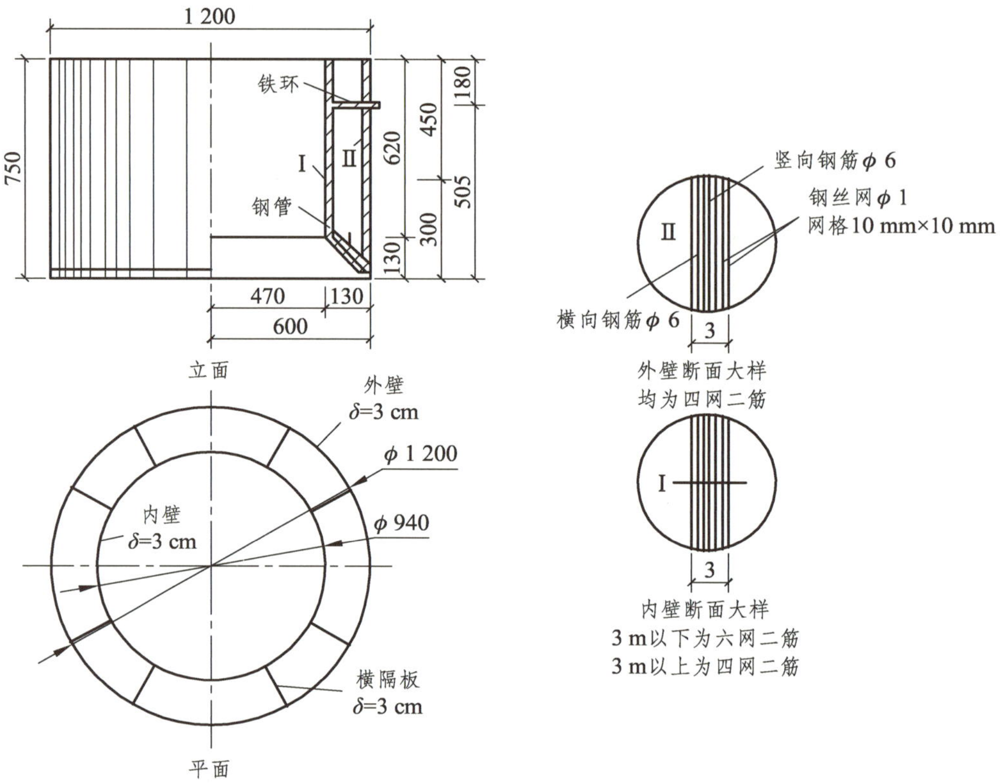

图 9-8　钢丝网水泥薄壁沉井（尺寸单位：cm）

带临时底板的浮运沉井是不带气筒的浮运沉井的另一种形式，其底板一般是在底节的井孔下端刃脚处设置的木质底板及其支撑。底板的结构应保证其水密性，能承受工作水压并便于拆除。带底板的浮运沉井就位后，便可接高井壁使其逐渐下沉，沉到河床后向井孔充水到与外面水面齐平，即可拆除临时底板。这种带底板的浮运沉井与筑岛法、围堰法施工相比，可以节省大量工程量，施工速度也较快。

2. 带钢气筒的浮运沉井

当水深流急、沉井较大时，通常可采用带钢气筒的浮运沉井，如图 9-9 所示。它主要由双壁的沉井底节、单壁钢壳、钢气筒等组成。双壁钢沉井底节是一个可以自浮于水中的壳体结构，底节能上能下的井壁采用单壁钢壳，它一般由 6 mm 厚的钢板及若干竖向肋骨角钢构成，并以水平圆环作承受壁外水压时的支撑。钢壳沿高度可分为几节，在接高时拼焊，单壁钢壳既是防水结构，又是接高时灌注沉井外圈混凝土的模板一部分。钢气筒是沉井内部的防水结构，它依据压缩空气排开气筒内水提供浮式沉井在接高过程中所需的浮力。同时，在悬浮下沉中可以通过在气筒充气或放气及不同气筒内的气压调节使沉井可以上浮、下沉及调正偏斜，落入河床后如偏移过大，还可将气筒全部充气，使沉井重新浮起，重新定位下沉。当沉井落至河床后，切除气筒即为取土井孔。

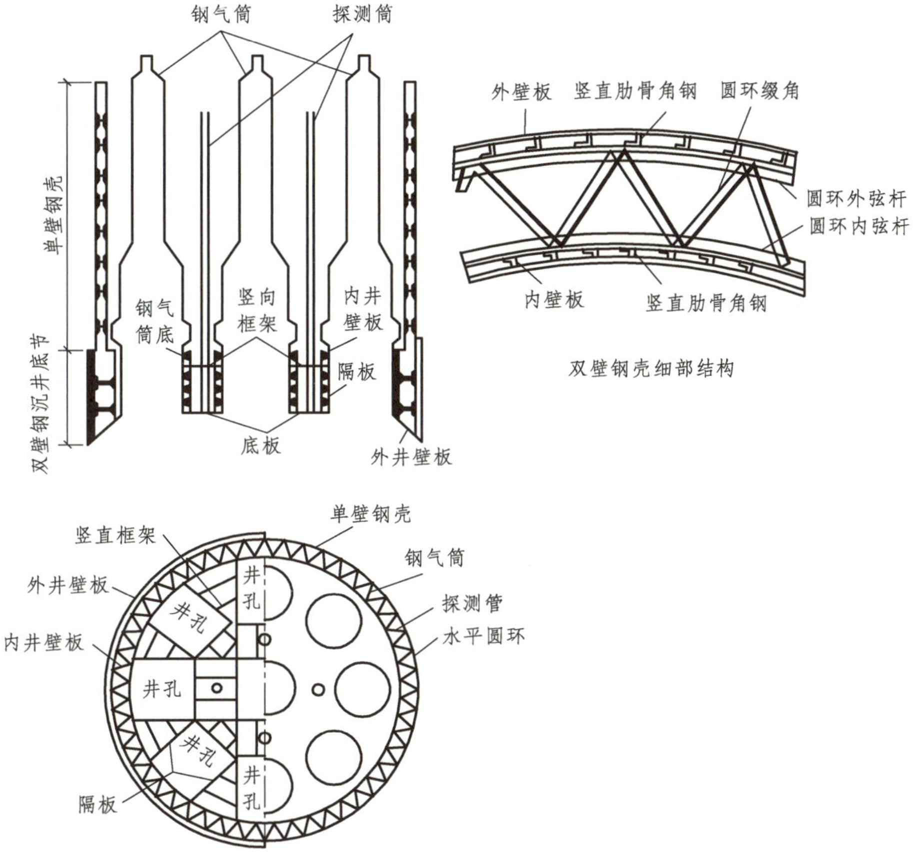

图 9-9　带钢气筒的浮运沉井

9.2.4　组合式沉井

当采用低桩承台出现围水挖基浇筑承台困难，而采用沉井则岩层倾斜较大或沉井范围内地基土软硬不均且水深较大时，可采用沉井-桩基的混合式基础，即组合式沉井。施工时先将沉井下沉至预定高程，浇筑封底混凝土和承台，再在井内预留孔位钻孔灌注成桩。该混合式沉井结构既可围水挡土，又可作为钻孔桩的护筒和桩基的承台。

任务 9.3　沉井的施工

沉井基础施工一般可分为旱地施工、水中筑岛及浮云沉井三种。施工前应详细了解场地的地质和水文条件。水中施工应做好河流汛期、河床冲刷、通航及漂流物等的调查研究，充分利用枯水季节，制订出详细的施工计划及必要的措施，确保施工安全。

9.3.1　旱地上沉井施工

当桥梁墩台位于旱地上时，沉井可就地制造，挖土下沉、接高、封底、充填井孔以及浇筑顶板等（见图 9-10），其一般工序如下。

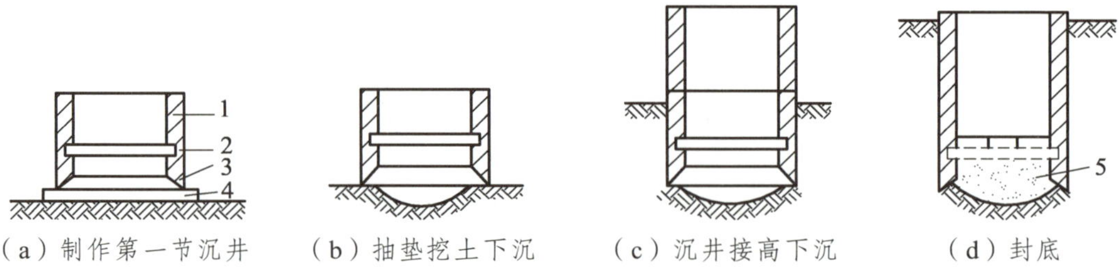

1—井壁；2—凹槽；3—刃脚；4—承垫木；5—素混凝土封底。

图 9-10 沉井施工顺序示意图

1. 平整场地

沉井施工场地要求平整干净，地基承载力须满足制作沉井的要求。若天然地面土质较硬，只需将地表杂物清理并整平，就可在其上制造沉井。否则应换土或在基坑处铺填一层 0.3 ~ 0.5 m 厚夯实的砂或砂砾垫层，防止沉井在混凝土浇筑之初因地面沉降不均产生裂缝。为减小下沉深度，也可挖浅坑，在坑底制作沉井，但坑底应高出地下水位 0.5 ~ 1.0 m。

2. 制造第一节沉井

制造沉井前，应先在刃脚处对称铺满垫木（见图 9-11），以支承第一节沉井的重力，并按垫木定位立模板以绑扎钢筋。垫木数量可按垫木底面压力不大于 100 kPa 计算，其布置应考虑抽垫方便，垫木一般为枕木或方木（200 mm × 200 mm），其下垫一层厚约 0.3 m 的砂，垫木间间隙用砂填实（填到半高即可）。然后在刃脚位置处放上刃脚角钢，竖立内模，绑扎钢筋，再立外模浇筑第一节沉井。模板应有较大刚度，以免挠曲变形，当场地土质较好时也可采用土模。

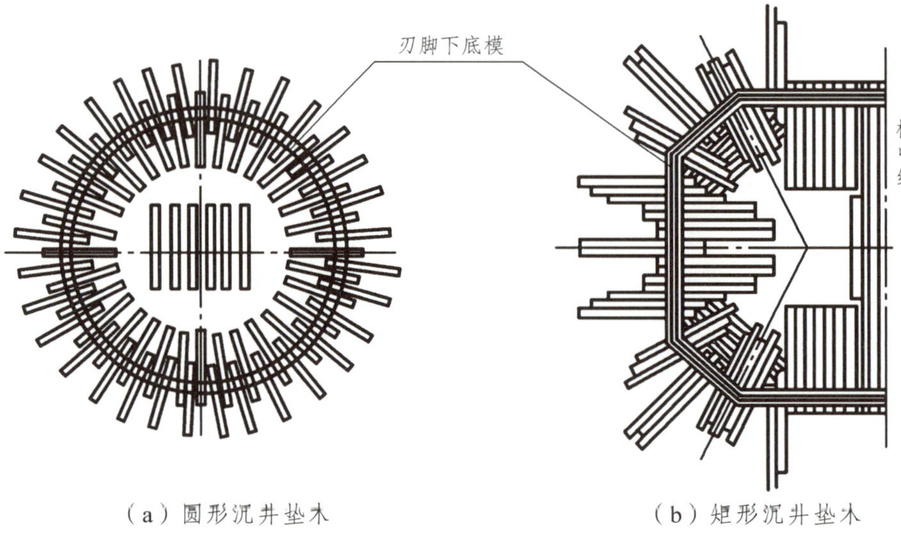

图 9-11 垫木布置实例

对模板的要求是：

（1）外模板的内侧表面要刨光，使井壁外侧光滑以利下沉，模板及支撑应有较好的刚度，以防止灌注混凝土后起鼓，妨碍沉井下沉。

（2）为保证模板位置正确，立模前应正确测量刃脚位置，画出刃脚边线。井壁外侧模板必须按板缝竖直方向装设，与刃脚边相接处的凹凸不平，应仔细填塞以免漏浆。模板立好后，应复测其位置、刃脚标高及井壁的垂直程度。

（3）灌注混凝土时，应保持各处均匀、对称地进行，防止因混凝土面高低相差悬殊，压力不均匀而产生基底不均匀沉陷，使沉井开裂。一节沉井的混凝土，要连续分层灌注，一次灌完。

3. 拆模及抽垫

当沉井混凝土强度达到设计强度的 70%时可拆除模板，一般先拆除侧面模板，最后拆除刃脚斜面的模板。达到设计强度后方可抽撤垫木，抽垫应分区、依次、对称、同步地向沉井外抽出，其顺序为：先内壁下，再短边，最后长边，抽出后随即用砂土回填捣实。

（1）首先，拆除内隔墙下的垫木；

（2）其次，对矩形沉井先拆除短边下的垫木；

（3）最后，从远离定位支垫处开始逐步拆除，同时拆除定位垫木。

长边下垫木隔一根抽一根，以固定垫木为中心，由远而近对称地抽，最后抽除固定垫木，并随抽随用砂土回填捣实，以免沉井开裂、移动或偏斜。在抽垫过程中如发生下列情况，应及时研究处理，防止事态扩大，必要时可变更抽垫顺序或加高回填土进行处理。

（1）沉井倾斜超过 1%，且有继续倾斜的可能时；

（2）某次抽垫后的下沉量超过上一次抽垫下沉量 1 倍时；

（3）回填砂土被挤出隆起或开裂时；

（4）垫木被压断时。

4. 除土下沉

沉井下沉主要靠在井内除土，目的是减少或消除刃脚的正面阻力，当支承面的反力减少至自重与摩阻力差以下时，土被破坏，沉井则下沉，直至平衡，再行挖土下沉。沉井下沉施工可分为排水下沉和不排水下沉两种，一般依据沉井所处的水文、地质情况而定，两种下沉方法如图 9-12 所示。

排水下沉：排水下沉采用抽水方法降低井内水位，工人可直接下到井底进行挖掘作业（见图 9-13），施工条件较好。其优点是：容易控制下沉方向；有利于防止下沉过程中出现较大的偏斜；易于处理下沉中遇到的特殊障碍，下沉速度一般较快，便于基础底层的检验和处理。

不排水下沉：不排水下沉是在井内外水头相同的静水条件下利用抓土斗、吸泥器等机具除土的井上作业方法，它可以有效地防止“流砂”发生，确保安全，因而特别适用于地下水位较高的粉、细砂地层。

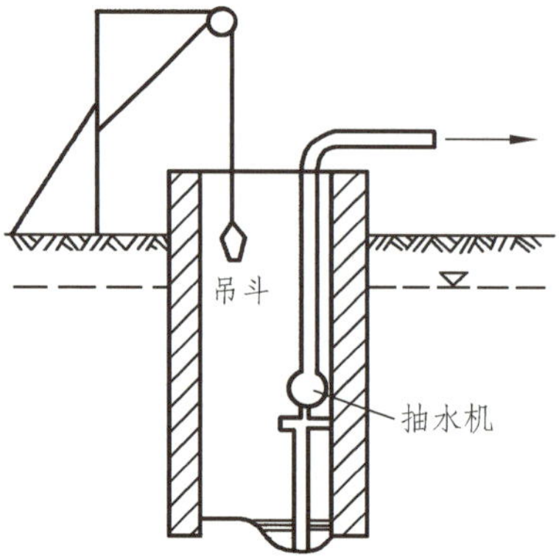

（a）排水下沉

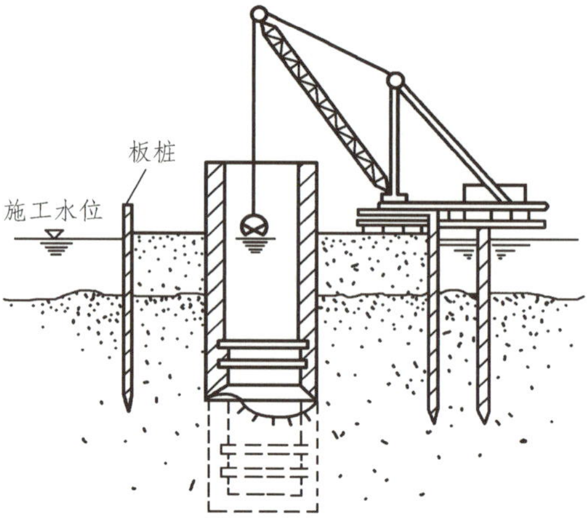

（b）不排水下沉

图 9-12　沉井下沉方法

（a）人工除土下沉

（b）排水清淤下沉

图 9-13　除土下沉

沉井宜采用不排水除土下沉，在稳定的土层中，也可采用排水除土下沉。除土方法可采用人工或机械除土，排水下沉常用人工除土。人工除土可使沉井均匀下沉和易于清除井内障碍物，但应有安全措施。不排水下沉时，可使用空气吸泥机、抓土斗、水力吸石筒、水力吸泥机等除土。通过黏土、胶结层除土困难时，可采用高压射水破坏土层。

（1）沉井下沉时应注意的问题

① 沉井应连续下沉，尽量减少中途停顿的时间，使其易于克服摩擦力。在下沉过程中，应掌握土层情况，做好下沉纪录，随时分析、判断土层摩擦力与沉井重量的关系，选用最有利的下沉方法。

② 沉井下沉时，应避免内隔墙受到支承，井内挖土应从中间开始，均匀、对称地逐步向刃脚处逼近，使沉井平稳下沉。对排水下沉的底节沉井，支承位置处的土应在分层除土的最后同时挖除。

③ 下沉中应随时调整倾斜和位移，尤其是下沉初期。为防止沉井在下沉中产生较大的倾斜和位移，应根据土质、沉井大小和入土深度等，控制井孔内除土深度和井孔内的土面高差。

④ 弃土应及时远运。在水中下沉时，应注意河床因冲、淤造成的土面高差。必要时，应对河床面采取防护措施，或利用出土调整。

⑤ 在不稳定的土层或砂土中下沉时，确保井内水头高于井外，防止翻砂。

（2）下沉困难时的辅助措施

① 增加沉井自重

a. 提前接筑上一节沉井，以增加沉井自重。

b. 在井顶上压重物（钢轨、铁块或片石等）。但由于沉井自重很大，能够增加的压重有限，往往无济于事。除为了纠正沉井偏斜采取偏心压重外，很少使用。

c. 在不排水下沉的井内抽水减小浮力，可增加沉井重力，促使沉井下沉。但在砂类土等容易翻砂涌水的地层中使用时，井内水头降低容易引起翻砂，而且沉井往往突然大量下沉导致沉井倾斜。因此沉井入土不深、稳定性较差时，不宜使用；一般抽水不宜过快，以防井孔内突然大量涌水危及安全。

② 减小沉井外壁的摩阻力

除在设计时对井外壁形状、错台宽度以及施工制作中确保外模光滑之外，通常采用以下措施：

a. 井外射水。在井壁内预埋射水管组，利用高压水冲松井壁附近的土，使井外壁的摩阻力减小。

b. 井外挖土。在沉井周围挖除部分覆盖土，可减小部分摩阻力。

c. 炮振下沉。当刃脚下的土已掏空，采用其他措施仍然无法下沉时，可采用炮振下沉法，在沉井中央泥面放置炸药，每次起爆一处，炸药量一次不宜超过 100 g，以保证安全。

d. 采用泥浆润滑套或空气幕下沉。

5. 接高沉井

当第一节沉井下沉至一定深度（井顶露出地面不小于 0.5 m，或露出水面不小于 1.5 m）时，停止挖土，接筑下节沉井。

沉井接高应注意下列几点：

（1）应防止沉井在接高加重时突然下沉或倾斜，必要时应在刃脚下回填或支垫，接高时应均匀加重。

（2）接高后各节沉井中轴线应为一直线。沉井接高前应尽可能调平，若在倾斜的沉井上接高时，应顺沉井的倾斜轴线上延，不可垂直接高，以保证沉井倾斜纠正后沉井保持竖直而不弯折。

（3）混凝土施工接缝，应按设计要求布置接缝钢筋，消除浮浆并凿平，以保证上、下两节沉井连接牢固，然后立模，对称均匀浇筑混凝土，待强度达设计要求后再拆模继续下沉。

6. 设置井顶防水围堰

沉井顶面通常置于常水位或土面以下，当最后一节沉井顶面下沉至施工水位或地面以上 0.5 m 时，应暂停下沉，在井顶设置防水、挡土的围堰，以便使沉井继续下沉至设计标高时，其各工序能在围堰围护下顺利进行。

井顶围堰的平面尺寸，应考虑井顶襟边尺寸，留出立墩台模板的位置。若围堰内有支撑时，还应留出除土空间。井顶围堰底部与井顶连接应牢固，防止沉井下沉时，因围堰与土层摩擦力或因冬季受冻，而导致围堰与井顶脱离。

围堰的类型可根据具体情况选定，岸滩或浅水中可用圬工（石砌、砖砌、混凝土）围堰，在水深或水流较急，所需围堰高度较大时，可以采用木板桩或钢板桩围堰。此时，注意围堰的支撑布置不要妨碍井孔除土和其他工作。

井顶围堰是一种临时结构物，当墩（台）身修建露出水面后，便可以拆除。

7. 基底检验和处理

沉井沉至设计高程后，应检验基底地质情况是否与设计相符。排水下沉时可直接检验；不排水下沉则应进行水下检验，必要时可用钻机取样进行检验。

当基底达设计要求后，应对地基进行必要的处理。砂性土或黏性土地基，一般可在井底铺一层砾石或碎石至刃脚底面以上 200 mm。未风化岩石地基，应凿除风化岩层，若岩层倾斜，还应凿成阶梯形。要确保井底浮土、软土清除干净，封底混凝土，沉井与地基结合紧密。

当在不排水情况下清理基底时，应符合以下规定：

（1）沉井下沉至设计标高后，基底面地质应符合设计要求，若有不符需作处理时，应征得设计单位同意，必要时取样鉴定。

（2）清理后的基底面距离隔墙底面的高度及刃脚斜面露出的高度，必须满足设计要求的最小高度。

（3）基底浮泥或岩面残存物（风化岩碎块、卵石、砂等）均应清除，使封底混凝土与基底间不至于产生有害夹层。清理后的有效面积（即沉井底面积扣除在刃脚斜面下一定宽度内不可能完全消除干净的面积）不得小于设计要求。

（4）隔墙底部及封底混凝土高度范围内井壁上的泥污应予清除。

上述各项均应检查，并做出纪录。

8. 沉井封底

基底检验合格后应及时封底。排水下沉时，如渗水量上升速度小于或等于 6 mm/min 可采用普通混凝土封底：否则宜用水下混凝土封底。若沉井面积大，可采用多导管先外后内，先低后高依次浇筑。封底一般为素混凝土，但必须与地基紧密结合，不得存在有害的夹层、夹缝。

9. 井孔填充和顶板浇筑

封底混凝土达设计强度后，再排干井孔中水，填充井内污工。如井孔中不填料或仅填砾石，则井顶应浇筑钢筋混凝土顶板，以支承上部结构，且应保持无水施工。然后砌筑井上构筑物，并随后拆除临时性的井顶围堰，如图 9-14 所示。

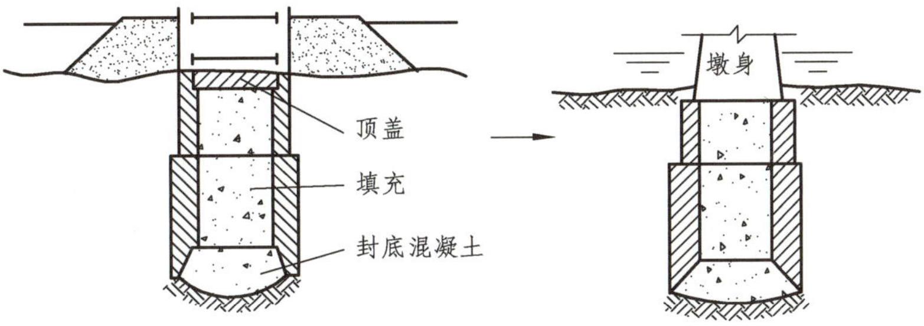

图 9-14　井孔填充和顶板

9.3.2　水中沉井施工

1. 筑岛法

当水深小于 3 m，流速小于等于 1.5 m/s 时，可采用砂或砾石在水中筑岛［见图 9-15（a）]，周围用草袋围护；若水深或流速加大，可采用围堤防护筑岛［见图 9-15（b）]；当水深较大（通常小于 15 m）或流速较大时，宜采用钢板桩围堰筑岛［图 9-15（c）]。

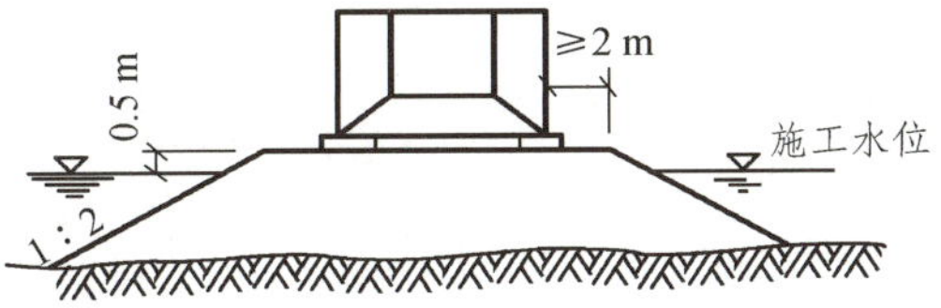

（a）土筑岛

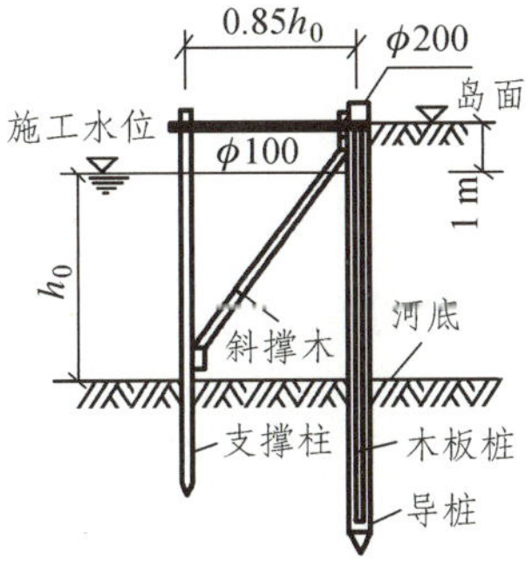

（b）单层木板桩围堰筑岛

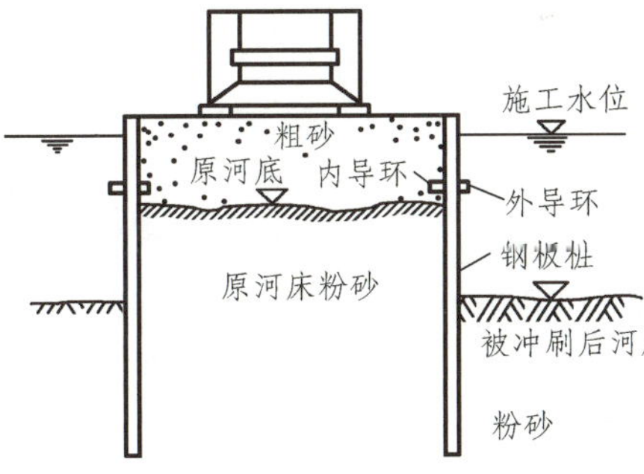

（c）钢板桩围堰筑岛

图 9-15　水中筑岛下沉沉井

岛面应高出最高施工水位 0.5 m 以上，砂岛地基强度应符合要求，围堰筑岛时，围堰距井壁外缘距离按式（9-1）计算。

$$b \geqslant H\tan\left(45° - \frac{\varphi}{2}\right) \tag{9-1}$$

式中　H——筑岛高度（m）；

φ——砂在水中的内摩擦角（°）；

B——围堰距井壁外缘距离（m），一般不小于 2.0 m。

其余施工方法与旱地施工相同，其施工步骤如图 9-16 所示。

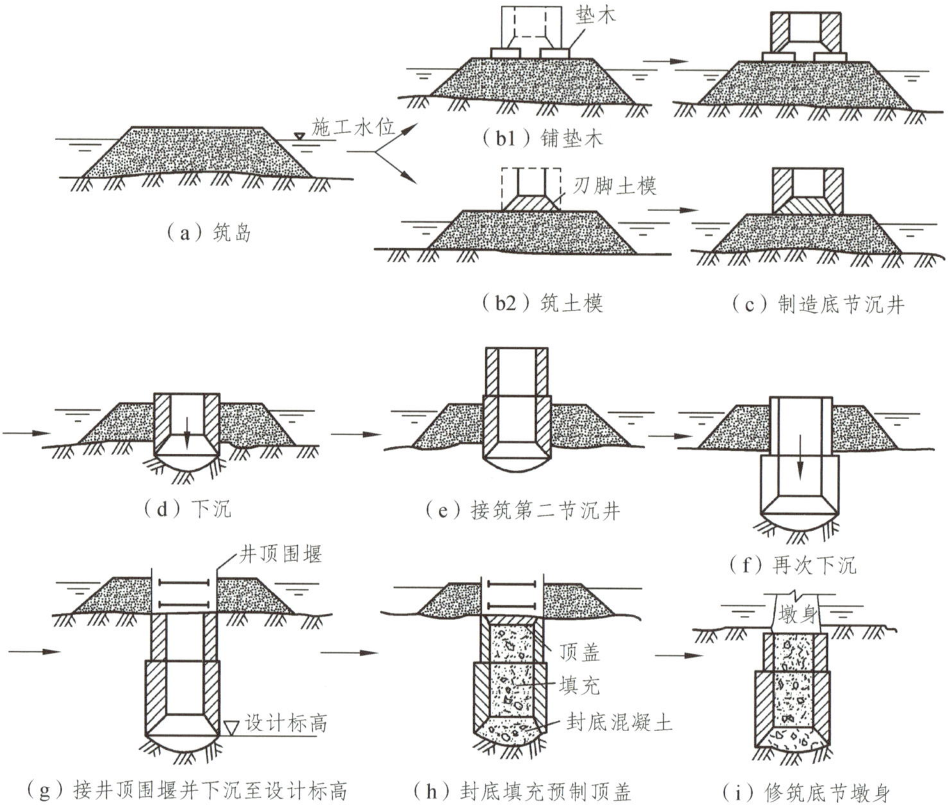

图 9-16　沉井施工步骤示意图

2. 浮运法

若水深大于 10 m，人工筑岛困难或不经济时，可采用浮运法施工。即将沉井在岸边作成空体结构，或采用其他措施（如带钢气筒等）使沉井浮于水上，利用在岸边铺成的滑道滑入水中（见图 9-17），然后用绳索牵引至设计位置。在悬浮状态下，逐步将水

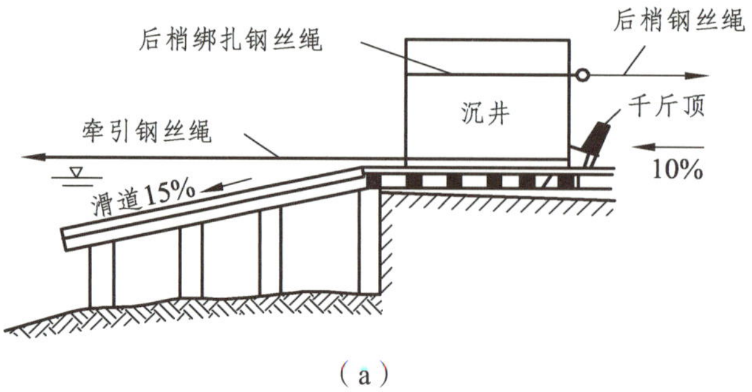

（a）

（b）

图 9-17　浮运沉井下水示意图

或混凝土注入空体中。使沉井徐徐下沉至河底。若沉井较高，需分段制造，在悬浮状态下逐节接长下沉至河底，但整个过程应保证沉井本身稳定。当刃脚切入河床一定深度后，即可按一般沉井下沉方法施工。

9.3.3 泥浆套和空气幕下沉沉井施工

当沉井深度很大，井侧土质较好时，井壁与土层间的摩阻力很大，若采用增加井壁厚度或压重等办法受限时，通常可设置泥浆润滑套和空气幕来减小井壁摩阻力。

1. 用泥浆套下沉沉井

泥浆套下沉法是借助泥浆泵和输送管道将特制的泥浆压入沉井外壁与土层之间，在沉井外围形成有一定厚度的泥浆层，该泥浆层把土与井壁隔开，并起润滑作用，从而大大降低沉井下沉中的摩擦阻力（可降低至 3 ~ 5 kPa，一般黏性土为 25 ~ 50 kPa），减少井壁圬工数量，加速沉井下沉，并具有良好的稳定性，如图 9-18 所示。

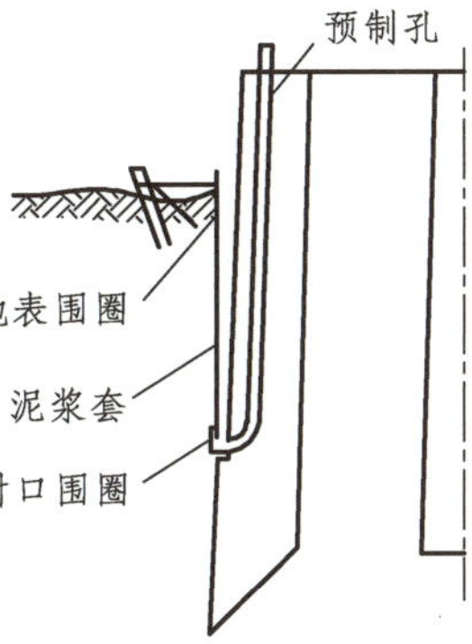

图 9-18 泥浆套沉井

（1）设备构造

泥浆通常由膨润土、水和碳酸钠分散剂配置而成，具有良好的固壁性、触变性和胶体稳定性。泥浆润滑套的构造主要包括射口挡板、地表围圈及压浆管。

射口挡板可用角钢或钢板弯制，置于每个泥浆射出口处固定在井壁台阶上（见图 9-19），其作用是防止压浆管射出的泥浆直冲土壁，以免土壁局部坍落堵塞射浆口。

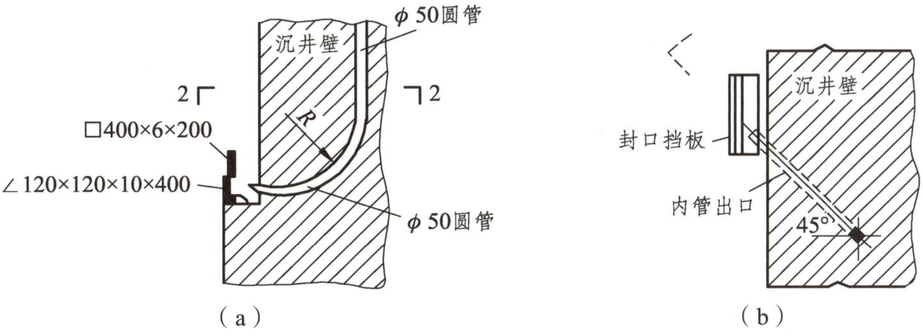

图 9-19 射口挡板与压浆管构造

地表围圈用木板或钢板制成，埋设在沉井周围（见图 9-19）。其作用是防止沉井下沉时土壁坍落，为沉井下沉过程中新造成的空隙补充泥浆，以及调整各压浆管出浆的不均衡。其宽度与沉井台阶相同，高 1.5 ~ 2.0 m，顶面高出地面或岛面 0.5 m，圈顶面宜加盖。

压浆管可分为内管法（厚壁沉井）和外管法（薄壁沉井）两种（见图 9-20），通常用ϕ38 ~ ϕ50 的钢管制成，沿井周边每 3 ~ 4 m 布置一根。

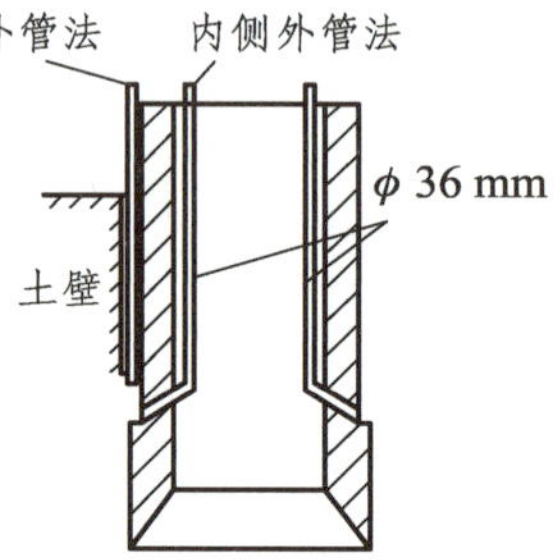

图 9-20　外管法压浆管构造

下沉过程中要勤补浆、勤观测，发现倾斜、漏浆等问题要及时纠正。若基底为一般土质，易出现边清基边下沉现象，此时应压入水泥砂浆换置泥浆，以增大井壁摩阻力。此外，该法不宜用于卵石、砾石土层。

（2）施工注意事项

① 用泥浆套下沉沉井，沉井容易偏斜，偏斜过大会挤坏泥浆套。施工中应特别注意对称均匀除土，防止偏斜。井顶或井底的最大水平位移值应控制在泥浆厚度以内，以免破坏泥浆套或地表围圈。井内除土，还应避免掏空刃脚下土层，以免造成通路，漏失泥浆，或沉井突然下沉，土壁坍落，破坏泥浆套。

② 沉井吸泥下沉时，应特别注意向井内补水，使井内水位不低于井外，以免翻砂涌水，破坏泥浆套。吸泥机的出泥管应引至远离地表围圈，以免水进入泥浆套内。

③ 井内挖出的弃土应及时远运，以防止不均匀土压挤垮地表围圈或造成土壁坍塌。

④ 沉井下沉过程中，如发现泥浆面下降迅速，说明泥浆漏失，应压入流动度小、黏度和静切力大的泥浆，以稳定其漏失现象。若泥浆仍继续漏失，则不宜大量压浆，应让沉井下沉切断其通路，然后压入稠浆，以防再漏。

⑤ 对于井底置于土层的泥浆套沉井，可能沉井下至设计标高后清基时因支承面积的减小而继续下沉。为防止这一现象的发生，应根据泥浆套的实际效果及地层情况，提前停止压入泥浆。

⑥ 对于孔隙大易漏失泥浆的地层（如卵石、砾石等）以及容易翻砂坍塌破坏泥浆套的地层（如流砂层等），则不宜采用泥浆套下沉沉井。

2. 用空气幕下沉沉井

用空气幕下沉是一种减小下沉时井壁摩阻力的有效方法。它是通过向沿井壁四周预埋的气管中压入高压气流，气流沿喷气孔射出再沿沉井外壁上升，在沉井周围形成空气

"帷幕"（即空气幕），使井壁周围土松动或液化，摩阻力减小，促使沉井下沉。

（1）空气幕下沉的特点

空气幕下沉沉井适应于砂类土、粉质土及黏质土地层，对于卵石土、砾类土及风化岩等地层不宜使用，其具备以下特点：

① 可以减薄井壁厚度，加大下沉深度和加快下沉进度。

② 井壁摩阻力较泥浆套沉井容易恢复。

③ 下沉中沉降、停止容易控制。

④ 由于不需要地表围圈，可用于水中下沉沉井。

（2）压气系统

空气幕沉井在构造上增加了一套压气系统，该系统由气斗、井壁中的气管、压缩空气机、储气筒以及输气管等组成。

气斗是沉井外壁上凹槽及槽中的喷气孔，凹槽的作用是保护喷气孔，使喷出的高压气流有扩散的空间，然后较均匀地沿井壁上升，形成气幕。气斗应布设简单，不易堵塞，便于喷气，目前多用棱锥形（150 mm × 150 mm），其数量根据每个气斗所作用的有效面积确定。喷气孔直径 1 mm，可按等距离分布，上下交错排列布置。

气管有水平喷气管和竖管两种，可采用内径 25 mm 的硬质聚氯乙烯管。水平管连接各层气斗，每 1/4 周或 1/2 周设一根，以便纠偏；每根竖管连接两根水平管，并伸出井顶。

由压缩空气机输出的压缩空气应先输入储气筒，再由地面输气管送至沉井，以防止压气时压力骤然降低而影响压气效果。

（3）压缩空气的储供

空气幕沉井以空气压缩机供风。一般下沉深度 40 ~ 50 m 以内的沉井，可用风压为 0.7 ~ 0.8 MPa 的压风机供风。

（4）施工注意事项

① 除土到刃脚下正面阻力基本消除时压气，沉井可顺利下沉。

② 压气时应尽可能使用压风机的最大风压以保证压气效果。

③ 保证气龛不被堵塞是空气幕下沉的关键。

④ 控制及调整沉井的倾斜和位移，可利用分段设置的压气管路，根据需要分段压气进行。

9.3.4 沉井下沉过程中遇到的问题及处理

1. 偏 斜

（1）原因

沉井偏斜大多发生在下沉不深时。导致偏斜的主要原因有：

① 土岛表面松软，或制作场地或河底高低不平，软硬不均。

② 刃脚制作质量差，井壁与刃脚中线不重合。

③ 抽垫方法欠妥，回填不及时。

④ 除土不均匀对称，下沉时有突沉和停沉现象。

⑤ 刃脚遇障碍物顶住而未及时发现，排土堆放不合理，或单侧受水流冲击淘空等导致沉井受力不对称。

（2）处理措施

纠正偏斜，通常可用除土、压重、顶部施加水平力或刃脚下支垫等方法处理（见图9-21），空气幕沉井也可采用单侧压气纠偏。若沉井倾斜，可在高侧集中除土、加重物，或用高压射水冲松土层，低侧回填砂石，必要时在井顶施加水平力扶正。若中心偏移则先除土，使井底中心向设计中心倾斜，然后在对侧除土，使沉井恢复竖直，如此反复至沉井逐步移近设计中心。当刃脚遇障碍物时，须先清除再下沉。如遇树根、大孤石或钢料铁件，排水施工时可人工排除，必要时用少量炸药炸碎。不排水施工时，可由潜水工进行水下切割或爆破。

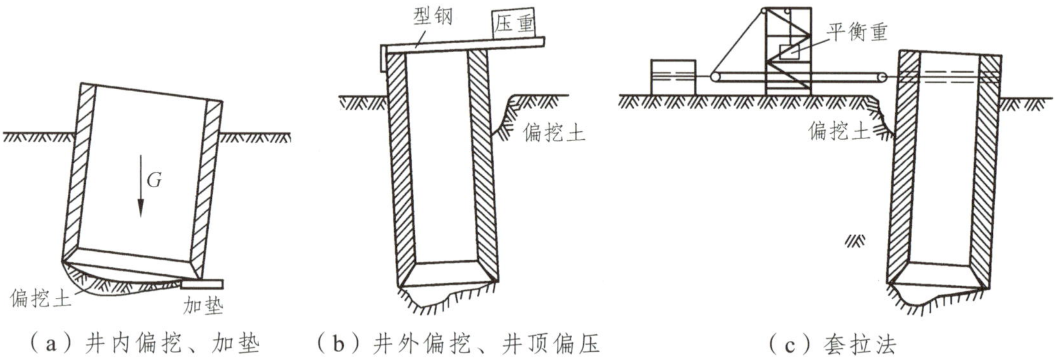

图 9-21　沉井偏斜处理措施

2. 下沉困难

（1）原因

下沉困难即沉井下沉过慢或停沉，导致难沉的主要原因为：

① 开挖面深度不够，正面阻力大。

② 偏斜，或刃脚下遇到障碍物或坚硬岩层和土层。

③ 井壁摩阻力大于沉井自重。

④ 井壁无减阻措施或泥浆套、空气幕等遭到破坏。

（2）处理措施

解决难沉的措施主要是增加压重和减小井壁摩阻力（见图9-22）。

增加压重的方法有：

① 提前接筑下节沉井，增加沉井自重。

② 在井顶加压沙袋、钢轨等重物迫使沉井下沉。

③ 不排水下沉时，可井内抽水，减小浮力，迫使下沉，但需保证土体不产生流砂现象。

减小井壁摩阻力的方法有：

① 将沉井设计成阶梯形、钟形，或使外壁光滑。

② 井壁内埋设高压射水管组，射水辅助下沉。

③ 利用泥浆套或空气幕辅助下沉。

④ 增大开挖范围和深度，必要时还可采用 0.1 ~ 0.2 kg 炸药起爆助沉，但同一沉井每次只能起爆一次，且需适当控制炮振次数。

（a）孤石处理

（b）沉井抽水

图 9-22　下沉困难处理措施

3. 突　沉

突沉常发生于软土地区，容易使沉井产生较大的倾斜或超沉。引起突沉的主要原因是井壁摩阻力较小，当刃脚下的土被挖除时，沉井支承削弱，或排水过多，挖土太深，出现塑流等。防止突沉的措施一般是控制均匀挖土，在刃脚处挖土不宜过深。此外，在设计时可采用增大刃脚踏面宽度或增设底梁的措施提高刃脚阻力。

4. 流　砂

在粉细砂层中下沉沉井，经常出现流砂现象，若不采取适当措施将造成沉井严重倾斜，产生流砂的主要原因是土中动水压力的水头梯度大于临界值。因此防止流砂的措施是：

（1）排水下沉时发生流砂可向井内灌水，采取不排水除土，减小水头梯度。

（2）采用井点或深井和深井泵降水，降低井外水位，改变水头梯度方向使土层稳定，防止流砂发生。

思政小课堂

沉井基础广泛应用于大跨度桥梁施工，刚刚建成通车的港珠澳大桥也多处使用了沉井基础施工技术。

动画—港珠澳大桥精神

粤港澳三地环绕于伶仃洋，互联互通是三地共同的愿望。港珠澳大桥建成通车，一桥连三地，伶仃洋的天然屏障变成了车窗外的美景。粤港澳大湾区互联互通“脊梁”的背后，是无数建设者多年的心血与汗水。他们有劳动竞赛先进集体、全国工人先锋号，有全国五一劳动奖状获得者、全国五一劳动奖章获得者，有攻坚克难、默默付出的无数建设者。他们秉持中华民族伟大奋斗精神，用辛勤的汗水浇筑出世界上最长的跨海大桥，凝聚成了新时代逢山开路、遇水搭桥的奋斗精神。

在改革开放40周年、粤港澳大湾区建设全面推进的关键时刻，习近平总书记亲临广东视察指导并亲自宣布港珠澳大桥正式开通。习近平总书记指出，港珠澳大桥“体现了一个国家逢山开路、遇水架桥的奋斗精神，体现了我国综合国力、自主创新能力，体现了勇创世界一流的民族志气”。新时代改革开放我们要大力弘扬建设港珠澳大桥的奋斗精神，以更坚定的信心、更有力的措施把改革开放不断推向深入，实现中华民族伟大复兴。

项目小结

本项目主要讲述了沉井基础的特点、分类及构造，明确了沉井施工的工序以及在施工过程中的注意事项和问题。

项目思考题

1. 何谓沉井地基？它适用于哪些场合？
2. 沉井基础的主要构成有哪些？沉井基础有哪些类型？
3. 沉井基础施工有哪些步骤？在沉井施工过程中应注意哪些问题？

项目 10

地基处理

项目导学

土木工程建设中，有时不可避免地遇到工程地质条件不良的软弱土地基，不能满足建筑物要求。我国幅员辽阔，地形地貌复杂，软弱土地基范围广。沿海诸省，除山东部分地段外，大部分为泥质海岸，土层多为淤泥、淤泥质土、淤泥质亚黏土及泥混砂层，属于饱和的正常压密软黏土，这种土类抗剪强度低、压缩性高、固结速度慢，因而沉降变形量大、地基稳定性差。在我国江淮流域，还经常分布有膨胀土、液化地基等，在一些煤矿等矿产基地，开采后留下了大面积的地下采空区。这些软弱地基的存在常导致严重的土木工程质量问题，是土木工程设计、施工的关键问题之一。本项目主要介绍了软弱土的种类和性质，以及对这类土体地基处理方法的基本原理以及施工要点。

教学目标

1. 知识目标

（1）软弱土的种类和性质；
（2）地基处理的常用方法；
（3）常见地基处理的施工要点和注意事项。

2. 能力目标

（1）针对不同种类的软弱土，能正确选择地基处理方法；
（2）能制订软弱土地基处理的施工方案。

3. 情感目标

（1）养成科学、严谨的工作态度；
（2）具备良好的交流、沟通能力。

4. 思政目标

引导学生坚定文化自信。

相关案例

湿陷性黄土路基塌陷

2020 年 1 月 13 日 17 时 24 分，西宁市城中区南大街红十字医院公交车站，一辆公交车进站上下乘客时路面突然压塌沉陷，致使公交车和车站部分人员坠入压塌陷坑内，造成 10 人遇难，17 人受伤。

调查组认定，这是湿陷性黄土路基因多年渗水导致路基物质流失，逐步形成地下陷穴，年久失修的防空洞外壁空腔为水土流失提供通道，市政工程施工、车辆动载剪冲扰动下方土体，在经常性荷载反复作用下，使路基原设计能力失效，承载力下降，引发公交车压塌路面后坠落，砸断供水管道和市政电缆，大量自来水快速泄出，再次冲刷形成大面积塌陷和大量泥浆造成次生灾害，导致坠落人员伤亡的一起重大事故灾难。

湿陷性黄土是一种特殊性质的土，其土质较均匀、结构疏松、孔隙发育。在未受水浸湿时，一般强度较高，压缩性较小。当在一定压力下受水浸湿，土结构会迅速破坏，产生较大附加下沉，强度迅速降低。因此在湿陷性黄土场地上进行建设，应根据建筑物的重要性、地基受水浸湿可能性的大小和在使用期间对不均匀沉降限制的严格程度，采取以地基处理为主的综合措施，防止地基湿陷对建筑产生危害。

任务 10.1　概　述

10.1.1　地基处理的目的与意义

土木工程建设中，有时不可避免地遇到工程地质条件不良的软弱土地基，不能满足建筑物要求，对于软弱地基的存在常导致严重的土木工程质量问题，是土木工程设计、施工的关键问题之一。

一般来说，地基所面临的问题主要有以下三个方面：

（1）强度及稳定性问题。当地基的抗剪强度不足以承受建筑物的自重及荷载时，地基就会产生局部或者整体剪切破坏。

（2）沉降变形问题。当地基在结构物自重及外荷载作用下产生过大的沉降变形或工后沉降过大时，会影响结构物的正常使用。特别是不均匀沉降过大时，结构物可能开裂破坏，比如在道路工程中，如果构造物与路堤衔接处存在差异沉降，会引起桥头跳车、沉降缝拉宽漏水、路面横坡变缓、道路积水等。

（3）地震、机器以及车辆的振动、海浪作用和爆破等动力荷载可能引起地基土，尤其是饱和无黏性土的液化、失稳和震陷等危害。另外，由于外界水循环变化、温度变化等引起的管涌、冻融等也可能引起地基强度和变形的显著变化，从而影响道路的正常使用。

因此，当土木工程建造过程中遇到软弱土地基而面临上述问题时，需要先经过人工处理加固，再建造基础，处理后的地基称为人工地基。地基处理的目的是针对软土地基上建造建筑物可能产生的问题，采取人工的方法改善地基土的工程性质，达到满足上部结构对地基稳定和变形的要求。这些方法主要包括：提高地基土的抗剪强度，增大地基承载力，防止剪切破坏或减轻土压力；改善地基土压缩特性，减少沉降和不均匀沉降；改善其渗透性，加速固结沉降过程；改善土的动力特性，防止液化，减轻振动；消除或减少特殊土的不良工程特性（如黄土的湿陷性，膨胀土的膨胀性等）。

10.1.2 软弱地基的工程性质

软弱土地基一般是指由抗剪强度较低、天然含水率高、天然孔隙比大、压缩性较高、渗透性较小的淤泥及淤泥质土、饱和性软黏土、冲填土、素填土、杂填土、松散砂土及其他高压缩土层构成的地基。

1. 软 土

在《公路工程名词术语》（JTJ 002—1987）中，软土定义为“由天然含水量大、压缩性高、承载能力低的淤泥沉积物及少量腐殖质所组成的土，主要有淤泥、淤泥质土及泥炭”。软土按照沉积环境可以分为五类：滨海沉积、湖泊沉积、河滩沉积、沼泽沉积、谷地沉积。软土的主要工程特性如下：

（1）含水率较高，孔隙比较大

一般含水率高达 45% ~ 60%，最大可达 100% ~ 200%，常大于液限；孔隙比大于 1.0，有的可能大于 2.0；塑性指数为 20 左右，不排水强度为 10 ~ 30 kPa，压缩系数为 0.5 ~ 1.0 MPa^{-1}，固结系数为（0.1 ~ 1.0）$\times 10^{-3}$ cm^2/s，灵敏度为 4 ~ 8。高含水率和大孔隙比直接影响到土的压缩性和抗剪强度，含水率越大，土的抗剪强度越小，压缩性越大。因此，降低含水率和缩小孔隙比是软土地基处理的重要内容。

（2）具有结构性

结构性的形成随土的矿物成分、沉积环境、孔隙水的成分及沉积年代而不同。结构性的主要作用是增大了土骨架的刚度，因此其力学特性与应力水平密切相关。应力水平较低时，土会呈现较好的力学特性；应力水平超过某临界值后，土的结构性破坏，使力学性质明显恶化，而且这种恶化是不可逆的，短期内很难恢复。此外，结构性黏土还具有剪胀性。

（3）往往存在硬壳层

这是由地表部分风化、淋洗作用形成的。该硬壳层具有中等或低的压缩性、较高的强度、较强的结构性。硬壳层破坏后，加荷初期沉降、侧向位移、差异沉降均较大。因此，存在所谓填筑临界高度问题，在道路工程中如果路堤高度为 2 ~ 3 m 时，可充分利用硬壳层而不需要处理软土。

2. 冲填土

冲填土是人工填土之一。它是在疏浚江河航道或从河底取土时用泥浆泵将已装在泥驳船上的泥砂直接或再用定量的水加以混合成一定浓度的泥浆，通过输泥管送到四周筑有围堤并设有排水挡板的填土区内，经沉淀排水后而成。

冲填土有别于素土回填，它具有一定的规律性。其工程性质与冲填土料、冲填方法、充填过程及充填完成后排水固结条件、冲填区的原始地貌和冲填龄期等因素有关。其主要工程性质有：

（1）冲填土有的以砂粒为主，也有的以黏粒或粉粒为主。在冲填土的入口处沉积的土粒较粗，甚至有石块，顺着出口处逐渐变细，除出口处及接近围堰的局部范围外，一般尚属均匀，但在冲填过程中间歇时间过长，或土料有变化则将造成冲填土纵横向的不均匀性。

（2）冲填土料粗颗粒比细颗粒排水固结快，在其下层土质具有良好的排水固结条件下所形成的冲填土地基的强度和密实度随着龄期增长而加大。

（3）冲填土料很细时，水分难以排出。土体形成初期呈流动状态，当其表面经自然蒸发后，常呈龟裂，下面水分不易排出，处于未固结状态。较长时间内可能仍处于流动状态，稍加扰动即呈触变现象。

（4）如原始地貌高低不平或局部低洼，冲填后水分更不易排出，固结极为缓慢，压缩性高，而冲填在斜坡地段上，则其排水固结条件就较好。

（5）冲填土与自然沉积的同类土相比，强度低，压缩性高，常产生触变现象。

3. 杂填土

杂填土是人们生活和生产活动所遗留或堆放的垃圾土。其主要工程性质有以下三点：

（1）一般承载能力不高，压缩性较大，且不均匀。具体来说，填料物质不一，颗粒尺寸悬殊，颗粒间孔隙大小不一；回填前地貌高低起伏，形成填土厚薄不一；回填时间常常先后不一；取样不易，勘察工作困难，通常无法确定地基承载力值。

（2）当杂填土加到某级荷载时，浸水、变形剧增，有湿陷性。

（3）填筑年代是评定杂填土的一个重要指标。填土层的密实度随年代而增加，但随外界因素如雨水、填土顶上的随机荷载等有较大的变化。通常，砂性杂填土的填筑年代在 5 年以上，黏性杂填土则需更多时间，才能粗略地认为填土层自身压密已趋于稳定。

另外，饱和松散粉细砂（包括部分粉土）也应属于软弱地基范畴，在动力荷载（机械振动、地震等）重复作用下将产生液化，基坑开挖时也会产生管涌。

对软弱地基勘察时，应查明软弱土层的均匀性、组成、分布范围和土质情况。对冲填土，尚应了解排水固结条件；对杂填土，尚应查明堆载历史，明确自重下稳定性和湿陷性等基本因素。

10.1.3　地基处理方法的分类及适用情况

地基处理方法很多，各自有不同的适用范围和作用原理。选择地基处理方法时，应对地基条件、目标要求、工程费用及材料、机具来源等方面进行综合分析，通过几种可供采用方案的比较，择优选择一种技术先进、经济合理、施工可行的方案。

地基处理方法的分类：按处理深度可分为浅层处理和深层处理；按处理对象可分为砂性土处理和黏性土处理、饱和土处理和非饱和土处理等；按地基的加固机理不同可分为换土垫层法、预压法、强夯法和排水固结法等，见表10-1。

表10-1　软弱土地基处理方法分类

编号	分类	处理方法	原理及作用	适用范围
1	碾压及夯实	重锤夯实、机械碾压、振动压实	利用压实原理，通过夯实、碾压、振动把地基表层压实，以提高其强度，减少其压缩性和不均匀性，消除其湿陷性	适用于处理低饱和度的黏性土、粉土、砂土、碎石土、人工填土等
		强夯（动力固结）	反复将夯锤提到高处使其自由落下，给地基以冲击和振动能量，将其夯实，从而提高土的强度并降低其压缩性，在有效影响深度范围内消除土的液化及湿陷性	适用于处理碎石土、砂土、低饱和度的粉土与黏性土、湿陷性黄土、素填土和杂填土等
2	换土垫层	砂石垫层、素土垫层、灰土垫层、矿渣垫层	挖去地表浅层软弱土层或不均匀土层，回填坚硬、较粗粒径的材料，并夯压密实，形成垫层，从而提高持力层的承载力	适用于处理浅层软弱地基及不均匀地基
3	排水固结	堆载预压、真空预压、降水预压	对地基进行堆载或真空预压，加速地基的固结和强度增长，提高地基的稳定性；加速沉降发展，使地基沉降提前完成。降水预压则是借井点抽水降低地下水位，以增加土的自重应力，达到预压目的	适用于处理饱和软弱土，降水预压适用于渗透性较好的砂或砂质土
4	振密挤密	土或灰土挤密桩、石灰桩、砂石桩等	借助于机械、夯锤或爆破，使土的孔隙减少，强度提高；必要时，回填素土、灰土、石灰、砂和碎石等，与地基土组成复合地基，从而提高地基的承载力，减少沉降量	适用于处理无黏性土、杂填土、非饱和黏性土及湿陷性黄土等
5	置换及拌入	高压喷射注浆、水泥土搅拌等	在地基中掺入水泥、石灰或砂浆等形成增强体，与未处理部分土组成复合地基，从而提高地基的承载力，减少沉降量	适用于处理软弱黏性土、欠固结冲填土、粉砂、细砂等
6	加筋	土工合成材料加筋、锚固、加筋土、树根桩	通过在地基土中设置强度较大的土工合成材料、拉筋等加筋材料，从而提高地基的承载力，减小沉降量，或维持建筑物的稳定	适用于处理砂土、软弱土、人工填土地基
7	其他	灌浆、冻结、托换技术、纠偏技术	通过独特的技术措施处理软弱土地基	根据建筑物和地基基础情况确定

任务 10.2　常见地基处理方法

10.2.1　换土垫层法

在冲刷较小的软土地基上，地基的承载力和变形达不到基础设计要求，且当软土层不太厚（一般不超过 3 m）时，可采用较经济、简便的换土垫层法进行浅层处理，即将软土部分或全部挖除，然后换填工程特性良好的材料，并予以分层压实，这种地基处理方法称为换土垫层法，如图 10-1 所示。换填的材料主要有砂、碎石、高炉干渣和粉煤灰等，应具有强度高、压缩性低、稳定性好和无侵蚀性等良好的工程特性。近年来，国外出现了一些新型高强度轻质材料（混凝土）垫层。换土垫层法的加固原理是根据土中附加应力分布规律，让垫层承受上部较大的应力，软弱层承担较小的应力，以满足设计对地基的要求。

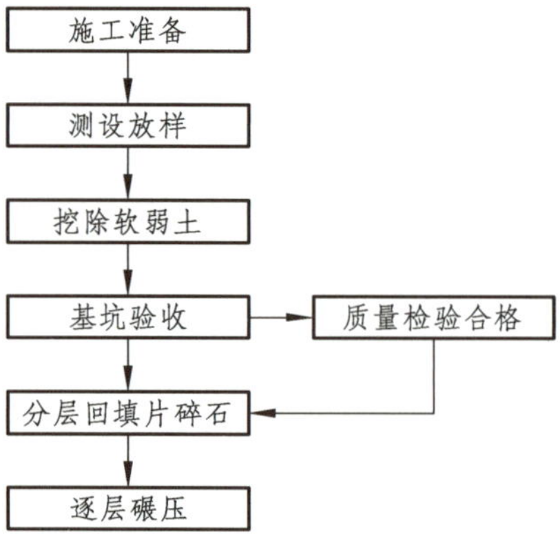

图 10-1　换填法施工及工艺流程

1. 垫层的作用

（1）提高持力层的承载力

通过扩散作用使传到垫层下软弱层的应力减小。当采用高强度轻质材料（混凝土）垫层时，除提高持力层的承载力外，还减小了自重应力。

（2）减少沉降量

一般地基浅层部分的沉降量在总沉降量中所占的比例是比较大的。以条形基础为例，在相当于基础宽度的深度范围内，沉降量占总沉降量的 50%左右，如以密实砂或其他填筑材料代替上部软弱土层，就可以减少这部分的沉降量。由于砂垫层或其他垫层对应力的扩散作用，使作用在下卧层的压力较小，这样也会相应减少下卧层土的沉降量。

（3）加速较弱土层的排水固结

不透水基础直接与软弱土层相接触时，在荷载作用下，软弱土地基中的水被迫绕基础两侧排出，因而使基底下的软弱土不易固结，形成较大的孔隙水压力，还可能导致由于地基强度降低而产生塑性破坏的危险，砂垫层和砂石垫层等垫层材料透水性大，软弱土层受压后，垫层可作为良好的排水面，使基础下面的孔隙水压力迅速消散，加速垫层下软弱土层的固结和提高其强度，避免地基土塑性破坏。

（4）防止冻胀

因为粗颗粒的垫层材料孔隙大，不易产生毛细管现象，因此可以防止寒冷地区土中的冰造成的冻胀，砂垫层的底面应满足当地冻结深度的要求。

（5）消除膨胀土的胀缩作用

在各类工程中，垫层所起的主要作用有时也是不同的，对膨胀土地基而言则主要消除膨胀土的胀缩作用。

换土垫层法主要适用于淤泥、淤泥质土、湿陷性黄土、素填土、杂填土地基及暗沟、古井、古墓等处理深度不大的各类软弱土层。

2. 垫层厚度的确定

垫层的厚度 z 应根据需要置换软弱土层的深度或垫层底部下卧土层的承载力确定，并符合下卧层验算的要求。因此，垫层的厚度必须满足如下要求：

当上部荷载通过垫层按一定的扩散角传至下卧软弱土层时，该下卧软弱土层顶面所受的自重力与附加应力之和不大于同一标高处软弱土层的地基承载力设计值，表达式见式（10-1），垫层内应力的分布如图 10-2 所示。

$$p_z + p_{cz} \leqslant f_{az} \tag{10-1}$$

式中 p_z——相应于荷载效应标准组合时，垫层底面处土的附加压力值（kPa）；

p_{cz}——垫层底面处土的自重压力值（kPa）；

f_{az}——垫层底面处经深度修正后的地基承载力特征值（kPa）。

垫层底面处的附加压力值 p_z，可根据压力扩散角 θ 分别按式（10-2）和式（10-3）进行简化计算。

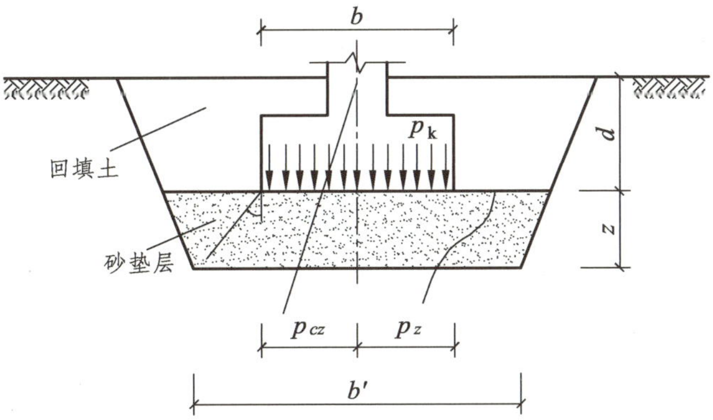

图 10-2　垫层应力分布

条形基础：

$$p_z = \frac{b(p_k - p_c)}{b + 2z\tan\theta} \tag{10-2}$$

矩形基础：

$$p_z = \frac{bl(p_k - p_c)}{(b + 2z\tan\theta)(l + 2z\tan\theta)} \tag{10-3}$$

式中 b——矩形基础或条形基础底面的宽度（m）；

l——矩形基础底面的长度（m）；

p_z——相应于荷载效应标准组合时，基础底面处的平均压力值（kPa）；

p_c——基础底面处土的自重压力值（kPa）；

z——基础底面下垫层的厚度（m）；

θ——垫层的压力扩散角（°），宜通过试验确定；当无试验资料时，可按表 10-2 采用。

表 10-2 垫层压力扩散角θ

z/b	换填材料		
	中砂、粗砂、砾砂、圆砾、角砾、石屑、卵石、碎石、矿渣	粉质黏土、粉煤灰	灰土
0.25	20°	6°	28°
≥0.25	30°	23°	

注：（1）当 $z/b<0.25$ 时，除灰土仍取$\theta=28°$外，其余材料均取$\theta=0°$，必要时，宜由试验确定。

（2）当 $0.25<z/b<250$ 时，θ值可内插求得。

换填垫层的厚度不宜小于 0.5 m，也不宜大于 3 m。太厚工程施工困难，太薄则换填垫层的作用不明显。计算时，一般先根据工程实况初步设定一个垫层厚度，再用式（10-1）验算；若不符合要求，则改变厚度，重新验算，直至满足要求为止。

3. 垫层宽度的确定

垫层的宽度除要满足应力扩散的要求外，还应防止垫层向两边挤出。若垫层宽度不足，就有可能部分挤入侧面软弱土中，增加基础沉降。垫层宽度的计算，通常可按应力扩散角法进行。

垫层底面的宽度应满足基础底面应力扩散的要求，可按式（10-4）确定。

$$b' \geqslant b + 2z\tan\theta \tag{10-4}$$

式中 b'——垫层底面的宽度（m）；

θ——压力扩散角（°），可按表 10-2 采用；当 $z/b<0.25$ 时，仍按表中 $z/b=0.25$ 取值。

整片垫层底面的宽度，可根据施工的要求适当加宽。垫层顶面宽度可从垫层底面两侧向上，按基坑开挖期间保持边坡稳定的当地经验放坡确定，即得垫层的设计断面。垫层顶面每边超出基础底边，不宜小于 300 mm。

4. 垫层的承载力和变形验算

垫层的承载力宜通过现场载荷试验确定，并应进行下卧层承载力的验算。

对于垫层下存在软弱下卧层的建筑，在进行地基变形计算时，应考虑邻近基础对软弱下卧层顶面应力叠加的影响。当超出原地面标高的垫层或换填材料的重度高于天然土层重度时，宜早换填，并应考虑其附加的荷载对建筑及邻近建筑的影响。

垫层地基的变形由垫层自身变形和下卧层变形组成。换填垫层在满足断面有足够厚度、宽度和垫层压实标准的条件下，垫层地基的变形可仅考虑其下卧层的变形。对沉降要求严格或垫层厚的建筑，应计算垫层自身的变形。垫层下卧层的变形量，可按国家标准《建筑地基基础设计规范》（GB 50007—2011）的有关规定计算。

5. 垫层材料的选择

垫层可选用的材料如下：

（1）砂石：宜选用碎石、卵石、角砾、圆砾、砾砂、粗砂、中砂或石屑（粒径小于2 mm的部分不应超过总重的45%），应级配良好，不含植物残体、垃圾等杂质。对湿陷性黄土地基，不得选用砂石等透水材料。

（2）粉质黏土：土料中有机质含量不得超过5%，亦不得含有冻土或膨胀土。当含有碎石时，其粒径不宜大于50 mm。

（3）灰土：体积配合比宜为2∶8或3∶7。土料宜用粉质黏土，不宜使用块状黏土和砂质粉土，不得含有松软杂质并应过筛，其颗粒不得大于15 mm。石灰宜用新鲜的消石灰，其颗粒不得大于5 mm。

（4）矿渣：垫层使用的矿渣是指高炉重矿渣，可分为分级矿渣、混合矿渣及原状矿渣。矿渣垫层主要用于堆场、道路和地坪，也可用于小型建筑物、构筑物地基。

（5）粉煤灰：可用于道路、堆场和小型建筑物、构筑物等的换填垫层。粉煤灰垫层上宜覆土0.3 ~ 0.5 m。

（6）其他工业废渣：在有可靠试验结果或成功工程经验时，对质地坚硬、性能稳定、无腐蚀性和放射性危害的工业废渣等，均可用于填筑换填垫层。

（7）土工合成材料：由分层铺设的土工合成材料与地基土构成加筋垫层。在软土地基上使用加筋垫层时，应保证建筑稳定并满足允许变形的要求。

由垫层材料确定常用的垫层有：砂垫层、碎石垫层、素土垫层、灰土垫层、矿渣垫层、粉煤灰垫层以及用其他性能稳定、无侵蚀性材料做的垫层等。

6. 施工要点

（1）按照密实方法分类，可选择机械碾压法、重锤夯实法和平板振动法。

（2）砂石料宜采用振动碾或振动压实机等压密，其压实效果、分层铺填厚度、压实遍数、最佳含水率等应根据具体施工方法及施工机具通过现场试验确定，也可以根据施工方法的不同控制最佳含水率。

（3）对垫层底部有古井、古墓、洞穴、旧基础、暗塘等软硬不均的部位时，应先予以清理后，再用砂石逐层回填夯实，并经检验合格后，方可铺填上一层砂石料后再行施工。

（4）严禁扰动垫层下卧的软土，为防止践踏、受冻、浸泡或暴晒过久，坑底可保留200 mm厚土层暂不挖去，待铺砂石料前再挖至设计高程，如有浮土必须清除，当坑底为饱和软土时，须在土面接触处铺一层细砂起反滤作用，其厚度不计入砂垫层设计厚度内。

（5）砂石垫层的底面宜铺设在同一高程上，如置换深度不同，基底土层面应挖成阶梯或斜坡搭接，并按先深后浅的顺序施工，搭接处应夯实。垫层竣工后，应及时进行基础施工和基坑回填。

（6）垫层的施工方法应控制分层铺填厚度，每层压实遍数等宜通过试验确定。

（7）人工级配的砂石应拌和均匀。用细砂作填料时，应注意地下水的影响，且不宜使用平振法、插振法和水振法。

（8）当地下水位高于基坑底面时，宜采用排水或降水措施，注意边坡稳定，以防止坍土混入砂石垫层中。

7. 质量检验

砂（砂石、碎石）垫层的质量检验应随施工分层进行。压实度检验，一般可用环刀法、灌砂（或）水法、湿度密度仪法或核子密度仪法等来测定干密度和含水率，具体选用哪种方法可根据工地的实际情况确定。

砂（砂石、碎石）垫层填筑工程竣工质量验收可用静荷载试验法、标准贯入试验法、轻便触探法、动测法等中的几种或一种方法进行检测。

10.2.2 强夯法

强夯法是一种将较大的重锤（一般约 8 ~ 40 t，最重可达 200 t）从 6 ~ 20 m 的高处（最高可达 40 m）自由落下，对地基土施加反复的夯击，将地基土夯实的地基处理方法。由于强夯法工艺简单、施工速度快、费用低廉且效果显著，因此在工程中被广泛应用，可适用于处理碎石土、砂土、低饱和度的粉土与黏性土、湿陷性黄土、素填土和杂填土等地基。对于高饱和软黏土（淤泥及淤泥质土），强夯处理效果较差，但若结合夯坑内回填块石、碎石或其他粗粒料，强行夯入形成复合地基（称为强夯置换），处理效果较好，如图 10-3 所示。

图 10-3　强夯法施工

强夯法可提高地基土的强度、降低土的压缩性、改善砂土抵抗液化的能力、消除湿陷性黄土的湿陷性等；同时，夯击还可提高土层的均匀程度，减少将来可能出现的不均匀沉降。

动画—强夯法施工

1. 强夯法加固机理

强夯法加固地基有动力挤密、动力固结和动力置换三种不同的加固机理。它取决于地基土的类别和强夯法的施工工艺。

（1）动力挤密采用强夯法加固多孔隙、粗颗粒、非饱和土是基于动力挤密的机理，即用冲击型动力荷载，使土体中的孔隙减小，土体变得密实，从而提高地基土强度。非饱和土的夯实过程，就是土中气相（空气）被挤出的过程，夯实变形主要是由于土颗粒的相对位移引起的。

（2）动力固结用强夯法处理细颗粒饱和土时，则是借助于动力固结的理论，即巨大的冲击能量在土中产生很大的应力波，破坏土体原有结构，使土体局部发生液化并产生裂隙，从而增加排水通道，加速孔隙水排出；随着超静孔隙水压力的消散，土体逐渐固结。由于软土的触变性，强度得到提高。

（3）动力置换是利用夯击时产生的冲击力，强行将砂、碎石等挤填到饱和软土层中，置换原饱和软土，形成“桩柱”或密实砂石层。与此同时，未被置换的下卧层饱和软土，在动力作用下排水固结，变得更加密实，从而使地基承载力提高，沉降减小。

2. 强夯法设计

（1）有效加固深度

强夯的有效加固深度影响因素很多，有锤重、锤底面积和落距，还有地基土性质、土层分布、地下水位以及其他有关设计参数等。强夯法的有效加固深度应根据现场试夯或当地经验确定。我国常采用的是根据国外经验方式进行修正后的估算公式：

$$H = \alpha\sqrt{Mh} \tag{10-5}$$

式中 M——夯锤重量（kN）；

h——落距（m）；

α——影响系数，根据所处理地基土的性质而定，对软土可取 0.5，对黄土可取 0.34 ~ 0.5。若缺少试验资料或经验资料，也可按表 10-3 预估。

表 10-3 强夯法的有效加固深度

单击夯击能/（kN·m）	碎石土、砂土等粗颗粒土/m	粉土、黏性土、湿陷性黄土等细颗粒土/m
1 000	5.0 ~ 6.0	4.0 ~ 5.0
2 000	6.0 ~ 7.0	5.0 ~ 6.0
3 000	7.0 ~ 8.0	6.0 ~ 7.0
4 000	8.0 ~ 9.0	7.0 ~ 8.0
5 000	9.0 ~ 9.5	8.0 ~ 8.5
6 000	9.5 ~ 10.0	8.5 ~ 9.0
8 000	10.0 ~ 10.5	9.0 ~ 9.5

注：强夯法的有效加固深度应从最初起夯面算起。

（2）单位夯击能

单位夯击能指单位面积上所施加的总夯击能，它的大小应根据地基土的类别、结构类型、荷载大小和处理的深度等综合考虑，并通过现场试夯确定。对于粗粒土，可取 1 000 ~ 4 000（kN·m）/m^2；对细粒土，可取 1 500 ~ 5 000（kN·m）/m^2。夯锤底面积对砂类土一般为 3 ~ 4 m^2，对黏性土不宜小于 6 m^2。

（3）单点夯击击数、夯击遍数、时间间隔

单点夯击击数指单个夯点一次连续夯击的次数，强夯法夯点的单点夯击击数应按现场试夯得到的夯击击数和夯沉量关系曲线确定，并应同时满足以下条件：

① 最后两击的平均夯沉量，当单击夯击能小于 4 000 kN·m 时为 50 mm；当单击夯击能为 4 000 ~ 6 000 kN·m 时为 100 mm；当单击夯击能大于 6 000 kN·m 时为 200 mm。

② 周围地面不应发生过大的隆起。

③ 不因夯坑过深而发生起锤困难。每夯击点的夯击击数一般为 3 ~ 10 击。

夯击遍数应根据地基土的性质确定，一般可取 2 ~ 3 遍。对于渗透性较差的细颗粒土，必要时夯击遍数可适当增加。最后，再以低能量满夯 2 遍，满夯可采用轻锤或低落距锤多次夯击，锤印搭接。

两遍夯击之间应有一定的时间间隔，间隔时间取决于土中超静孔隙水压力的消散时间。一般两遍之间间隔 1 ~ 4 周。当缺少实测资料时，可根据地基土的渗透性确定。对于渗透性较差的黏性土地基，间隔时间不应少于 3 ~ 4 周；对于渗透性好的地基，可连续夯击。

（4）夯击点布置与间距

强夯法处理范围应大于建筑物基础范围，每边超出基础外缘的宽度宜为基底下设计处理深度的 1/2 ~ 2/3，并不宜小于 3 m。

夯击点位置应根据基底平面的形状和加固要求而定，对大面积地基，一般采用等边三角形、等腰三角形或正方形；对条形基础，夯击点可成行布置；对独立柱基础，可按柱网设置采取单点或成组布置。夯击点间距（夯距）的确定，一般根据地基土的性质和要求处理的深度而定，以保证使夯击能量传递到深处和邻近夯坑免遭破坏为基本原则。第一遍夯击点间距可取夯锤直径的 2.5 ~ 3.5 倍；第二遍夯击点位于第一遍夯击点之间，以后各遍夯击点间距可适当减小。对处理深度较大或单击夯击能较大的工程，第一遍夯击点间距宜适当增大。

3. 施工工艺及要求

强夯法施工要点如下：

（1）平整场地

预估强夯后可能产生的平均地面变形，并以此确定地面高程，然后用推土机平整。

（2）铺设垫层

对于表层为细黏土，且地下水位高的情况，有时需要在表层铺 0.5 ~ 2 m 厚的砂，砂砾或碎石。目的是在表层形成硬层，可以支承超重设备，确保机械通行、施工。另外，

可加大地下水和表层的距离，防止夯击效率降低。

（3）夯点放线定位及测量高程

宜用石灰或打小木桩的方法标出夯点，并测量场地高程。

（4）强夯施工

强夯机就位，测量夯前锤顶高程，按规定夯击次数及控制标准，完成一遍夯击。场地推平，测量场地高程，按规定的间歇时间，完成全部夯击遍数，最后用低能量满夯，将场地表层松土夯实，并测量夯后场地高程。

（5）现场记录

强夯施工时对每一夯点的夯击能量，夯击次数和每次夯沉量等做好详细的现场记录。

（6）安全措施

注意吊车、夯锤附近人员的安全，为防止飞石伤人，吊车驾驶室应加防护网，起锤后，人员应在 10 m 以外并戴好安全帽，严禁在吊臂前站立。

强夯法施工前，应先在现场进行原位试验（旁压试验、十字板试验、触探试验等），取原状土样测定含水率、塑限液限、粒度成分等，然后在试验室进行动力固结试验或现场进行试验施工，以取得有关数据。为按设计要求（地基承载力、压缩性、加固影响深度等）确定施工时每一遍夯击的最佳夯击能、每一点的最佳夯击数、各夯击点间的间距以及前后两遍锤击之间的间歇时间（孔隙承压力消散时间）等提供依据。

强夯法施工过程中还应对现场地基土层进行一系列对比的观测工作，包括地面沉降测定、孔隙水压力测定、侧向压力、振动加速度测定等。对强夯加固后效果的检验可采用原位测试的方法如现场十字板、动力触探、静力触探、荷载试验、波速试验等，也可采用室内常规试验、室内动力固结试验等。

4. 质量检验

强夯施工结束后应间隔一定时间方能对地基加固质量进行检验。对碎石土和砂土地基，其间隔时间可取 1 ~ 2 周；对低饱和度的粉土和黏性土地基可取 3 ~ 4 周。

质量检验的方法，应根据土性选用原位测试和室内试验。对一般工程应采用原位测试中两种或两种以上方法进行检验；对重要工程应增加检验项目，也可做现场大压板载荷试验；对液化地基，应做标贯试验，检验深度应超过设计处理深度。

检验的数量应根据场地的复杂程度和工程重要性确定。此外，质量检验还包括检查强夯施工过程中的各项测试数据和施工记录，凡不符合设计要求的，应补夯或采取其他有效措施。

近年来，国内外有采用强夯法作为软土的置换手段，用强夯法将碎石挤入软土形成碎石垫层或间隔夯入形成碎石墩（桩），构成复合地基，且已有相关的行业规范。

强夯法除了尚无完整的设计计算方法，施工前后及施工过程中需进行大量测试工作外，还有如噪声大、振动大等缺点，不宜在建筑物或人口密集处使用；加固范围较小（5 000 cm^2）时不经济。

10.2.3 预压排水固结法

预压排水固结法是利用地基排水固结的特性，通过施加预压荷载，并增设各种排水条件（砂井和排水垫层等排水体），以加速饱和软黏土固结、提高土体强度的一种软土地基处理方法。

排水固结法加固的基本原理是：软黏土地基在荷载作用下，土中孔隙水慢慢排出，孔隙体积不断减小，地基发生固结变形；同时，随着超静孔隙水压力的逐渐消散，土的有效应力增大，地基强度逐步增长。

1. 影响预压固结效果的主要因素

（1）必要的预压荷载：堆载预压、真空预压、自重预压和降水预压等。

（2）良好的排水边界条件：水平向排水垫层、竖向排水砂井、袋装砂井和塑料排水带等。

综合以上因素，排水固结法一般是由排水系统和加压系统两部分共同组成的。

排水系统：主要用于改变原有地基的排水条件，缩短排水距离，使地基有良好的排水边界条件。该系统由水平向的排水垫层和竖向排水体构成。当软土层较薄或土的渗透性较好而施工期较长时，可仅在地面铺设一定厚度的砂垫层，然后加载。当软土层较厚且土的渗透性较差时，可在地基中设置砂井等竖向排水体，再在地面铺以砂垫层，构成排水系统，加快土体固结。

加压系统：即对地基施加起固结作用的预压荷载，它可使地基土的有效应力增加而产生固结。根据所施加的预压荷载不同，预压法可分为堆载预压法、真空预压法、自重预压法、降水预压法等。在实际工程中，可单独使用一种方法，也可将几种方法联合使用。排水固结法适用于处理淤泥、淤泥质土和冲填土等饱和黏性土地基。

2. 堆载预压法

堆载预压法是直接在地基上加载而使地基固结的方法，堆载一般用填土、砂土等材料，由于堆载需要大量的土石料，往往需要到外地运输，工程量很大，造价高。对于砂类土和粉土，以及软土层厚度不大或软土层含较多薄粉砂夹层，且固结速率能满足工期要求时，可直接用堆载预压法；对深厚软黏土地基，应设置塑料排水带或砂井等排水竖井（见图 10-4）。

（a）　　（b）

图 10-4　堆载预压法示意图

3. 真空预压法

真空预压法是通过对覆盖于竖井地基表面的不透气薄膜内抽真空，而使地基固结的方法。它是在软土表面铺设一层透水的砂或砾石，然后打设竖向排水通道袋装砂井或塑料排水板，并在砂或砾石层上覆盖不透水的薄膜材料，如塑料布、橡胶布或沥青等，使软土与大气隔绝。通过在砂垫层里预埋的吸水管道，用真空泵抽气形成真空，利用大气压力加压。真空预压法适用于能在加固区形成（包括采取措施后形成）稳定负压边界条件的软土地基（见图 10-5）。

动画—真空预压法施工

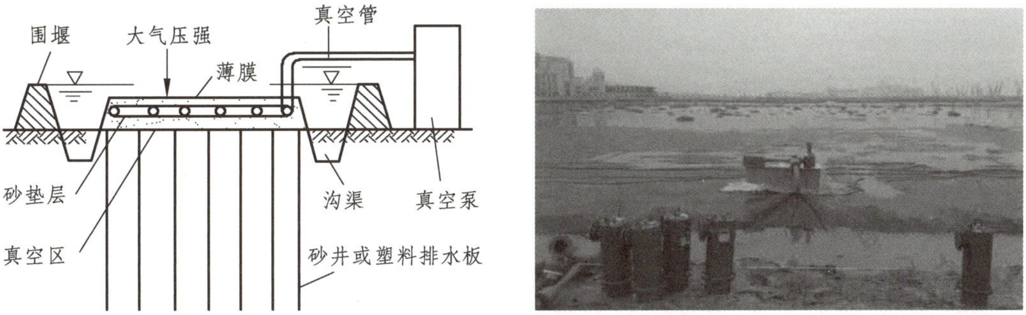

（a）　　（b）

图 10-5　真空预压法示意图

10.2.4　挤密地基

挤密地基是指在软弱土层中以沉管、冲击、夯扩、振动沉管等方式成孔，从侧向将土挤密，再将土、碎石、砂、灰土、石灰或炉渣等填料充填密实成柔性的桩体，并与原地基形成一种复合型地基，从而改善地基的工程性能。

当以消除地基土的湿陷性为主要目的时，宜选用土桩挤密法。当以提高地基承载力为主要目的时，宜选用灰土桩挤密法。当以消除地基土液化为主要目的时，宜选用振冲或振动挤密法。

1. 灰土挤密桩法和土挤密桩法

灰土挤密桩或土挤密桩是利用沉管、冲击或爆扩等方法在地基中挤土成孔，然后向孔内夯填素土或灰土成桩。成桩时，通过成孔过程中的横向挤压作用，桩孔内的土被挤向周围，使桩间土得以挤密，然后将备好的素土（黏性土）或灰土分层填入桩孔内，并分层捣实至设计标高。用素土分层夯实的桩体，称为土挤密桩；用灰土分层夯实的桩体，称为灰土挤密桩。两者分别与挤密的桩间土组成复合地基，共同承受基础的上部荷载。

灰土挤密桩法或土挤密桩法适用于处理地下水位以上的湿陷性黄土、素填土和杂填土等地基，处理深度宜为 3 ~ 15 m。因灰土挤密桩法或土挤密桩法具有就地取材、以土治土、原位处理、深层加密和费用较低的特点，在我国西北及华北等黄土地区已广泛应用（见图 10-6）。

（a）

（b）

图 10-6　土挤密桩法施工

（1）桩的布置

灰土挤密桩或土挤密桩处理地基的面积，应大于基础或建筑物底层平面的面积，并应符合下列规定：

① 采用局部处理超出基础底面的宽度时，对非自重湿陷性黄土、素填土和杂填土等地基，每边不应小于基底宽度的 0.25 倍，并不应小于 0.50 m；对自重湿陷性黄土地基，每边不应小于基底宽度的 0.75 倍，并不应小于 1.00 m。

② 当采用整片处理时，超出建筑物外墙基础底面外缘的宽度，每边不宜小于处理土层厚度的 1/2，并不应小于 2 m。

（2）处理深度

灰土挤密桩或土挤密桩处理地基的深度，应根据建筑场地的土质情况、工程要求和成孔及夯实设备等综合因素确定。对湿陷性黄土地基，应符合现行的国家标准《湿陷性黄土地区建筑规范》（GB 50025—2004）的有关规定。

（3）桩　径

桩孔直径宜为 300 ~ 450 mm，并可根据所选用的成孔设备或成孔方法确定。为使桩间土均匀挤密，桩孔宜按等边三角形布置，桩孔之间的中心距离 s，可为桩孔直径的 2.0 ~ 2.5 倍。

（4）承载力

灰土挤密桩或土挤密桩复合地基的承载力特征值，应通过现场单桩或多桩复合地基载荷试验确定。初步设计当无试验资料时，也可按当地经验确定，但对土挤密桩复合地基的承载力特征值，不宜大于处理前的 1.4 倍，并不宜大于 180 kPa；对灰土挤密桩复合地基的承载力特征值，不宜大于处理前的 2.0 倍，并不宜大于 250 kPa。

（5）变　形

灰土挤密桩或土挤密桩复合地基的变形计算，应符合国家标准《建筑地基基础设计规范》（GB 50007—2011）有关规定，其中复合土层的压缩模量，可采用载荷试验的变形模量代替。

土或灰土挤密桩复合地基的变形包括桩和桩间土及其下卧未处理土层的变形。前者通过挤密后，桩间土的物理力学性质明显改善，即土的干密度增大、压缩性降低、承载力提高、湿陷性消除，故桩和桩间土（复合土层）的变形可不计算，但应计算下卧未处理土层的变形，若下卧未处理土层为中、低压缩性非湿陷性土层，其压缩变形、湿陷变形也可不计算。

（6）其他设计要求

① 桩孔内的填料，应根据工程要求或处理地基的目的确定，桩体的夯实质量宜用平均压实系数控制。当桩孔内用素土或灰土分层回填、分层夯实时，桩体的平均压实系数值均不应小 0.96。消石灰与土的体积配合比宜为 2∶8 或 3∶7。

② 灰土垫层桩顶标高以上应设置 300 ~ 500 mm 厚的 2∶8 灰土垫层，其压实系数不应小于 0.95。

2. 振冲法

振冲法是以起重机吊起振冲器，启动潜水电动机带动偏心块转动，振冲器因而产生高频振动，同时开动水泵，通过振冲器前端喷嘴喷射高压水流；在振动和高压水流共同作用下，土被挤向两边，振冲器下沉到土中预定深度；然后进行清孔，用循环水带出较稠泥浆；此后，就从地面向孔中逐段添加碎石或其他散粒材料，每段填料均在振冲器的振动作用下被振捣密实，达到要求的密实度后，提升振冲器；再于第二段重复上述操作，如此直至地面，使地基中形成一根大直径的密实桩体，称为碎石桩；桩体和原土层构成复合地基。振冲法适用于处理砂土、粉土、粉质黏土、素填土和杂填土等地基（见图 10-7）。

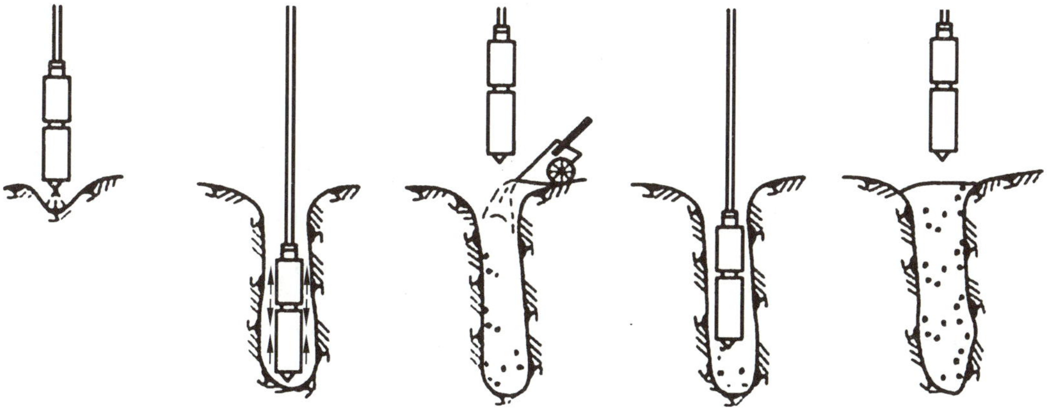

（a）定位　（b）振冲下沉　（c）加填料　（d）振密　（e）成桩

图 10-7　振冲法施工过程

（1）振冲碎石桩设计

振冲桩处理范围应根据建筑物的重要性和场地条件确定，当用于多层建筑和高层建筑时，宜在基础外缘扩大 1 ~ 2 排桩。当要求消除地基液化时，在基础外缘扩大宽度不应小于基底下可液化土层厚度的 1/2。

桩位布置，对大面积满堂处理，宜用等边三角形布置；对单独基础或条形基础，宜用正方形、矩形或等腰三角形布置，桩长不宜小于 4 m。

振冲桩的间距应根据上部结构荷载大小和场地土层情况，并结合所采用的振冲器功率大小综合考虑。30 kW 振冲器布桩间距可采用 1.3 ~ 2.0 m；55 kW 振冲器布桩间距可采用 1.4 ~ 2.5 m；75 kW 振冲器布桩间距可采用 1.5 ~ 3.0 m。荷载大或对黏性土，宜采用较小的间距；荷载小或对砂土，宜采用较大的间距。

（2）振冲桩复合地基承载力计算

振冲桩复合地基承载力特征值应通过现场复合地基载荷试验确定，初步设计时也可用单桩和处理后桩间土承载力特征值，按下式估算：

$$f_{spk}=mf_{pk}+(1-m)f_{sk} \tag{10-6}$$

$$m=\frac{d^2}{d_e^2} \tag{10-7}$$

式中 f_{spk}——振冲桩和地基承载力特征值（kPa）；

f_{pk}——桩体承载力特征值（kPa）；

f_{sk}——处理后桩间土承载力特征值（kPa），宜接当地经验取值；如无经验时，可取天然地基承载力特征值；

m——桩土面积置换率；

d——桩身平均直径（m）；

d_e——根桩分担的处理地基面积的等效圆直径（m）。

等边三角形布桩 $d_e=1.05s$，正方形布桩 $d_e=1.13s$，矩形布桩 $d_e=1.13\sqrt{s_1s_2}$，其中 s、s_1、s_2 分别为桩间距、纵向间距和横向间距。

小型工程的黏性土地基，如无现场荷载试验资料，初步设计时复合地基的承载力特征值也可按下式估算：

$$f_{spk}=[1+m(n-1)]f_{sk} \tag{10-8}$$

式中 n——桩土应力比，在无实测资料时，可取 2 ~ 4，原土强度低取大值，原土强度高取小值。

10.2.5 化学加固法

化学加固法是在软土地基土中掺入水泥、石灰等，用喷射、搅拌等方法使其与土体充分混合固化；或把一些能固化的化学浆液（水泥浆、水玻璃氯化钙溶液等）注入地基土孔隙，以改善地基土的物理力学性质，达到加固软土地基的目的。按固化剂的状态，可分为粉体类（水泥、石灰粉末）和浆液类（水泥浆及其他化学浆液）；按施工工艺，可分为低压搅拌法（粉体喷射搅拌桩、水泥浆搅拌桩）、高压喷射注浆法（高压旋喷桩等）和胶结法（灌浆法、硅化法）三种（见图 10-8）。

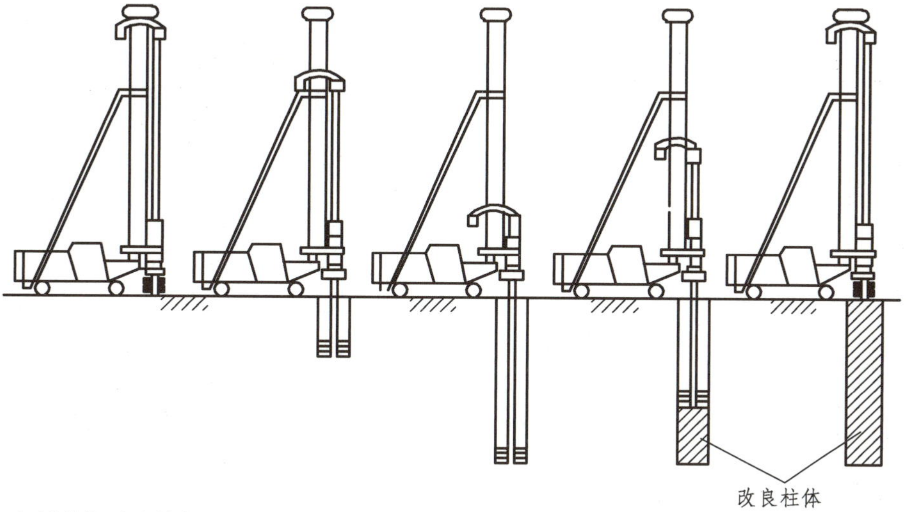

图 10-8　粉体喷射搅拌桩施工过程

1. 水泥土搅拌法

水泥土搅拌法是以水泥为固化剂，通过深层搅拌机在地基深部就地将软土和固化剂强制拌和，利用固化剂和软土发生一系列物理化学反应，使其凝结成具有整体性、水稳性好和较高强度的水泥土，与天然地基形成复合地基，从而提高地基承载力及其他特性。水泥土搅拌法分为深层搅拌法（以下简称湿法）和粉体喷搅法（以下简称干法）。水泥土搅拌法适用于处理正常固结的淤泥与淤泥质土、粉土、饱和黄土、素填土、黏性土以及无流动地下水的饱和松散砂土等地基。当地基土的天然含水量小于 30%（黄土含水量小于 25%）、大于 70%或地下水的 pH 小于 4 时，不宜采用干法。

（1）水泥土搅拌桩设计

水泥土搅拌法形成的水泥土加固体，可作为竖向承载的复合地基；竖向承载搅拌桩的平面布置，可根据上部结构特点及对地基承载力和变形的要求，采用柱状、壁状、格栅状或块状等加固形式。桩可只在基础平面范围内布置，独立基础下的桩数不宜少于 3 根。柱状加固可采用正方形、等边三角形等布桩形式。

竖向承载搅拌桩的长度应根据上部结构对承载力和变形的要求确定，并宜穿透软弱土层到达承载力相对较高的土层；为提高抗滑稳定性而设置的搅拌桩，其桩长应超过危险滑弧以下 2 m。湿法的加固深度不宜大于 20 m，干法不宜大于 15 m。水泥土搅拌桩的桩径不应小于 500 mm。

（2）水泥土搅拌桩复合地基的承载力计算

竖向承载水泥土搅拌桩复合地基的承载力特征值，应通过现场单桩或多桩复合地基荷载试验确定。初步设计时，也可按下式估算：

$$f_{\mathrm{spk}}=\frac{mR_{\mathrm{a}}}{A_{\mathrm{p}}}+\beta(1-m)f_{\mathrm{sk}} \tag{10-9}$$

式中 f_{spk}——复合地基承载力特征值（kPa）；

f_{sk}——桩间土承载力特征值（kPa），可取天然地基承载力特征值；

R_{a}——单桩竖向承载力特征值（kN）；

β——桩间土承载力折减系数，当桩端土未经修正的承载力特征值大于桩周土的承载力特征值的平均值时，可取 0.1～0.4，差值大时取低值；当桩端土未经修正的承载力特征值小于或等于桩周土的承载力特征值的平均值时，可取 0.5～0.9，差值大时或设置褥垫层时均取高值。

单桩竖向承载力特征值应通过现场载荷试验确定。初步设计时也可按式（10-10）估算，并应同时满足式（10-11）的要求，应使由桩身材料强度确定的单桩承载力大于（或等于）由桩周土和桩端土的抗力所提供的单桩承载力：

$$R_{\mathrm{a}}=u_{\mathrm{p}}\sum_{i=1}^{n}q_{\mathrm{s}i}l_{i}+\alpha q_{\mathrm{p}}A_{\mathrm{p}} \tag{10-10}$$

$$R_{\mathrm{a}}=\eta f_{\mathrm{cu}}A_{\mathrm{p}} \tag{10-11}$$

式中 R_{a}——单桩竖向承载力特征值（kPa）；

f_{cu}——与搅拌桩桩身水泥土配比相同的室内加固土试块（边长为 70.7 mm 的立方体，也可采用边长为 50 mm 的立方体）在标准养护条件下 90 d 龄期的立方体抗压强度平均值（kPa）；

η——桩身强度折减系数，干法可取 0.20～0.30，湿法可取 0.25～0.33；

u_{p}——桩的周长（m）；

n——桩长范围内所划分的土层数；

$q_{\mathrm{s}i}$——桩周第 i 层土的侧阻力特征值，对淤泥可取 4～7 kPa；对淤泥质土，可取 6～12 kPa；对软塑状态的黏性土，可取 10～15 kPa；对可塑状态的黏性土，可取 12～18 kPa；

l_i——桩长范围内第 i 层土的厚度（m）；

q_{p}——桩端地基土未经修正的承载力特征值（kPa），可按现行国家标准《建筑地基基础设计规范》（GB 50007—2011）有关规定确定；

α——桩端天然地基土的承载力折减系数，可取 0.4～0.6，承载力高时取低值。

2. 高压喷射注浆法

高压喷射注浆法是利用高压喷射化学浆液与土混合固化处理地基的一种方法。它是利用钻机把带有喷嘴的注浆管钻进至土层的预定位置后，以高压设备使浆液或水以 20～40 MPa 的高压射流从喷嘴中喷射出来，冲击破坏土体，同时钻杆以一定的速度逐渐向上提升，将浆液与土粒强制搅拌混合，浆液凝固后在土中形成一个固结体。高压喷射注浆法处理深度可达 8～12 m。高压喷射注浆法适用于处理淤泥、淤泥质土、流塑、软塑或可塑黏性土、粉土、砂土、黄土、素填土和碎石土等地基（见图 10-9）。

（a）　　（b）

图 10-9　高压喷射注浆施工

（1）高压喷射桩设计

高压喷射注浆法按喷射方向和形成固结体的形状不同，可分旋转喷射注浆（旋喷法）、定向喷射注浆（定喷法）、在某一角度范围内摆动喷射注浆（摆喷法）；对应形成的固结体形状，分别为圆柱状、墙壁状、扇形状。按注浆管类型不同，可分为单管法（单管旋喷注浆法）、二重管法（所用注浆管为具有双通道的二重注浆管）和三重管法（所用注浆管为分别传送高压水、压缩空气和水泥浆三种介质的三重注浆管）。

竖向承载旋喷桩的平面布置，可根据上部结构和基础特点确定。独立基础下的桩数，一般不应少于 4 根。竖向承载旋喷桩复合地基，宜在基础和桩顶之间设置褥垫层。褥垫层厚度可取 200 ~ 300 mm，其材料可选用中砂、粗砂、级配砂石等，最大粒径不宜大于 30 mm。

（2）竖向承载旋喷桩复合地基承载力计算

竖向承载旋喷桩复合地基承载力特征值，应通过现场复合地基载荷试验确定。初步设计时，也可按式（10-9）估算，公式中β为桩间土承载力折减系数，可根据试验或类似土质条件工程经验确定；当无试验资料或经验时，可取 0 ~ 0.5，承载力较低时取低值。

单桩竖向承载力特征值可通过现场单桩载荷试验确定，也可按式（10-12）和式（10-13）估算，取其中较小值。

$$R_a = \eta f_{cu} A_p \tag{10-12}$$

$$R_a = u_p \sum_{i=1}^{n} q_{si} l_i + q_p A_p \tag{10-13}$$

式中　f_{cu}——与旋喷桩桩身水泥土配比相同的室内加固土试块（边长为 70.7 mm 的立方体），在标准养护条件下 28 d 龄期的立方体抗压强度平均值（kPa）；

η——桩身强度折减系数，可取 0.33；

u_p——桩的周长（m）；

n——桩长范围内所划分的土层数；

q_{si}——桩周第 i 层土侧阻力特征值，可按现行国家标准《建筑地基基础设计规范》（GB 50007—2011）有关规定确定；

l_i——桩长范围内第 i 层土的厚度（m）；

q_p——桩端地基土未经修正的承载力特征值（kPa），可按现行国家标准《建筑地基基础设计规范》（GB 50007—2011）有关规定确定。

任务 10.3　特殊土地基处理

我国幅员辽阔，地质条件复杂，分布的土类繁多，工程性质各异。某些土类，由于生成时的地理环境、气候条件、地质成因、物质成分、次生变化及历史过程等原因，使它们具有与一般土类显著不同的特殊成分、结构和工程性质。当将其作为建筑物地基时，如果不注意这些特殊性，就可能引起工程事故。通常把这些具有特殊工程性质的土类称为特殊土。各种天然形成的特殊土的地理分布存在着一定的规律，表现出一定的区域性，所以又称之为区域性特殊土。

10.3.1　软土地基处理

1. 软土的工程性质

（1）高含水量和高孔隙性。软土的天然含水量一般为 50%～70%，最大甚至超过 200%。液限一般为 40%～60%，天然含水量随液限的增大成正比增加。天然孔隙比在 1～2 之间，最大达 3～4。软土的高含水量和高孔隙性特征是决定其压缩性和抗剪强度的重要因素。

（2）渗透性弱。软土的渗透系数 k 一般为 $i\times10^{-6}\sim i\times10^{-8}$ cm/s（i 为 1 到 9 之间的自然数）。由于该类土渗透系数小、含水量大且处于饱和状态，这不但延缓了土体的固结过程，而且在加荷初期，常易出现较高的孔隙水压力，对地基强度有显著影响。

（3）压缩性高。软土均属高压缩性土，其压缩系数 α 一般为 0.7～1.5 $\mathrm{MPa^{-1}}$，最大达 4.5 $\mathrm{MPa^{-1}}$（例如渤海海域），它随着土的液限和天然含水量的增大而增高。由于土质本身的因素而言，该类土在建筑荷载作用下有变形大而不均匀、变形稳定历时长的特征。

（4）抗剪强度低。软土的抗剪强度小且与加荷速度及排水固结条件密切相关，不排水三轴快剪所得抗剪强度值很小，且与其侧压力大小无关。排水条件下的抗剪强度随固结程度的增加而增大。

（5）较显著的触变性和蠕变性。

2. 常用处理方法

（1）浅层软基处理技术

① 垫层法；

② 换填法；

③ 排挤法；

④ 表层排水法；

⑤ 添加剂法。

(2) 深层软基处理技术

① 袋装砂井法；
② 挤密砂桩法；
③ 振冲碎石桩法；
④ 粉喷桩；
⑤ 塑料排水板；
⑥ 加筋土工布；
⑦ 钢渣桩法；
⑧ 混凝土桩；
⑨ 深层搅拌。

10.3.2 湿陷性黄土地基处理

1. 黄土的特征

黄土是一种产生于第四纪地质历史时期干旱条件下的沉积物。具有天然含水量的黄土，如未受水浸湿，一般强度较高，压缩性较小。若某些黄土在一定压力下受雨水浸湿，土结构迅速破坏，产生显著附加下沉，强度也迅速降低，称其为湿陷性黄土。在一定压力下受雨水浸湿，土结构不破坏，并无显著附加下沉的黄土称为非湿陷性黄土。非湿陷性黄土的工程性质接近一般黏性土，因此本节仅讨论与工程建设关系密切的湿陷性黄土。

我国的湿陷性黄土，一般呈黄色或褐黄色，粉土粒（粒径为 0.075 ~ 0.005 mm）含量约占土重的 60% ~ 70%，同时含有大量的碳酸盐、硫酸盐及少量易溶盐，天然孔隙比一般在 1.0 左右，且具有肉眼可见的大孔隙，具有竖直节理、常直立的天然边坡。湿陷性黄土又分为非自重湿陷性黄土和自重湿陷性黄土两种。在自重压力作用下，受水浸湿后不发生湿陷的黄土称为非自重湿陷性黄土；而在自重压力作用下，受水浸湿后发生湿陷的黄土称为自重湿陷性黄土（见图 10-10）。

图 10-10　湿陷性黄土地质

2. 黄土湿陷发生的原因及影响因素

（1）黄土湿陷原因

黄土的湿陷现象是一个复杂的地质、物理和化学过程，黄土受水浸湿和压力作用是湿陷发生所必需的外部条件，黄土的结构特征及其物质成分是产生湿陷性的内在因素。

（2）影响黄土湿陷性的因素

① 黄土的物质成分：黄土中骨架颗粒的大小、含量和胶结物的聚集形式，对于黄土湿陷性的强弱有着重要的影响。

② 黄土的物理性质：黄土的湿陷性与其天然孔隙比、天然含水量密切相关。天然孔隙比越大或天然含水量越小，则湿陷性越强。在一定的天然孔隙比和天然含水量情况下，土的湿陷变形，将随浸湿程度的增加而增大。

③ 外加压力：黄土的湿陷性还与外加压力有关。外加压力越大，湿陷量也显著增加；但当压力超过某一数值后，再增加压力，湿陷量反而减少。

3. 湿陷性黄土地基的评价

黄土地基的湿陷性评价主要包括三方面内容：黄土湿陷性的判别；湿陷类型的判别；湿陷等级的判定。

（1）黄土湿陷性的判别

黄土是否具有湿陷性可通过湿陷系数δ_s来衡量，湿陷系数是单位厚度土样在规定压力作用下受水浸湿后所产生的湿陷量，可由室内压缩试验测定，其计算公式为

$$\delta_s = \frac{k_p - h'_p}{h_o} \tag{10-14}$$

式中 h'_p——保持天然湿度和结构的土样，加压至一定压力 p 时下沉稳定后的高度（cm）；

h_p——上述加压稳定后的土样，在浸水作用下下沉稳定后的高度（cm）；

h_o——土样的初始高度（cm）。

工程中，$\delta_s = 0.015$ 作为湿陷性黄土的界限值。当$\delta_s<0.015$ 时，应定为非湿陷性黄土；$\delta_s \geqslant 0.015$ 时，应定为湿陷性黄土。根据湿陷系数的大小，可以大致判断湿陷性黄土湿陷性的强弱，一般认为：$0.015 \leqslant \delta_s \leqslant 0.03$ 为弱湿陷性的；$0.03 \leqslant \delta_s \leqslant 0.07$ 为中等湿陷性的；$\delta_s >0.07$ 为强湿陷性的。

（2）湿陷性黄土地基湿陷类型的判别

自重湿陷性黄土在无外荷作用时，浸水后也会迅速发生剧烈的湿陷，而非自重湿陷性黄土地基则很少发生，因而对这两种湿陷性黄土地基，所采取的措施应有所区别。因此，必须正确划分场地的湿陷类型。

建筑物场地的湿陷类型，一般按计算自重湿陷量Δ_{zs} 来判定。计算自重湿陷量可按下式计算：

$$\Delta_{zs} = \beta_0 \sum_{i=1}^{n} \delta_{zsi} h_i \tag{10-15}$$

式中　δ_{zsi}——第 i 层土在上覆土的饱和（S_r>85%）自重应力作用下的湿陷系数；

h_i——第 i 层土的厚度（cm）；

n——总计算土层内湿陷土层的数目；总计算厚度应从天然地面算起（当挖、填方厚度及面积较大时，自设计地面算起）至其下全部湿陷性黄土层的底面为止，但 δ_s<0.015 的土层不计；

β_0——因土质地区而异的修正系数。陇西地区可取 1.5，陇东、陕北地区取 1.2，关中地区取 0.7，其他地区可取 0.5。

当 $\Delta_{zs} \leqslant 7$ cm 时，应定为非自重湿陷性黄土地基；$\Delta_{zs}>7$ cm 时，应定为自重湿陷性黄土地基。

（3）湿陷性黄土地基湿陷等级的判定

湿陷性黄土地基的湿陷等级，应根据基底下各土层累计的总湿陷量和计算自重湿陷量的大小等因素，按表 10-4 判定。总湿陷量 Δ_s 是湿陷性黄土地基在规定压力下充分浸水后可能发生的湿陷变形值，可按式（10-16）计算。

表 10-4　湿陷性黄土地基的湿陷等级

湿陷类型	非自重湿陷性场地	自重湿陷性场地	
	$\Delta_{zs} \leqslant 7$	$7<\Delta_{zs} \leqslant 35$	$\Delta_{zs}>35$
$\Delta_{zs} \leqslant 30$	Ⅰ（轻微）	Ⅱ（中等）	—
$30<\Delta_{zs} \leqslant 60$	Ⅱ（中等）	Ⅱ或Ⅲ	Ⅲ（严重）
$\Delta_{zs}>60$	—	Ⅲ（严重）	Ⅳ（很严重）

注：（1）当总湿陷量 30 cm<Δ_s<50 cm，计算自重湿陷量 7 cm<Δ_s<30 cm 时，可判为Ⅱ级；（2）当总湿陷量 $\Delta_s \geqslant 50$ cm，计算自重湿陷量 $\Delta_{zs} \geqslant 30$ cm 时，可判为Ⅲ级。

$$\Delta_s = \sum_{i=1}^{n} \beta \delta_{si} h_i \tag{10-16}$$

式中　δ_{si}——第 i 层土的湿陷系数（cm）；

h_i——第 i 层土的厚度（cm）；

β——考虑地基土的侧向挤出和浸水概率等因素的修正系数。基底下 5 m（或压缩层）深度内可取 1.5；5 m（或压缩层）以下，对非自重湿陷性黄土地基，$\beta=0$；自重湿陷性黄土地基，可按式（10-15）中 β_0 取用。

4. 湿陷性黄土地基的工程措施

湿陷性黄土地基的设计和施工，除了必须遵循一般地基的设计和施工原则之外，还应针对黄土地基湿陷性的特点，因地制宜地采取以地基处理为主的措施，防止地基湿陷。常用的措施如下：

（1）地基处理：其目的在于改善土的性质和结构，减少土的渗水性、压缩性，控制其湿陷性的发生，以便全部或者部分消除地基的湿陷性，从根本上避免或削弱湿陷现象的发生。常用的地基处理方法见表 10-5。

表 10-5　湿陷性黄土地基常用的处理方法

<table>
<tr><th colspan="2">名　称</th><th>适用范围</th><th>一般可处理（或穿透）基底下的湿陷性土层厚度</th></tr>
<tr><td colspan="2">垫层法</td><td>地下水位以上，局部或整片处理</td><td>1～3 m</td></tr>
<tr><td rowspan="2">夯实法</td><td>强夯</td><td rowspan="2">S_r<60%的湿陷性黄土，局部或整片处理</td><td>3～6 m</td></tr>
<tr><td>重夯</td><td>1～2 m</td></tr>
<tr><td colspan="2">挤密法</td><td>地下水位以上，局部或整片处理</td><td>5～15 m</td></tr>
<tr><td colspan="2">桩基础</td><td>基础荷载大，有可靠的持力层</td><td>≤30 m</td></tr>
<tr><td colspan="2">预浸水法</td><td>Ⅲ、Ⅳ级自重湿陷性黄土场地，6 m 以上尚应采用垫层等方法处理</td><td>可消除地面下 6 m 以下全部土层的湿陷性</td></tr>
<tr><td colspan="2">单液硅化或碱液加固法</td><td>一般用于加固地下水位以上的已有建筑物地基</td><td>≤10 m，单液硅化加固的最大深度可达 20 m</td></tr>
</table>

（2）防水措施：其目的在于消除黄土发生湿陷的外因。工程中，要求做好建筑施工场地的防水、排水工作，防止施工用水和场地积水浸入建筑物地基，引起湿陷。同时，做好建筑物本身防水工作，建筑物四周做好散水，防止雨水直接渗入地基；提高防水地面、排水沟等设施的设计标准，确保防水措施的有效发挥，避免地基浸水湿陷。

（3）结构措施：其目的在于采取适当措施，以减小建筑物的不均匀沉降或增强结构抵抗地基湿陷变形的能力。结构设计时，可选择相对简单的建筑结构体系，增设圈梁、构造柱等增强建筑结构的整体刚度。

在上述措施中，地基处理是主要的工程措施。若通过地基处理消除了全部地基土的湿陷性，就不必再考虑其他措施；若只是消除了地基主要部分湿陷量，则应辅以防水和结构措施。

10.3.3　膨胀土地基处理

1. 膨胀土的特征

膨胀土是指土中含有大量的强亲水性黏土矿物组成，具有显著的吸水膨胀和失水收缩，且胀缩变形往复可逆的高塑性黏土。它一般强度较高、压缩性低，易被误认为是工程性能较好的地基土，但由于膨胀土的膨胀收缩特性非常显著，如不采取必要的设计和施工措施，常给工程带来一定的危害，因此一般将其作为特殊土处理。

2. 影响膨胀土胀缩变形的主要原因

膨胀土的胀缩变形特性主要取决于膨胀土的矿物成分与含量、微观结构等内在因素，同时受到气候、地形地貌等外部环境的影响。

3. 膨胀土地基的评价

正确评价膨胀土地基具有重要的工程意义，其内容包括：膨胀土的判别；判别不同膨胀土的胀缩性；膨胀土地基的胀缩等级。

（1）膨胀土的判别

膨胀土的判别是解决膨胀土地基设计的首要问题。其主要依据是工程地质特征与自由膨胀率δ_{ef}，按式（10-17）计算。凡自由膨胀率$\delta_{ef} \geqslant 40\%$，且具有下述工程地质特征的黏性土应判定为膨胀土。

① 裂隙发育，常有光滑面和擦痕，有的裂隙中充填着灰白、灰绿色黏土。在自然条件下，呈坚硬或硬塑状态。

② 多出露于二级或二级以上阶地、山前和盆地边缘丘陵地带，地形平缓，无明显自然陡坎。

③ 常见浅层塑性滑坡、地裂，新开挖坑（槽）壁易发生坍塌等。

④ 建筑物裂缝随气候变化而张开和闭合。

自由膨胀率δ_{ef}按下式计算：

$$\delta_{ef} = \frac{V_w - V_o}{V_o} \times 100\% \tag{10-17}$$

式中　V_o——试样原有体积（mL）；

　　　V_w——膨胀稳定后测得的试样体积（mL）。

（2）膨胀土的膨胀潜势

不同胀缩性能的膨胀土对建筑物的危害程度明显不同。当判定为膨胀土后，还要进一步确定膨胀土的胀缩性能，即胀缩强弱。δ_{ef} 较小的膨胀土，膨胀潜势较弱，建筑物损坏轻微；δ_{ef} 较大的膨胀土，膨胀潜势较强，建筑物损坏严重。因此，按自由膨胀率δ_{ef}大小划分土的膨胀潜势强弱，以判别土的胀缩性高低，见表 10-6。

表 10-6　膨胀土的膨胀潜势分类

自由膨胀率/%	膨胀潜势
$40 \leqslant \delta_{ef} < 65$	弱
$65 \leqslant \delta_{ef} < 90$	中
$\delta_{ef} \geqslant 90$	强

（3）膨胀土地基的胀缩等级

评价膨胀土地基，应根据其膨胀、收缩变形对低层砖混结构的影响程度进行。我国《膨胀土地区建筑技术规范》（GB 50112—2013）规定以 50 kPa 压力下（相当于一层砖石结构的基底压力）测定的土的膨胀率δ_{ef}，计算地基分级变形量 S_e，作为划分膨胀土地基胀缩等级的标准，见表 10-7。

表 10-7　膨胀土地基的胀缩等级

S_e/mm	级别
$15 \leqslant S_e < 35$	Ⅰ
$35 \leqslant S_e < 70$	Ⅱ
$S_e > 70$	Ⅲ

膨胀土地基的胀缩变形量可按下式计算：

$$S_e = \psi_e \sum_{i=1}^{n} \delta_{epi} h_i \quad (10\text{-}18)$$

式中　ψ_e——计算膨胀变形量的经验系数，3 层及 3 层以下建筑物，可采用 0.6；

δ_{epi}——基础底面下第 i 层土在该层土的平均自重应力与平均附加应力之和作用下的膨胀率，由室内试验确定（%）；

h_i——第 i 层土的计算厚度（mm）；

n——自基础底面至计算深度内所划分的土层数。

4. 膨胀土地基的工程措施

膨胀土地基的工程建设，应因地制宜采取措施，一般可从以下几方面考虑。

（1）设计措施

① 建筑场地选择：建筑场地应尽量布置在地形条件比较简单、地质较均匀、胀缩性较弱的场地。坡地建筑应避免大开挖，依山就势布置，同时应设置必要的排水措施，加强隔水、排水，防止局部浸水和渗漏现象。

② 单体建筑设计：宜选择体型简单的建筑物，建筑不宜过长，必要时应设置沉降缝。民用建筑层数宜多于 2 层，以加大基底压力，防止膨胀变形。建筑结构设计中应加强建筑物的整体刚度，承重墙体宜采用拉结较好的实心砖墙，相应位置宜设置圈梁等。

③ 地基基础处理：加大基础埋深，且不应小于 1 m。较均匀的膨胀土地基，可采用条基；基础埋深较大或条基基底压力较小时，宜采用墩基。采用地基处理方法减小或消除地基胀缩对建筑物的危害，常用的方法有换土垫层、深基础等。

（2）施工措施

在膨胀土地基基础施工时，宜采用分段快速作业法，避免基坑岩土体暴晒开裂或基坑浸水膨胀软化。雨期施工应采取防水措施，最好在旱季施工，基坑随挖随砌基础，同时做好地表排水等。

10.3.4　红黏土地基处理

1. 红黏土地基的形成

红黏土是指出露地表的石灰岩、白云岩等碳酸盐系岩石在炎热湿润气候条件下，经长期的成土风化、淋滤和红土化作用而形成的一种高塑性黏土。它常覆盖于基岩上，呈棕红、褐黄等色。若红黏土层受间歇性水流冲蚀，被搬运至低洼处，沉积形成新土层，但仍保留其基本特征，且液限大于 45%，这类土称为次生红黏土（见图 10-11）。

图 10-11　红黏土地基

2. 红黏土的工程地质特性

（1）矿物成分

红黏土的矿物成分主要为石英石、高岭石和伊利石。土中的微结构单元稳定良好，使土体在自然条件下具有较好的水稳性、明显的收缩性和裂隙发育等特征。

（2）力学性能

红黏土中有较高的黏土颗粒含量（55% ~ 70%），使其孔隙比（1.4 ~ 1.7）、饱和度（S_r > 85%）、天然含水量（40% ~ 60%，与液限基本相等）都很大，但液性指数较小（0.1 ~ 0.25），故其含水量虽高，但土体一般仍处于硬塑或坚硬状态，且具有较高的强度和较低的压缩性。同时，红黏土的各种性能指标变化幅度很大，具有较高的分散性。

（3）不良工程特征

① 红黏土具有较小的吸水膨胀性，但具有强烈的失水收缩性，故裂隙发育是红黏土的一大特征。

② 厚度分布不均，因石灰岩表面石芽、溶沟等的存在，其厚度在短距离内相差悬殊。

③ 上硬下软，从地表向下由硬至软明显变化，接近下卧基岩面处，土常呈软塑或流塑状态，土的强度逐渐降低，压缩性逐渐增大。

④ 岩溶现象发育，因地表水和地下水的运动引起的冲蚀和潜蚀作用，在隐伏岩溶上的红黏土层常有土洞存在。

3. 红黏土地基的评价和处理

在红黏土地基上建造建筑物时，应充分利用红黏土上硬下软的分布特征将其作为天然地基的持力层，但基础应尽量浅埋。当红黏土层下存在软弱下卧层时，应考虑地基的不均匀沉降，采取相应措施处理地基。同时，建筑物施工或使用过程中应做好防水、排水工作，避免水分渗入地基。对于天然土坡和人工开挖的边坡及基槽，需注意红黏土裂隙发育情况，防止破坏坡面植被和自然排水系统。坡面上的裂隙应加填塞，做好水的排泄、防渗等措施，保证土体的稳定。

思政小课堂

《营造法式》是北宋官方颁布的一部建筑设计、施工的规范，由李诫在两浙工匠喻皓《木经》的基础上编成的。“营造”是建筑、营建的意思；“法式”是宋代政府制订的法令、规程。《营造法式》是中国古代最完整的建筑技术书籍，标志着中国古代建筑已经发展到了较高阶段。《营造法式》中记载了我国古代劳动人民进行地基处理的方法，例如夯打、捶打、地基换填等。

中国建筑史研究的奠基人梁思成先生，曾经将宋代的《营造法式》与清代的《工程做法则例》这两本有关建筑技术的古籍誉为中国建筑的两部“文法课本”，其中又以《营造法式》更为完善、丰富。

党的十八大以来，习近平总书记反复强调文化自信，作出了许多深刻阐述：“求木之长者，必固其根本；欲流之远者，必浚其泉源。”中华优秀传统文化是中华民族的精神命脉，是涵养社会主义核心价值观的重要源泉，也是我们在世界文化激荡中站稳脚跟的坚实根基。增强文化自觉和文化自信，是坚定道路自信、理论自信、制度自信的题中应有之义。（2014 年 10 月 15 日，习近平在文艺工作座谈会上的讲话）

中国有坚定的道路自信、理论自信、制度自信，其本质是建立在 5000 多年文明传承基础上的文化自信。（2015 年 11 月 3 日，习近平会见第二届“读懂中国”国际会议外方代表时强调）

文化自信，是更基础、更广泛、更深厚的自信。在 5000 多年文明发展中孕育的中华优秀传统文化，在党和人民伟大斗争中孕育的革命文化和社会主义先进文化，积淀着中华民族最深层的精神追求，代表着中华民族独特的精神标识。（2016 年 7 月 1 日，习近平在庆祝中国共产党成立 95 周年大会上的讲话）

中华文明 5000 多年绵延不断、经久不衰，在长期演进过程中，形成了中国人看待世界、看待社会、看待人生的独特价值体系、文化内涵和精神品质，这是我们区别于其他国家和民族的根本特征，也铸就了中华民族博采众长的文化自信。（2019 年 8 月 19 日，习近平在敦煌研究院座谈时的讲话）

文化自信是一个国家、一个民族发展中最基本、最深沉、最持久的力量。向上向善的文化是一个国家、一个民族休戚与共、血脉相连的重要纽带。（2020 年 9 月 8 日，习近平在全国抗击新冠肺炎疫情表彰大会上的讲话）

项目小结

本项目主要是讲述软弱土的种类和性质，以及对这类土体地基处理方法的基本原理以及施工要点。

项目思考题

1. 常用软弱土地基处理方法都有哪些，其原理是什么？
2. 什么是化学加固法？都有哪些类型？
3. 什么是软弱地基？简述软弱地基土的特性？
4. 影响黄土湿陷性的因素有哪些？处理措施有哪些？
5. 膨胀土的特征有哪些？影响其胀缩变形的主要原因是什么？

参考文献

[1] 李广信，张丙印，于玉贞. 土力学 [M]. 2 版. 北京：清华大学出版社，2013.
[2] 刘松玉. 土力学[M]. 北京：中国建筑工业出版社，2020.
[3] 李文英，朱艳峰. 土力学与地基基础 [M]. 北京：中国铁道出版社，2019.
[4] 唐传琴. 地基与基础[M]. 北京：人民交通出版社，2021.
[5] 黄文熙. 土的工程性质[M]. 北京：中国水利水电出版社，1983.
[6] 中国建筑科学研究院. 建筑地基基础设计规范：GB 50007—2011[S]. 北京：中国建筑工业出版社，2012.
[7] 北京市规划委员会. 城市轨道交通岩土工程勘察规范：GB 50307—2012[S]. 北京：中国计划出版社，2012.
[8] 中国铁路设计集团有限公司. 铁路桥涵地基和基础设计规范：TB 10093—2017[S]. 北京：中国铁道出版社，2017.
[9] 中铁第一勘察设计院集团有限公司. 铁路路基设计规范：TB 10001—2016[S]. 北京：中国铁道出版社，2017.
[10] 南京水利科学研究院. 土的工程分类标准：GB/T 50145—2007[S]. 北京：中国计划出版社，2008.
[11] 水利部水利水电规划设计总院，长江水利委员会长江勘测规划设计研究院. 水利水电工程地质勘察规范：GB 50487—2008[S]. 北京：中国计划出版社，2009.
[12] 铁道第三勘察设计院. 铁路桥涵设计基本规范：TB 10002.1—2005[S]. 北京：中国铁道出版社，2005.
[13] 中交公路规划设计院有限公司. 公路桥涵地基与基础设计规范：JTG 3363—2019[S]. 北京：人民交通出版社，2019.
[14] 中国建筑科学研究院. 膨胀土地区建筑技术规范：GB 50112—2013[S]. 北京：中国建筑工业出版社，2013.
[15] 水利部水利水电规划设计总院，南京水利科学研究院. 土工试验方法标准：GB/T 50123—2019[S]. 北京：中国计划出版社，2019.
[16] 建设综合勘察研究设计院. 岩土工程勘察规范（2009 年版）：GB 50021—2001[S]. 北京：中国建筑工业出版社，2009.